从零开始学 ASP.NET

明日科技 编著

全国百佳图书出版单位
化学工业出版社
·北京·

内容简介

本书从零基础读者的角度出发，通过通俗易懂的语言、丰富多彩的实例，循序渐进地引导读者在实践中学习ASP.NET编程知识，并提升自己的实际开发能力。

全书共分为4篇20章，内容包括初识ASP.NET、网页前端开发基础、ASP.NET内置对象、ASP.NET服务器控件、数据验证控件、程序调试与异常处理、ASP.NET页面中的数据绑定、数据库基础、使用ADO.NET操作数据库、LINQ数据访问技术、数据绑定控件的使用、Web用户控件、母版页与主题、ASP.NET缓存技术、ASP.NET Ajax技术、WebService服务、ASP.NET MVC编程、ASP.NET网站发布、恶搞图片生成器、公众号/APP后台接口通用管理平台等。书中知识点讲解细致，侧重介绍每个知识点的使用场景，涉及的代码给出了详细的注释，可以使读者轻松领会ASP.NET程序开发的精髓，快速提高开发技能。同时，本书配套了大量教学视频，扫码即可观看，还提供所有程序源文件，方便读者实践。

本书适合ASP.NET初学者、网站开发工程师等自学使用，也可用作高等院校相关专业的教材及参考书。

图书在版编目（CIP）数据

从零开始学ASP.NET / 明日科技编著. 一北京：化学工业出版社，2022.3

ISBN 978-7-122-40498-5

Ⅰ.①从… Ⅱ.①明… Ⅲ.①网页制作工具－程序设计 Ⅳ.①TP393.092.2

中国版本图书馆CIP数据核字（2021）第267862号

责任编辑：耍利娜　张　赛　　文字编辑：林　丹　吴开亮

责任校对：宋　夏　　装帧设计：尹琳琳

出版发行：化学工业出版社（北京市东城区青年湖南街13号　邮政编码100011）

印　　装：三河市延风印装有限公司

787mm×1092mm　1/16　印张23¼　字数569千字　2022年6月北京第1版第1次印刷

购书咨询：010-64518888　　售后服务：010-64518899

网　　址：http://www.cip.com.cn

凡购买本书，如有缺损质量问题，本社销售中心负责调换。

定　　价：99.00元

前言

ASP.NET 是微软公司推出的建立动态 Web 应用程序的开发平台，它可以极大提升程序开发人员的工作效率。随着 .NET 的跨平台应用，ASP.NET 技术开始被越来越多的大厂使用，像腾讯、网易、携程、顺丰等。ASP.NET 支持多种开发语言，但由于同属微软公司及 .NET 框架，因此，C# 语言是开发 ASP.NET 网站时最常用的后台编程语言，本书选择使用 C# 语言来讲解 ASP.NET 网站开发。

本书内容

本书包含了学习 ASP.NET 网站开发的各类必备知识，全书共分为 4 篇 20 章内容，结构如下。

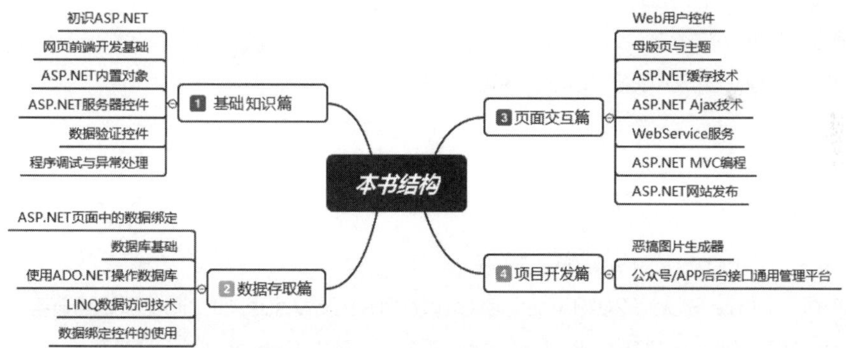

第 1 篇：基础知识篇。本篇主要对 ASP.NET 网站开发的基础知识进行详解，包括初识 ASP.NET、网页前端开发基础、ASP.NET 内置对象、ASP.NET 服务器控件、数据验证控件、程序调试与异常处理等内容。

第 2 篇：数据存取篇。数据是项目开发的核心内容，数据的存储方式有多种，其中最常用的是数据库，而如何将存储的数据显示在网页上，也是网站开发的一个核心内容，本篇通过 ASP.NET 页面中的数据绑定、数据库基础、使用 ADO.NET 操作数据库、LINQ 数据访问技术、数据绑定控件的使用等内容，讲解如何在 ASP.NET 网站中对数据进行存储和显示。

第 3 篇：页面交互篇。本篇主要讲解 ASP.NET 网页以及其中的数据如何进行前后台的交互，包括 Web 用户控件、母版页与主题、ASP.NET 缓存技术、ASP.NET Ajax 技术、WebService 服务、ASP.NET MVC 编程、ASP.NET 网站发布等内容。

第 4 篇：项目开发篇。学习编程的最终目的是进行开发，解决实际问题，本篇通过恶搞图片生成器、公众号 /APP 后台接口通用管理平台这两个不同类型的项目，讲解如何使用所学的 ASP.NET 知识开发网站项目。

本书特点

☑ **知识讲解详尽细致**。本书以零基础入门学员为对象，力求将知识点划分得更加细致，讲解更加详细，使读者能够学必会，会必用。

☑ **案例侧重实用有趣**。通过实例学习是最好的编程学习方式，本书在讲解知识时，通过有趣、实用的案例对所讲解的知识点进行解析，让读者不只学会知识，还能够知道所学知识的真实使用场景。

☑ **思维导图总结知识**。每章最后都使用思维导图总结本章重点知识，使读者能一目了然回顾本章知识点，以及需要重点掌握的知识。

☑ **配套高清视频讲解**。本书资源包中提供了同步高清教学视频，读者可以根据这些视频更快速地学习，感受编程的快乐和成就感，增强进一步学习的信心，从而快速成为编程高手。

读者对象

☑ 初学编程的自学者
☑ 编程爱好者
☑ 大中专院校的老师和学生
☑ 相关培训机构的老师和学员
☑ 毕业设计的学生
☑ 初、中、高级程序开发人员
☑ 程序测试及维护人员
☑ 参加实习的“菜鸟”程序员

读者服务

为了方便解决本书疑难问题，我们提供了多种服务方式，并由作者团队提供在线技术指导和社区服务，服务方式如下：

√企业 QQ：4006751066

√QQ 群：465817674

√服务电话：400-67501966、0431-84978981

本书约定

开发环境及工具如下：

√操作系统：Windows7、Windows 10 等。

√开发工具：Visual Studio 2019（Visual Studio 2015 及 Visual Studio 2017 等兼容）。

√数据库：SQL Server 2019（SQL Server 2014 及 SQL Server 2017 等兼容）。

致读者

本书由明日科技.NET 程序开发团队组织编写，主要人员有王小科、申小琦、赵宁、李菁菁、何平、张鑫、周佳星、王国辉、李磊、赛奎春、杨丽、高春艳、冯春龙、张宝华、庞凤、宋万勇、葛忠月等。在编写过程中，我们以科学、严谨的态度，力求精益求精，但不足之处在所难免，敬请广大读者批评指正。

感谢您阅读本书，零基础编程，一切皆有可能，希望本书能成为您编程路上的敲门砖。

祝读书快乐！

编著者

目录

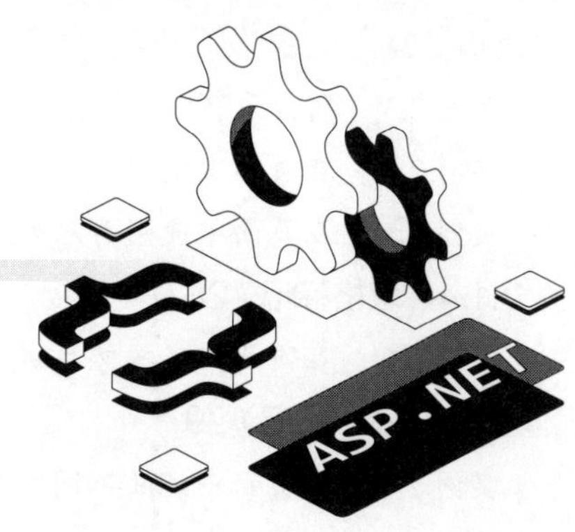

第1篇 基础知识篇

第1章 初识 ASP.NET / 2

▶视频讲解：4节，50分钟

1.1 ASP.NET 简介 / 3
1.1.1 概述 / 3
1.1.2 认识 .NET Framework / 3
1.1.3 ASP.NET 的特性 / 4
1.1.4 ASP.NET 成功案例 / 4
1.2 ASP.NET 开发环境搭建 / 5
1.2.1 安装 IIS / 5
1.2.2 配置 IIS / 6
1.2.3 安装 Visual Studio 2019 必备条件 / 7
1.2.4 下载 Visual Studio 2019 / 7
1.2.5 安装 Visual Studio 2019 / 7
1.3 认识 ASP.NET 网站 / 9
1.3.1 创建 ASP.NET 网站程序 / 10
1.3.2 ASP.NET 网页扩展名 / 13
1.3.3 ASP.NET 项目中的各文件目录 / 14
1.3.4 ASP.NET 页面指令 / 15
1.3.5 在 ASPX 文件中实现内容注释 / 15
1.3.6 ASP.NET 中的控件 / 16
1.3.7 ASP.NET 页面中的代码块语法 / 16
1.4 一个简单的 ASP.NET 网站 / 17
1.4.1 ASP.NET 网站的基本构建流程 / 17
1.4.2 设计 Web 页面 / 17
1.4.3 运行网站 / 18
本章知识思维导图 / 20

第2章 网页前端开发基础 / 21

▶视频讲解：43节，326分钟

2.1 HTML 标记语言 / 22
2.1.1 创建第一个 HTML 文件 / 22
2.1.2 HTML 文档结构 / 23
2.1.3 HTML 常用标记 / 24
[实例 2.1] 向页面中输出一首古诗词 / 24
[实例 2.2] 使用标题标记和段落标记设计

页面 / 24
[实例 2.3] 将页面中的内容进行居中处理 / 25
[实例 2.4] 在页面中使用无序列表 / 26
[实例 2.5] 在页面中使用有序列表 / 27
2.1.4 表格标记 / 28
[实例 2.6] 在页面中定义学生成绩表 / 28
2.1.5 表单标记 / 29
[实例 2.7] 在页面中定义不同类型的 input 标记 / 31
2.1.6 超链接与图片标记 / 32
[实例 2.8] 页面中添加图片和超链接 / 33
2.2 CSS 样式表 / 34
2.2.1 CSS 语法 / 34
2.2.2 CSS 选择器 / 35
[实例 2.9] 类别选择器控制页面文字样式 / 35
[实例 2.10] 使用 ID 选择器控制页面文字 / 36
2.2.3 在页面中包含 CSS / 37
[实例 2.11] 行内样式的使用 / 37
[实例 2.12] 使用链接方式引入样式表 / 38
本章知识思维导图 / 39

第 3 章 ASP.NET 内置对象 / 40

视频讲解：6 节，123 分钟

3.1 Response 对象 / 41
3.1.1 Response 可向客户端响应的内容 / 41
3.1.2 向页面输出数据 / 41
[实例 3.1] 向页面中输出名人名言 / 41
3.1.3 重定向页面 / 42
[实例 3.2] 模拟实现抽奖页面 / 42
3.2 Request 对象 / 44
3.2.1 Request 对象常获取的客户端内容 / 45
3.2.2 使用 Request 对象获取页面间的传值 / 45
[实例 3.3] 以多种方式获取参数数据 / 45
3.2.3 使用 Request 对象获取客户端信息 / 46
[实例 3.4] 实现获取客户端浏览器的信息 / 46
3.3 Application 对象 / 47
3.3.1 存储和获取数据的基本语法 / 47
3.3.2 Application 对象的基本使用 / 48
[实例 3.5] 统计各类客户端访问网站的次数 / 48
3.4 Session 对象 / 50
3.4.1 ASP.NET 中 Session 的本质 / 50
3.4.2 Session 对象的基本使用 / 51
[实例 3.6] 登录时使用 Session 对象保存用户信息 / 51
3.5 Cookie 对象 / 52
3.5.1 Cookie 中的几个关键属性 / 52
3.5.2 写入和获取 Cookie 数据 / 53
3.5.3 Cookie 对象的基本使用 / 53
[实例 3.7] 使用 Cookie 对象实现用户 7 天免登录功能 / 53
3.5.4 Cookie 与 Session 的使用场景选择 / 56
3.6 Server 对象 / 56
3.6.1 Server 对象的常用方法 / 56
3.6.2 使用 Server 对象重定向页面 / 57
[实例 3.8] 实现两种重定向页面方法 / 57
本章知识思维导图 / 59

第4章 ASP.NET 服务器控件 / 60

▶视频讲解：19 节，155 分钟

4.1 控件概述 / 61
4.2 文本类控件 / 61
4.2.1 Label 标签 / 61
[实例 4.1] 使用 CSS 修改 Label 控件的外观样式 / 62
4.2.2 TextBox 文本框 / 63
[实例 4.2] 使用 TextBox 控件制作会员登录界面 / 65
4.3 按钮类控件 / 66
4.3.1 Button 按钮 / 66
[实例 4.3] 单击 Button 按钮弹出消息对话框 / 67
4.3.2 LinkButton 链接按钮 / 68
[实例 4.4] 实现个性化页面跳转功能 / 68
4.3.3 ImageButton 图片按钮 / 70
[实例 4.5] 实现单击预览图片更改页面背景图片 / 71
4.3.4 HyperLink 超链接 / 72
[实例 4.6] 使用 HyperLink 控件实现 2 种不同的方式打开链接 / 73
4.4 选择类控件 / 74
4.4.1 ListBox 列表 / 74
[实例 4.7] 选择并移动 ListBox 控件中的项 / 75
4.4.2 DropDownList 下拉选择控件 / 77
[实例 4.8] 实现根据选择的假日安排项列出放假时间 / 78
4.4.3 RadioButton 单选按钮 / 79
[实例 4.9] 模拟考试系统中的单选题 / 80
4.4.4 CheckBox 复选框 / 81
[实例 4.10] 实现模拟考试系统中的多选题 / 82
4.5 图形显示类控件 / 84
4.5.1 Image 图片控件 / 84
[实例 4.11] 实现动态显示用户头像功能 / 85
4.5.2 ImageMap 图片热点控件 / 86
[实例 4.12] 展示图片中的方位 / 87
4.6 Panel 容器控件 / 89
4.6.1 Panel 控件的概述 / 89
4.6.2 Panel 控件的常用属性 / 89
4.6.3 Panel 控件的应用 / 90
[实例 4.13] 使用 Panel 控件显示或隐藏一组控件 / 90
4.7 FileUpload 文件上传控件 / 92
4.7.1 FileUpload 控件的概述 / 92
4.7.2 FileUpload 控件的常用属性 / 92
4.7.3 FileUpload 控件的常用方法 / 92
[实例 4.14] 使用 FileUpload 控件上传图片文件 / 93
本章知识思维导图 / 95

第5章 数据验证控件 / 96

▶视频讲解：7 节，27 分钟

5.1 非空数据验证控件 / 97
[实例 5.1] 对文本框进行非空数据验证 / 97
5.2 数据比较验证控件 / 98
[实例 5.2] 验证密码与确认密码是否一致 / 99
5.3 数据类型验证控件 / 100
[实例 5.3] 验证出生日期输入是否正确 / 100
5.4 数据格式验证控件 / 101
[实例 5.4] 验证出生日期及 Email 格式 / 103
5.5 数据范围验证控件 / 104

[实例 5.5] 验证学生成绩的输入范围 / 105
5.6 验证错误信息显示控件 / 106
[实例 5.6] 汇总页面中所有的错误提示并显示 / 107
5.7 禁用数据验证 / 108
本章知识思维导图 / 109

第 6 章 程序调试与异常处理 / 110 视频讲解：3 节，19 分钟

6.1 程序调试 / 111
6.1.1 Visual Studio 编辑器调试 / 111
6.1.2 Visual Studio 调试器调试 / 111
6.2 异常处理语句 / 114
6.2.1 使用 throw 语句抛出异常 / 115
[实例 6.1] 使用 throw 语句抛出异常 / 115
6.2.2 使用 try…catch 语句捕捉异常 / 115
[实例 6.2] 使用 try…catch 语句捕捉异常 / 116
6.2.3 使用 try…catch…finally 语句捕捉异常 / 117
[实例 6.3] 使用 try…catch…finally 语句捕捉异常 / 117
6.2.4 异常的使用原则 / 118
本章知识思维导图 / 118

第 2 篇 数据存取篇

第 7 章 ASP.NET 页面中的数据绑定 / 120 视频讲解：9 节，42 分钟

7.1 数据绑定概述 / 121
7.2 简单属性绑定 / 121
7.2.1 简单属性绑定概述 / 121
7.2.2 绑定属性的实现方式 / 121
[实例 7.1] 绑定属性数据源 / 121
7.3 表达式绑定 / 123
7.3.1 表达式绑定概述 / 123
7.3.2 表达式绑定的实现方式 / 123
[实例 7.2] 表达式绑定 / 123
7.4 集合绑定数据 / 125
7.4.1 集合绑定数据概述 / 125
7.4.2 集合绑定数据的实现方式 / 125
[实例 7.3] 将集合绑定到 DropDownList 下拉列表 / 126
7.5 方法调用结果绑定 / 127
7.5.1 方法调用结果绑定概述 / 127
7.5.2 方法调用结果绑定的实现方式 / 127
[实例 7.4] 绑定方法调用的结果 / 127
本章知识思维导图 / 129

第 8 章 数据库基础 / 130 视频讲解：4 节，70 分钟

8.1 SQL Server 数据库的下载与安装 / 131
8.1.1 数据库简介 / 131

8.1.2 SQL Server 数据库概述 / 131
8.1.3 SQL Server 2019 安装必备 / 131
8.1.4 下载 SQL Server 2019 安装引导文件 / 132
8.1.5 下载 SQL Server 2019 安装文件 / 132
8.1.6 安装 SQL Server 2019 数据库 / 133
8.1.7 安装 SQL Server Management Studio 管理工具 / 138
8.1.8 启动 SQL Server 管理工具 / 139
8.2 数据库常见操作 / 140
8.2.1 创建数据库 / 140
8.2.2 删除数据库 / 141
8.2.3 附加数据库 / 141
8.2.4 分离数据库 / 142
8.2.5 执行 SQL 脚本 / 143
8.3 数据表常见操作 / 144
8.3.1 创建数据表 / 144
8.3.2 删除数据表 / 145
8.3.3 重命名数据表 / 145
8.3.4 在表结构中添加新字段 / 146
8.3.5 在表结构中删除字段 / 146
8.4 SQL 语句基础 / 147
8.4.1 SQL 语言简介 / 147
8.4.2 简单 SQL 语句的应用 / 147
本章知识思维导图 / 152

第 9 章 使用 ADO.NET 操作数据库 / 153 视频讲解：18 节，127 分钟

9.1 ADO.NET 简介 / 154
9.2 使用 Connection 对象连接数据库 / 155
9.2.1 Connection 四大连接对象的数据源连接管理范围 / 155
9.2.2 数据库连接字符串 / 155
9.2.3 使用 SqlConnection 对象连接 SQL Server 数据库 / 157
[实例 9.1] 建立数据库连接并通过 State 属性读取连接状态 / 157
9.3 使用 Command 对象操作数据 / 159
9.3.1 查询数据指令 / 159
[实例 9.2] 使用 SqlCommand 对象查询数据库中的数据 / 160
9.3.2 添加数据指令 / 161
[实例 9.3] 使用 Command 对象添加数据 / 161
9.3.3 修改数据指令 / 163
[实例 9.4] 使用 Command 对象修改数据 / 163
9.3.4 删除数据指令 / 166
[实例 9.5] 使用 Command 对象删除数据 / 167
9.3.5 调用存储过程指令 / 168
[实例 9.6] 使用 Command 对象调用数据库存储过程 / 168
9.3.6 事务处理 / 170
[实例 9.7] 应用 Command 对象实现数据库事务处理 / 171
9.4 结合使用 DataSet 对象和 DataAdapter 对象 / 172
9.4.1 DataSet 对象概述 / 172
9.4.2 DataAdapter 对象概述 / 173
9.4.3 使用 DataAdapter 对象填充 DataSet 对象 / 173
[实例 9.8] 使用 DataAdapter 对象和 DataSet 对象读取学生列表 / 173
9.4.4 使用 DataSet 中的数据更新数据库 / 175
[实例 9.9] 使用 DataAdapter 对象的 UpdateCommand 方法更新数据 / 175

9.5 使用 DataReader 对象读取数据 / 177
9.5.1 DataReader 对象概述 / 177
9.5.2 DataReader 对象的常用属性和方法 / 177
9.5.3 使用 DataReader 对象读取数据 / 178
9.5.4 DataReader 对象与 DataSet 对象的区别 / 178
本章知识思维导图 / 179

第10章 LINQ 数据访问技术 / 180

▶视频讲解：10 节，86 分钟

10.1 LINQ 技术概述 / 181
10.2 LINQ 查询基础 / 182
10.2.1 LINQ 中的查询形式 / 182
10.2.2 查询表达式结构 / 182
10.2.3 标准查询运算符 / 183
10.2.4 LINQ 语言特性 / 184
10.2.5 Func 委托与匿名方法 / 185
10.2.6 Lambda 表达式 / 186
10.3 LINQ 技术的实际应用 / 186
10.3.1 简单的 List 集合筛选 / 187
[实例 10.1] 使用 LINQ 筛选出自 1900 年到现在的所有闰年 / 187
10.3.2 使用 LINQ 统计数据 / 188
[实例 10.2] 使用 LINQ 统计商品销售情况表 / 188
10.3.3 LINQ 动态排序以及数据分页查询 / 190
[实例 10.3] 使用 LINQ 查询学生信息表 / 190
本章知识思维导图 / 193

第11章 数据绑定控件的使用 / 194

▶视频讲解：9 节，91 分钟

11.1 GridView 控件 / 195
11.1.1 GridView 控件概述 / 195
11.1.2 GridView 控件常用的属性、方法和事件 / 195
11.1.3 GridView 控件的简单应用 / 197
[实例 11.1] 绑定 GridView 控件并设置其外观样式 / 197
11.1.4 GridView 的高级应用 / 203
[实例 11.2] 编辑并修改 GridView 数据 / 203
11.2 DataList 控件 / 206
11.2.1 DataList 控件概述 / 206
11.2.2 DataList 控件的简单使用 / 207
[实例 11.3] 绑定 DataList 控件并设置其外观样式 / 207
11.2.3 DataList 控件的高级应用 / 209
[实例 11.4] 操作 DataList 控件数据 / 210
11.3 ListView 控件与 DataPager 控件 / 214
11.3.1 ListView 控件与 DataPager 控件概述 / 214
11.3.2 使用 ListView 控件与 DataPager 控件分页显示数据 / 214
[实例 11.5] 通过 ListView 展示数据并实现分页 / 214
本章知识思维导图 / 216

第 3 篇　页面交互篇

第 12 章　Web 用户控件 / 218

▶视频讲解：4 节，34 分钟

12.1　Web 用户控件概述 / 219
12.1.1　ascx 页与 aspx 页的区别 / 219
12.1.2　用户控件的优点 / 219
12.2　应用 Web 用户控件 / 220
12.2.1　Web 用户控件的基本使用 / 220
[实例 12.1]　设计并使用用户控件 / 220
12.2.2　访问 Web 用户控件中的成员 / 224
[实例 12.2]　通过访问用户控件属性获取服务器控件值 / 224
本章知识思维导图 / 226

第 13 章　母版页与主题 / 227

▶视频讲解：9 节，42 分钟

13.1　母版页概述 / 228
13.2　创建母版页 / 229
13.3　创建内容页 / 230
13.4　嵌套母版页 / 231
[实例 13.1]　创建一个简单的嵌套母版页 / 231
13.5　访问母版页的控件和属性 / 233
13.5.1　使用 Master.FindControl() 方法访问母版页上的控件 / 234
[实例 13.2]　访问母版页上的控件 / 234
13.5.2　引用 @MasterType 指令访问母版页上的属性 / 235
[实例 13.3]　访问母版页上的属性 / 235
13.6　主题概述 / 237
13.6.1　组成元素 / 237
13.6.2　文件存储和组织方式 / 238
13.7　创建主题 / 238
13.7.1　创建外观文件 / 238
[实例 13.4]　创建外观文件并应用 / 239
13.7.2　为主题添加 CSS 样式 / 240
[实例 13.5]　为主题添加 CSS 样式 / 240
13.8　应用主题 / 241
13.8.1　指定和禁用主题 / 241
13.8.2　动态加载主题 / 243
[实例 13.6]　动态加载主题 / 243
本章知识思维导图 / 245

第 14 章　ASP.NET 缓存技术 / 246

▶视频讲解：9 节，64 分钟

14.1　ASP.NET 缓存概述 / 247
14.2　页面输出缓存 / 247
14.2.1　页面输出缓存概述 / 247
14.2.2　设置页面输出缓存 / 248
[实例 14.1]　通过指定过期时间设置页面输出缓存 / 248
14.3　页面部分内容缓存 / 249
14.3.1　页面部分内容缓存概述 / 250

14.3.2 三种不同方式设置用户控件缓存 / 250
14.3.3 通过三种方式实现用户控件缓存功能 / 252
[实例 14.2] 实现三种不同方式的设置用户控件缓存 / 252
14.4 页面数据缓存 / 255
14.4.1 页面数据缓存概述 / 255
14.4.2 Cache 类的 Add 和 Insert 方法 / 256
14.4.3 实现页面数据缓存功能 / 257
[实例 14.3] 使用 Cache 类实现缓存 DataTable 中的数据 / 257
本章知识思维导图 / 259

第 15 章 ASP.NET Ajax 技术 / 260

视频讲解：6 节，40 分钟

15.1 ASP.NET Ajax 简介 / 261
15.1.1 ASP.NET Ajax 概述 / 261
15.1.2 Ajax 请求与传统 Web 应用请求比较 / 261
15.1.3 ASP.NET Ajax 的使用方法 / 262
15.2 ASP. NET Ajax 的应用 / 263
15.2.1 简单的 ASP.NET Ajax 更新操作 / 263
[实例 15.1] 通过 UpdatePanel 实现局部更新效果 / 263
15.2.2 自动更新页面局部信息 / 265
[实例 15.2] 通过 Timer 和 UpdatePanel 控件实现 NBA 比赛的文字直播 / 265
15.2.3 更加友好的 ASP.NET Ajax 交互 / 267
[实例 15.3] 使用 UpdateProgress 控件实现汽车报价列表的切换效果 / 267
本章知识思维导图 / 270

第 16 章 WebService 服务 / 271

视频讲解：3 节，26 分钟

16.1 WebService 概述 / 272
16.2 Web 服务的创建 / 272
16.2.1 了解 Web 服务文件 / 272
16.2.2 Web 服务的基本特性标记 / 273
16.2.3 创建 Web 服务 / 274
[实例 16.1] IP 地址查询 Web 服务 / 274
16.3 Web 服务的使用 / 277
16.3.1 调用 Web 服务 / 277
16.3.2 局域网内发布与调用 Web 服务 / 280
[实例 16.2] 实现局域网内的 Web 服务访问 / 280
16.3.3 如何提高 WebService 的安全性 / 281
本章知识思维导图 / 282

第 17 章 ASP.NET MVC 编程 / 283

视频讲解：13 节，66 分钟

17.1 MVC 概述 / 284
17.1.1 MVC 简介 / 284
17.1.2 MVC 中的模型、视图和控制器 / 284

17.1.3 什么是 Routing / 285
17.1.4 MVC 的请求过程 / 286
17.2 创建 ASP.NET MVC / 286
17.2.1 创建 ASP.NET MVC 网站项目 / 286
17.2.2 创建 ASP.NET MVC 控制器、视图、Action / 288
17.2.3 创建 Models 层 / 290
17.2.4 创建自定义 MVC 路由配置规则 / 292
17.2.5 Razor 视图引擎的语法定义 / 292
17.3 ASP.NET MVC 的实现 / 295
17.3.1 实现一个简单 ASP.NET MVC 网页 / 295
[实例 17.1] 在默认项目上添加新闻栏目并实现新闻页面 / 295
17.3.2 在 ASP.NET MVC 中实现查询 SQLServer 数据 / 296
[实例 17.2] 实现加载学生信息列表 / 297
17.3.3 通过绑定对象模型向 SQL Server 数据库添加数据 / 298
[实例 17.3] 实现添加学生信息到数据库表中 / 298
17.3.4 更新 SQL Server 表数据 / 300
[实例 17.4] 实现修改学生信息数据 / 300
本章知识思维导图 / 301

第 18 章 ASP.NET 网站发布 / 302

视频讲解：3 节，14 分钟

18.1 使用 IIS 浏览 ASP.NET 网站 / 303
18.2 使用“发布 Web 应用”发布 ASP.NET 网站 / 304
18.3 使用“复制网站”发布 ASP.NET 网站 / 308
本章知识思维导图 / 309

第 4 篇 项目开发篇

第 19 章 恶搞图片生成器 / 312

视频讲解：1 节，5 分钟

19.1 功能描述 / 313
19.2 设计思路 / 313
19.3 开发过程 / 313
19.3.1 首页设计 / 313
19.3.2 创建母版页 / 315
19.3.3 创建表单页面 / 316
19.3.4 生成图片 / 319
本章知识思维导图 / 320

第 20 章 公众号 /APP 后台接口通用管理平台 / 321

视频讲解：1 节，4 分钟

20.1 需求分析 / 322
20.2 系统设计 / 322

20.2.1 系统目标 / 322
20.2.2 系统功能结构 / 322
20.2.3 业务流程图 / 323
20.2.4 构建开发环境 / 323
20.2.5 系统预览 / 323
20.2.6 文件夹组织结构 / 325
20.3 数据库设计 / 325
20.4 公共类设计 / 327
20.5 主页面模块设计 / 333
20.5.1 主页面模块概述 / 333
20.5.2 主页面模块实现过程 / 334
20.6 显示 API 接口详细信息模块设计 / 343
20.6.1 显示 API 接口详细信息模块概述 / 343
20.6.2 显示 API 接口详细信息模块实现过程 / 343
20.7 添加 API 模块设计 / 348
20.7.1 添加 API 模块概述 / 348
20.7.2 添加 API 模块实现过程 / 349
20.8 我的 API 管理模块设计 / 353
20.8.1 我的 API 管理模块概述 / 353
20.8.2 我的 API 管理模块实现过程 / 354
本章知识思维导图 / 355

ASP.NET

从零开始学 ASP.NET

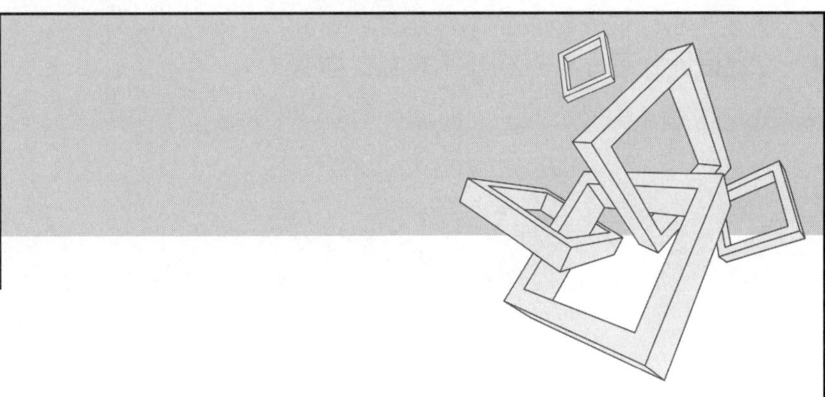

第1篇

基础知识篇

第 1 章
初识 ASP.NET

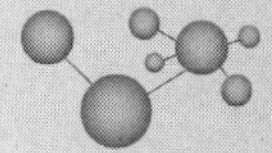

本章学习目标

- 了解 ASP.NET。
- 熟练掌握搭建 ASP.NET 开发环境的过程。
- 掌握如何创建 ASP.NET 网站程序。
- 熟悉 ASP.NET 网站的基本组成部分。
- 掌握设计并运行 ASP.NET 网站的过程。

1.1 ASP.NET 简介

ASP.NET 是 Microsoft 公司推出的建立动态 Web 应用程序的开发平台，是一种建立动态 Web 应用程序的技术。

1.1.1 概述

ASP.NET 是一种开发动态网站的技术，是作为 .NET 框架体系结构的一部分推出的，可以使用任何 .NET 兼容的语言（如 Visual Basic .NET、C#、J# 等语言）来编写 ASP.NET 网站。

使用 ASP.NET 开发网站时，用“简化”来形容一点不为过，因为其设计目标是将应用程序代码数减少 70%，改变过去那种需要编写很多重复性代码的状况，尽可能做到写很少的代码就能完成任务的效果。对于应用构架师和开发人员而言，ASP.NET 是 Microsoft Web 开发史上一个重要的里程碑！

图 1.1 和图 1.2 是 ASP.NET 下 Web Forms 和 ASP.NET MVC 两种模式的基本项目开发架构。

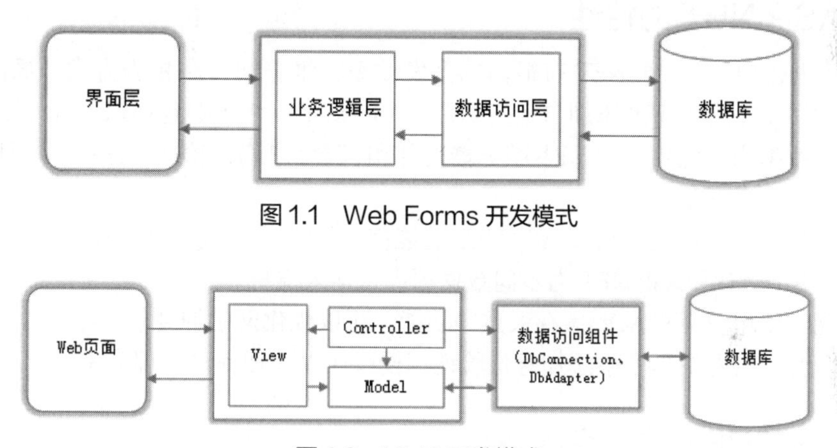

图 1.1 Web Forms 开发模式

图 1.2 MVC 开发模式

1.1.2 认识 .NET Framework

.NET Framework 是 Microsoft 公司推出的完全面向对象的软件开发与运行平台。它具有两个主要组件：公共语言运行时（Common Language Runtime，CLR）和类库，如图 1.3 所示。

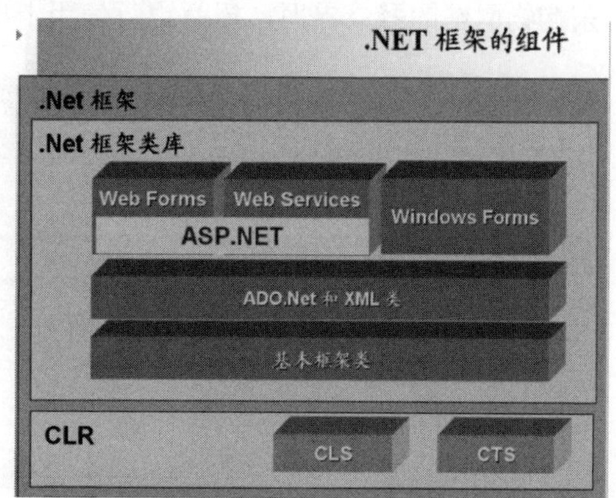

图 1.3 .NET Framework 的组成

（1）公共语言运行时

公共语言运行时（CLR）负责管理和执行由 .NET 编译器编译产生的中间语言代码（.NET 程序执行原理如图 1.4 所示）。由于公共语言运行时的存在，解决了很多传统编译语言的一些致命缺点，如垃圾内存回收、安全性检查等。

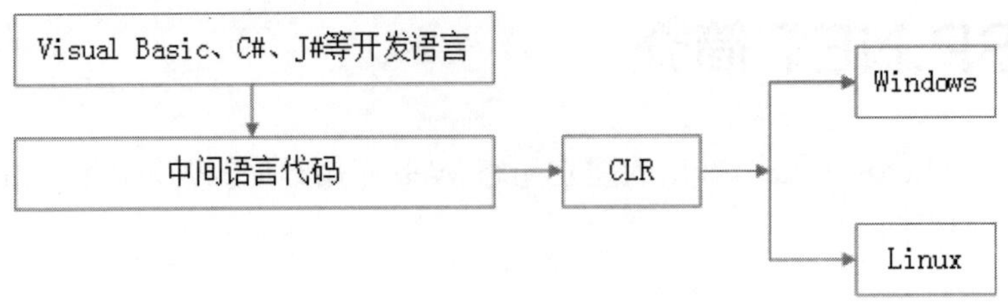

图 1.4　.NET 程序执行原理

说明：

中间语言（MSIL）是由高级语言（C#、J#、Visual Basic.NET）编译后，被打包在 DLL 或 EXE 文件中的语言。只有在软件运行时，.NET 编译器才将中间代码编译成计算机可以直接读取的数据。

（2）类库

类库就好比一个装满了工具的大仓库。类库里有很多现成的类，可以拿来直接使用。例如，文件操作时，可以直接使用类库里的 IO 类。

1.1.3　ASP.NET 的特性

与其他语言相比，ASP.NET 有很高的开发效率，维护起来也相当方便。同时，还可以根据自己的需求向 ASP.NET 添加自定义功能。ASP.NET 特性主要包括以下几方面：

- 开发效率高：使用 ASP.NET 服务器控件和包含新增功能的现有控件，可以轻松、快捷地创建 ASP.NET 网站。
- 灵活性和可扩展性：很多 ASP.NET 功能都可以扩展，这样可以轻松地将自定义功能集成到程序中。例如，ASP.NET 为不同数据源提供插入支持。
- 性能：使用缓存和 SQL 缓存失效等功能，可以优化网站的性能。
- 安全性：向网站程序中添加身份验证和授权比以往任何时候都简单。

1.1.4　ASP.NET 成功案例

ASP.NET 作为 Microsoft 全力推出的一种动态网站开发技术，经过几年的发展，在实际生活中已经有了很多成功的项目案例，很多著名的网站中都应用了 ASP.NET 技术，比如京东购物网站的登录界面、招商银行信用卡申请界面等，如图 1.5 和图 1.6 所示。

图 1.5　京东商城登录页面

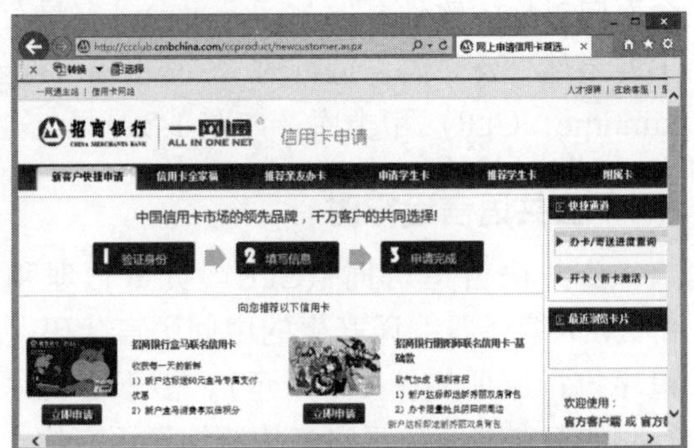

图 1.6　招商银行信用卡申请页面

1.2 ASP.NET 开发环境搭建

在开发 ASP.NET 网站程序之前，首先需要安装和配置软件的开发环境，有了这些必要条件才能为软件项目的开发、调试以及测试提供完整的功能支持。

1.2.1 安装 IIS

ASP.NET 作为 Web 程序架构，首先需要在运行它的服务器上建立 Internet 信息服务器（IIS）。IIS 是 Internet Information Server 的缩写，是 Microsoft 公司主推的 Web 服务器，通过 IIS 开发人员可以更方便地调试程序或发布网站。

说明：

在 Windows 操作系统中集成了 IIS，下面列出不同系统版本下集成的 IIS 服务器：
Windows 2000 Server：Professional IIS 5.0
Windows XP：Professional IIS 5.1
Windows 2003：IIS 6.0
Windows 7：IIS 7.0
Windows 8：IIS 7.5
Windows 10：IIS 10.0

下面介绍在 Windows 10 操作系统中安装 IIS 的过程，具体步骤如下。

① 在 Windows 10 操作系统中依次选择“控制面板”→“程序”→“程序和功能”→“启用或关闭 Windows 功能”选项，弹出“Windows 功能”窗口，如图 1.7 所示。

② 在该对话框中选中 Internet Information Services（Internet 信息服务）复选框，单击“确定”按钮，弹出如图 1.8 所示的显示安装进度的对话框，安装完成后单击“关闭”按钮，关闭该窗口。

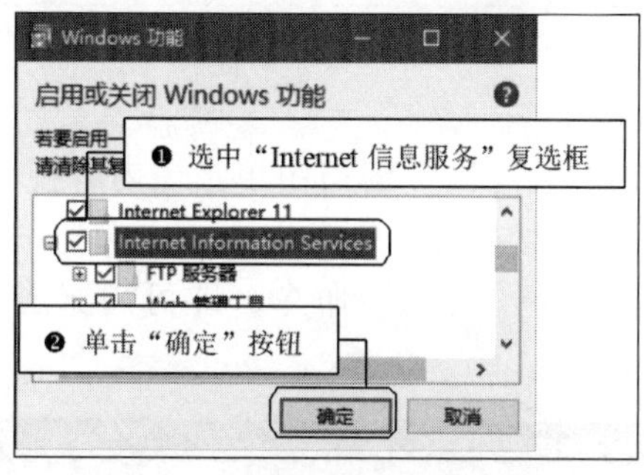

图 1.7 “Windows 功能”窗口

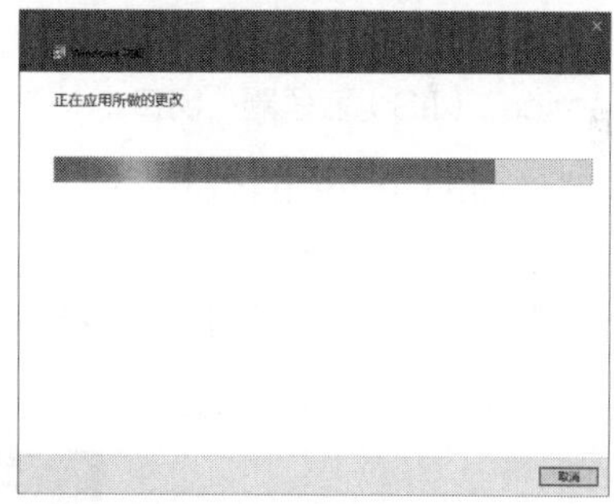

图 1.8 显示安装进度

③ IIS 安装完成之后，依次选择“控制面板”→“系统和安全”→“管理工具”，从中可以看到“Internet Information Services(IIS) 管理器”，如图 1.9 所示。

图 1.9 Internet Information Services(IIS) 管理器

以上为 IIS 的完整安装步骤，读者可按照步骤进行安装。

1.2.2 配置 IIS

IIS 安装启动后就要对其进行必要的配置，这样才能使服务器在最优的环境下运行，下面介绍 IIS 服务器配置与管理的具体步骤。

① 依次选择“控制面板”→“系统和安全”→“管理工具”→“Internet Information Services（IIS）管理器”选项，弹出“Internet Information Services（IIS）管理器”窗口。

② 展开网站节点，选中 Default Web Site 节点，然后在右侧的“属性”列表中单击“基本设置”超链接，如图 1.10 所示，弹出“编辑网站”对话框。

③ 在“编辑网站”对话框中单击“…”按钮，选择网站文件夹所在路径；然后单击“选择”按钮，如图 1.11 所示，弹出“选择应用程序池”对话框，如图 1.12 所示，选择 DefaultAppPool，单击“确定”按钮，接着返回“编辑网站”对话框，单击“确定”按钮，即可完成网站路径的选择。

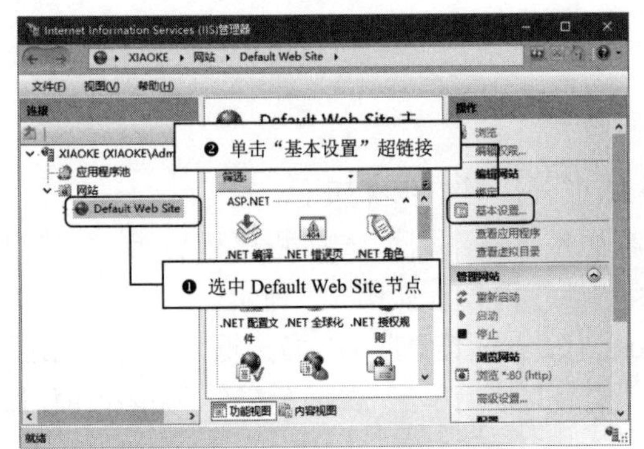

图 1.10 “Internet Information Services（IIS）管理器”窗口

图 1.11 “编辑网站”对话框

④在“Internet Information Services（IIS）管理器”窗口中单击“内容视图”，切换到“内容视图”页面，如图 1.13 所示，在该页面中间的列表中选中要浏览的 ASP.NET 网页，单击鼠标右键，在弹出的快捷菜单中选择“浏览”命令，即可浏览选中的 ASP.NET 网页。

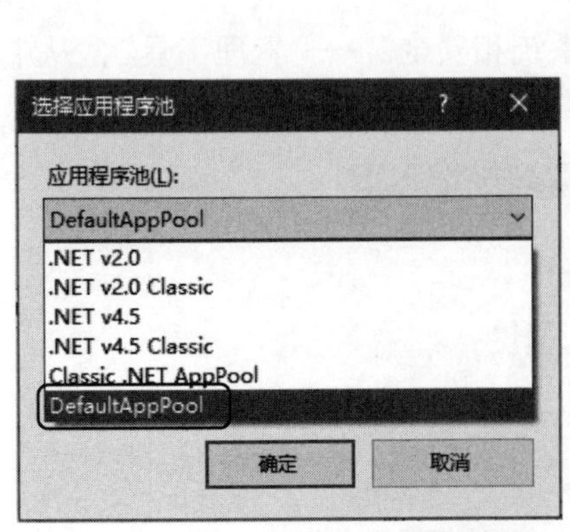

图 1.12 “选择应用程序池”对话框

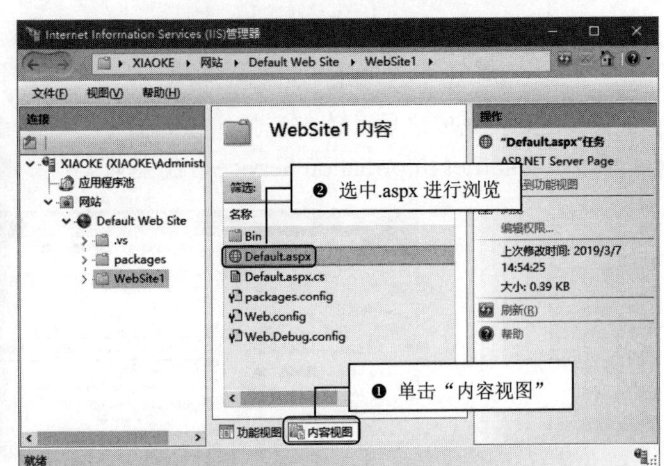

图 1.13 “内容视图”页面

通过配置这些 IIS 信息，一个网站的环境就已成功地部署完成了，以后就可以通过域名或者 IP 来访问网站了。

1.2.3 安装 Visual Studio 2019 必备条件

安装 Visual Studio 2019 之前，首先要了解安装 Visual Studio 2019 所需的必备条件，检查计算机的软硬件配置是否满足 Visual Studio 2019 开发环境的安装要求，具体要求如表 1.1 所示。

表 1.1 安装 Visual Studio 2019 所需的必备条件

名称	说明
处理器	2.0 GHz 双核处理器，建议使用 2.0 GHz 双核处理器
RAM	4G，建议使用 8G 内存
可用硬盘空间	系统盘上最少需要 10G 的可用空间（典型安装需要 20 ～ 50G 可用空间）
操作系统及所需补丁	Windows 7（SP1）、Windows 8.1、Windows Server 2012 R2（x64）、Windows Server 2016、Windows Server 2019、Windows 10；另外建议使用 64 位

1.2.4 下载 Visual Studio 2019

这里以 Visual Studio 2019 社区版的安装为例讲解具体的下载及安装步骤，下载地址为: https://www.visualstudio.com/zh-hans/downloads/，在浏览器中输入该地址后，可以看到如图 1.14 所示的页面，单击“Community”下面的“免费下载”按钮即可。

图 1.14 下载 Visual Studio 2019

1.2.5 安装 Visual Studio 2019

安装 Visual Studio 2019 社区版的步骤如下：

① Visual Studio 2019 社区版的安装文件是 exe 可执行文件，其命名格式为“vs_community__编译版本号.exe”，笔者在写作本书时，下载的安装文件名为 vs_community__1782859289.1611536897.exe，双击该文件开始安装。

② 程序首先跳转到如图 1.15 所示的 Visual Studio 2019 安装程序界面，该界面中单击“继续”按钮。

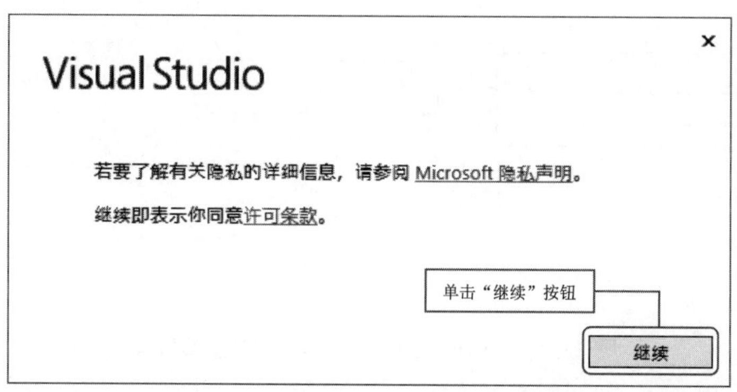

图 1.15 Visual Studio 2019 安装界面

③ 等待程序加载完成后，自动跳转到安装选择项界面，如图 1.16 所示，在该界面中主要将“.NET 桌面开发”和“ASP.NET 和 Web 开发”这两个复选框选中，其他的复选框，读者可以根据自己的开发需要确定是否选择安装；选择完要安装的功能后，在下面“位置”处选择要安装的路径，这里建议不要安装在系统盘上，可以选择一个其他磁盘进行安装。设置完成后，单击“安装”按钮。

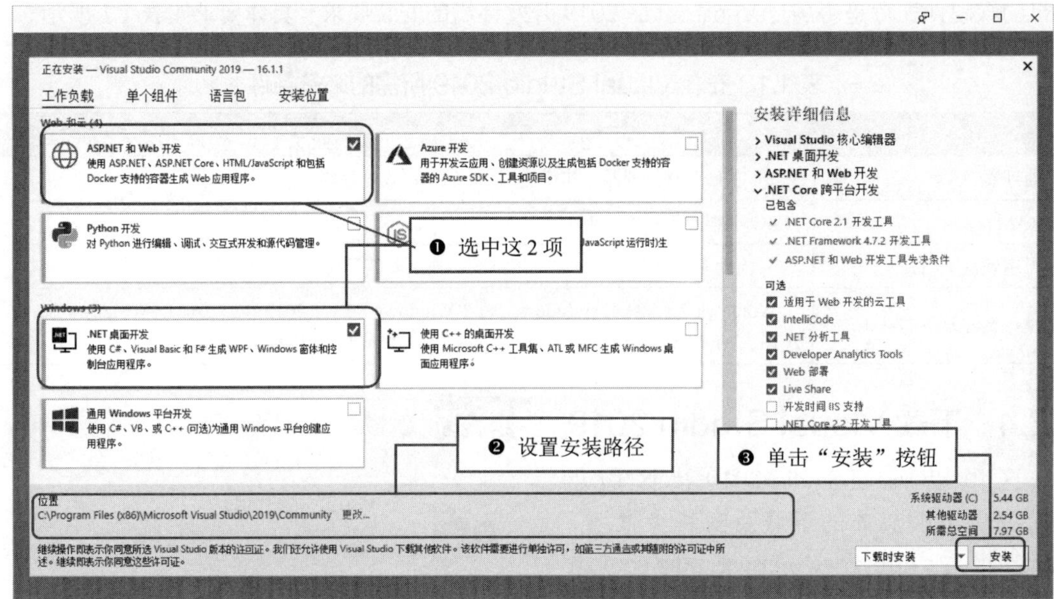

图 1.16　Visual Studio 2019 安装界面

注意：

在安装 Visual Studio 2019 开发环境时，计算机一定要确保处于联网状态，否则无法正常安装。

④ 跳转到如图 1.17 所示的安装进度界面，该界面显示当前的安装进度。

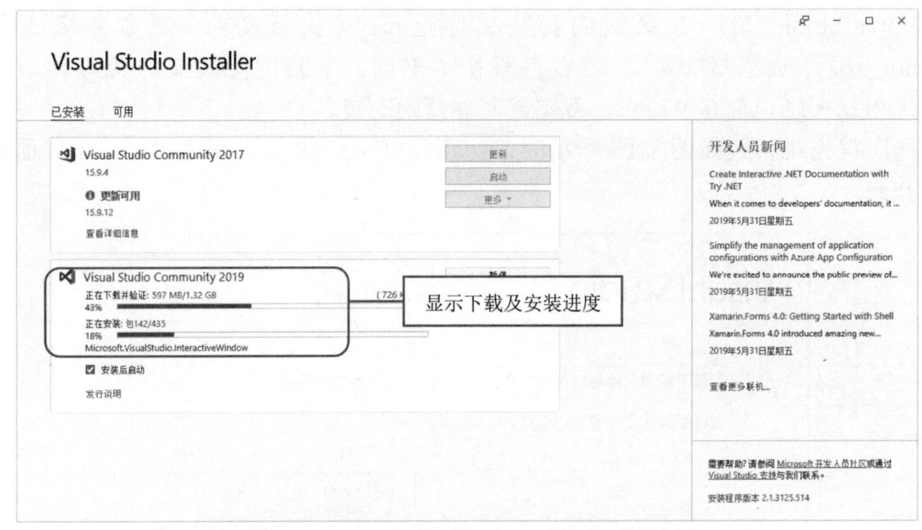

图 1.17　Visual Studio 2019 安装进度界面

⑤ 等待安装后，自动进入安装完成页，关闭即可。

⑥ 在系统的“开始”菜单中，单击 Visual Studio 2019 菜单启动 Visual Studio 2019 开发环境，如图 1.18 所示。

如果是第一次启动 Visual Studio 2019，会出现如图 1.19 所示的提示框，直接单击“以后再说。”超链接，即可进入 Visual Studio 2019 开发环境的开始使用界面。

图 1.18　系统开始菜单中的 Visual Studio 2019 菜单

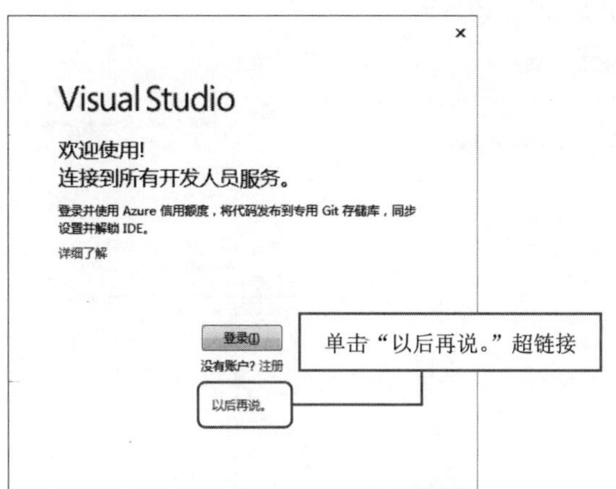

图 1.19　启动 Visual Studio 2019

Visual Studio 2019 开发环境的开始使用界面如图 1.20 所示。

图 1.20　Visual Studio 2019 开始使用界面

1.3　认识 ASP.NET 网站

在初步了解和学习 ASP.NET 时，读者需要预先掌握一些基本的知识概念，例如，ASP.NET 中经常用到的各类文件、目录、控件以及 ASPX 页面的基本认识。读者不必一次就要学会和掌握这些知识要点，但有了这些基本的了解之后，会更容易上手学习和开发 ASP.NET 应用程序。

1.3.1 创建 ASP.NET 网站程序

创建 ASP.NET 网站的步骤如下：

① 启动 Visual Studio 2019 集成开发环境后，首先进入开始使用界面，单击“创建新项目”选项，如图 1.21 所示。

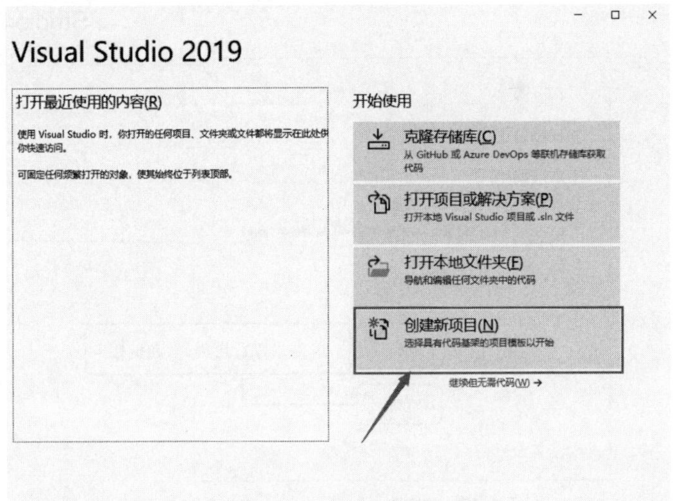

图 1.21 创建新项目

② 进入“创建新项目”页面，在右侧选择“ASP.NET Web 应用程序 (.NET Framework)”，单击“下一步”按钮，如图 1.22 所示。

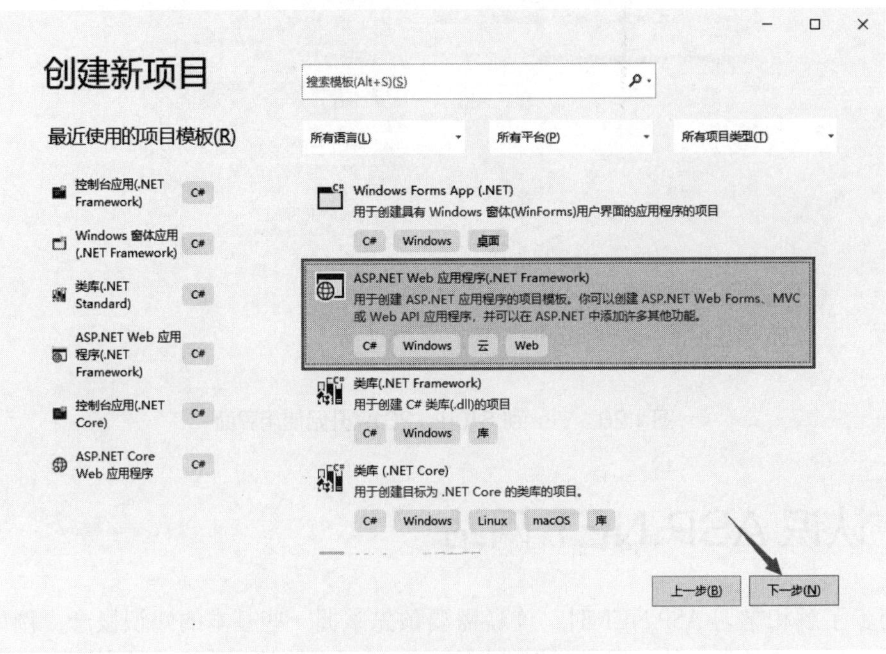

图 1.22 选择“ASP.NET Web 应用程序 (.NET Framework)”

③ 进入如图 1.23 所示的“配置新项目”对话框，在该对话框中设置项目的路径、保存

位置和使用的框架，单击“创建”按钮。

④ 进入“创建新的 ASP.NET Web 应用程序”对话框，如图 1.24 所示，该对话框中可以选择创建 Web Forms、MVC、Web API 等多种类型的 ASP.NET 项目。这里为了讲解方便，选择“空”，单击“创建”按钮，即可创建一个 ASP.NET 空网站。

图 1.23　配置新项目

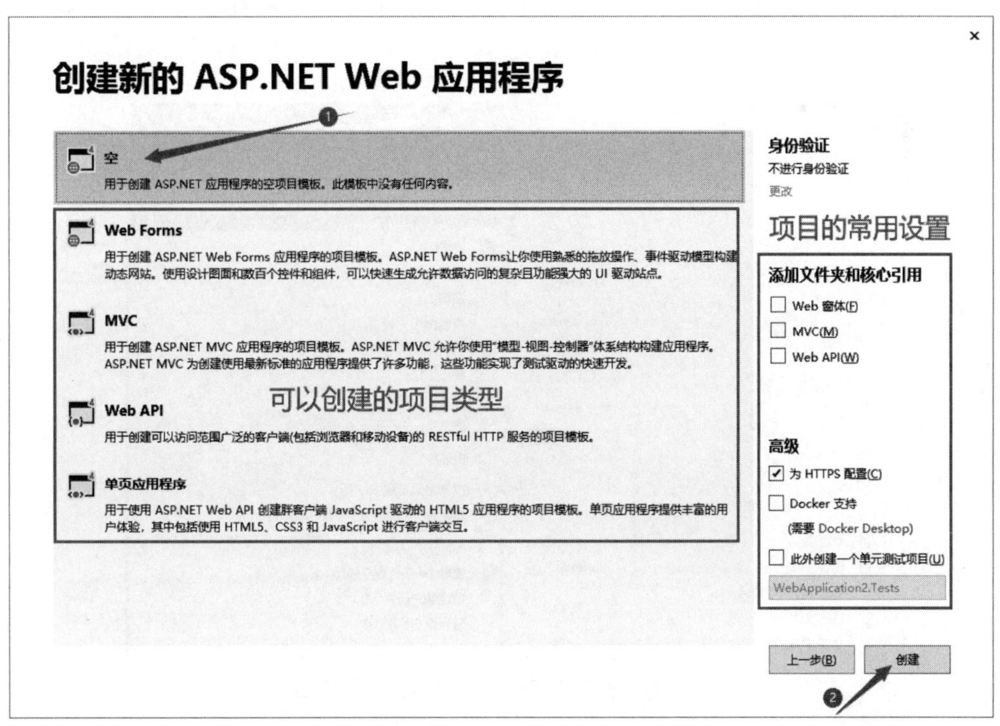

图 1.24　创建新的 ASP.NET Web 应用程序

创建完成的 ASP.NET 网站如图 1.25 所示。

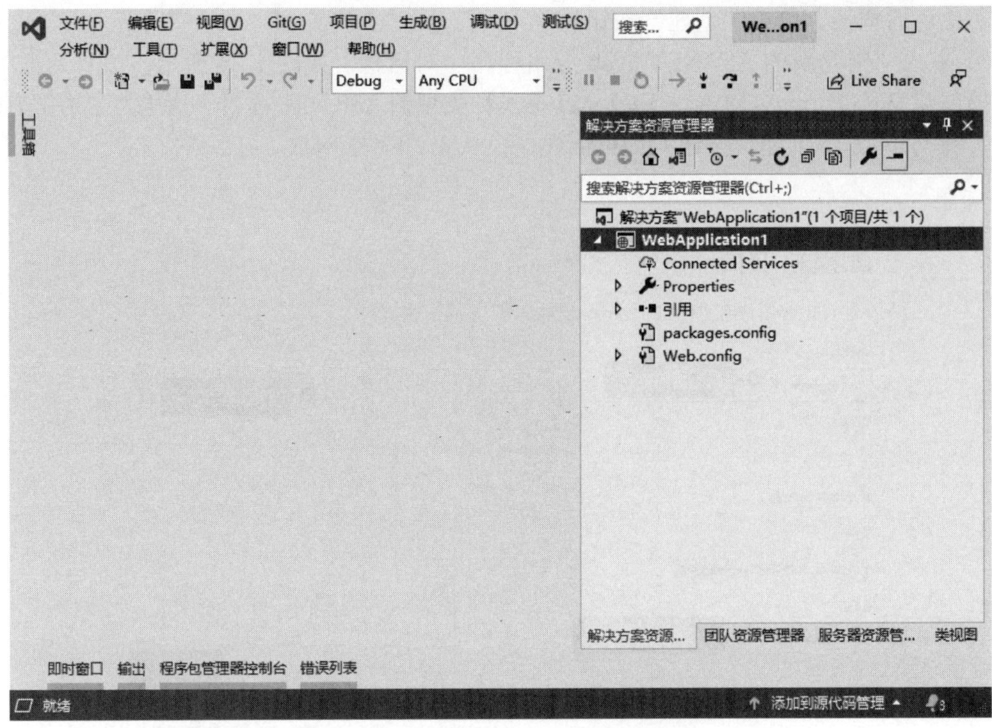

图 1.25　创建完成的 ASP.NET 网站

⑤ 创建完的 ASP.NET 网站中只包括两个配置文件和一个引用文件夹，选中当前网站名称，单击鼠标右键，在弹出的快捷菜单中选择“添加”→“新建项”菜单，如图 1.26 所示。

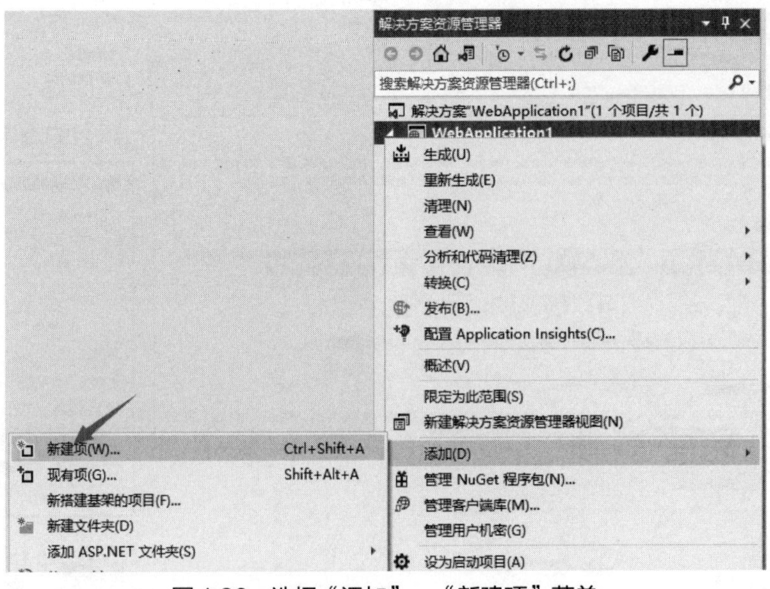

图 1.26　选择“添加”→“新建项”菜单

⑥ 弹出“添加新项”对话框，选择“Web 窗体”，并输入名称，如图 1.27 所示。

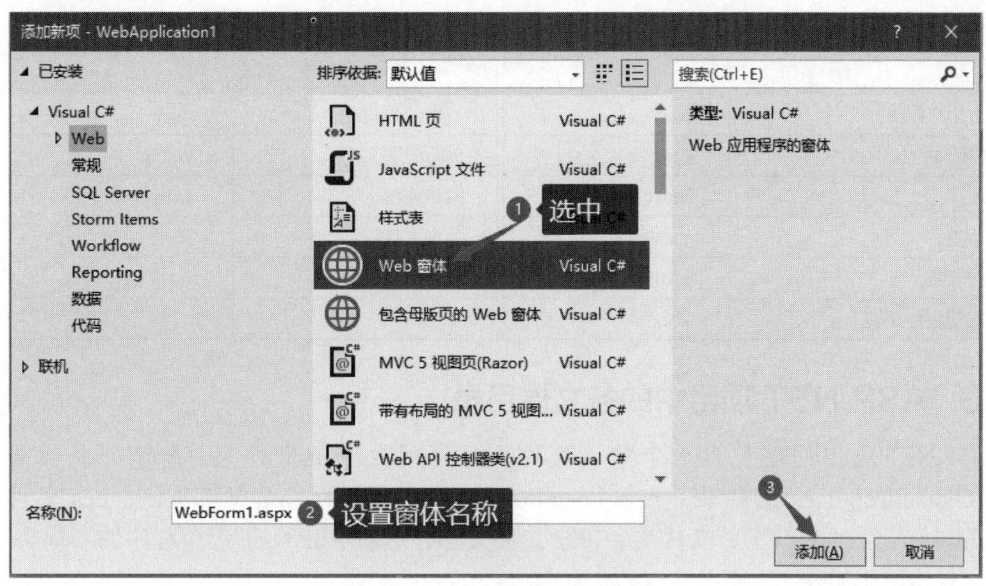

图 1.27 “添加新项”对话框

⑦ 单击“添加”按钮，即可向当前的 ASP.NET 网站中添加一个 Web 网页，添加完 Web 页面的 ASP.NET 网站如图 1.28 所示。

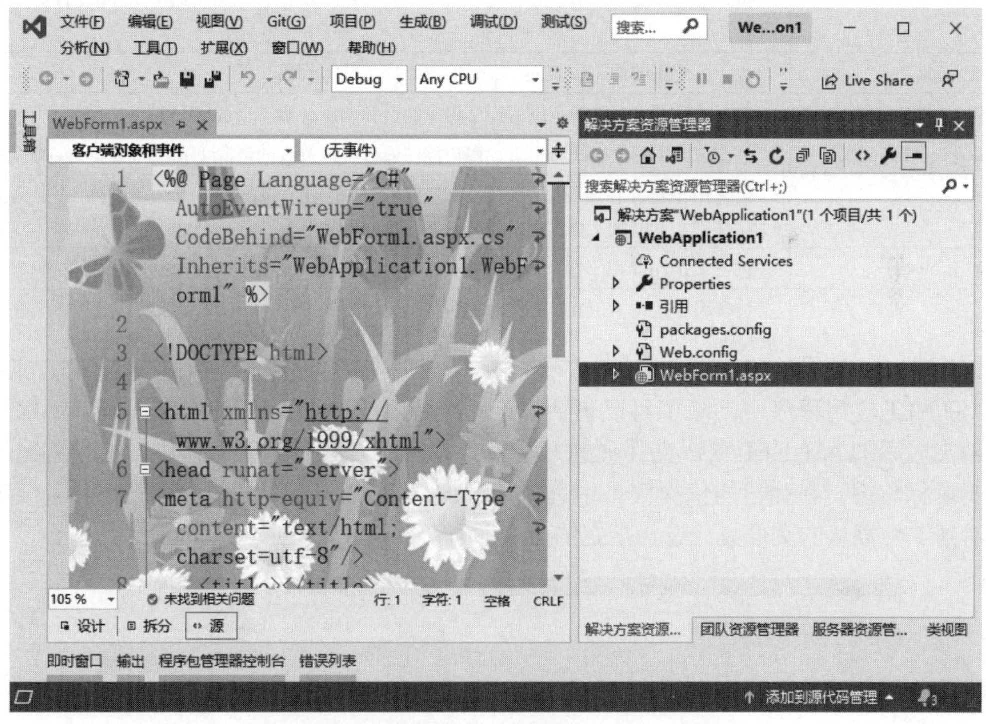

图 1.28 添加完 Web 页面的 ASP.NET 网站

1.3.2 ASP.NET 网页扩展名

在 ASP.NET 应用程序中可以包含很多文件类型。例如，经常使用的 ASP.NET Web 窗体页就是以 .aspx 为扩展名的文件。ASP.NET 网页其他扩展名的具体描述如表 1.2 所示。

表 1.2 ASP.NET 网页扩展名

文件	扩展名	文件	扩展名
Web 用户控件	.ascx	一般处理程序	.ashx
HTML 页	.htm	Web 配置文件	.config
XML 页	.xml	网站地图	.sitemap
母版页	.master	外观文件	.skin
Web 服务	.asmx	MVC 视图文件	.csHTML
全局应用程序类	.asax		

1.3.3 ASP.NET 项目中的各文件目录

ASP.NET 应用程序包含 7 个默认文件夹，分别为：Bin 文件夹、App_Code 文件夹、App_ GlobalResources 文件夹、App_LocalResources 文件夹、App_WebReferences 文件夹、App_Browsers 文件夹、主题文件夹。每个文件夹都存放着 ASP.NET 应用程序的不同类型的资源，具体说明如表 1.3 所示。

表 1.3 ASP.NET 应用程序文件夹说明

方法	说明
Bin	包含程序所需的所有已编译程序集（.dll 文件）。应用程序中自动引用 Bin 文件夹中的代码所表示的任何类
App_Code	包含页使用的类（例如 .cs、.vb 和 .jsl 文件）的源代码
App_GlobalResources	包含编译到具有全局范围的程序集中的资源（.resx 和 .resources 文件）
App_LocalResources	包含与应用程序中的特定页、用户控件或母版页关联的资源（.resx 和 .resources 文件）
App_WebReferences	包含用于定义在应用程序中使用的 Web 引用的引用协定文件（.wsdl 文件）、架构文件（.xsd 文件）和发现文档文件（.disco 和 .discomap 文件）
App_Browsers	包含 ASP.NET 用于标识个别浏览器并确定其功能的浏览器定义（.browser）文件
主题	包含用于定义 ASP.NET 网页和控件外观的文件集合（.skin 和 .css 文件以及图像文件和一般资源）

ASP.NET 应用程序中，除了可以包括以上 7 个默认文件夹外，开发者还可以添加默认的文件夹。添加 ASP.NET 默认文件夹的方法是：在解决方案资源管理器中，选中方案名称并单击鼠标右键，在弹出的快捷菜单中选择“添加 ASP.NET 文件夹”命令，在其子菜单中可以看到 7 个默认的文件夹，选择指定的命令即可，如图 1.29 所示。

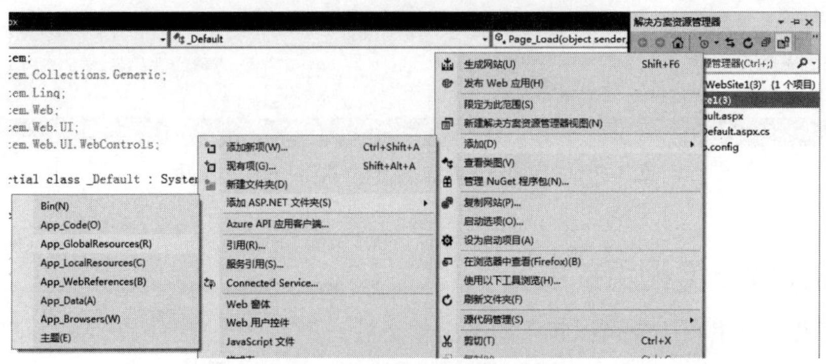

图 1.29 ASP.NET 默认文件夹

1.3.4 ASP.NET 页面指令

ASP.NET 页面中的前几行一般是 <%@...%> 这样的代码，这行代码就是页面指令标签，用来定义 ASP.NET 页分析器和编译器使用的特定于该页的一些定义。在 .aspx 文件中使用的页面指令一般有以下几种。

● <%@Page%> 指令：可定义 ASP.NET 页分析器和编译器使用的属性，一个页面只能有一个这样的指令。

● <%@Import Namespace="Value"%> 指令：可将命名空间导入到 ASP.NET 应用程序文件中，一个指令只能导入一个命名空间，如果要导入多个命名空间，应使用多个 @Import 指令来执行。有的命名空间是 ASP.NET 默认导入的，没有必要再重复导入。

说明：

ASP.NET 默认导入的命名空间包括 System、System.Configuration、System.Data、System.Linq、System.Web、System.Web.Security、System.Web.UI、System.Web.UI.HTMLControls、System.Web.UI. WebControls、System.Web.UI.WebControls.WebParts、System.Xml.Linq。

● <%@OutputCache%> 指令：用于设置页或页中包含的用户控件的输出缓存策略。

● <%@Register%> 指令：用于创建标记前缀和自定义控件之间的关联关系，有下面 3 种写法：

```
<%@ Register tagprefix="tagprefix" namespace="namespace" assembly="assembly" %>
<%@ Register tagprefix="tagprefix" namespace="namespace" %>
<%@ Register tagprefix="tagprefix" tagname="tagname" src="pathname" %>
```

● tagprefix：指定对包含指令的文件所使用标记的命名空间的短引用的别名。

● namespace：正在注册的自定义控件的命名空间。

● tagname：与类关联的任意别名。此属性只用于用户控件。

● src：自定义用户控件的文件位置，可以是相对的地址，也可以是绝对的地址。

● assembly：与 tagprefix 属性关联的命名空间的程序集，程序集名称不包括文件扩展名。如果将自定义控件的源代码文件放置在应用程序的 App_Code 文件夹下，ASP.NET 在运行时会动态编译源文件，因此不必使用 assembly 属性。

1.3.5 在 ASPX 文件中实现内容注释

ASPX 前端源代码注释方式与 HTML 相同，即：<%-- 注释内容 --%>，对于被注释的任何内容（开始标记与结束标记之间内容），都不会在服务器上进行处理或呈现在结果页上。

例如，将 TextBox 控件进行注释，代码如下：

```
<!--
        <asp:TextBox ID="TextBox2" runat="server"></asp:TextBox>
 -->
```

执行后，浏览器上将不显示此文本框。

通常情况下对于 HTML 文档（或 ASP.NET 前端源代码）使用“<!---->”注释，但 JavaScript 代码区域（<script> 这里为 JavaScript 代码区域 </script>）的注释则不能使用“<!---->”方式，虽然 JavaScript 代码可以被标记嵌套在 HTML 文档内，但两者属于不同语言，所以 Javascript 使用“//”作为单行注释，多行注释采用“/* 这里是多行注释 */”来实现。下面分别采用两种方式进行注释，代码如下：

```
<script type ="text/javascript">
// 这里是单行注释
/*
        这里是多行注释
*/
</script>
```

注意：

服务器端注释用于页面的主体，但不在服务器端代码块中使用。当在代码声明块（包含在<script runat="server"></script>标记中的代码）或代码呈现块（包含在<%%>标记中的代码）中使用特定语言时，应使用所用编码语言的注释语法。如果在<% %>块中使用服务器端注释块，则会出现编译错误。开始和结束注释标记可以出现在同一行代码中，也可以由许多被注释掉的行隔开。服务器端注释块不能被嵌套。

1.3.6 ASP.NET 中的控件

任何一个网页页面都是由各类标签元素组成的，同时也包含了一些交互类型的标签元素，例如按钮和文本输入框等都是标签元素，这些标签元素被称为网页“控件”。在 ASP.NET 中，这些控件都被封装成了“服务器控件”，用于与 ASP.NET 服务器进行交互，但更严谨的叫法应该是“ASP.NET 服务器控件”。在使用 ASP.NET 开发的网站项目中，多数情况下会使用 ASP.NET 服务器控件来完成开发，但作为 Web 开发者必须对 HTML 有一些了解，因为在 ASP.NET 服务器控件最终呈现给用户时，都会转换为 HTML 控件。况且，在实现客户端浏览器（JavaScript 操作）功能时，也是需要对 HTML 控件有一定的了解。

在 ASP.NET 页面中不仅可以使用 ASP.NET 服务器控件，也可以使用传统的 HTML 控件标签。此外，传统的 HTML 控件也可以称为服务器控件，但是功能上与 ASP.NET 服务器控件是有区别的。下面将给出三种类型控件的基本语法。

- 传统 HTML 控件的语法格式：

```
<input id="ButtonID1" type="button" value=" 确定 " onclick="ToConfirm()" />
```

其中 id 为控件的唯一标识，type 为控件类型，value 为控件的值，onclick 是控件的单击事件。

- 被标记为服务器控件的 input 标签的语法格式：

```
<input id="ButtonID1" type="button" value=" 确定 " onclick="ToConfirm()" runat="server"/>
```

它的语法与 HTML 控件基本相同，只是多加了一个 runat 属性，表示该控件可被后台 C# 代码直接访问到。

ASP.NET 服务器控件的语法格式：

```
<asp:Button ID="Button1" Text=" 确定 " OnClick=" Button1_Click" runat="server"/>
```

ASP.NET 封装的控件，在定义上与 HTML 控件是有一定的区别的，例如它是以“asp:”开头，“:”冒号之后为控件类型，类似于 input 中的 type 属性，Text 等同于 HTML 控件的 Value。最大的区别在于 HTML 的 onclick 事件和 ASP.NET 控件的 OnClick 控件，前者是触发 JavaScript 中定义的方法，后者则是触发页面的后台代码（C#）。

1.3.7 ASP.NET 页面中的代码块语法

代码块语法是在网页呈现时所执行的内嵌代码，通俗地讲就是将后台 C# 代码放置在

ASPX 页面中去执行。代码块以“<%”小于号和百分号开始，以“%>”百分号和大于号结束。这种方式类似于 ASP 或 PHP 的语法格式。其语法格式如下：

```
<% C# Code... %>
```

例如下面这段代码，定义了一个循环 10 次的代码，循环内并没有执行任何操作。

```
<%
    for (int i = 0; i < 10; i++) {

    }
%>
```

从上面的代码中可以看到，<%%> 代码块标记是可以进行折行编写的。再看如下代码：

```
<%for (int i = 0; i < 10; i++){%>
    <div> 这里可以定义网页标签 </div>
<%}%>
```

在上面的代码块中定义了一个 HTML 元素的 div 标签，并且这个标签会被循环 10 次输出到页面上。这段代码中，使用了多次 <%%> 标记，且每一个 <%%> 标记内都是 C# 代码，而 div 标签被定义在了 <%%> 标记的外部。这是因为 div 不是 C# 的代码，如果直接将 div 标签定义在 <%%> 内就会产生错误。所以，在 ASPX 中使用代码块时一定要区分开 C# 代码与 HTML 代码的所处位置。

1.4 一个简单的 ASP.NET 网站

一个网站程序，可以是一个简单的静态页面，也可以是更多复杂的动态页面。无论网站的规模有多小，它都是一个完整的网站结构，在构建这个网站时也需要一个基本的流程。例如，我们需要思考制作一个什么样的页面，然后设计这个页面，最后运行这个网站。这样一个简单的网站程序也需要经历一个基本的开发流程。

1.4.1 ASP.NET 网站的基本构建流程

在学习 ASP.NET 应用程序开发前，需要了解构建一个 ASP.NET 网站的基本流程。构建一个 ASP.NET 网站的基本流程如图 1.30 所示。

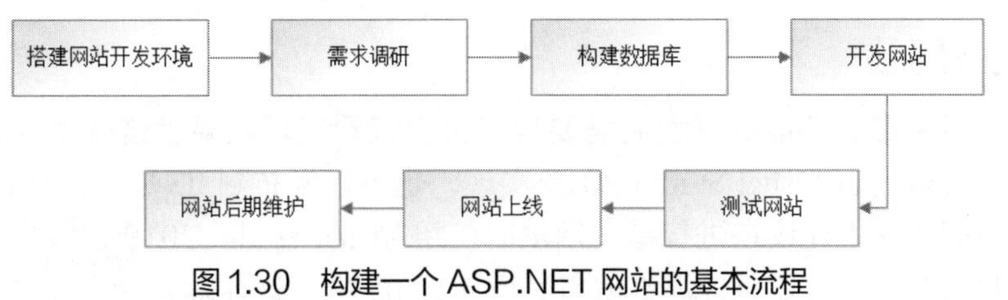

图 1.30 构建一个 ASP.NET 网站的基本流程

1.4.2 设计 Web 页面

（1）布局页面

通过两种方法可以实现布局 Web 页面，一种是应用 Table 表格布局 Web 窗体，另一种

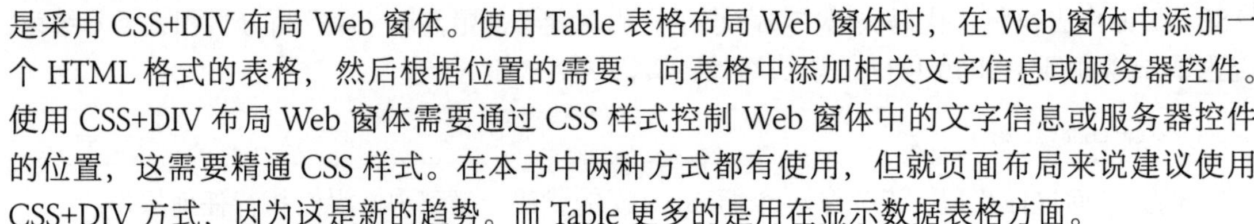

是采用 CSS+DIV 布局 Web 窗体。使用 Table 表格布局 Web 窗体时，在 Web 窗体中添加一个 HTML 格式的表格，然后根据位置的需要，向表格中添加相关文字信息或服务器控件。使用 CSS+DIV 布局 Web 窗体需要通过 CSS 样式控制 Web 窗体中的文字信息或服务器控件的位置，这需要精通 CSS 样式。在本书中两种方式都有使用，但就页面布局来说建议使用 CSS+DIV 方式，因为这是新的趋势。而 Table 更多的是用在显示数据表格方面。

（2）向页面中添加服务器控件

添加服务器控件可以通过拖曳的方式添加，也可以通过编写 ASP.NET 网页代码添加。例如，下面分别通过这两种方法添加一个 Button 按钮。

- 拖曳方法。

首先，打开工具箱，在“标准”栏中找到 Button 控件选项，然后按住鼠标左键，将 Button 按钮拖动到 Web 窗体的指定位置或表格的单元格中，再松开鼠标左键即可，如图 1.31 所示。

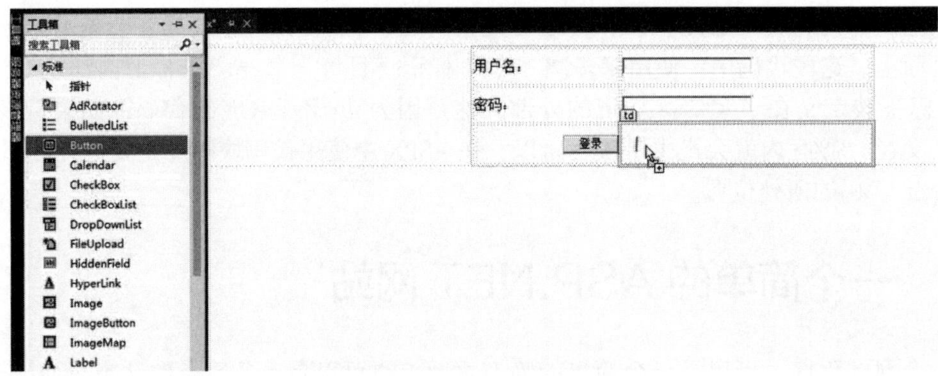

图 1.31　添加 Button 控件

- 代码方法。

打开 Web 窗体的源视图，然后在要放置 Button 按钮的位置定义控件标签，例如放置到表格单元格标记 <td> 中。具体代码如下：

```
<td>
    <asp:Button ID="Button2" runat="server" Text=" 取消 " />
</td>
```

1.4.3　运行网站

在完成网页中部分功能的开发后需要运行页面查看实现效果，这就需要将网站运行起来。运行网站可以通过 Visual Studio 2019 实现，也可以发布到 IIS 中然后使用局域网 IP 加端口号进行访问。这里建议在进行错误调试时使用 Visual Studio 2019 运行程序，如果开发周期较长且频繁查看页面效果，那么就将其发布到 IIS 中，这样就会大大提高开发效率。下面是两种方式的运行方法。

第一种方式，在 Visual Studio 2019 中运行：

在 Visual Studio 2019 中提供了多种方法运行应用程序。可以选择菜单栏中的“调试”→“开始调试”命令运行应用程序，如图 1.32 所示；也可以单击工具栏上的▶按钮来直接运行程序。

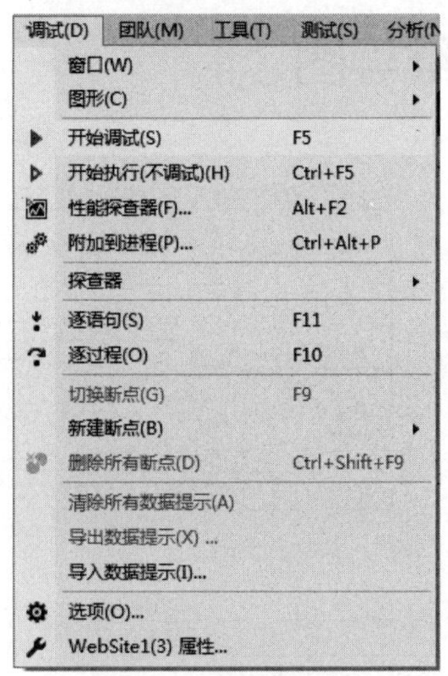

图 1.32 “调试”菜单

第二种方法，通过 IIS 浏览：

通过“Internet 信息服务 (IIS) 管理器”发布网站后，就可以浏览 ASP.NET 网页页面了。在 1.2.2 小节中已经对配置 IIS 进行了讲解，下面直接讲解如何浏览页面。首先找到 IIS 上发布的要浏览的网站站点，然后切换到“内容视图”，选中要浏览的 .aspx 页面，单击右键，选择“浏览”选项，即可在浏览器中浏览该页面，如图 1.33 所示。

图 1.33 浏览 ASP.NET 网页

本章知识思维导图

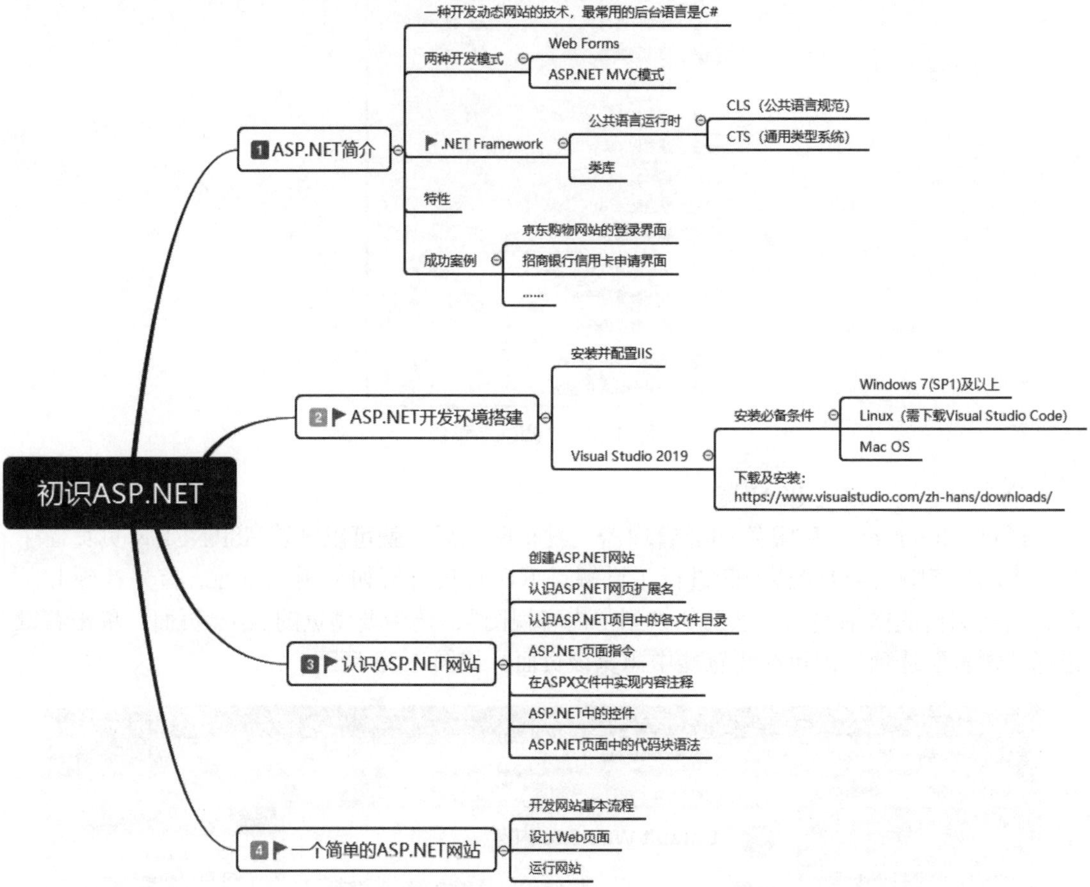

- 初识ASP.NET
  - 1 ASP.NET简介
    - 一种开发动态网站的技术，最常用的后台语言是C#
    - 两种开发模式
      - Web Forms
      - ASP.NET MVC模式
    - .NET Framework
      - 公共语言运行时
        - CLS（公共语言规范）
        - CTS（通用类型系统）
      - 类库
    - 特性
    - 成功案例
      - 京东购物网站的登录界面
      - 招商银行信用卡申请界面
      - ……
  - 2 ASP.NET开发环境搭建
    - 安装并配置IIS
    - Visual Studio 2019
      - 安装必备条件
        - Windows 7(SP1)及以上
        - Linux（需下载Visual Studio Code）
        - Mac OS
      - 下载及安装：https://www.visualstudio.com/zh-hans/downloads/
  - 3 认识ASP.NET网站
    - 创建ASP.NET网站
    - 认识ASP.NET网页扩展名
    - 认识ASP.NET项目中的各文件目录
    - ASP.NET页面指令
    - 在ASPX文件中实现内容注释
    - ASP.NET中的控件
    - ASP.NET页面中的代码块语法
  - 4 一个简单的ASP.NET网站
    - 开发网站基本流程
    - 设计Web页面
    - 运行网站

第 2 章

网页前端开发基础

本章学习目标

- 熟悉如何创建一个 HTML 文件。
- 熟悉 HTML 中常用标记的使用。
- 熟悉 CSS 的基本语法。
- 能够自己定义 CSS 样式。
- 知道如何在网页中使用 CSS。

2.1 HTML 标记语言

HTML 全称 Hypertext Markup Language，译为超文本标记语言。HTML 用于描述超文本中内容的显示方式。使用 HTML 可以实现在网页中定义标题、文本或者表格等。

2.1.1 创建第一个 HTML 文件

编写 HTML 文件可以通过两种方式，一种是手工编写 HTML 代码，另一种是借助一些开发软件，比如 Adobe 公司的 Dreamweaver 或者微软公司的 Expression Web 这样的网页制作软件。在 Windows 操作系统中，最简单的文本编辑软件就是记事本。

下面为大家介绍应用记事本编写第一个 HTML 文件。HTML 文件的创建方法非常简单，具体步骤如下：

① 单击“开始”菜单，依次选择“程序 / 附件 / 记事本”命令。

② 在打开的记事本窗体中编写代码，如图 2.1 所示。

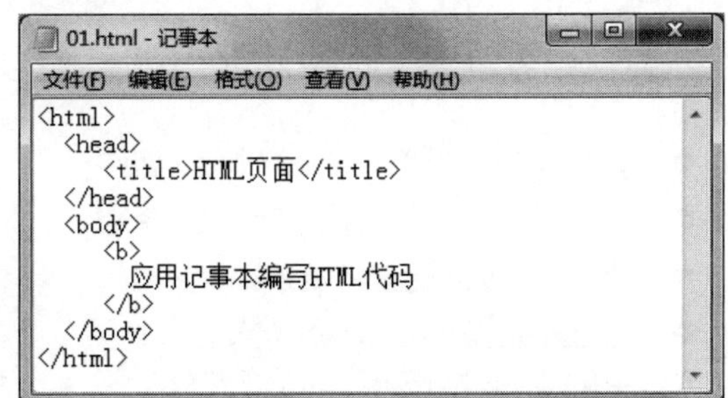

图 2.1 在记事本中输入 HTML 文件内容

③ 编写完成之后，需要将其保存为 HTML 格式文件，具体步骤为：选择记事本菜单栏中的“文件 / 另存为”命令，在弹出的另存为对话框中，首先在“保存类型”下拉列表中选择“所有文件”选项，然后在“文件名”文本框中输入一个文件名，需要注意的是，文件名的后缀应该是“.htm”或者“.html”，如图 2.2 所示。

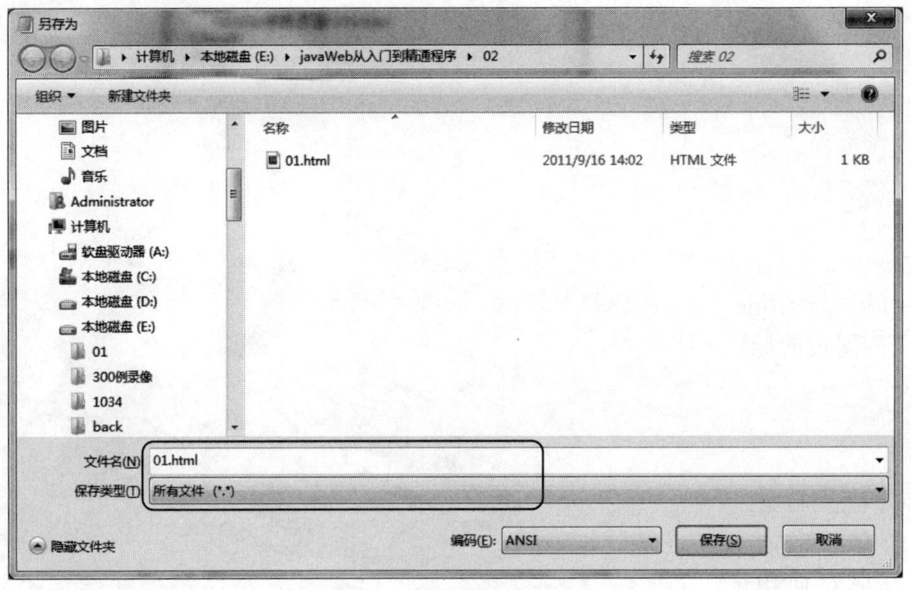

图 2.2 保存 HTML 文件

说明：

如果没有修改记事本的“保存类型”，那么记事本会自动将文件保存为“.txt”文件，即普通的文本文件，而不是网页类型的文件。

④ 设置完成后，单击“保存”按钮，则保存成功了 HTML 文件。此时，双击该 HTML 文件，就会显示页面内容。效果如图 2.3 所示。

这样，就完成了第一个 HTML 文件的编写。尽管该文件内容非常简单，但是却体现了 HTML 文件的特点。

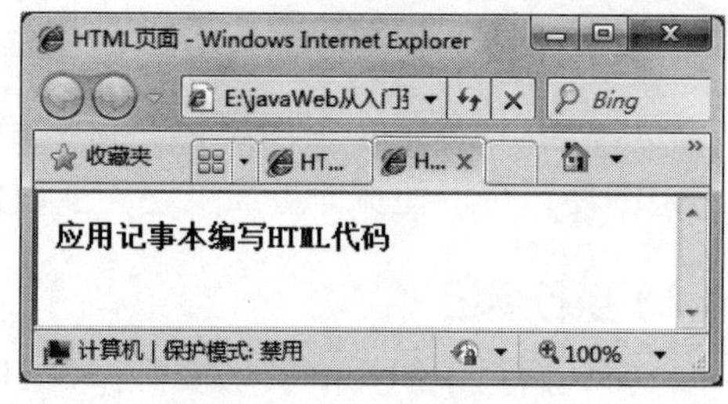

图 2.3　运行 HTML 文件

说明：

在浏览器的显示页面中，单击鼠标右键选择“查看源代码”命令，这时会自动打开记事本程序，里面显示的则为 HTML 源文件。

2.1.2　HTML 文档结构

HTML 文档由 4 个主要标记组成，这 4 个标记是 <html>、<head>、<title>、<body>。上节中为大家介绍的实例中，就包含了这 4 个标记，这 4 个标记构成了 HTML 页面最基本的元素。

（1）<html> 标记

<html> 标记是 HTML 文件的开头。所有 HTML 文件都是以 <html> 标记开头，以 </html> 标记结束。HTML 页面的所有标记都要放置在 <html> 与 </html> 标记中。<html> 标记并没有实质性的功能，但确是 HTML 文件不可缺少的内容。

说明：

HTML 标记是不区分大小写的。

（2）<head> 标记

<head> 标记是 HTML 文件的头标记，作用是放置 HTML 文件的信息。如定义 CSS 样式代码可放置在 <head> 与 </head> 标记之中。

（3）<title> 标记

<title> 标记为标题标记。可将网页的标题定义在 <title> 与 </title> 标记之中。例如在 2.1.1 节中定义的网页的标题为“HTML 页面”，如图 2.4 所示。<title> 标记被定义在 <head> 标记中。

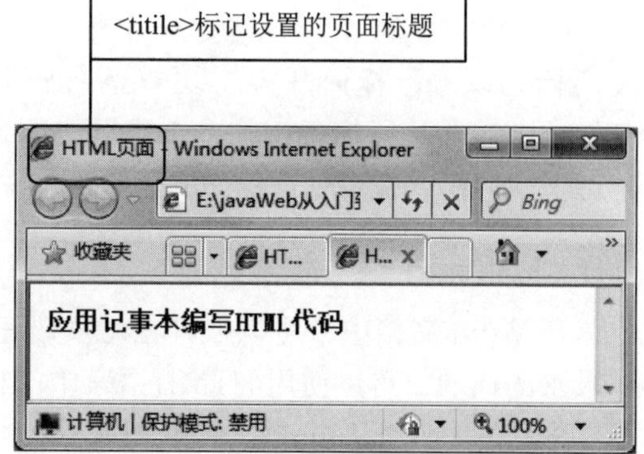

图 2.4　<title> 标记定义页面标题

（4）<body> 标记

<body> 是 HTML 页面的主体标记。页面中的所有内容都定义在 <body> 标记中。<body> 标记也是成对使用的，以 <body> 标记开头，</body> 标记结束。<body> 标记本身也具有控制页面的一些特性。比如控制页面的背景图片和颜色等。

本节中介绍的是 HTML 页面的最基本的结构。要深入学习 HTML 语言，创建更加完美的网页，必须学习 HTML 语言的其他标记。

2.1.3 HTML 常用标记

HTML 中提供了很多标记，可以用来设计页面中的文字、图片，定义超链接等。这些标记的使用可以使页面更加生动，下面为大家介绍 HTML 中的常用标记。

(1) 换行标记

要让网页中的文字实现换行，在 HTML 文件中输入换行符（“Enter”键）是没有用的，如果要让页面中的文字实现换行，就必须用一个标记告诉浏览器在哪里要实现换行操作。在 HTML 语言中，换行标记为“
”。

与前面为大家介绍的 HTML 标记不同，换行标记是一个单独标记，不是成对出现的。下面通过实例为大家介绍换行标记的使用。

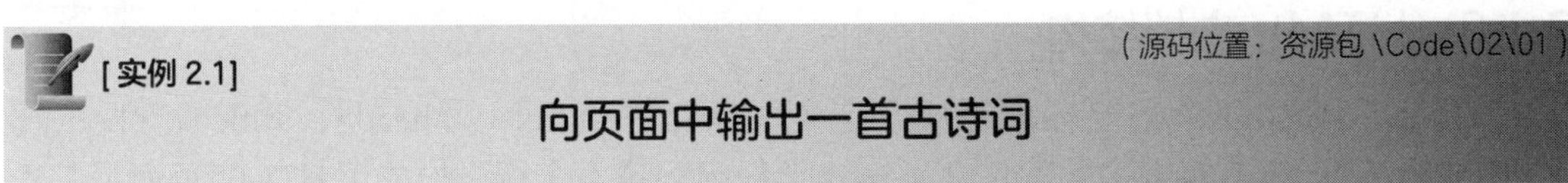

[实例 2.1]（源码位置：资源包 \Code\02\01）

向页面中输出一首古诗词

创建 HTML 页面，实现在页面中输出一首古诗，代码如下：

```
<html>
  <head>
     <title> 应用换行标记实现页面文字换行 </title>
  </head>
  <body>
     <b>
       黄鹤楼送孟浩然之广陵
     </b><br>
       故人西辞黄鹤楼，烟花三月下扬州。<br>
       孤帆远影碧空尽，唯见长江天际流
  </body>
</html>
```

运行本实例，效果如图 2.5 所示。

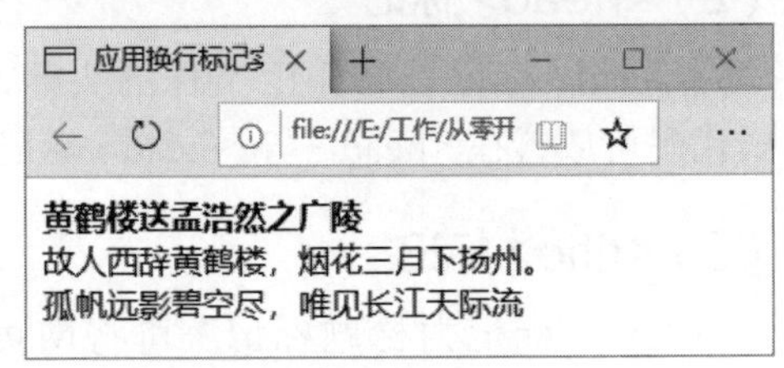

图 2.5　在页面中输出古诗

(2) 段落标记

HTML 中的段落标记也是一个很重要的标记，段落标记以 <p> 标记开头，以 </p> 标记结束。段落标记在段前和段后各添加一个空行，而定义在段落标记中的内容，不受该标记的影响。

(3) 标题标记

在 Word 文档中，可以很轻松地实现不同级别的标题。如果要在 HTML 页面中创建不同级别的标题，可以使用 HTML 语言中的标题标记。在 HTML 标记中，设定了 6 个标题标记，分别为 <h1> 至 <h6>，其中 <h1> 代表 1 级标题，<h2> 代表 2 级标题，<h6> 代表 6 级标题等。数字越小，表示级别越高，文字的字体也就越大。

[实例 2.2]（源码位置：资源包 \Code\02\02）

使用标题标记和段落标记设计页面

在 HTML 页面中定义文字，并通过标题标记和段落标记设置页面布局，代码如下：

```
<html>
    <head>
    <title> 设置标题标记 </title>
    </head>
    <body>
        <h1>ASP.NET 的特性 </h1>
        <h2> 开发效率高 </h2>
        <p> 使用 ASP.NET 服务器控件和包含新增功能的现有控件，可以轻松、快捷地创建 ASP.NET 网站。</p>
        <h2> 灵活性和可扩展性 </h2>
        <p> 很多 ASP.NET 功能都可以扩展，这样可以轻松地将自定义功能集成到程序中。例如，ASP.NET 为不同数据源提供插入支持。</p>
        <h2> 性能 </h2>
        <p> 使用缓存和 SQL 缓存失效等功能，可以优化网站的性能。</p>
        <h2> 安全性 </h2>
        <p> 向网站程序中添加身份验证和授权比以往任何时候都简单。</p>
    </body>
</html>
```

运行本实例，结果如图 2.6 所示。

图 2.6　使用标题标记和段落标记设计页面

（4）居中标记

HTML 页面中的内容有一定的布局方式，默认的布局方式是从左到右依次排序。如果要想让页面中的内容在页面的居中位置显示，可以使用 HTML 中的 <center> 标记。<center> 居中标记以 <center> 标记开头，以 </center> 标记结尾。标记之中的内容为居中显示。

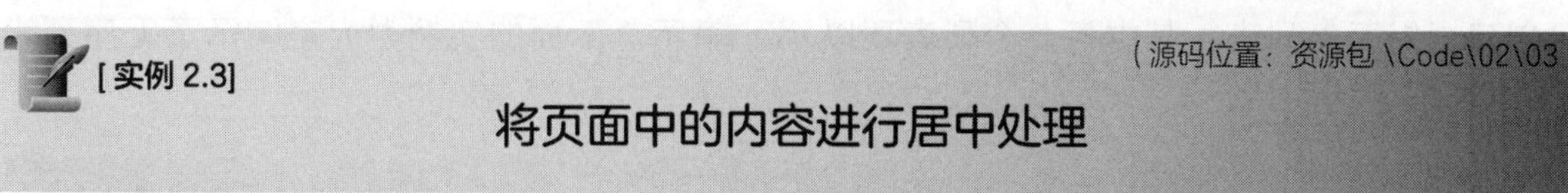

修改实例 2.2，使用居中标记对页面中的内容进行居中处理，代码如下：

```
<html>
    <head>
```

```
        <title> 设置标题标记 </title>
    </head>
    <body>
        <center>
            <h1>ASP.NET 的特性 </h1>
            <h2> 开发效率高 </h2>
            <p> 使用 ASP.NET 服务器控件和包含新增功能的现有控件，可以轻松、快捷地创建 ASP.NET 网站。</p>
            <h2> 灵活性和可扩展性 </h2>
            <p> 很多 ASP.NET 功能都可以扩展，这样可以轻松地将自定义功能集成到程序中。例如，ASP.NET 为不同数据源提供插入支持。</p>
            <h2> 性能 </h2>
            <p> 使用缓存和 SQL 缓存失效等功能，可以优化网站的性能。</p>
            <h2> 安全性 </h2>
            <p> 向网站程序中添加身份验证和授权比以往任何时候都简单。</p>
        </center>
    </body>
</html>
```

将页面中的内容进行居中后的效果如图 2.7 所示。

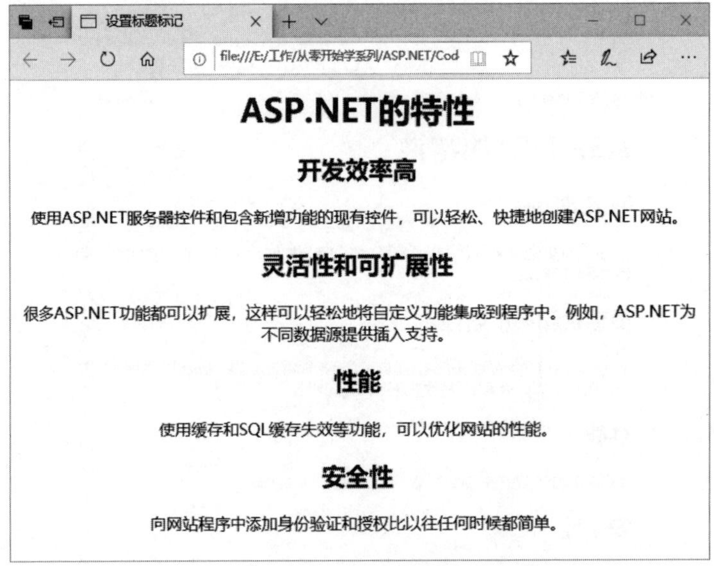

图 2.7　将页面中的内容进行居中处理

（5）文字列表标记

HTML 语言中提供了文字列表标记，文字列表标记可以将文字以列表的形式依次排列。通过这种形式可以更加地方便网页的访问者。HTML 中的列表标记主要有无序列表和有序列表两种。

① 无序列表　无序列表是在每个列表项的前面添加一个圆点符号。通过符号 <ul> 可以创建一组无序列表，其中每一个列表项以 <li> 表示。下面的实例为大家演示了无序列表的应用。

[实例 2.4]

（源码位置：资源包 \Code\02\04）

在页面中使用无序列表

使用无序列表对页面中的文字进行排序，代码如下：

```
<html>
    <head>
     <title> 无序列表标记 </title>
    </head>
    <body>
    编程词典有以下几个品种 :
    <p>
    <ul>
      <li>Java 编程词典
      <li>VB 编程词典
      <li>VC 编程词典
      <li>ASP.NET 编程词典
      <li>C# 编程词典
    </ul>
   </body>
</html>
```

本实例的运行结果如图 2.8 所示。

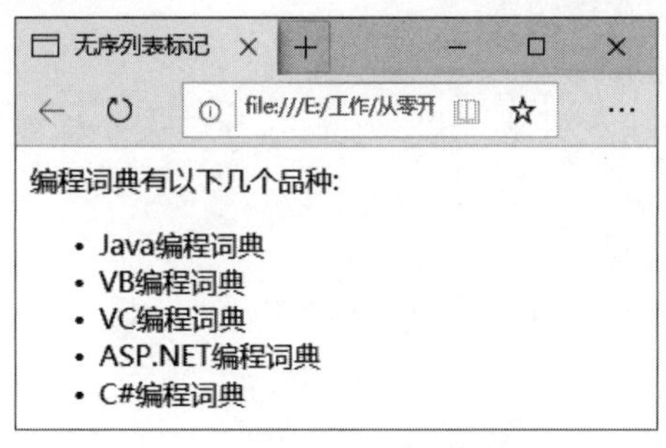

图 2.8　在页面中使用无序列表

② 有序列表　有序列表和无序列表的区别是，使用有序列表标记可以将列表项进行排号。有序列表的标记为 <ol>，每一个列表项前使用 <li>。有序列表中项目项是有一定的顺序的。下面将实例 2.4 进行修改，使用有序列表进行排序。

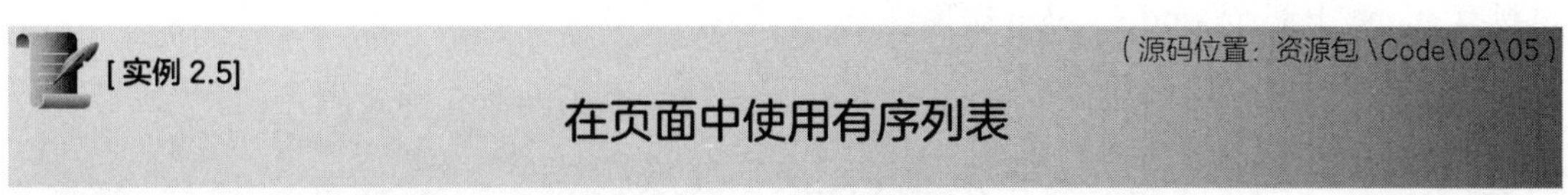

使用有序列表对页面中的文字进行排序，代码如下：

```
<html>
    <head>
     <title> 有序列表标记 </title>
    </head>
    <body>
    编程词典有以下几个品种:
    <p>
    <ol>
      <li>Java 编程词典
      <li>VB 编程词典
      <li>VC 编程词典
      <li>ASP.NET 编程词典
      <li>C# 编程词典
    </ol>
   </body>
</html>
```

运行本实例，结果如图 2.9 所示。

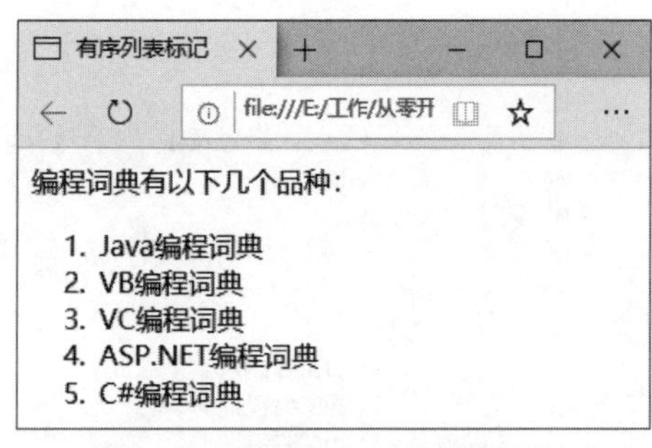

图 2.9　在页面中插入有序列表

2.1.4　表格标记

表格是网页中十分重要的组成元素。表格用来存储数据。表格包含标题、表头、行和单元格。在 HTML 语言中，表格标记使用符号 <table> 表示。定义表格使用 <table> 是不够的，还需要定义表格中的行、列、标题等内容。在 HTML 页面中定义表格，需要学会以下几个标记。

- 表格标记 <table>。

<table>…</table> 标记表示整个表格。<table> 标记中有很多属性，例如 width 属性用来设置表格的宽度，border 属性用来设置表格的边框，align 属性用来设置表格的对齐方式，bgcolor 属性用来设置表格的背景色等。

- 表格标题标记 <caption>。

表格标题标记以 <caption> 开头、以 </caption> 结束，标题标记也有一些属性，例如 align、valign 等。

- 表头标记 <th>。

表头标记以 <th> 开头、以 </th> 结束，也可以通过 align、background、colspan、valign 等属性来设置表头。

- 表格行标记 <tr>。

表格行标记以 <tr> 开头、以 </tr> 结束，一组 <tr> 标记表示表格中的一行。<tr> 标记要嵌套在 <table> 标记中使用，该标记也具有 align、background 等属性。

- 单元格标记 <td>。

单元格标记 <td> 又称为列标记，一个 <tr> 标记中可以嵌套若干个 <td> 标记。该标记也具有 align、background、valign 等属性。

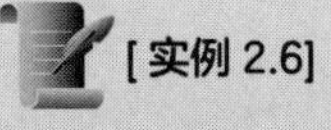
[实例 2.6]

（源码位置：资源包 \Code\02\06）

在页面中定义学生成绩表

在页面中使用表格定义学生成绩表，代码如下：

```
<body>
<table width="318" height="167" border="1" align="center">
   <caption> 学生考试成绩单 </caption>
   <tr>
      <td align="center" valign="middle"> 姓名 </td>
      <td align="center" valign="middle"> 语文 </td>
      <td align="center" valign="middle"> 数学 </td>
      <td align="center" valign="middle"> 英语 </td>
   </tr>
   <tr>
      <td align="center" valign="middle"> 张三 </td>
      <td align="center" valign="middle">89</td>
      <td align="center" valign="middle">92</td>
      <td align="center" valign="middle">87</td>
   </tr>
   <tr>
```

```
            <td align="center" valign="middle"> 李四 </td>
            <td align="center" valign="middle">93</td>
            <td align="center" valign="middle">86</td>
            <td align="center" valign="middle">80</td>
        </tr>
        <tr>
            <td align="center" valign="middle"> 王五 </td>
            <td align="center" valign="middle">85</td>
            <td align="center" valign="middle">86</td>
            <td align="center" valign="middle">90</td>
        </tr>
    </table>
</body>
```

运行本实例，结果如图 2.10 所示。

姓名	语文	数学	英语
张三	89	92	87
李四	93	86	80
王五	85	86	90

图 2.10　在页面中定义学生成绩表

说明：

表格的作用不仅可以用于显示数据，在实际开发中，常常会使用表格来设计页面。在页面中创建一个表格，并设置没有边框，之后通过该表格将页面划分几个区域，之后分别对几个区域进行设计，这样是一种非常方便的设计页面的方式。

2.1.5　表单标记

对于经常上网的人来说，对网站中的登录等页面肯定不会感到陌生，在登录页面中，网站会提供给用户用户名文本框与密码文本框以供访客输入信息。这里的用户名文本框与密码文本框就属于 HTML 中的表单元素。表单在 HTML 页面中起着非常重要的作用，是用户与网页交互信息的重要手段。

（1）<form>…</form> 表单标记

表单标记以 <form> 标记开头，以 </form> 标记结尾。在表单标记中可以定义处理表单数据程序的 URL 地址等信息。<form> 标记的基本语法如下：

```
<form action = "url" method = "get"|"post" name = "name" onSubmit = "" target ="">    </form>
```

<form> 标记的各属性说明如下：

- action 属性：用来指定处理表单数据程序的 URL 地址。
- method 属性：用来指定数据传送到服务器的方式。该属性有两种属性值，分别为 get 与 post。get 属性值表示将输入的数据追加在 action 指定的地址后面，并传送到服务器。当属性值为 post 时，会将输入的数据按照 HTTP 协议中 post 传输方式传送到服务器。
- name 属性：指定表单的名称，程序员可以自定义该属性值。
- onSubmit 属性：onSubmit 属性用于指定当用户单击提交按钮时触发的事件。
- target 属性：target 属性指定输入数据结果显示在哪个窗口中，该属性的属性值可以设置为“_blank”“_self”“_parent”“_top”。其中“_blank”表示在新窗口中打开目标文件；“_self”表示在同一个窗口中打开，这项一般不用设置；“_parent”表示在上一级窗口中打开，一般使用框架页时经常使用；“_top”表示在浏览器的整个窗口中打开，忽略任何框架。

下面的例子为创建表单，设置表单名称为 form，当用户提交表单时，提交至 action.html 页面进行处理，代码如下：

例如，定义表单元素，代码如下：

```
<form id="form1" name="form" method="post" action="action.html" target="_blank">
</form>
```

（2）<input> 表单输入标记

表单输入标记是使用最频繁的表单标记，通过这个标记可以向页面中添加单行文本、多行文本、按钮等。<input> 标记的语法格式如下：

```
<input type="image" disabled="disabled" checked="checked" width="digit" height="digit"
maxlength="digit" readonly="" size="digit" src="uri" usemap="uri" alt="" name="checkbox"
value="checkbox">
```

<input> 标记的属性如表 2.1 所示。

表 2.1 <input> 标记的属性

属性	描述
type	用于指定添加的是哪种类型的输入字段，共有 10 个可选值，如表 2.2 所示
disabled	用于指定输入字段不可用，即字段变成灰色。其属性值可以为空值，也可以指定为 disabled
checked	用于指定输入字段是否处于被选中状态，用于 type 属性值为 radio 和 checkbox 的情况下。其属性值可以为空值，也可以指定为 checked
width	用于指定输入字段的宽度，用于 type 属性值为 image 的情况下
height	用于指定输入字段的高度，用于 type 属性值为 image 的情况下
maxlength	用于指定输入字段可输入文字的个数，用于 type 属性值为 text 和 password 的情况下，默认没有字数限制
readonly	用于指定输入字段是否为只读。其属性值可以为空值，也可以指定为 readonly
size	用于指定输入字段的宽度，当 type 属性为 text 和 password 时，以文字个数为单位，当 type 属性为其他值时，以像素为单位
src	用于指定图片的来源，只有当 type 属性为 image 时有效
usemap	为图片设置热点地图，只有当 type 属性为 image 时有效。属性值为 URI，URI 格式为 "#+<map> 标记的 name 属性值"。例如，<map> 标记的 name 属性值为 Map，该 URI 为 #Map
alt	用于指定当图片无法显示时，显示的文字，只有当 type 属性为 image 时有效
name	用于指定输入字段的名称
value	用于指定输入字段默认数据值，当 type 属性为 checkbox 和 radio 时，不可省略此属性，为其他值时，可以省略。当 type 属性为 button、reset 和 submit 时，指定的是按钮上的显示文字；当 type 属性为 checkbox 和 radio 时，指定的是数据项选定时的值

type 属性是 <input> 标记中非常重要的内容，决定了输入数据的类型。该属性值的可选项如表 2.2 所示。

表 2.2 type 属性的属性值

可选值	描述	可选值	描述
text	文本框	submit	提交按钮
password	密码域	reset	重置按钮
file	文件域	button	普通按钮
radio	单选按钮	hidden	隐藏域
checkbox	复选框	image	图像域

[实例 2.7]

（源码位置：资源包 \Code\02\07）

在页面中定义不同类型的 input 标记

在页面中定义不同类型的 input 标记，主要有文本框、密码域、单选按钮、复选框、文件域、隐藏域、提交按钮、重置按钮、普通按钮和图像域等，代码如下：

```
<html>
<head>
    <title>&lt;input&gt; 标记 </title>
    <meta http-equiv="Content-Type" content="text/html; charset=utf-8" />
</head>
<body>
    <form action="" method="post" enctype="multipart/form-data" name="form1">
        文本框：<input name="user" type="text" id="user" size="39" maxlength="39">  <br>
        密码域：<input name="password" type="password" id="password" size="40" maxlength="40"><br>
        单选按钮：
        <input name="sex" type="radio" value=" 男 " checked>  男
        <input name="sex" type="radio" value=" 女 ">  女 <br>
        复选框：
        <input name="checkbox" type="checkbox" value="1" checked>  1
        <input name="checkbox" type="checkbox" id="checkbox" value="2">  2<br>
        文件域：<input type="file" name="file">  <br>
        隐藏域：<input type="hidden" name="hiddenField">  <br>
        提交按钮：<input type="submit" name="Submit" value=" 提交 ">  <br>
        重置按钮：<input type="reset" name="Submit2" value=" 重置 ">  <br>
        普通按钮：<input type="button" name="Submit3" value=" 按钮 ">  <br>
        图像域：<input type="image" name="imageField" src="images/gm_06.gif" width="136" height="32">
    </form>
</body>
</html>
```

页面运行结果如图 2.11 所示。

图 2.11　在页面中定义不同类型的 input 标记

（3）<select>…</select> 下拉菜单标记

<select> 标记可以在页面中创建下拉列表，此时的下拉列表是一个空的列表，要使用 <option> 标记向列表中添加内容。<select> 标记的语法格式如下：

```
<select name="name" size="digit" multiple="multiple" disabled="disabled">
</select>
```

<select> 标记的属性说明如表 2.3 所示。

表 2.3　<select> 标记的属性说明

属性	描述
name	用于指定列表框的名称
size	用于指定列表框中显示的选项数量，超出该数量的选项可以通过拖动滚动条查看
disabled	用于指定当前列表框不可使用（变成灰色）
multiple	用于让多行列表框支持多选

例如，在页面中应用 <select> 标记和 <option> 标记添加下拉列表框和多行下拉列表框，关键代码如下：

```
<select name="select">
  <option> 数码相机区 </option>
  <option> 摄影器材 </option>
  <option>MP3/MP4/MP5</option>
  <option>U 盘 / 移动硬盘 </option>
</select>
```

（4）<textarea> 多行文本标记

<textarea> 为多行文本标记，与单行文本相比，多行文本可以输入更多的内容。通常情况下，<textarea> 标记出现在 <form> 标记的标记内容中。<textrare> 标记的语法格式如下：

```
<textarea cols="digit" rows="digit" name="name" disabled="disabled" readonly="readonly"
wrap="value"> 默认值 </textarea>
```

<textarea> 标记的属性说明如表 2.4 所示。

表 2.4　<textarea> 标记的属性说明

属性	描述
name	用于指定多行文本框的名称，当表单提交后，在服务器端获取表单数据时应用
cols	用于指定多行文本框显示的列数（宽度）
rows	用于指定多行文本框显示的行数（高度）
disabled	用于指定当前多行文本框不可使用（变成灰色）
readonly	用于指定当前多行文本框为只读
wrap	用于设置多行文本中的文字是否自动换行

例如，在页面中创建表单对象，并在表单中添加一个多行文本框，文本框的名称为 content，文字换行方式为 hard，关键代码如下：

```
<form name="form1" method="post" action="">
        <textarea name="content" cols="30" rows="5" wrap="hard"></textarea>
</form>
```

2.1.6　超链接与图片标记

HTML 语言的标记有很多，本书由于篇幅有限不能一一为大家介绍，只能介绍一些常用标记。除了上面介绍的常用标记外，还有两个标记必须向大家介绍，即超链接标记与图片标记。

（1）超链接标记 <a>

超链接标记是页面中非常重要的元素，在网站中实现从一个页面跳转到另一个页面，这个功能就是通过超链接标记来完成。超链接标记的语法非常简单，语法如下：

```
<a href = ""></a>
```

属性 href 用来设定连接到哪个页面中。

（2）图片标记

大家在浏览网站中通常会看到各式各样的漂亮的图片，在页面中添加的图片是通过 <img> 标记来实现的。<img> 标记的语法格式如下：

```
<img src="url" width="value" height="value" border="value" alt=" 提示文字 " >
```

<img> 标记的属性说明如表 2.5 所示。

表 2.5 <img> 标记的常用属性

属性	描述
src	用于指定图片的来源
width	用于指定图片的宽度
height	用于指定图片的高度
border	用于指定图片外边框的宽度，默认值为0
alt	用于指定当图片无法显示时显示的文字

下面给出具体实例，为读者演示超链接和图片标记的使用。

[实例 2.8]　（源码位置：资源包 \Code\02\08）

页面中添加图片和超链接

在页面中添加表格，在表格中插入图片和超链接，单机超链接时，可以弹出详细信息页面，代码如下：

```
<table width="409" height="523" border="1" align="center">
  <tr>
    <td width="199" height="208">
     <img src="images/ASP.NET.jpg" />
    </td>
    <td width="194">
     <img src="images/C#.jpg"/>
    </td>
  </tr>
  <tr>
    <td height="35" align="center" valign="middle"><a href="message.html"> 查看详情 </a></td>
    <td align="center" valign="middle"><a href="message.html"> 查看详情 </a></td>
  </tr>
  <tr>
    <td height="227"><img src="images/Java .jpg"/></td>
```

```
      <td><img src="images/VB.jpg"/></td>
    </tr>
    <tr>
      <td height="35" align="center" valign="middle"><a href="message.html"> 查看详情 </a></td>
      <td align="center" valign="middle"><a href="message.html"> 查看详情 </a></td>
    </tr>
  </table>
```

运行本实例，结果如图 2.12 所示。页面中的“查看详情”为超链接，当用户单击该超链接后，将转发至 message.html 页面，如图 2.13 所示。

图 2.12　页面中添加图片和超链接

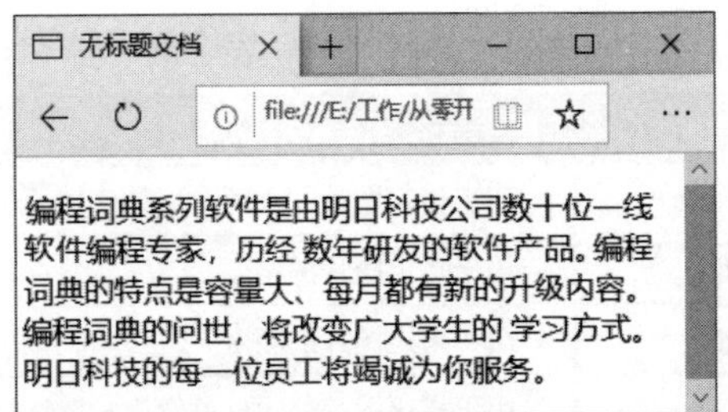

图 2.13　message.html 页面的运行结果

2.2　CSS 样式表

CSS 是 W3C 协会为弥补 HTML 在显示属性设定上的不足而制定的一套扩展样式标准，它的全称是“Cascading Style Sheet”。CSS 标准中重新定义了 HTML 中原来的文字显示样式，增加了一些新概念，如类、层等，可以对文字重叠、定位等。在 CSS 还没有引入到页面设计之前，传统的 HTML 语言要实现页面美化在设计上是十分麻烦的，例如要设计页面中文字的样式，如果使用传统的 HTML 语句来设计页面就不得不在每个需要设计的文字上都定义样式。CSS 的出现改变了这一传统模式。

2.2.1　CSS 语法

在 CSS 样式表中包括 3 部分内容：选择符、属性和属性值。语法格式为：

```
选择符 { 属性 : 属性值 ;}
```

语法说明如下：

选择符：又称选择器，是 CSS 中很重要的概念，所有 HTML 语言中的标记都是通过不同的 CSS 选择器进行控制的。

属性：主要包括字体属性、文本属性、背景属性、布局属性、边界属性、列表项目属性、表格属性等内容。其中一些属性只有部分浏览器支持，因此使 CSS 属性的使用变得更加复杂。

属性值：为某属性的有效值。属性与属性值之间以“:”号分隔。当有多个属性时，使用“;”分隔。图 2.14 为大家标注了 CSS 语法中的选择器、属性与属性值。

```
<style>
    h2{
        font-family:宋体;
        color:red;
      }
</style>
```

属性值

属性

选择器

图 2.14　CSS 语法

2.2.2　CSS 选择器

CSS 选择器常用的是标记选择器、类别选择器、ID 选择器等。使用选择器即可对不同的 HTML 标记进行控制，来实现各种效果。下面对各种选择器进行详细的介绍。

（1）标记选择器

大家知道 HTML 页面是由很多标记组成，例如图片标记 <img>、超链接标记 <a>、表格标记 <table> 等。而 CSS 标记选择器就是声明页面中哪些标记采用哪些 CSS 样式。例如 a 选择器，就是用于声明页面中所有 <a> 标记的样式风格。

例如，定义 a 标记选择器，在该标记选择器中定义超链接的字体与颜色，代码如下：

```
<style>
    a{
        font-size:9px;
        color:#F93;
    }
</style>
```

（2）类别选择器

使用标记选择器非常快捷，但是会有一定的局限性，页面如果声明标记选择器，那么页面中所有该标记内容会有相应的变化。假如页面中有 3 个 <h2> 标记，如果想要每个 <h2> 的显示效果都不一样，使用标记选择器就无法实现了，这时就需要引入类别选择器。

类别选择器的名称由用户自己定义，并以“.”号开始，定义的属性与属性值也要遵循 CSS 规范。要应用类别选择器的 HTML 标记，只需使用 class 属性来声明即可。

[实例 2.9]　（源码位置：资源包 \Code\02\09）

类别选择器控制页面文字样式

使用类别选择器控制页面中字体的样式，代码如下：

```
<!-- 以下为定义的 CSS 样式 -->
<style>
    .one{                               <!-- 定义类名为 one 的类别选择器 -->
        font-family: 宋体 ;             <!-- 设置字体 -->
        font-size:24px;                 <!-- 设置字体大小 -->
        color:red;                      <!-- 设置字体颜色 -->
    }
```

```
    .two{
        font-family: 宋体 ;
        font-size:16px;
        color:red;
      }
    .three{
        font-family: 宋体 ;
        font-size:12px;
        color:red;
      }
</style>
</head>
<body>
   <h2 class="one"> 应用了选择器 one </h2><!-- 定义样式后页面会自动加载样式 -->
   <p> 正文内容 1      </p>
    <h2 class="two"> 应用了选择器 two</h2>
   <p> 正文内容 2 </p>
   <h2 class="three"> 应用了选择器 three </h2>
   <p> 正文内容 3 </p>
</body>
```

在上面的代码中，页面中的第一个 <h2> 标记应用了 one 选择器，第二个 <h2> 标记应用了 two 选择器，第 3 个 <h2> 标记应用了 three 选择器，运行结果如图 2.15 所示。

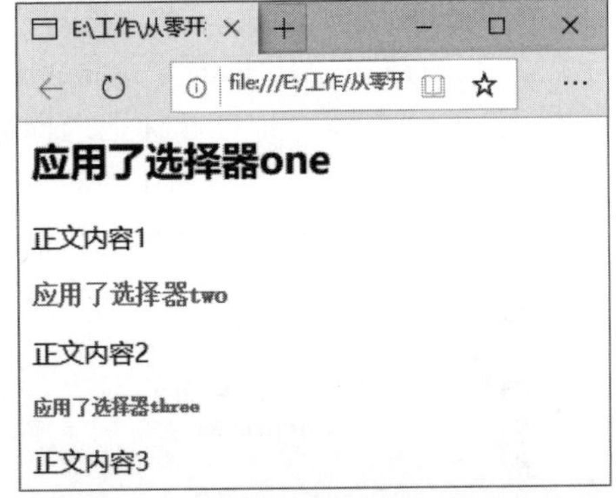

图 2.15　类别选择器控制页面文字样式

说明：

在 HTML 标记中，不仅可以应用一种类别选择器，也可以应用多种类别选择器，这样可使 HTML 标记同时加载多个类别选择器的样式。在使用的多种类别选择器之间用空格进行分隔即可，例如"<h2 class="size color">"。

（3）ID 选择器

ID 选择器是通过 HTML 页面中的 ID 属性来进行选择增添样式，与类别选择器的基本相同，但需要注意的是由于 HTML 页面中不能包含有两个相同的 ID 标记，因此定义的 ID 选择器也就只能被使用一次。

命名 ID 选择器要以"#"号开始，后加 HTML 标记中的 ID 属性值。

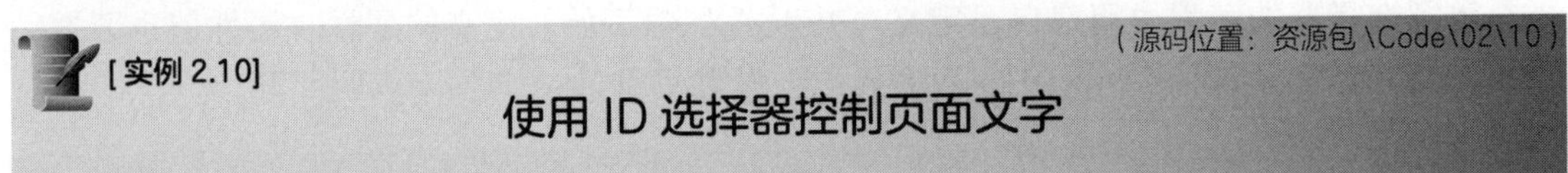

使用 ID 选择器控制页面中字体的大小，代码如下：

```
<style>              <!-- 定义 ID 选择器 -->
  #first{
       font-size:18px
    }
  #second{
       font-size:24px
    }
    #three{
       font-size:36px
    }
 </style>
```

```
<body>
    <p id="first">ID 选择器 </p>                          <!-- 在页面定义标记，则自动应用样式 -->
    <p id="second">ID 选择器 2</p>
    <p id="three">ID 选择器 3</p>
</body>
```

运行本段代码，结果如图 2.16 所示。

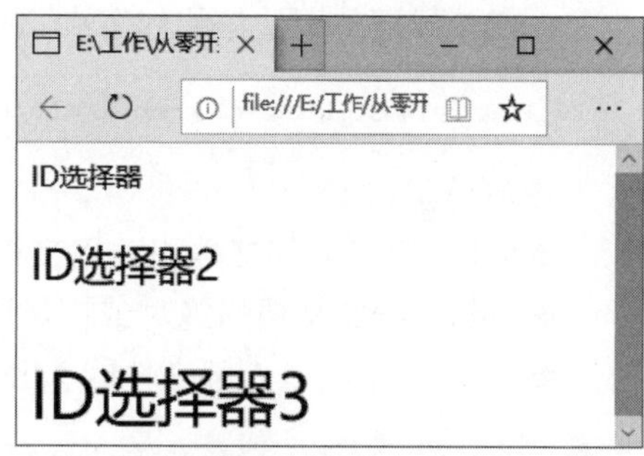

图 2.16　使用 ID 选择器控制页面文字大小

2.2.3　在页面中包含 CSS

在对 CSS 有了一定的了解后，下面为大家介绍实现在页面中包含 CSS 样式的几种方式，其中包括行内样式、包含内嵌样式表、链接方式样式表等。

（1）行内样式

行内样式是比较直接的一种样式，直接定义在 HTML 标记之内，通过 style 属性来实现。这种方式也是比较容易令初学者接受的，但是灵活性不强。

[实例 2.11]　　（源码位置：资源包 \Code\02\11）

行内样式的使用

通过行内定义样式的形式，实现控制页面文字的颜色和大小，代码如下：

```
<table width="200" border="1" align="center">          <!-- 在页面中定义表格 -->
<tr>
<td><p style="color:#F00; font-size:36px;"> 行内样式一 </p></td><%-- 在页面文字中定义 CSS 样式 --%>
</tr>
<tr>
 <td><p style="color:#F00; font-size:24px;"> 行内样式二 </p></td>
</tr>
<tr>
<td><p style="color:#F00; font-size:18px;"> 行内样式三 </p></td>
</tr>
<tr>
 <td><p style="color:#F00; font-size:14px;"> 行内样式四 </p></td>
</tr>
</table>
```

运行本实例，运行结果如图 2.17 所示。

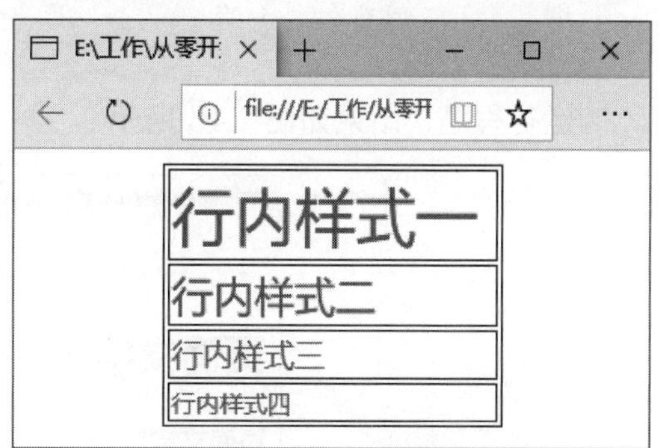

图 2.17　行内样式的使用

（2）包含内嵌样式表

内嵌式样式表就是在页面中使用 <style> 和 </style> 标记将 CSS 样式包含在页面中。内嵌式样式表的形式没有行内标记表现得直接，但是能够使页面更加规整。

与行内样式相比，内嵌式样式表更加地便于维护，但是如果每个网站都不可能由一个页面构成，而每个页面中相同的 HTML 标记都要求有相同的样式，此时使用内嵌式样式表就显得比较笨重，而用链接式样式表则解决了这一问题。

（3）链接方式样式表

链接外部 CSS 样式表是最常用的一种引用样式表的方式，将 CSS 样式定义在一个单独的文件中，然后在 HTML 页面中通过 <link> 标记引用，是一种最为有效的使用 CSS 样式的方式。

<link> 标记的语法结构如下：

```
<link rel='stylesheet' href='path' type='text/css'>
```

参数说明如下：

- rel：定义外部文档和调用文档间的关系。
- href：CSS 文档的绝对或相对路径。
- type：指的是外部文件的 MIME 类型。

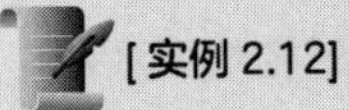

[实例 2.12]　（源码位置：资源包 \Code\02\12）

使用链接方式引入样式表

程序开发步骤如下：

① 创建名称为 css.css 的样式表，在该样式表中定义页面中 <h1>、<h2>、<h3>、<p> 标记的样式，代码如下：

```
h1,h2,h3{                                      /* 定义 CSS 样式 */
     color:#6CFw;
     font-family:"Trebuchet MS", Arial, Helvetica, sans-serif;
}
p{
     color:#F0Cs;                              /* 定义颜色 */
     font-weight:200;
     font-size:24px;                           /* 设置字体大小 */
}
```

② 在页面中通过 <link> 标记将 css 样式表引入到页面中，此时 css 样式表定义的内容将自动加载到页面中，代码如下：

```
<title>通过链接形式引入 CSS 样式 </title>
<link href="css.css"/>                         <!-- 页面引入 CSS 样式表 -->
</head>
<body>
     <h2>页面文字一 </h2>                       <!-- 在页面中添加文字 -->
     <p>页面文字二 </p>
</body>
```

运行程序，结果如图 2.18 所示。

图 2.18　使用链接方式引入样式表

本章知识思维导图

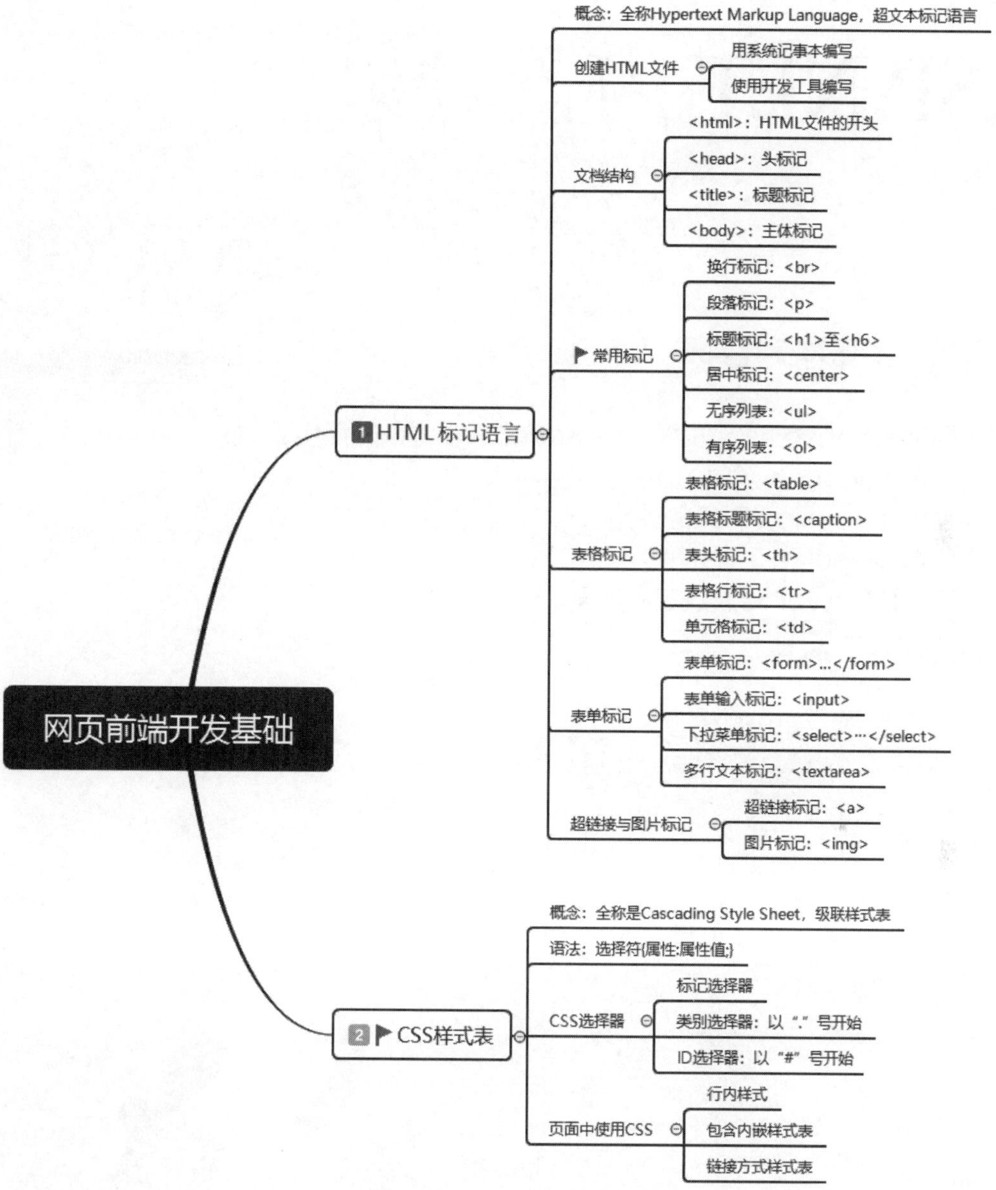

网页前端开发基础

1 HTML标记语言

- 概念：全称Hypertext Markup Language，超文本标记语言
- 创建HTML文件
  - 用系统记事本编写
  - 使用开发工具编写
- 文档结构
  - <html>：HTML文件的开头
  - <head>：头标记
  - <title>：标题标记
  - <body>：主体标记
- 常用标记
  - 换行标记：
  - 段落标记：<p>
  - 标题标记：<h1>至<h6>
  - 居中标记：<center>
  - 无序列表：<ul>
  - 有序列表：<ol>
- 表格标记
  - 表格标记：<table>
  - 表格标题标记：<caption>
  - 表头标记：<th>
  - 表格行标记：<tr>
  - 单元格标记：<td>
- 表单标记
  - 表单标记：<form>...</form>
  - 表单输入标记：<input>
  - 下拉菜单标记：<select>…</select>
  - 多行文本标记：<textarea>
- 超链接与图片标记
  - 超链接标记：<a>
  - 图片标记：<img>

2 CSS样式表

- 概念：全称是Cascading Style Sheet，级联样式表
- 语法：选择符{属性:属性值;}
- CSS选择器
  - 标记选择器
  - 类别选择器：以“.”号开始
  - ID选择器：以“#”号开始
- 页面中使用CSS
  - 行内样式
  - 包含内嵌样式表
  - 链接方式样式表

第 3 章

ASP.NET 内置对象

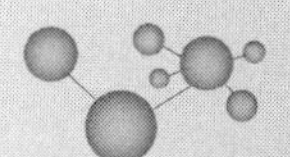

本章学习目标

- 掌握 Response 响应对象和 Request 请求对象的使用。
- 熟悉 Application 对象的使用。
- 熟练掌握 Session 对象的使用。
- 熟练掌握 Cookie 对象的使用。
- 熟悉使用 Server 对象重定向页面。

3.1 Response 对象

Response 对象用于响应并发送数据到客户端，它允许将数据作为请求的结果发送到客户端浏览器中，并提供有关响应的信息；还可以用来在页面中输出数据、在页面中跳转并传递各个页面的参数。它与 HTTP 协议的响应消息相对应。

3.1.1 Response 可向客户端响应的内容

在客户端进行一次 HTTP 请求后，服务器端需要将一些基本的信息响应给客户端，例如头部信息、页面内容以及 Cookie 等，那么这些内容均需要通过 Response 对象进行响应。下面简要列出了 Response 对象几个常用的属性或方法以及所对应的功能。

- Write 方法：用于将页面内容输出到网页上。
- Redirect 方法：重定向页面，例如访问 A 页面时将 B 页面响应给客户端。
- Cookies 属性：响应 Cookie 的相关信息，需要将已设置好的 Cookie 对象赋给该属性。
- AddHeader 方法：可向客户端添加头部信息。
- AppendToLog 方法：将自定义的日志信息添加到 IIS 的日志文件中。

3.1.2 向页面输出数据

Response 对象最常用的一个功能就是向页面输出数据，这也是 ASP.NET 最基本的功能，通过 Response.Write 方法或 WriteFile 方法可在页面上输出数据或对象，输出的对象可以是字符、字符数组、字符串、对象或文件等。

[实例 3.1]　（源码位置：资源包 \Code\03\01）

向页面中输出名人名言

本实例使用 Response 中的 Flush 方法和 Write 方法实现输出名人名言。程序实现的主要步骤为：新建一个网站，默认主页为 Default.aspx，在“解决方案资源管理器”的文件目录中找到“Default.aspx”，单击文件名称前面的箭头展开 Default.aspx，在其下面有一个名为 Default.aspx.cs 的文件，这个文件就是用来编写 Default.aspx 页面所对应的后台 C# 代码的，每一个 .aspx 页面都应该包含一个 .aspx.cs 文件，如图 3.1 所示。

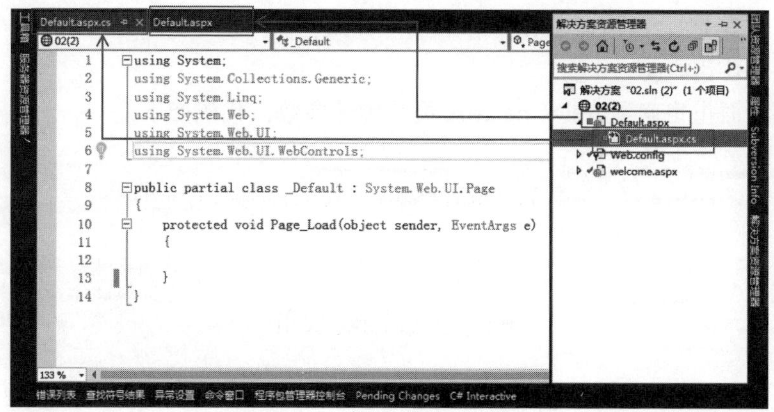

图 3.1　aspx 页面文件结构

首先在 Default.aspx.cs 文件的 Page_Load 事件中定义字符数组变量，用于存放名人名言，然后将定义的数据在页面上输出，在输出时，会每隔 200ms 输出一个段落。代码如下：

```
protected void Page_Load(object sender, EventArgs e)
{
    string[] arr = new string[]
    {
        "我不相信造化弄人",
        "世界上出类拔萃的人",
        "都主动找寻他们想要的环境",
        "要是遍寻不获",
        "他们就创造一个",
        "----- 萧伯纳"
    };
    for (int i = 0; i < arr.Length; i++)
    {
        foreach (char c in arr[i])
        {
            Response.Write(c);
            Response.Flush();
            Thread.Sleep(200);
        }
        Response.Write("<br/>");
    }
}
```

实例运行结果如图 3.2 所示。

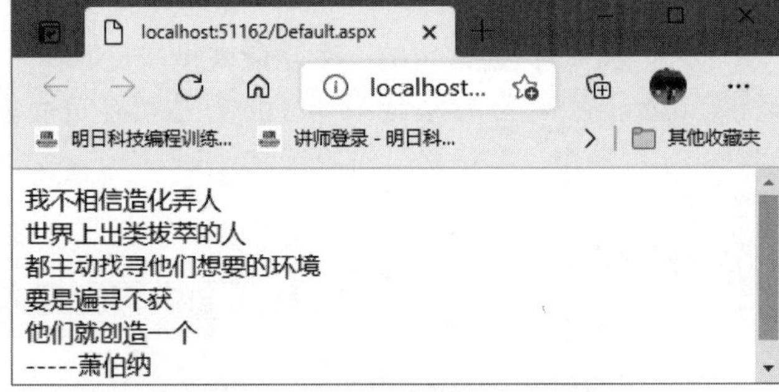

图 3.2　在页面中输出名人名言

3.1.3　重定向页面

用户在浏览一个网站时，会通过很多次的页面跳转来浏览更多的内容信息，对于动态类型网站在页面间的跳转过程中可能还需要传递参数，这些参数使得每个页面间都存在了某种关系。在 ASP.NET 中使用 Response. Redirect 可以实现跳转，也可以传入参数。

例如，将页面重定向到 welcome.aspx 页的代码如下：

```
Response. Redirect ("~/welcome.aspx");
```

在页面重定向 URL 时传递参数，使用"?"分隔页面的链接地址和参数，有多个参数时，参数与参数之间使用"&"分隔。

例如，将页面重定向到 welcome.aspx 页并传递参数，代码如下：

```
Response.Redirect("~/welcome.aspx?parameter=one");
Response.Redirect("~/welcome.aspx?parameter1=one&parameter2=other");
```

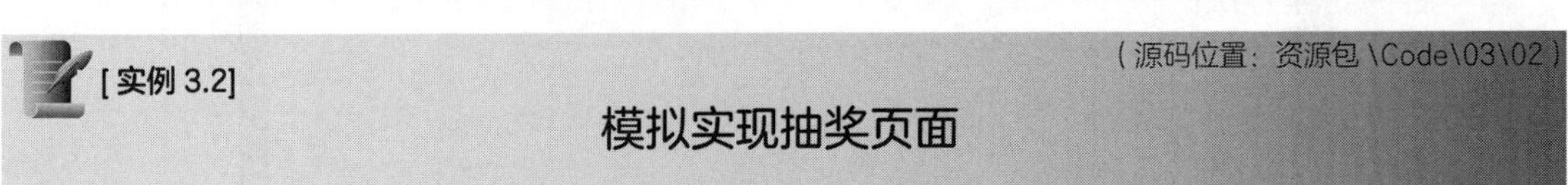

[实例 3.2]
（源码位置：资源包 \Code\03\02）
模拟实现抽奖页面

模拟实现一个抽奖页面，当跳转到抽奖页面后验证只有在上午 10 点到 12 点、下午 16 点到 17 点之间才能访问，否则，通过 JavaScript 代码提示用户，并返回到首页。程序实现

的主要步骤为:

① 新建一个网站，默认主页为 Default.aspx，在 Default.aspx 页面上添加一个 Button 控件，设置 Text 属性为“我要抽奖”，用于跳转到抽奖页面。

Button 的标签代码被定义在 ASPX 源代码中，在创建页面时会自动生成必要的 HTML 代码容器，下面列出包含 Button 标签代码的页面完整源代码：

```
<!--Asp.net 页面属性，非 HTML 特性，创建页面自动生成 -->
<%@ Page Language="C#" AutoEventWireup="true" CodeFile="Default.aspx.cs" Inherits="_Default" %>
<!-- 页面类型，HTML 特性，创建页面自动生成 -->
<!DOCTYPE html>
<!--HTML 版本，HTML 特性，创建页面自动生成 -->
<html xmlns="HTTP://www.w3.org/1999/xhtml">
<!-- 页面头部，HTML 特性，创建页面自动生成 -->
<head runat="server">
    <!-- 定义页面元信息，HTML 特性，创建页面自动生成 -->
    <meta http-equiv="Content-Type" content="text/html; charset=utf-8"/>
    <!-- 网页标题，HTML 特性，创建页面自动生成 -->
    <title></title>
</head>
<!-- 网页主体，HTML 特性，创建页面自动生成 -->
<body>
    <!-- 网页数据表单，HTML 特性，但 runat="server" 属于 ASP.NET 特有，创建页面自动生成 -->
    <form id="form1" runat="server">
    <!--div 标签，style 样式为自定义非自动生成，但标签为创建页面时自动生成 -->
    <div style="text-align:center;">
        <!--div 标签内为开发者自定义内容区域，这里定义了本例中使用的 Button 控件 -->
        <asp:Button ID="Button1" runat="server" Text=" 我要抽奖 " Height="41px" OnClick="Button1_Click" Width="225px" />
    </div>
    </form>
</body>
</html>
```

说明：

在后面的实例中所有控件标签（非 JavaScript、CSS 等 head 标记中的内容）都会定义在 form 标记内的 div 中，特殊布局或母版页另做布局。

接下来定义 Button 按钮的单击事件，定义单击事件共有 2 种方式：

第一种是通过视图设计的方式，首先将编辑器中的设计方式从“源”切换到“设计”模式，这时编辑器的工作区域中就会显示 Button 按钮，单击这个按钮将鼠标焦点放到按钮上，然后再双击这个按钮，此时编辑器工作区域会自动跳转到后台 C# 代码中，也就是位于 Default.aspx.cs 文件中，这一过程编辑器自动生成了 Button 控件的单击事件处理方法，同时会在 Button 标签上生成 OnClick=" Button1_Click" 属性。

第二种是通过编写代码的方式定义单击事件，首先在“源”中找到 Button 按钮标签，在其结尾处按下空格键（标签的每个属性之间必须以空格隔开），然后输入“OnClick”属性，值等于后台处理方法的名称，这里定义值为“Button1_Click”，接着打开后台 C# 代码文件，在类下面直接定义 Button 按钮的事件处理方法“Button1_Click”。

那么可以看到两种方式最终实现的代码是相同的，在这里开发者只要了解这个原理就可以了，在实际开发中可根据自己的习惯去定义 ASP.NET 控件的每一个属性的对应关系。

下面这段代码就是 Button 控件的单击事件处理方法。

```
protected void Button1_Click(object sender, EventArgs e)
{
    Response.Redirect("LuckDraw.aspx"); // 跳转到抽奖页面
}
```

② 在该网站中添加一个新页，将其命名为 LuckDraw.aspx。在 LuckDraw.aspx 页面后台代码的初始化事件中判断时间是否在指定范围内，并随机生成中奖号码。代码如下：

```
protected void Page_Load(object sender, EventArgs e)
{
    DateTime Now = DateTime.Now; // 获取当前时间
    if (Now.Hour == 10 || Now.Hour == 16) // 判断 10 点或者下午 4 点
    {
        Random ran = new Random();
        int Draw = ran.Next(1, 101); // 随机生成中奖号
        if (Draw >= 1 && Draw <= 5)
        {
            Response.Write(" 恭喜你，获得一等奖 !");
        }
        else if (Draw >= 6 && Draw <= 15)
        {
            Response.Write(" 恭喜你，获得二等奖 !");
        }
        else if (Draw >= 16 && Draw <= 45)
        {
            Response.Write(" 恭喜你，获得三等奖 !");
        }
        else if (Draw >= 46 && Draw <= 100)
        {
            Response.Write(" 恭喜你，获得纪念奖 !");
        }
    }
    else
    {
        ScriptManager.RegisterStartupScript(this, this.GetType(), "message", "alert(\"该时间段不能抽奖，请上午 10 点到 12 点间或下午 16 点到 17 点间再来抽奖 \");location.href=\"Default.aspx\"", true);
     }
}
```

实例运行结果如图 3.3 和图 3.4 所示。

图 3.3　页面跳转

图 3.4　抽奖页面

3.2　Request 对象

Request 对象用于获取从浏览器向服务器发送的请求信息，它提供对请求当前页的信息访问，包括标题、Cookie、客户端证书、查询字符串等，与 HTTP 协议的请求消息相对应。

3.2.1 Request 对象常获取的客户端内容

Request 对象可以获得 Web 请求过程中 HTTP 数据包的全部信息，有些信息是需要经常获取的，例如地址中的参数或表单信息。也有一部分信息是特殊需求下才会获取，例如客户端设备信息等。

下面是常用的用于获取客户端各项内容的属性。

- QueryString 属性：用于获取客户端以 GET 方式传递的参数数据。
- Form 属性：用于获取客户端以 POST 方式传递的参数数据或表单数据。
- Cookies 属性：获取客户端发送的 Cookie 信息。
- Browser 属性：获取客户端浏览器的一些信息。

3.2.2 使用 Request 对象获取页面间的传值

几乎每一个 ASPX 页面或者 ASHX（一般处理程序）等 ASP.NET 页面都会有 Request 的身影，而使用次数最多的莫过于用来获取上一个页面跳转时传递过来的用户自定义参数，在获取这些参数数据时有多种方式可以选择，下面介绍 4 种获取方式：

● Request 方式：直接以对象索引的方式获取参数值，用法为 Request[“参数名称”]，此方式不受 POST 或 GET 方式影响。

● Request.QueryString 方式：在客户端使用 GET 方式进行提交时可以使用此方式进行获取，该属性也只能获取到 GET 方式提交的数据。

● Request.Form 方式：在客户端使用 POST 方式进行提交时可以使用此方式进行获取，该属性也只能获取到 POST 方式提交的数据。

● Request.Params 方式：该方式属于多种获取数据的一个集合，包括 Cookie，同样，此方式不受 POST 或 GET 方式影响。

说明：

在明确知道客户端是以何种方式（GET 或 POST）进行页面访问时，应当使用最直接的方式进行数据获取，即：Request.QueryString 或者 Request.Form，因为这样是最高效的一种获取方式，Request 和 Request.Params 都会以逐一检索的方式进行获取，直到取到数据为止。

[实例 3.3] （源码位置：资源包 \Code\03\03）

以多种方式获取参数数据

本实例首先通过 Response.Redirect 方法实现页面跳转并传入参数，然后在目标页面使用 Request 对象的不同属性实现获取请求页传递过来的参数值，再将值输出显示在网页上。程序实现的主要步骤为：

① 新建一个网站，默认主页为 Default.aspx。在页面上添加一个 Button 控件，将其命名为 btnRedirect，设置 Text 属性为“跳转”，用于执行页面跳转并传递参数的功能。

② 在 Default.aspx 页面源中找到 div 标签，然后在 div 标签内定义如下 Button 标签代码：

```
<asp:Button ID="btnRedirect" runat="server" Text=" 跳转 " OnClick="btnRedirect_Click" />
```

③ 在按钮的 btnRedirect_Click 事件处理方法中实现页面跳转并传值的功能。代码如下：

```
protected void btnRedirect_Click(object sender, EventArgs e)
{
    Response.Redirect("Request.aspx?value= 获得页面间的传值 ");// 重定向页面并传入参数
}
```

④ 在该网站中，添加一个新页，将其命名为 Request.aspx。在 Request.aspx 页面的初始化事件中用不同方法获取 Response 对象传递过来的参数，并将其输出到页面上。代码如下：

```
protected void Page_Load(object sender, EventArgs e)
{
    // 通过三种不同的方式获取参数值
    Response.Write(" 使用 Request[string key] 方法 " + Request["value"] + "<br>");
    Response.Write(" 使用 Request.Params[string key] 方法 " + Request.Params["value"] + "<br>");
    Response.Write(" 使用 Request.QueryString[string key] 方法 " + Request.QueryString["value"] + "<br>");
}
```

执行程序，单击“跳转”按钮，示例运行结果如图 3.5 所示。

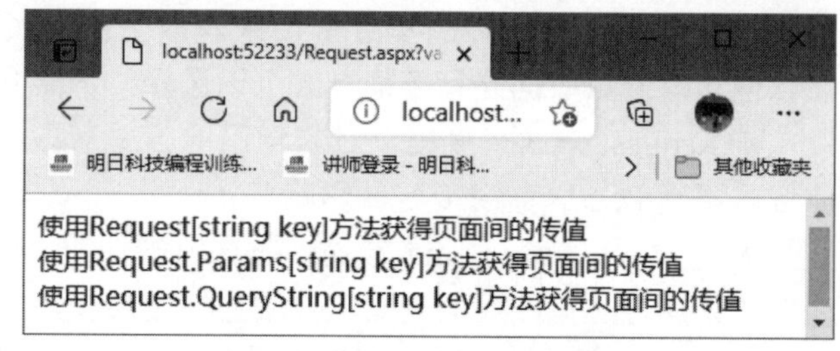

图 3.5　获取页面间传送的值

3.2.3　使用 Request 对象获取客户端信息

使用 Request 对象不仅可以获取到页面间传递的参数值，还可以获取到客户端的平台信息、IP 等，这些数据在客户端的每一次访问中都会被封装在 HTTP 协议报头中，并一起发送到服务器端，有了这些信息就可以判断页面是否能够兼容当前访问的设备或浏览器版本。

[实例 3.4]　（源码位置：资源包 \Code\03\04）

实现获取客户端浏览器的信息

在 Request 对象中有个 Browser 属性，该属性所对应的是关于浏览器的数据信息，在这个属性下又包含了很多个属性，通过读取这些属性来分别向网页输出浏览器类型、名称和版本等信息。程序实现的主要步骤为：

新建一个网站，默认主页为 Default.aspx。在 Default.aspx 的 Page_Load 事件中定义 HTTPBrowser-Capabilities 类型的变量，用于获取 Request 对象的 Browser 属性的返回值。代码如下：

```
protected void Page_Load(object sender, EventArgs e)
{
    HTTPBrowserCapabilities b = Request.Browser;        // 定义获取浏览器信息对象变量
    Response.Write(" 客户端浏览器信息: ");                // 输出字符串
    Response.Write("<hr>");                             // 输出横线标签
    Response.Write(" 名称: " + b.Browser + "<br>");      // 输出浏览器名称
    Response.Write(" 类型: " + b.Type + "<br>");         // 输出浏览器名称和版本号
    Response.Write(" 版本: " + b.Version + "<br>");      // 输出浏览器版本号
    Response.Write(" 操作平台: " + b.Platform + "<br>"); // 输出操作平台
    Response.Write(" 是否支持框架: " + b.Frames + "<br>");// 支持返回 True，否则返回 False
    Response.Write(" 是否支持表格: " + b.Tables + "<br>");// 支持返回 True，否则返回 False
    Response.Write(" 是否支持 Cookies : " + b.Cookies + "<br>");// 支持返回 True，否则返回 False
    Response.Write("<hr>");
}
```

执行程序，运行结果如图 3.6 所示。

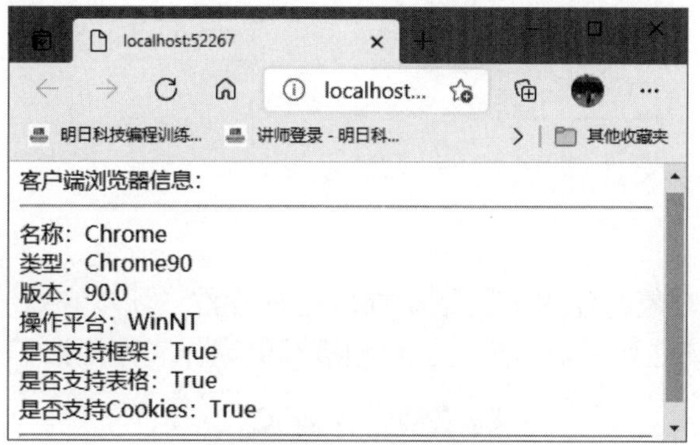

图 3.6 获取客户端浏览器信息

3.3 Application 对象

Application 对象用于共享应用程序级信息，即多个用户共享一个 Application 对象。在第一个用户请求 ASP.NET 文件时，将启动应用程序并创建 Application 对象。一旦 Application 对象被创建，它就可以共享和管理整个应用程序的信息。在应用程序关闭之前，Application 对象将一直存在。所以，Application 对象是用于启动和管理 ASP.NET 应用程序的主要对象。

3.3.1 存储和获取数据的基本语法

Application 对象可以存储多个对象信息，但要求这些对象信息的 Key 是不同的。Application 对象使用起来很容易，所以它所提供的操作方法和属性也很少。下面是 Application 对象存储和获取数据的几种常用方式。

（1）添加一条数据

① 通过 Add 方法添加，格式如下：

```
Application.Add("name1","value1");
```

② 通过对象的索引器添加，格式如下：

```
Application["name2"] = "value1";
```

Add 方法的第一参数为数据信息的 Key，第二个参数是数据信息的值。

（2）更新已有的数据

① 通过 Set 方法更新，格式如下：

```
Application.Set("name1","value2");
```

② 通过对象的索引器更新，格式如下：

```
Application["name2"] ="value3";
```

(3) 获取一条数据

方式 1:

```
Application.Get("name1");
```

方式 2:

```
Application["name2"];
```

由于 Application 对象的作用范围是全局应用程序的，所以在每一次更新时为了避免多用户更新的冲突，应该在更新前后执行加锁和解锁的动作，方法如下:

```
Application.Lock();              // 该方法执行加锁状态
Application.UnLock();            // 该方法执行解锁状态
```

3.3.2 Application 对象的基本使用

Application 对象作用于全局应用程序，其属性和方法并不是很多，但开发者在使用它时，一定要对其有深入的了解，并知悉合理的应用场景，因为在用户的每一次访问时对于已经串行化了的 Application 对象都会产生性能上的瓶颈，这在大型或者业务繁多的网站中显得尤为重要，从另一层面来讲 Application 对象也不适合存储比较大的数据集合。

[实例 3.5] （源码位置：资源包 \Code\03\05）

统计各类客户端访问网站的次数

在 ASP.NET 全局应用程序类中使用 Application 对象分别统计 PC 端、Android 客户端、iPhone 客户端以及 Windows Phone 客户端访问的总次数。程序实现的主要步骤为:

① 新建一个网站，然后在项目上右键选择“添加”→“全局应用程序类”菜单项，在弹出的对话框中单击“确定”按钮，即 Global.asax 文件，打开这个文件并找到 Application_Start 事件方法，在这个方法中实现将各客户端的访问次数初始化为 0，代码如下:

```
void Application_Start(object sender, EventArgs e)
{
    // 在应用程序启动时运行的代码
    Application["PC"] = 0;
    Application["Android"] = 0;
    Application["Iphone"] = 0;
    Application["WinPhone"] = 0;
}
```

② 当有新的用户访问网站时，将会创建一个新的会话（即 Session 对象），在 Session 对象的 Session_Start 事件中对 Application 对象加锁，以防止因为多个用户同时访问页面造成并行，然后判断访问的客户端类型，并将相应类型的客户端计数器加 1，代码如下:

```
void Session_Start(object sender, EventArgs e)
{
    // 在新会话启动时运行的代码
    Application.Lock();
    var Names = new
    {
        Android = "Android",
        iPhone = "iPhone",
        WinPhone = "Windows Phone"
```

```
    };
    string userAgent = Request.UserAgent.ToLower();
    if (userAgent.Contains(Names.Android.ToLower()))
    {
        Application["Android"] = (int)Application["Android"] + 1;
    }
    else if (userAgent.Contains(Names.iPhone.ToLower()))
    {
        Application["Iphone"] = (int)Application["Iphone"] + 1;
    }
    else if (userAgent.Contains(Names.WinPhone.ToLower()))
    {
        Application["WinPhone"] = (int)Application["WinPhone"] + 1;
    }
    else
    {
         Application["PC"] = (int)Application["PC"] + 1;
    }
    Application.UnLock();
}
```

③ 编写完 Global.asax 文件中的代码后，需要将各类客户端访问网站的次数在页面中显示出来。打开 Default.aspx 页面，然后在页面上添加 4 个 Label 标签控件，用于显示各类客户端访问网站的次数，标签代码如下：

```
<div>
    <div> 以下为各类客户端访问历史记录 </div>
    <div>PC 端: <asp:Label ID="PC" runat="server" Text="Label"></asp:Label></div>
    <div>Android 客户端: <asp:Label ID="Android" runat="server" Text="Label"></asp:Label></div>
    <div>Iphone 客户端: <asp:Label ID="Iphone" runat="server" Text="Label"></asp:Label></div>
    <div>Windows Phone 客户端: <asp:Label ID="WinPhone" runat="server" Text="Label"></
asp:Label></div>
</div>
```

④ 绑定 Label 控件的显示文本，用于将各类客户端访问网站的次数最终呈现给用户，后台代码如下：

```
protected void Page_Load(object sender, EventArgs e)
{
    this.PC.Text = Application["PC"].ToString();
    this.Android.Text = Application["Android"].ToString();
    this.Iphone.Text = Application["Iphone"].ToString();
    this.WinPhone.Text = Application["WinPhone"].ToString();
}
```

执行程序，实例运行结果如图 3.7 所示。

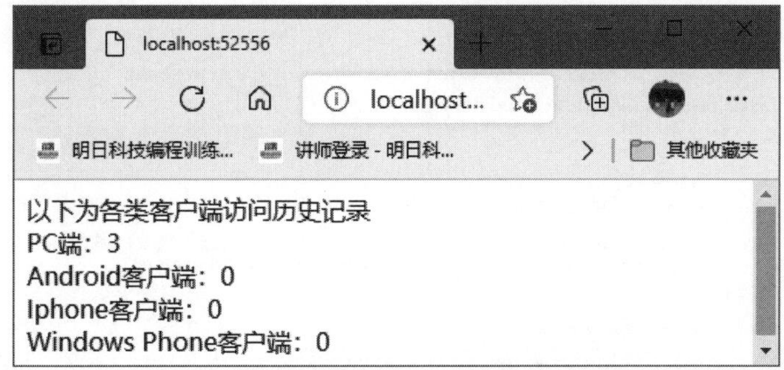

图 3.7　统计各类客户端访问网站的次数

3.4 Session 对象

Session 对象用于将特定用户的信息存储在服务器内存中，并且只针对单一网站使用者，不同的客户端无法互相访问。Session 对象将于联机机器离线时中止，也就是当网站使用者关掉浏览器或超过设定的Session对象的有效时间时，Session对象变量就会自动释放和关闭。

3.4.1 ASP.NET 中 Session 的本质

与 Application 不同的是，Session 只作用于一个用户，与 Application 的共同点是数据的存储都建立在服务器上。那么，它是如何区分不同用户的数据存与取呢？如图 3.8 中所示的浏览器控制台中的存储信息所示。

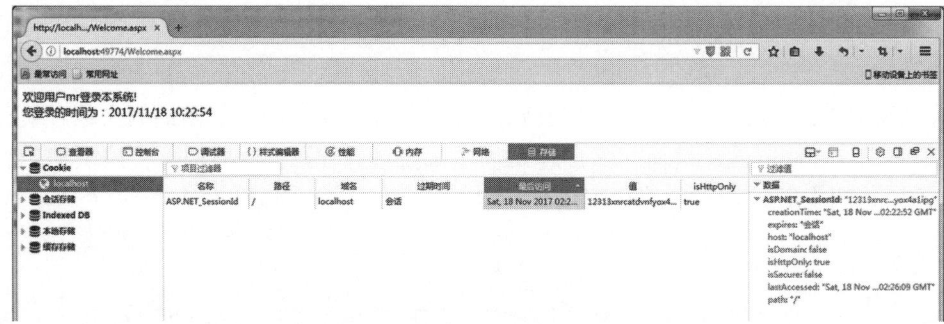

图 3.8 浏览器控制台存储区域

图 3.8 中是一个使用了 Session 的网页页面，选中 Cookie 一项可以看到有一个 Cookie 名称为 ASP.NET_SessionId 的项。当我们进行一次服务器访问时，服务器会相应地分配给客户端一个 SeesionId，然后当我们再次访问时会将这个 SessionId 发送到服务器端。这就是服务器端能够区分一次请求的原因。

假如将图 3.8 中的 ASP.NET_SessionId 项删除掉，那么服务器端就无法找到相应的 Session 信息。如果在获取 Session 时没有进行 Session 判断，那么在执行 ASP.NET_SessionId 项的删除后会得到如图 3.9 的异常信息。

图 3.9 删除 Cookie 中的 SessionId 后页面报出异常错误

3.4.2 Session 对象的基本使用

通常将一个用户访问一次网站称之为一个用户会话，与此同时会产生一个与之对应的 Session 状态，所以 Session 与 Application 的不同之处在于 Application 是全局的，而 Session 是针对一个特定用户的。

使用 Session 对象定义的变量为会话变量，应用程序的其他用户不能访问或修改这个变量。Session 对象定义变量的方法与 Application 对象相同，都是通过“键 / 值”对的方式来保存数据的。语法如下：

```
Session[varName ]= 值 ;
```

其中，varName 为变量名，例如将 TextBox 控件的文本存储到 Session["Name"] 中可以使用下面的代码：

```
Session["Name"]=TextBox1.Text;
```

将“Session["Name"]”的值读取到 TextBox 控件中，可以使用下面的代码：

```
TextBox1.Text=Session["Name"].ToString();
```

[实例 3.6]　（源码位置：资源包 \Code\03\06）

登录时使用 Session 对象保存用户信息

用户登录后通常会记录该用户的相关信息，而该信息是其他用户不可见并且不可访问的，这就需要使用 Session 对象进行存储。本实例将介绍如何使用 Session 对象保存当前登录用户的信息。程序实现的主要步骤为：

① 新建一个网站，在项目中创建一个名称为 Login.aspx 的登录页面，然后在 Login.aspx 页面上添加两个 TextBox 控件和两个 Button 控件，它们的属性设置如表 3.1 所示。

表 3.1　Default.aspx 页面中控件的属性设置及用途

控件类型	控件名称	主要属性设置	用途
标准/TextBox控件	txtUserName		输入用户名
	txtPwd	TextMode属性设置为Password	输入密码
标准/Button控件	btnLogin	Text属性设置为“登录”	【登录】按钮
	btnCancel	Text属性设置为“取消”	【取消】按钮

② 设计登录页面，一个完整的登录页面至少包含一个用户名和一个密码输入框，然后添加两个 Button 按钮，用来实现登录和取消登录的功能。下面这段代码是登录页面的整体布局代码，该段代码标签被定义在了 div 标签内。

```
<table>
    <tr><td> 用户名 :</td><td><asp:TextBox ID="txtUserName" runat="server"></asp:TextBox>(mr)</td></tr>
    <tr><td> 密码 :</td><td><asp:TextBox ID="txtPwd" runat="server" TextMode="Password"></asp:TextBox>(mrsoft)</td></tr>
    <tr><td colspan="2">
        <asp:Button ID="btnLogin" runat="server" Text=" 登录 " OnClick="btnLogin_Click" />
        <asp:Button ID="btnCancel" runat="server" Text=" 取消 " />
    </td></tr>
</table>
```

③ 用户单击“登录”按钮，将触发按钮的 btnLogin_Click 事件。在该事件中，使用 Session 对象记录用户名及用户登录的时间，并跳转到 Welcome.aspx 页面。代码如下：

```
protected void btnLogin_Click(object sender, EventArgs e)
{
    if (txtUserName.Text == "mr" && txtPwd.Text == "mrsoft")// 判断用户名和密码是否正确
    {
        Session["UserName"] = txtUserName.Text; // 使用 Session 变量记录用户名
        Session["LoginTime"] = DateTime.Now;    // 使用 Session 变量记录用户登录系统的时间
        Response.Redirect("~/Welcome.aspx");    // 跳转到主页
    }
    else
    {
        // 弹出登录失败消息，并实现跳转
        Response.Write("<script>alert(' 登录失败！ 请返回查找原因 ');location='Login.aspx'</script>");
    }
}
```

④ 在该网站中，添加一个新页，将其命名为 Welcome.aspx。在页面 Welcome.aspx 的初始化事件中，将登录页中保存的用户登录信息显示在页面上。代码如下：

```
protected void Page_Load(object sender, EventArgs e)
{
    // 获取 Session 中的用户名
    Response.Write(" 欢迎用户 " + Session["UserName"].ToString() + " 登录本系统 !<br>");
    // 获取 Session 中的密码
    Response.Write(" 您登录的时间为：" + Session["LoginTime"].ToString());
}
```

执行程序，运行结果如图 3.10 和图 3.11 所示。

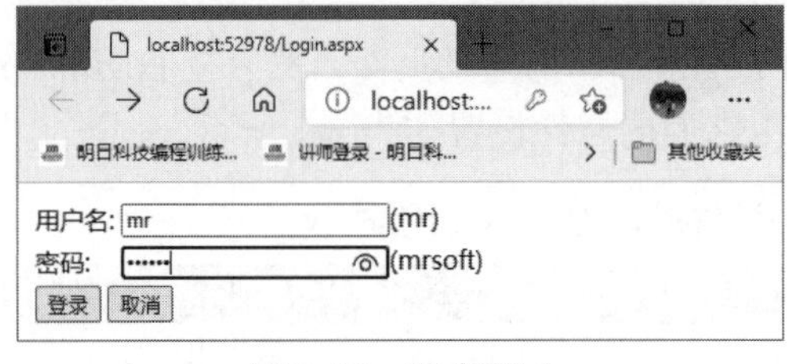

图 3.10　用户登录

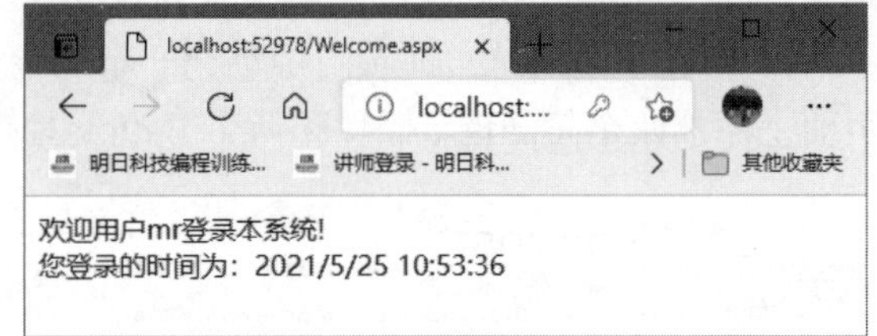

图 3.11　登录后的用户信息

3.5　Cookie 对象

Cookie 对象用于保存客户端请求的服务器页面信息，也可用它存放非敏感性的用户信息，信息保存的时间可以根据用户的需要进行设置。不过，并非所有的浏览器都支持 Cookie，并且数据信息是以文本的形式保存在客户端计算机中的，客户端在每一次的请求过程中都会携带 Cookie 信息并将其发送到服务器端，这也带来了一定的安全隐患。

3.5.1　Cookie 中的几个关键属性

对于 Cookie 的操作其实要比操作 Application 对象和 Session 对象的步骤烦琐一些，因为 Cookie 是存储在客户端的，所以程序要更多地对客户端进行一些配置，例如关联域或客户端数据加密等。下面是在操作 Cookie 时需要用到的几个属性。

- Expires 属性：设置 Cookie 的过期时间。
- Name 属性：获取或设置 Cookie 的名称。
- Value 属性：获取或设置单个 Cookie 的值。
- Values 属性：获取单个 Cookie 对象所包含的键值对集合。

3.5.2 写入和获取 Cookie 数据

由于 Cookie 的读和写都与客户端有关联，所以，其读操作需要借助 Request 对象，而写操作需要借助 Response 对象。即可以理解为使用 Request 对象的 QueryString 属性或 Form 属性读取数据的过程和使用 Response 对象的 Write 方法响应页面数据的过程，下面是读取 Cookie 和写入 Cookie 的使用方法。

（1）通过 Response 对象写入 Cookie

方法一：通过 Response.Cookies 属性返回 HTTPCookieCollection 类的索引器直接写入 Cookie，语法如下：

```
Response.Cookies["CookieName"].Value = "CookieValue";
```

方法二：通过 HTTPCookie 对象设置 Cookie 信息，然后将该对象的实例添加到 Response.Cookies 中，语法如下：

```
HTTPCookie cookie = new HTTPCookie("CookieName");
cookie.Expires = DateTime.Now.AddMinutes(35);
cookie.Value = "CookieValue";
Response.Cookies.Add(cookie);
```

方法二中，通过在 HTTPCookie 类的构造方法设置了 Cookie 的名称，然后使用属性 Expires 设置过期时间为 35min，再通过 Value 属性设置 Cookie 的值，最后使用 Response.Cookies 属性并通过其 Add 方法将 Cookie 写入。

（2）通过 Request 对象读取 Cookie

方法一：通过 Request.Cookies 属性返回 HTTPCookieCollection 类的索引器读取，语法如下：

```
HTTPCookie cookie = Request.Cookies["CookieName"];
string CookieValue = cookie.Value;
```

方法二：使用 Request.Cookies 属性的 Get 方法读取，语法如下：

```
HTTPCookie cookie = Request.Cookies.Get("CookieName");
string CookieValue = cookie.Value;
```

3.5.3 Cookie 对象的基本使用

在实际项目开发中，Cookie 的使用范围非常广，只要不涉及安全和数据大小等问题都可能会用到 Cookie 的存取。

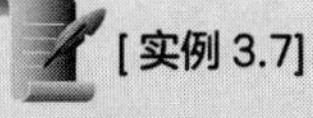
[实例 3.7]　　（源码位置：资源包 \Code\03\07）

使用 Cookie 对象实现用户 7 天免登录功能

本实例将实现用户在登录后 7 天免登录的功能。首先在页面上定义两个文本输入框，

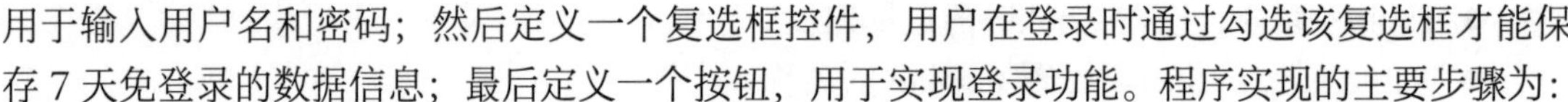

用于输入用户名和密码；然后定义一个复选框控件，用户在登录时通过勾选该复选框才能保存 7 天免登录的数据信息；最后定义一个按钮，用于实现登录功能。程序实现的主要步骤为：

① 新建一个网站并创建 Login.aspx 登录页面，在页面上定义和布局登录按钮，关键代码如下：

```
<table align="center">
    <tr><td Width="120" style="text-align:center;"> 用户名 :</td>
        <td><asp:TextBox ID="txtUserName" runat="server" Width="300"></asp:TextBox></td></tr>
    <tr><td style="text-align:center;"> 密     码 :</td>
        <td><asp:TextBox ID="txtPwd" runat="server"
                         TextMode="Password" Width="300"></asp:TextBox></td></tr>
    <tr><td colspan="2" style="text-align:center;" height="50">
        <asp:Button ID="btnLogin" runat="server" Text=" 登录 "
                    OnClick="btnLogin_Click" Width="80"/>
        <asp:CheckBox ID="CheckBox1" runat="server" Text="7 天免登录 "/></td></tr>
</table>
```

② 定义登录按钮的单击事件处理方法。方法中实现验证用户输入的用户名和密码是否正确。同时，如果用户勾选了 7 天免登录复选框则生成一个 GUID 作为随机验证 7 天免登录的凭证。接着将凭证信息保存到 token.ini 文件中，该文件中还预先定义了用户名和密码作为用户的登录凭证，最后将用户名和凭证信息一同写入到客户端 Cookie 中，代码如下：

```
protected void btnLogin_Click(object sender, EventArgs e)
{
    Public pub = new Public();// 实例化 Public 类，类中定义了读和写 token.ini 文件的方法
    User user = pub.ReadIni();// 获取 token.ini 中的用户登录数据用于验证用户登录信息
    if (txtUserName.Text == user.UserName && txtPwd.Text == user.Password)// 验证用户名和密码
    {
        string SevenToken = "";                    // 定义生成 GUID 变量
        bool IsSeven = this.CheckBox1.Checked;     // 获取是否勾选了 7 天免登录复选框
        if (IsSeven)                               // 判断如果已勾选了复选框
        {
            SevenToken = Guid.NewGuid().ToString();// 生成 GUID 并赋值给 SevenToken 变量
            pub.WriteIni(SevenToken);    // 将 GUID（7 天免登录凭证）写入到 token.ini 中
        }
        WriteCookie(user.UserName, SevenToken); // 将用户名和 GUID（如果需要）写入到 Cookie 中
        Response.Redirect("Default.aspx");         // 跳转到首页
    }
    else
    {
        // 提示登录失败信息并重新刷新页面
        Response.Write("<script>alert(' 登录失败！请返回查找原因 ');"
                       + "loca.href='Login.aspx'</script>");
     }
}
```

③ 用于写入 Cookie 数据的 WriteCookie 方法定义如下：

```
// 将用户名和 GUID（7 天免登录凭证）写入 Cookie
private void WriteCookie(string userName, string sevenToken)
{
    HTTPCookie hc = new HTTPCookie("LoginInfo");   // 创建以 LoginInfo 为名称的 Cookie
    hc.Values["UserName"] = userName;              // 写入用户名
    if (sevenToken != "")                    // 如果 GUID 存在 ( 说明用户已经勾选了 7 天免登录 )
    {
        hc.Values["SevenToken"] = sevenToken;      // 写入 GUID
        hc.Expires = DateTime.Now.AddDays(7);      // 有效期为 7 天
```

```
    }
    Else                                          // 否则为普通登录
    {
        hc.Expires = DateTime.Now.AddMinutes(20);  // 有效期为 20 分钟
    }
    Response.Cookies.Add(hc);                     // 将设置好的 Cookie 对象添加到 HTTP 响应中
}
```

④ 创建一个 Default.aspx 页面作为登录后的首页页面，页面后台 Page_Load 方法代码如下：

```
protected void Page_Load(object sender, EventArgs e)
{
     string UserName;                          // 定义用户名变量，用于在页面上输出
     if (IsLoginOrSeven(out UserName))         // 调用判断用户是否登录或是否 7 天免登录的验证方法
     {
          // 绑定用户信息
          this.LoginStaus.InnerHtml = " 欢迎您 " + UserName + " <a href='#'> 我的信息 </a>";
     }
     else
     {
          Response.Redirect("Login.aspx");    // 返回到登录页
     }
}
```

⑤ 用于解析并验证 Cookie 数据的 IsLoginOrSeven 方法定义如下：

```
// 验证用户登录状态，参数为输出参数
public bool IsLoginOrSeven(out string UserName)
{
    UserName = "";                                // 在方法返回前必须为输出参数赋值
    HTTPCookie hc = Request.Cookies["LoginInfo"];  // 获取名称为 LoginInfo 的 Cookie 信息
    if (hc != null)                               // 判断是否为空，如为空说明已过期
    {
        Public pub = new Public();                  // 实例化 Public 类
        User user = pub.ReadIni();                  // 获取用户登录信息
        UserName = hc.Values["UserName"];           // 获取 Cookie 中的用户名
        string SevenToken = hc.Values["SevenToken"];// 获取 Cookie 中 7 天免登录凭证
        if (SevenToken != null)                     // 如果存在凭证信息
        {
            // 验证用户名和 GUID 口令
            if (UserName == user.UserName && SevenToken == user.SevenToken)
            {
                return true;                   // 验证成功返回 true
            }
            else
            {
                return false;                  // 否则返回 false
            }
        }
        if (UserName == user.UserName)         // 如果程序走到这里，说明是普通登录
        {
            return true;                       // 验证 Cookie 中的用户名与服务器用户名相同返回 true
        }
    }
    return false;                              // 表示上面的验证都未通过，统一返回 false
}
```

执行程序，本实例运行结果如图 3.12 和图 3.13 所示。

图 3.12 登录页

图 3.13 首页

技巧:

由于 Cookie 对象可以保存和读取客户端的信息，用户可以通过它对登录的客户进行标识，防止用户恶意攻击网站；另外，在运行本实例时，需要将 token.ini 文件中的 SevenToken 清空。

3.5.4 Cookie 与 Session 的使用场景选择

实际应用中，在向客户端写入 Cookie 数据时都会设置 Cookie 的过期时间，Cookie 和 Session 具有相同的业务处理能力，例如在用户登录状态验证中，可以使用 Cookie 也可以使用 Session，两者区别在于 cookie 是存储在客户端的，而 Session 是存储在服务器端的，相对安全性来讲 Session 要比 Cookie 安全，但同时也带来了服务器的资源压力，通常根据项目需求来选择两种验证方式。

3.6 Server 对象

Server 对象定义了一个与 Web 服务器相关的类，提供对服务器上的方法和属性的访问，用于访问服务器上的资源。

3.6.1 Server 对象的常用方法

Server 对象提供对服务器上的资源访问以及进行 HTML 编码的功能，这些功能分别由 Server 对象相应的方法和属性完成。在 ASP.NET WebForm 中，Server 对象是 HttpServerUtility 类的实例，而在 ASP.NET MVC 中，Server 对象属于 HttpServerUtilityBase 对象。

- Server.MapPath 方法用来返回与 Web 服务器上的指定虚拟路径相对应的物理路径。语法如下：

```
Server.MapPath(path);
```

其中，path 表示 Web 服务器上的虚拟路径，如果 path 值为空，则该方法返回包含当前应用程序的完整物理路径。例如在浏览器中输出指定文件 Default.aspx 的物理路径，可以使用下面的代码：

```
Response.Write(Server.MapPath("Default.aspx"));
```

- Server.UrlEncode 方法用于对通过 URL 传递到服务器的数据进行编码。语法如下：

```
Server.UrlEncode(string);
```

其中，string 为需要进行编码的数据。例如：

```
Response.Write(Server.UrlEncode("HTTP://Default.aspx"));
```

编码后的输出结果为：HTTP%3a%2f%2fDefault.aspx。

- Server 对象的 UrlEncode 方法的编码规则如下：
  - 空格将被加号（+）字符所代替。
  - 字段不被编码。
  - 字段名将被指定为关联的字段值。
  - 非 ASCII 字符将被转义码所替代。
- Server.UrlDecode 方法用来对字符串进行 URL 解码并返回已解码的字符串，语法如下：

```
Server.UrlDecode(string);
```

其中，string 为需要进行解码的数据。例如：

```
Response.Write(Server.UrlDecode("HTTP%3a%2f%2fDefault.aspx"));
```

解码后的输出结果为：HTTP://Default.aspx。

3.6.2 使用 Server 对象重定向页面

Server 对象包含两个用于重定向页面的方法，即 Server.Execute 方法和 Transfer 方法。Server.Execute 方法用于将执行从当前页面转移到另一个页面，并将执行返回到当前页面。执行所转移的页面在同一浏览器窗口中执行，然后原始页面继续执行。故执行 Execute 方法后，原始页面保留控制权。而 Transfer 方法用于将执行完全转移到指定页面。与 Execute 方法不同，执行该方法时主调页面将失去控制权。

[实例 3.8]　（源码位置：资源包 \Code\03\08）

实现两种重定向页面方法

本实例将要实现的功能是通过 Server 对象的 Execute 方法和 Transfer 方法重定向页面，通过对比两个方法的实现效果来学习如何使用 Execute 方法与 Transfer 方法。程序实现主要步骤如下：

① 新建一个网站，默认主页为 Default.aspx，在 Default.aspx 页面上添加两个 Button 控件，对应代码标签如下：

```
<asp:Button ID="btnExecute" runat="server" Text="Execute 方法 " OnClick="btnExecute_Click" />
<asp:Button ID="btnTransfer" runat="server" Text="Transfer 方法 " OnClick="btnTransfer_Click"/>
```

② 定义“Execute 方法”按钮的 Click 事件处理方法，利用 Server 对象的 Execute 方法从 Default.aspx 页重定向到 newPage.aspx 页，然后控制权返回到主调页面“Default.aspx”并执行其他操作。代码如下：

```
protected void btnExecute_Click(object sender, EventArgs e)
 {
           Server.Execute("newPage.aspx?message=Execute");  // 跳转页面并传入参数
           Response.Write("Default.aspx 页 ");              // 响应输出页面
 }
```

③ 定义“Transfer 方法”按钮的 Click 事件处理方法，利用 Server 对象的 Transfer 方法从 Default.aspx 页重定向到 newPage.aspx 页，控制权完全转移到 newPage.aspx 页。代码如下：

```
protected void btnTransfer_Click(object sender, EventArgs e)
 {
         Server.Transfer("newPage.aspx?message=Transfer");          // 跳转页面并传入参数
         Response.Write("Default.aspx 页 ");                         // 跳转页面并传入参数
 }
```

④ 在网站项目上新建一个页面，名称为 newPage.aspx，在页面加载方法中获取 default 传递过来的参数数据，然后将数据输出到页面中，代码如下：

```
protected void Page_Load(object sender, EventArgs e)
 {
         string message = Request.QueryString["message"];           // 获取参数值
         Response.Write(message);                                   // 响应输出值
 }
```

执行程序，单击“Execute 方法”按钮，运行结果如图 3.14 所示；单击“Transfer 方法”按钮，运行结果如图 3.15 所示。

图 3.14　单击“Execute 方法”按钮的结果

图 3.15　单击“Transfer 方法”按钮的结果

本章知识思维导图

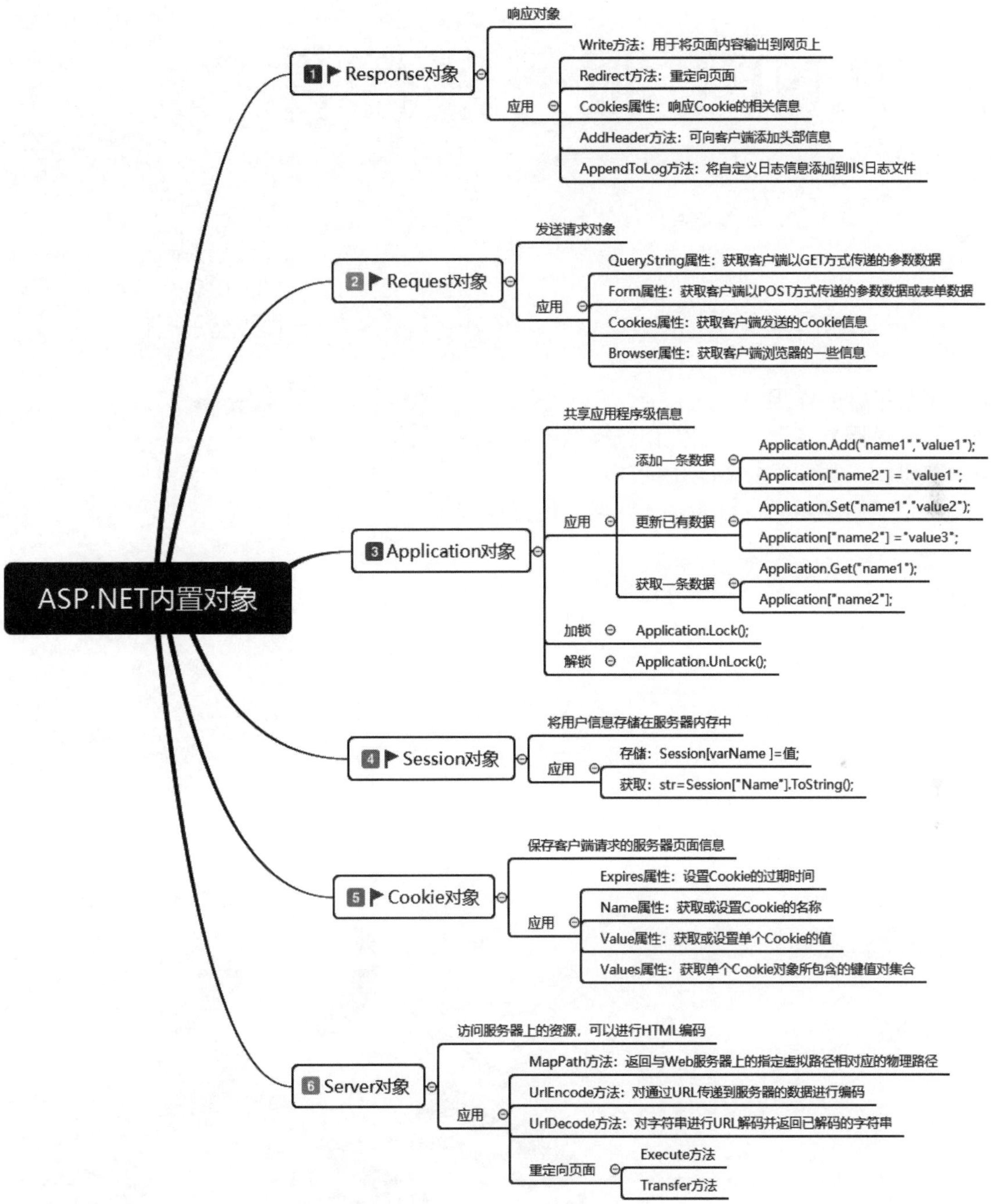

- ASP.NET内置对象
  - 1 Response对象
    - 响应对象
    - 应用
      - Write方法：用于将页面内容输出到网页上
      - Redirect方法：重定向页面
      - Cookies属性：响应Cookie的相关信息
      - AddHeader方法：可向客户端添加头部信息
      - AppendToLog方法：将自定义日志信息添加到IIS日志文件
  - 2 Request对象
    - 发送请求对象
    - 应用
      - QueryString属性：获取客户端以GET方式传递的参数数据
      - Form属性：获取客户端以POST方式传递的参数数据或表单数据
      - Cookies属性：获取客户端发送的Cookie信息
      - Browser属性：获取客户端浏览器的一些信息
  - 3 Application对象
    - 共享应用程序级信息
    - 应用
      - 添加一条数据
        - Application.Add("name1","value1");
        - Application["name2"] = "value1";
      - 更新已有数据
        - Application.Set("name1","value2");
        - Application["name2"] ="value3";
      - 获取一条数据
        - Application.Get("name1");
        - Application["name2"];
    - 加锁
      - Application.Lock();
    - 解锁
      - Application.UnLock();
  - 4 Session对象
    - 将用户信息存储在服务器内存中
    - 应用
      - 存储：Session[varName]=值;
      - 获取：str=Session["Name"].ToString();
  - 5 Cookie对象
    - 保存客户端请求的服务器页面信息
    - 应用
      - Expires属性：设置Cookie的过期时间
      - Name属性：获取或设置Cookie的名称
      - Value属性：获取或设置单个Cookie的值
      - Values属性：获取单个Cookie对象所包含的键值对集合
  - 6 Server对象
    - 访问服务器上的资源，可以进行HTML编码
    - 应用
      - MapPath方法：返回与Web服务器上的指定虚拟路径相对应的物理路径
      - UrlEncode方法：对通过URL传递到服务器的数据进行编码
      - UrlDecode方法：对字符串进行URL解码并返回已解码的字符串
      - 重定向页面
        - Execute方法
        - Transfer方法

第 4 章

ASP.NET 服务器控件

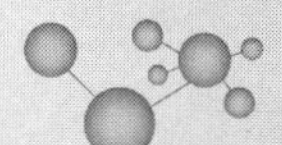

本章学习目标

- 了解控件的作用。
- 熟练掌握文本类、按钮类和选择类控件的使用。
- 熟悉图形类和 Panel 容器控件。
- 熟悉如何使用 FileUpload 控件上传文件。

4.1 控件概述

在一个软件应用程序中，呈现给用户最多的是各种数据信息，然而这只是软件最为核心的一部分。无论是 CS 架构还是 BS 架构中都少不了软件与用户的交互过程，这就需要软件能够提供一些可用于操作的页面元素。我们将这些可操作的页面元素称为“控件”。软件中最常用的控件包含按钮控件、文本输入控件、单选或多选控件等。

在 ASP.NET 中包含了各种类型的操作控件，这些控件几乎可以胜任网页中的各种需求。读者在学习过程中应逐渐了解掌握这些控件与 HTML 之间的关系，以及和后台的交互方式。

说明：

服务器控件是 ASP.NET 定义的 Web 应用程序用户界面的组件，是 Web Forms 编程模型的基本元素，它提供了更加统一的编程接口，使每一个控件都能更方便地绑定数据和提交数据，也正是由于它是服务器控件，所以当在客户端操作这些控件时却无法像 HTML 标签控件那样直观方便。HTML 标签是直接展示给用户的，浏览器也只能识别 HTML 标签，ASP.NET 中的所有服务器控件最终在渲染时都会解析成 HTML 标签，例如 <asp:TextBox> 控件最终会被解析成 <input type="text"/> HTML 标签。

4.2 文本类控件

文本类控件是用于在网页页面中呈现文字的控件，控件可以分为只读的文本控件或用于接受用户输入的文本控件。文本类型控件是网页中使用最多的一种控件。

4.2.1 Label 标签

Label 控件又称标签控件，主要用于显示用户不能编辑的文本内容，也可以理解为在网页上添加一个占位标签，这样在页面呈现前可以动态地修改或填充这个 Label 标签的内容，如标题或提示等。如图 4.1 所示为 Label 控件。

图 4.1　Label 控件

(1) Label 控件设置文本

Label 控件最重要的功能就是显示文本，所以它的 Text 属性是必须设置的一个属性，否则 Label 标签就没有实际意义，以下是两种 Text 属性的设置方式。

- 在源代码中定义标签时直接赋值，此方式一般用于显示静态文本，定义方式如下：

```
<asp:Label ID="Label1" runat="server" Text="Label 文本 "></asp:Label>
```

- 在后台代码中绑定赋值，此方式一般用于显示动态文本内容，代码如下：

```
this.Label1.Text = DateTime.Now;
```

(2) 设置 Label 控件的外观

设置 Label 控件外观的常用方法有两种，即通过属性面板设置和通过引用 CSS 样式设置。下面分别进行介绍。

通过属性面板设置 Label 控件的外观，只需更改 Label 控件的外观属性即可。具体属性的设置及其效果如图 4.2 所示。

图 4.2 通过属性窗口设置 Label 控件的外观

除了可以通过属性面板设置 Label 控件的外观外，也可以在源代码标签上来定义样式属性和值，语法如下：

```
<asp:Label ID="Label1" runat="server" Text="Label 控件的外观属性设置 " CssClass="stylecs"
BackColor="Blue" Font-Bold="True" Font-Italic="True" Font-Names=" 楷体 " Font-Size="15pt"
ForeColor="#FF5050"></asp:Label>
```

[实例 4.1]

（源码位置：资源包 \Code\04\01）

使用 CSS 修改 Label 控件的外观样式

本实例将定义一个 Label 标签并设置其文本值，然后通过编写 CSS 样式文件来修改 Label 标签的外观样式，最后在页面上引用这个 CSS 样式文件。程序实现的主要步骤如下：

① 新建一个网站并创建 Default.aspx 页面，在 Default.aspx 页面上添加一个 Label 控件，并将 Label 控件的 Text 属性赋值为“通过 CSS 样式设置控件的外观”。具体方法是在页面源代码的 div 标签内定义如下代码：

```
<asp:Label ID="Label1" runat="server" Text=" 通过 CSS 样式设置控件的外观 "></asp:Label>
```

② 在该网站上单击右键，在弹出的快捷菜单中选择“添加”→“添加新项”菜单项，在弹出的对话框窗口中选择“样式表”，默认名为 StyleSheet.css。单击“添加”按钮，为该网站添加一个 CSS 样式文件，在该文件中添加以下代码，为 Label 控件设置外观样式：

```
.stylecs
{
      background-color:Yellow;
      font-style:oblique;
      font-size:medium;
      border :2px;
      border-color:Black ;
}
```

③ 找到 Default.aspx 页面的 <head></head> 标签，在这个标签节点下添加对 CSS 文件引用的标签，使用 link 标签并设置其属性就可以引用本地服务器样式文件或者外部服务器的 CSS 样式文件，引用代码如下：

```
<link href="StyleSheet.css" rel="stylesheet" type="text/css"/>
```

④ 在属性面板中设置 Label 控件的 CssClass 属性为 stylecs（stylecs 为样式名）。

执行程序，运行结果如图 4.3 所示。

图 4.3　通过引用 CSS 样式文件设置 Label 控件的外观

说明：

通过编程方式也可以设置 Label 控件的文本，代码如下：

```
protected void Page_Load(object sender, EventArgs e)
{
      Label1.Text = "ASP.NET 编程词典！ ";          // 绑定 Label 标签
}
```

其中，Label1 为 Label 控件的 ID 属性。

4.2.2　TextBox 文本框

TextBox 控件又称文本框控件，用于输入或显示文本。TextBox 控件通常用于可编辑文本，但也可以通过设置其属性值，使其成为只读控件，TextBox 控件有多种输入模式可以选择，其中，TextMode 属性可以将文本模式设置为单行文本、多行文本或密码格式的文本。如图 4.4 所示为 TextBox 控件。

图 4.4　TextBox 控件

说明：

TextBox 控件相当于一个写字板，可以对输入的文本进行更改；而 Label 控件相当于一个提示板，不能对文本进行编辑。

（1）设置文本内容的显示模式

TextBox 控件封装了各种类型的文本显示模式，其默认的模式为普通文本。在实际开发中可以通过设置 TextMode 属性进行更改，例如将文本框更改为密码框，只需要将 TextMode 属性设置为 Password 即可。

下面是 TextMode 属性值所对应的功能说明以及效果图展示。

- 默认：文本模式，效果如图 4.5 所示。

图 4.5　文本模式

图 4.6　密码模式

图 4.7　多行文本模式

- Password：密码模式，效果如图 4.6 所示。
- MultiLine：多行文本模式，效果如图 4.7 所示。
- Number：数字模式，效果如图 4.8 所示。

图 4.8　数字模式

图 4.9　选择颜色模式

- Color：选择颜色模式，效果如图 4.9 所示。

（2）修改文本框内容时所触发的事件

在一些需要验证文本框输入内容的需求中，当用户输入完内容时希望程序能够立刻检查文本内容的合法性。例如，在注册用户时，验证用户名是否存在时，就会用到文本框事件去处理。TextBox 控件的事件列表中有一个 TextChanged 事件，该事件是当文本内容被更改后触发，而触发的事件处理方法应为 ASP.NET 页面的后台代码中定义的方法。TextBox 控件的 TextChanged 事件的定义及后台处理方法如下：

标签及事件的定义：

```
<asp:TextBox ID="TextBox1" runat="server" Text=""
     OnTextChanged="TextBox1_TextChanged"></asp:TextBox>
```

后台方法的定义：

```
protected void TextBox1_TextChanged(object sender, EventArgs e)
{
        //编写逻辑代码
}
```

定义控件的事件以及处理方法最快捷的方式是在 Visual Studio 的设计窗口中选中 TextBox 控件，然后在属性窗口中单击事件的小闪电图标，再找到 TextChanged 事件，双击即可完成添加，如图 4.10 所示。

（3）TextBox 控件的应用

文本框输入无论是客户端程序还是 Web 网站都是最常用的一个功能，应用场合也非常广泛，特别在后台管理系统中，几乎每个页面都少不了文本框的使用。

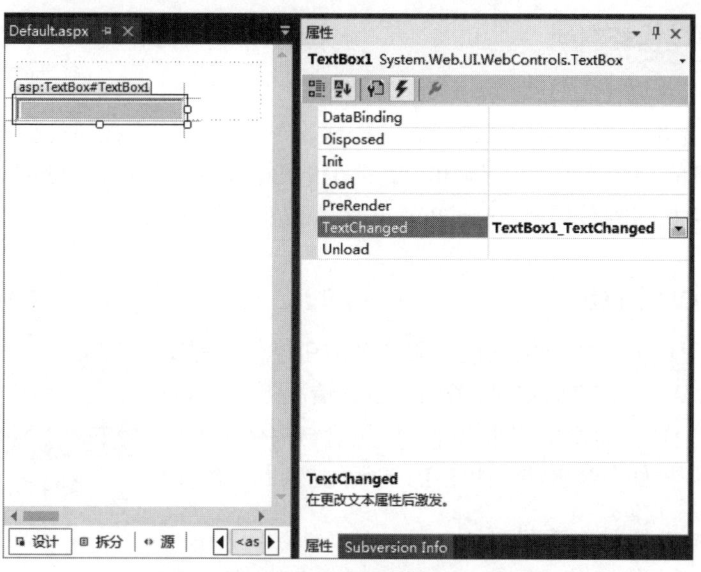

图 4.10　通过属性窗口定义控件事件

[实例 4.2]　（源码位置：资源包 \Code\04\02）

使用 TextBox 控件制作会员登录界面

当一个网站用户想管理自己的个人信息时，会经过登录安全验证，如果当前用户是非登录用户，那么网页将会跳转到登录页面来让用户输入自己的用户名和密码等凭证信息，这时就需要制作一个用户登录页面来提供支持，本实例将使用 TextBox 控件制作一个会员登录界面。程序实现的主要步骤为：新建一个网站并创建 Default.aspx 页面，在 Default.aspx 页面上添加 2 个 TextBox 控件，它们的属性设置如表 4.1 所示。

表 4.1　TextBox 控件属性设置

TextBox 控件	属性值
输入会员名的 TextBox 控件	TextMode 属性设置为 SingleLine
输入密码的 TextBox 控件	TextMode 属性设置为 Password
	MaxLength 属性值为 6

执行程序，并在两个 TextBox 文本框中输入文字，运行结果如图 4.11 所示。

图 4.11　使用 TextBox 控件制作会员登录界面

4.3 按钮类控件

按钮类控件是用于接受用户点击行为的控件，在 ASP.NET 中按钮类型控件有很多种，这些控件都有各自的功能和样式，例如，最常见的 Button 按钮控件、LinkButton 链接按钮和 HyperLink 超链接按钮控件以及 ImageButton 图片按钮控件等。

4.3.1 Button 按钮

Button 控件可以分为提交按钮控件和命令按钮控件。提交按钮控件只是将 Web 页面回送到服务器，默认情况下，Button 控件为提交按钮控件；而命令按钮控件一般包含与控件相关联的命令，用于处理控件命令事件。如图 4.12 所示为 Button 控件。

图 4.12 Button 控件

(1) Button 控件的单击事件

Button 控件的主要功能在于它的点击行为。事件的定义方式与 3.1 节讲到的 TextBox 的事件相同，下面是源代码以及后台处理方法代码。

控件定义源代码:

```
<asp:Button ID="Button1" runat="server" Text=" 确定 " OnClick="Button1_Click" />
```

方法定义如下:

```
protected void Button1_Click(object sender, EventArgs e)
{
      // 编写逻辑代码
}
```

(2) 定义 OnClientClick 事件

OnClientClick 事件是用于触发客户端的脚本代码，即 JavaScript 代码。在实际应用中，当用户单击 Button 按钮后应当询问用户是否确认要这样操作，如果用户是误点操作，那么应该阻止触发服务器端方法（按钮的 OnClick 事件），因为这是一次无效的提交。但是，目前我们似乎没有什么办法可以阻止提交，因为在单击按钮的那一刻就提交了页面。此时，OnClientClick 事件就会发挥其作用了。

OnClientClick 事件是在按钮的 OnClick 事件被触发前触发的，这样我们就有机会处理一些客户端的事情，请看如下代码定义:

```
<asp:Button ID="Button1" runat="server" Text=" 确定 " OnClick="Button1_Click"
    OnClientClick="return IsConfirm()"/>
```

OnClientClick 事件所触发的 JavaScript 方法 IsConfirm，代码如下:

```
<script type="text/javascript">
    function IsConfirm() {
        if (confirm(" 确认要保存当前修改的数据吗 ?")) {
            return true;
        }
        return false;
    }
</script>
```

IsConfirm 方法中询问用户是否要保存数据，当用户单击“是”后返回 true，否则为 false，注意在定义控件时 OnClientClick 事件的值带有 return 语句，因为当 IsConfirm 返回 false 后，只有通过 return 语句才能阻止提交，否则只是进行了一次调用并执行了 IsConfirm 方法。

(3) Button 控件的应用

Button 控件是页面中最常用的控件之一，通常在修改一项或多项数据信息后可通过 Button 按钮实现触发后台方法执行保存操作。

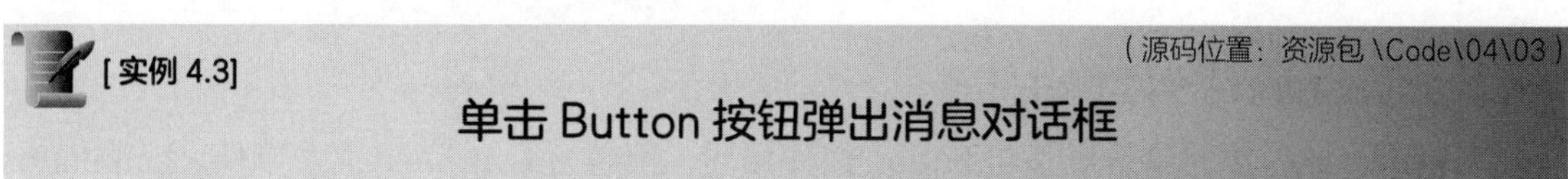

[实例 4.3]
(源码位置：资源包\Code\04\03)
单击 Button 按钮弹出消息对话框

本实例将实现一个单击 Button 按钮时弹出一个浏览器消息对话框的功能。程序实现的主要步骤为：

① 新建一个网站并创建 Default.aspx 页面，在 Default.aspx 页面上添加 1 个 Button 控件，Button 控件属性设置如表 4.2 所示。

表 4.2　Button 控件属性设置

属性名称	属性值
ID	Button1
BackColor	#E0E0E0
BorderColor	Gray
Text	单击 me

② 将编辑器切换到“设计”模式下，找到 Button 按钮，然后双击这个按钮来生成 Click 事件，接着在 Button 控件的 Click 事件下编写如下代码：

```
protected void Button1_Click(object sender, EventArgs e)
{
        Response.Write("<script>alert('Hello World！ ')</script>");// 弹出消息对话框
}
```

说明：

还有另外一种生成方法，就是在 Button 属性面板中单击⚡事件列表按钮，找到 Click 事件并双击该事件，同样也能生成 Click 事件。

本实例运行结果如图 4.13 和图 4.14 所示。

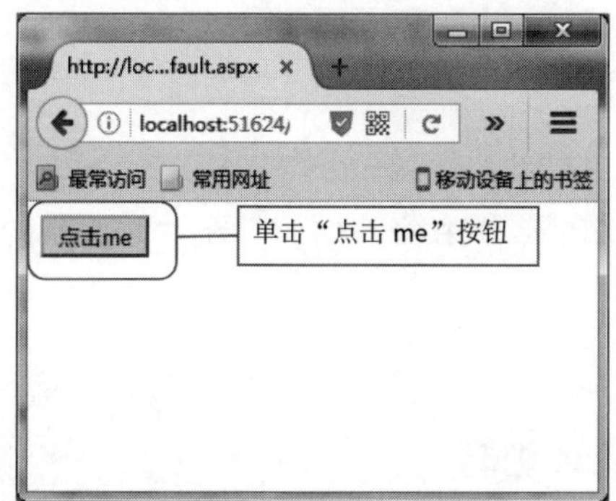

图 4.13　Button 按钮示例

图 4.14　单击 Button 按钮弹出的消息对话框

4.3.2 LinkButton 链接按钮

图 4.15 LinkButton 控件

LinkButton 控件又称为超链接按钮控件，该控件在功能上与 Button 控件相似，但在呈现样式上不同，LinkButton 控件以超链接的形式显示。如图 4.15 所示为 LinkButton 控件。

注意：

LinkButton 控件是以超链接形式显示的按钮控件，不能为此按钮设置背景图片。

（1）LinkButton 控件的单击事件

LinkButton 控件的单击事件与 Button 控件相同，都包含 OnClientClick 事件。LinkButton 控件标签的定义如下：

```
<asp:LinkButton ID="LinkButton1" runat="server" OnClick="LinkButton1_Click">确认
</asp:LinkButton>
```

Button 与 LinkButton 在页面中的默认呈现样式如图 4.16 所示。

确定 确认

图 4.16 Button 与 LinkButton 控件的默认呈现样式

（2）定义页面跳转链接

LinkButton 控件除了单击事件外还有一个很常用的属性，即 PostBackUrl 属性，该属性是用来设置单击 LinkButton 控件时链接到的网页地址。在设置该属性时，单击其后面的...按钮，会弹出如图 4.17 所示的“选择 URL”对话框，用户可以选择要链接到的网页地址。

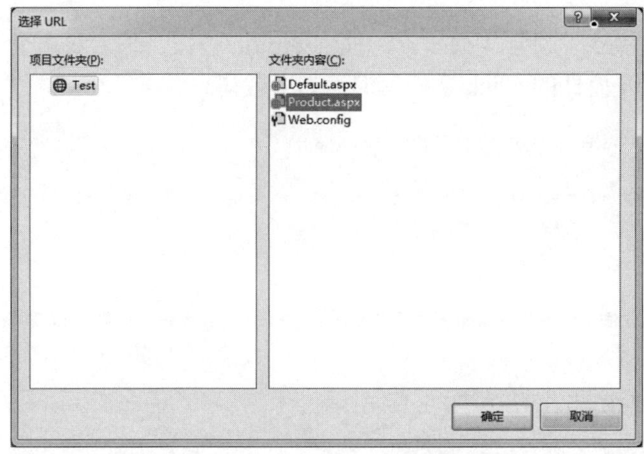

图 4.17 “选择 URL”对话框

（3）LinkButton 控件的应用

LinkButton 是纯文本超链接控件，在很多网页中会经常用到。例如，在页面导航或一篇文章中做关键词引用时也是非常适合的。

[实例 4.4]
（源码位置：资源包 \Code\04\04）
实现个性化页面跳转功能

本实例通过设置 LinkButton 控件的 PostBackUrl 属性实现超链接功能。链接按钮的字体

被分别设置为不同的颜色，然后在跳转时传入相关的颜色值，最后设置目标页的背景为该颜色并且输出颜色名称。程序实现的主要步骤为：新建一个网站并创建 Default.aspx 页面，添加一个用于超链接的 GetColor.aspx 页面。然后在 Default.aspx 页面上添加 7 个 LinkButton 控件，并设置控件文本内容为“颜色 + 超链接”。

Default.aspx 页面中的 LinkButton 控件定义如下：

```
<div style="width:900px;margin:0px auto;">
    <asp:LinkButton ID="LinkButton1" PostBackUrl="~/GetColor.aspx?Color=Red" runat="server"
                ForeColor="Red" Font-Size="14">红色超链接</asp:LinkButton>
    <asp:LinkButton ID="LinkButton2" PostBackUrl="~/GetColor.aspx?Color=-FF9933" runat="server"
                ForeColor="#FF9933" Font-Size="13">橙色超链接</asp:LinkButton>
    <asp:LinkButton ID="LinkButton3" PostBackUrl="~/GetColor.aspx?Color=Yellow" runat="server"
                ForeColor="Yellow" Font-Size="14">黄色超链接</asp:LinkButton>
    <asp:LinkButton ID="LinkButton4" PostBackUrl="~/GetColor.aspx?Color=-009900" runat="server"
                ForeColor="#009900" Font-Size="13">绿色超链接</asp:LinkButton>
    <asp:LinkButton ID="LinkButton5" PostBackUrl="~/GetColor.aspx?Color=-00CCFF" runat="server"
                ForeColor="#00CCFF" Font-Size="14">青色超链接</asp:LinkButton>
    <asp:LinkButton ID="LinkButton6" PostBackUrl="~/GetColor.aspx?Color=Blue" runat="server"
                ForeColor="Blue" Font-Size="13">蓝色超链接</asp:LinkButton>
    <asp:LinkButton ID="LinkButton7" PostBackUrl="~/GetColor.aspx?Color=-CC0099" runat="server"
                ForeColor="#CC0099" Font-Size="14">紫色超链接</asp:LinkButton>
</div>
```

在 GetColor.aspx 页面的后台定义用于接收各颜色值并输出颜色数据的代码，具体代码如下：

```
protected void Page_Load(object sender, EventArgs e)
{
    string Color = Request.QueryString["Color"];          //获取传递过来的颜色值
    //设置当前页面背景色为传递过来的背景色
    this.box.Style["background-color"] = Color.IndexOf("-") > -1 ? Color.Replace("-", "#")
: Color;
    string backgroundColor = "";                           //定义颜色名称变量
    switch (Color)
    {
        case "Red":
            backgroundColor = "红色";
            break;
        //此处省略处理其他颜色的代码
    }
    this.Label1.Text = backgroundColor;                    //将颜色值赋值给 Label 控件
}
```

运行实例，将显示如图 4.18 所示的页面，单击图 4.18 中的超链接按钮，将链接到 GetColor.aspx 页面，结果如图 4.19 所示。

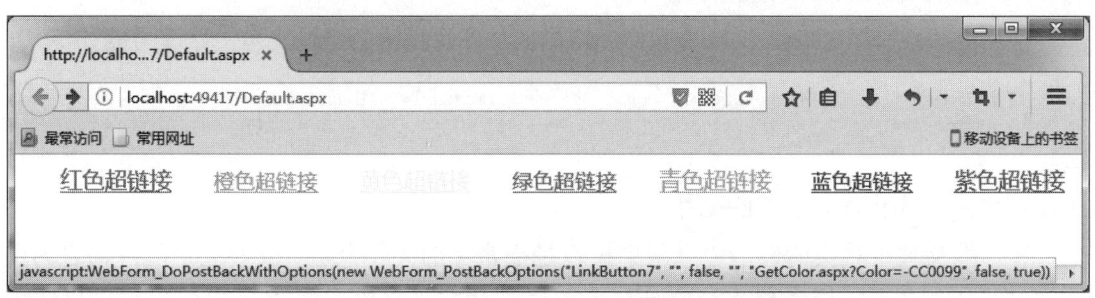

图 4.18　应用 LinkButton 控件显示不同的超链接

图 4.19 获取颜色信息页面

4.3.3 ImageButton 图片按钮

ImageButton 控件为图像按钮控件，在功能上和 Button 控件相同，但它通常用于和图像表示有关的按钮，如图 4.20 所示为 ImageButton 控件。

（1）设置 ImageButton 控件的显示图片

ImageButton 控件的 ImageUrl 属性是其主要的属性之一。ImageUrl 属性用于设置在 ImageButton 控件中显示的图像 URL。在设置 ImageUrl 属性值时，可以使用相对 URL，也可以使用绝对 URL。相对 URL 使图像的位置与网页的位置相关联，当整个站点移动到服务器上的其他目录时，不需要修改 ImageUrl 属性值；而绝对 URL 使图像的位置与服务器上的完整路径相关联，当修改站点路径时，需要修改 ImageUrl 属性值。在实际项目开发中建议设置 ImageButton 控件的 ImageUrl 属性值时，使用相对 URL。ImageButton 控件的属性设置方式如下：

```
<asp:ImageButton ID="ImageButton1" runat="server" ImageUrl="~/images/Desert.jpg"/>
```

代码中设置的目录为项目根目录下的 images 文件夹的 Desert.jpg，对应的目录结构如图 4.21 所示。

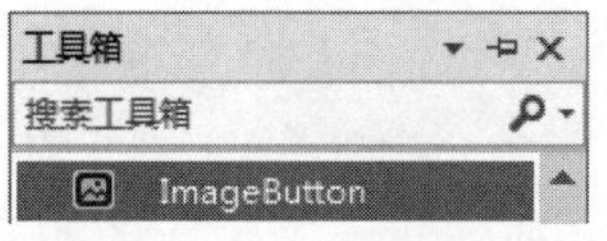

图 4.20 ImageButton 控件

图 4.21 图片对应的目录结构

（2）AlternateText 属性的作用

使用此属性表示在 ImageUrl 属性中指定的图像不可用时显示的文本，定义方式如下：

```
<asp:ImageButton ID="ImageButton1" runat="server" ImageUrl="~/images/Desert1.jpg"
    AlternateText=" 沙漠 "/>
```

（3）ImageButton 控件的应用

在一些文件下载类的网站中有两个按钮是很常见的，一个是“放大镜”图片代表的搜索按钮，另一个是“向下箭头”图片代表的下载按钮，这类带有图片的按钮都可以使用 ImageButton 控件来实现。

[实例 4.5]　（源码位置：资源包 \Code\04\05）

实现单击预览图片更改页面背景图片

本实例将在页面上放置 2 个 ImageButton 控件并设置背景图片，当单击其中一个按钮时，会将网页的背景图片更改为按钮的背景图片。程序实现的主要步骤为：

① 新建一个网站并创建 Default.aspx 页面，在 Default.aspx 页面上添加两个 ImageButton 控件，其属性设置如表 4.3 所示。

表 4.3　ImageButton 控件属性设置

控件类型	控件名称	主要属性设置	用途
标准/ImageButton 控件	ImageButton1	ImageUrl 属性设置为“/image/Koala.jpg” AlternateText 为“ImageButton 按钮” BorderColor 为“Black” BorderWidth 为“2px”	缩略图 1
	ImageButton2	ImageUrl 属性设置为“/image/Penguins.jpg” AlternateText 为“ImageButton 按钮” BorderColor 为“Black” BorderWidth 为“2px”	缩略图 2

② 属性设置完成之后再来添加单击事件，将编辑器切换到“设计”模式下，分别双击两个按钮使其自动生成两个事件处理方法，这时在后台代码的 Page_Load 方法上面定义一个字符串类型的全局变量 imgUrl，用于接收两个按钮的图片 URL 地址，接着在两个按钮的处理方法中分别获取到各自的 ImageUrl 属性的值，再将获取出来的值赋值到全局变量 imgUrl 中，这一过程的全部实现代码如下：

```
public partial class _Default : System.Web.UI.Page
{
    public string imgUrl = "";                        // 定义全局变量
    protected void Page_Load(object sender, EventArgs e)
    {
    }
    protected void ImageButton1_Click(object sender, ImageClickEventArgs e)
    {
        imgUrl = ((ImageButton)sender).ImageUrl;  // 单击第一个图片时设置 imgUrl 变量的值
    }
    protected void ImageButton2_Click(object sender, ImageClickEventArgs e)
    {
        imgUrl = ((ImageButton)sender).ImageUrl;  // 单击第二个图片时设置 imgUrl 变量的值
    }
}
```

③ 设置网页的背景图片，这里需要通过 CSS 样式来实现，首先在页面“源”中找到 body 标签，然后在 body 标签上定义 style 属性并且指定属性样式 background-image，再通过内嵌表达式的方式来绑定背景图片的 URL 地址。body 及其子元素内容的代码如下：

```
<body style="background-image:url('<%=imgUrl%>'); background-repeat:no-repeat;">
    <form id="form1" runat="server">
    <div>
        <asp:ImageButton ID="ImageButton1"  Width="100" Height="70"
AlternateText="ImageButton 按钮" BorderColor="Black" BorderWidth="2px" ImageUrl="/image/Koala.
jpg" runat="server" OnClick="ImageButton1_Click" />
```

```
                 
            <asp:ImageButton ID="ImageButton2"  Width="100" Height="70"
AlternateText="ImageButton 按钮 " BorderColor="Black" BorderWidth="2px" ImageUrl="/image/
Penguins.jpg" runat="server" OnClick="ImageButton2_Click" />
        </div>
        </form>
    </body>
```

运行实例，单击 ImageButton 预览按钮，页面背景将被设置为预览按钮上的图片效果，如图 4.22 所示。

图 4.22　页面背景被设置为第一个预览按钮的背景图片

4.3.4　HyperLink 超链接

HyperLink 控件又称超链接控件，该控件在功能上和 HTML 的 <a href=""> 控件相似，其显示模式为超链接的形式。HyperLink 控件与大多数 Web 服务器控件不同，当用户单击 HyperLink 控件时并不会在服务器代码中引发事件，该控件只实现链接功能。如图 4.23 所示为 HyperLink 控件。

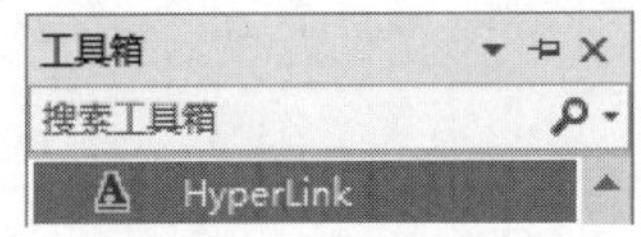

图 4.23　HyperLink 控件

注意：

单击 HyperLink 服务器控件不会引发任何事件，它只起到超链接的作用。

（1）定义 NavigateUrl 属性指定跳转方式

HyperLink 控件的 NavigateUrl 属性用来设置单击 HyperLink 控件时要链接到的网页地址，设置方法与 LinkButton 控件的 PostBackUrl 属性相同。不同的是 HyperLink 控件在跳转时可选择跳转方式，通过其 Target 属性可设置打开链接网页时窗口的显示样式，Target 属性值一般以下划线开头。

HyperLink 控件的默认打开方式为 _self 方式，即在自身页面打开，设置为 _blank 可在新的页面打开链接页，也可以利用 _media 或 _search 表示将链接文档加载到新的空白窗口中，还可以利用 _parent 或 _top 将相应页面加载到在其中单击该链接的窗口（活动窗口）中。控件定义如下：

```
<asp:HyperLink ID="HyperLink1" runat="server" NavigateUrl="~/Product.aspx" Target="_blank">
    跳转 </asp:HyperLink>
```

（2）HyperLink 控件的应用

HyperLink 控件最常用的场景是网页的友情链接部分，因为 HyperLink 控件既可以是纯文字又可以设置背景图片，所以在只是链接到外部网页部分时是很实用的一种解决方案。

[实例 4.6] （源码位置：资源包 \Code\04\06）

使用 HyperLink 控件实现 2 种不同的方式打开链接

本实例通过设置 HyperLink 控件的 Target 属性来以两种不同方式打开目标页，并设置 NavigateUrl 属性指定该控件的超链接页面。程序实现的主要步骤为：新建一个网站并创建 Default.aspx 页面，然后再添加一个用于超链接的目标页 Default2.aspx，在 Default.aspx 页面上添加 2 个 HyperLink 控件，其属性设置如表 4.4 所示。

表 4.4　HyperLink 控件属性设置

控件类型	控件名称	主要属性设置	用途
标准/HyperLink 控件	HyperLink1	NavigateUrl 属性设置为"~/Default2.aspx" Target 属性设置为"_self" BorderColor 属性设置为"#8080FF" BorderWidth 属性设置为"1px"	_self 方式超链接
	HyperLink2	NavigateUrl 属性设置为"~/Default2.aspx" Target 属性设置为"_blank" BorderColor 属性设置为"#8080FF" BorderWidth 属性设置为"1px"	_blank 方式超链接

运行实例结果如图 4.24 所示，单击"_self 方式"链接按钮时，将会在自身窗口页面打开链接地址，单击"_blank 方式"链接按钮时，将会在一个新的窗口页面中打开链接地址，如图 4.25 是打开链接后呈现的页面。

图 4.24　HyperLink 控件示例

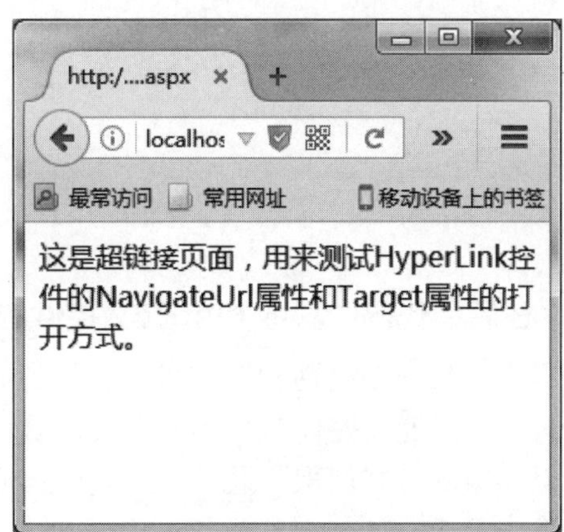

图 4.25　HyperLink 控件链接页面

4.4 选择类控件

选择类控件是用于在一个集合列表中选中其中的一项或者多项，而这些控件中包含单选控件以及多选控件，在网页中最常见的下拉框控件和复选框控件都是选择类型控件的一种。

4.4.1 ListBox 列表

ListBox 控件用于显示一组列表项，用户可以从中选择一项或多项。如果列表项的总数超出可以显示的项数，则 ListBox 控件会自动添加滚动条。如图 4.26 所示为 ListBox 控件。

图 4.26 ListBox 控件

（1）创建一个 ListBox 列表

ListBox 控件是列表式数据选择控件，它可以支持多选操作，所以它的属性功能基本都是围绕“数据绑定”“数据集合”“选择项”等来操作的。下面是在页面中定义 ListBox 控件的代码：

```
<asp:ListBox ID="ListBox1" runat="server">
    <asp:ListItem Text=" 一月 " Value="1"></asp:ListItem>
    <asp:ListItem Text=" 二月 " Value="2"></asp:ListItem>
</asp:ListBox>
```

（2）后台绑定 ListBox 控件的列表数据

当开发人员希望使用数组或集合填充控件时，可以使用 DataSource 属性将数组或集合中的数据绑定到控件上，但 DataSource 属性只是指定数据源，真正执行绑定时需要调用 ListBox 控件的 DataBind 方法。例如，在后台代码中，编写如下代码，将数组绑定到 ListBox 控件中：

```
ArrayList arrList = new ArrayList();
arrList.Add(" 星期日 ");
arrList.Add(" 星期一 ");
arrList.Add(" 星期二 ");
arrList.Add(" 星期三 ");
arrList.Add(" 星期四 ");
arrList.Add(" 星期五 ");
arrList.Add(" 星期六 ");
ListBox1.DataSource = arrList;
ListBox1.DataBind();
```

注意：

在使用 ArrayList 数组之前，需要引用 ArrayList 类的命名空间，其引用代码为“using System. Collections”。

（3）在后台代码中获取 ListBox 控件的选择项

在后台代码中有两种方式可以获取到 ListBox 控件的选择项，一个是通过遍历的方式获取，另一个是通过控件的 SelectedValue 属性进行获取，下面分别进行介绍。

以遍历的方式获取，通过 Items 集合项属性获取单个项，并进行 Selected 属性判断，代码如下：

```
foreach (ListItem li in this.ListBox1.Items)
{
    if (li.Selected)
    {
        // 已选择的项
    }
}
```

通过 SelectedValue 属性获取:

```
string ListBoxValue = this.ListBox1.SelectedValue;
```

下面主要来介绍一下 ListBox 控件的 Items 属性、SelectionMode 属性和 DataSource 属性。

- Items 属性：用于返回 ListBox 控件的所有项。
- SelectionMode 属性：用于设置 ListBox 控件的项为单选项还是多选项，指定值为 Single 表示单选，指定值为 Multiple 表示多选。
- DataSource 属性：用于指定 ListBox 控件要绑定的数据源。

（4）ListBox 控件的应用

在一些后台管理类型的网站中，有很多关系比较复杂的业务逻辑，例如“组织结构”模块，可能涉及部门与人员的权限分配与调动等，那么选用 ListBox 控件是实现该业务需求的理想选择。

[实例 4.7]　（源码位置：资源包 \Code\04\07）

选择并移动 ListBox 控件中的项

本实例实现的主要功能是对 ListBox 控件中的列表项多选后进行移动选择的操作，在源列表框中选择部分选项，单击“<”按钮后，将会把源列表框中选择的项移到目的列表框中。程序实现的主要步骤为:

① 新建一个网站并创建 Default.aspx 页面，在 Default.aspx 页面上添加 2 个 ListBox 控件和 4 个 Button 按钮，其属性设置及其用途如表 4.5 所示。

表 4.5　Default.aspx 页面控件属性设置及用途

<table>
<tr><th>控件类型</th><th>控件名称</th><th>主要属性设置</th><th>用途</th></tr>
<tr><td rowspan="2">标准/ListBox 控件</td><td>lbxDest</td><td rowspan="2">SelectionMode 属性设置为“Multiple”
Height 属性设置为“234px”
Width 属性设置为“170px”</td><td>目的列表框</td></tr>
<tr><td>lbxSource</td><td>源列表框</td></tr>
<tr><td rowspan="4">标准/Button 控件</td><td>Button1</td><td>Width 属性设置为“80px”
OnClick 属性设置为“Button1_Click”</td><td>向左全部移动</td></tr>
<tr><td>Button2</td><td>Width 属性设置为“80px”
OnClick 属性设置为“Button2_Click”</td><td>向右全部移动</td></tr>
<tr><td>Button3</td><td>Width 属性设置为“80px”
OnClick 属性设置为“Button3_Click”</td><td>向左移动已选择的项</td></tr>
<tr><td>Button4</td><td>Width 属性设置为“80px”
OnClick 属性设置为“Button4_Click”</td><td>向右移动已选择的项</td></tr>
</table>

② 在后台代码的 Page_Load 方法中创建并绑定列表项数据，代码如下。

```
protected void Page_Load(object sender, EventArgs e)
 {
        if (!IsPostBack)                                  // 验证页面是否为回发
        {
            ArrayList arrList = new ArrayList(); // 实例化数组集合
            arrList.Add(" 星期日 ");                      // 向集合中添加数据
            arrList.Add(" 星期一 ");
            arrList.Add(" 星期二 ");
            arrList.Add(" 星期三 ");
            arrList.Add(" 星期四 ");
            arrList.Add(" 星期五 ");
            arrList.Add(" 星期六 ");
            lbxSource.DataSource = arrList;       // 绑定到 ListBox 控件
            lbxSource.DataBind();                 // 执行绑定操作
        }
 }
```

技巧：

在很多 aspx.cs 文件中都会看到 if(!IsPostBack) 的验证，这个用法看上去很简单，那么它是用于处理什么业务逻辑的呢？一般在服务器控件被单击时会触发后台处理方法，那么在处理方法被执行之前首先执行的是页面加载方法 Page_Load，而有些页面的数据是在页面加载时就需要绑定显示的，所以读取数据源 (SqlServer 数据库) 的入口就需要放在 Page_Load 方法中，然而这里有一个问题，当执行页面上的搜索功能时，检测到数据库被查询了两次，每一次都是在查询完全部结果之后还会再进行一次搜索结果的查询，那么分析第一次的查询结果是一次没有必要的查询（重复查询），无疑给系统性能带来了直接的影响，所以这里必须使用 IsPostBack 来判断请求是否来自于回发，只有是第一次请求才进行全部读取，如果是来自于搜索按钮的回发请求，那么跳过读取，去执行搜索按钮的查询操作。

③ 如果需要将源列表框中的选项全部移到目的列表框中，可以单击“<<”按钮。首先创建按钮的单击处理方法，在 Visual Studio 编辑器中单击底部的“设计”，然后依次双击 4 个按钮，这样在后台代码中就会自动生成 4 个按钮的处理方法。其中，“<<”按钮的 Click 事件代码如下：

```
protected void Button1_Click(object sender, EventArgs e)
 {
        int count = lbxSource.Items.Count;        // 获取列表中项目的总数
        for (int i = 0; i < count; i++)           // 循环每一个项目
        {
            ListItem Item = lbxSource.Items[0];  // 始终移动列表中第一个项
            lbxSource.Items.Remove(Item);// 移除源列表框的第一个项，由此第二个项将上移到第一个项
            lbxDest.Items.Add(Item);              // 将项添加到目标列表框中
        }
 }
```

④ 如果需要将目的列表框中的选项全部移到源列表框中，可以单击“>>”按钮，“>>”按钮的 Click 事件与“<<”按钮的逻辑大致相同，这里将不再列出。

⑤ 如果需要将源列表框中的部分选项移到目的列表框中，可以单击“<”按钮。“<”按钮的 Click 事件代码如下：

```
protected void Button3_Click(object sender, EventArgs e)
 {
        int count = lbxSource.Items.Count;                    // 获取源列表框的选项数
        int index = 0;                                        // 记录选中项的索引值
        for (int i = 0; i < count; i++)                       // 循环每一个项
        {
            ListItem Item = lbxSource.Items[index];           // 取出当前索引项
            if (lbxSource.Items[index].Selected == true)  // 如果选项为选中状态
```

```
                {
                    lbxSource.Items.Remove(Item);                 // 从源列表框中删除
                    lbxDest.Items.Add(Item);                      // 添加到目的列表框中
                    index--;                                      // 将当前选项索引值减 1
                }
                index++;                                          // 获取下一个选项的索引值
            }
    }
```

⑥ 将目的列表框中的部分选项移到源列表框中，可以单击“>”按钮。“>”按钮的 Click 事件代码与“<”按钮的逻辑大致相同，这里将不再列出。

运行实例将得到图 4.27 所示的结果，当选中其中的前四项之后再单击“<”按钮，会得到如图 4.28 所示的结果。

图 4.27　ListBox 控件（选择前）

图 4.28　ListBox 控件（选择后）

注意：

① 在列表框中，通过按 <Shift> 键或 <Ctrl> 键，可以进行多项选择。

② 单击页面中的“<”按钮和“>”按钮，可以将选中的项目移动到指定的列表框中；单击页面中的“<<”按钮与“>>”按钮，所有项目都将移到指定的列表框中。

4.4.2　DropDownList 下拉选择控件

DropDownList 控件与 ListBox 控件有些相似，它们都是下拉列表式的选择控件，属性与绑定方式也几乎一样，但 DropDownList 控件只允许用户每次从列表中选择一项，所以它是一个单选下拉列表框。如图 4.29 所示为 DropDownList 控件。

图 4.29　DropDownList 控件

（1）更改选定索引触发事件

DropDownList 控件最常用的功能之一就是当选中下拉选项时触发一个后台方法，然后在方法中做出相应的逻辑处理，定义方式如下：

```
<asp:DropDownList ID="DropDownList1" runat="server"
            OnSelectedIndexChanged="DropDownList1_SelectedIndexChanged" AutoPostBack="True">
    <asp:ListItem Text="Text1" Value="1"></asp:ListItem>
    <asp:ListItem Text="Text2" Value="2"></asp:ListItem>
    <asp:ListItem Text="Text3" Value="3"></asp:ListItem>
</asp:DropDownList>
```

在后台处理方法中可以获得 DropDownList 控件选中的索引值、Value 值和 Text 值，代码如下：

```
protected void DropDownList1_SelectedIndexChanged(object sender, EventArgs e)
{
    int index = this.DropDownList1.SelectedIndex;       // 获取当前选中的索引值
    string value = this.DropDownList1.SelectedValue;    // 获取选中的 Value 值
    string text = this.DropDownList1.Items[index].Text; // 获取选中的 Text 值
}
```

在定义 DropDownList 控件的 SelectedIndexChanged 事件时，如果想要达到能够触发后台方法的效果，需设置 AutoPostBack 属性为 true，否则，即使定义了 OnSelectedIndexChanged 事件，也不会触发任何方法。

说明：

DropDownList 控件的属性大部分与 ListBox 控件相同，包括 DataBind 方法，这里不再赘述，读者可参见 ListBox 控件中的属性。

（2）DropDownList 控件的应用

DropDownList 控件比 ListBox 控件使用的范围更加广泛一些，无论什么类型的网站几乎都可以使用“下拉列表”控件，实现条件筛选或录入数据。

[实例 4.8]　　（源码位置：资源包 \Code\04\08）

实现根据选择的假日安排项列出放假时间

本实例将实现在 DropDownLis 控件中选择假日安排选项，然后列出相应的假日日期范围列表。

程序实现的主要步骤为：

① 新建一个网站并创建页面 Default.aspx，在 Default.aspx 页面上添加 1 个 DropDownList 控件，内容绑定一年之中的各个假日项，代码如下：

```
<asp:DropDownList ID="DropDownList1" runat="server" AutoPostBack="true"
        OnSelectedIndexChanged="DropDownList1_SelectedIndexChanged"
CssClass="DropDownList">
    <asp:ListItem Text=" 假期安排 " Value="0"></asp:ListItem>
    <asp:ListItem Text=" 元旦 " Value="1"></asp:ListItem>
    <asp:ListItem Text=" 除夕 " Value="2"></asp:ListItem>
    <asp:ListItem Text=" 春节 " Value="3"></asp:ListItem>
    <asp:ListItem Text=" 清明节 " Value="4"></asp:ListItem>
    <asp:ListItem Text=" 劳动节 " Value="5"></asp:ListItem>
    <asp:ListItem Text=" 端午节 " Value="6"></asp:ListItem>
    <asp:ListItem Text=" 国庆节 " Value="7"></asp:ListItem>
    <asp:ListItem Text=" 中秋节 " Value="8"></asp:ListItem>
</asp:DropDownList>
```

② 在后台代码中定义每个假期所对应的放假日期的数据源，然后在控件的 SelectedIndexChanged 事件中获取数据源数据并绑定到页面上，代码如下：

```
protected void DropDownList1_SelectedIndexChanged(object sender, EventArgs e)
{
    string value = this.DropDownList1.SelectedValue;
    string[] days = list.ElementAt(int.Parse(value));
```

```
    string daysStr = "";
    foreach (string day in days)
    {
        daysStr += "<span>" + day + "</span>";
    }
    this.Days.InnerHtml = daysStr;
}
```

执行程序，实例运行结果如图 4.30 所示。

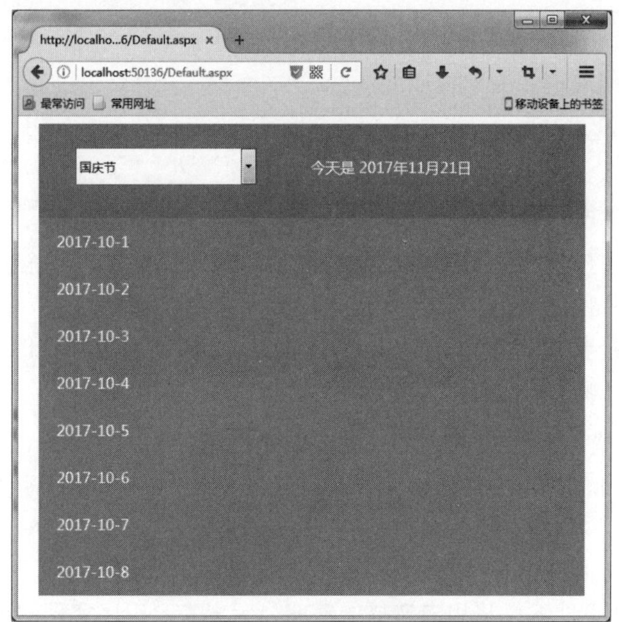

图 4.30　假期安排查看列表

4.4.3　RadioButton 单选按钮

RadioButton 控件是一种单选按钮控件，用户可以在页面中添加一组 RadioButton 控件，通过为所有的单选按钮分配相同的 GroupName（组名），来强制执行从给出的所有选项集中仅选择一个选项。如图 4.31 所示为 RadioButton 控件。

图 4.31　RadioButton 控件

（1）RadioButton 控件的分组属性

使用 GroupName 属性指定一组单选按钮，以创建一组互相排斥的控件。如果用户在页面中添加了一组 RadioButton 控件，可以将所有单选按钮的 GroupName 属性值设为同一个值，来强制所有选项集中仅有一个处于被选中状态。

多个 RadioButton 情况下 GroupName 属性定义方式如下：

```
<asp:RadioButton ID="RadioButton1" runat="server" GroupName="sex" Text=" 男 "/>
<asp:RadioButton ID="RadioButton2" runat="server" GroupName="sex" Text=" 女 "/>
```

（2）获取或设置控件的选中状态

RadioButton 控件的 Checked 属性用来设置或获取其选中的状态，例如，设置多个选项控件中默认的一个选项，或者在后台中获取当前选中的项。设置和获取 Checked 属性的方式有如下几种。

① 定义控件时直接设置默认选项：

```
<asp:RadioButton ID="RadioButton1" runat="server" GroupName="sex" Text="男" Checked="true"/>
<asp:RadioButton ID="RadioButton2" runat="server" GroupName="sex" Text="女"/>
```

② 在后台代码中进行设置：

```
this.RadioButton1.Checked = true;
```

③ 在后台中判断是否已选中了控件：

```
if (this.RadioButton1.Checked) { }
```

（3）RadioButton 控件的应用

数据单选功能在任何类型的网站中都会经常用到，只是在一些企业展示型网站中，为了更加美观，多数采用的是自定义的单选控件，但其原理和思路与传统的单选控件是基本相同的，除了能够获取 RadioButton 控件选中的值，还可以通过控件的 CheckedChanged 事件使控件在被选中时触发相应的处理方法。

[实例 4.9]　（源码位置：资源包 \Code\04\09）

模拟考试系统中的单选题

本实例将通过 RadioButton 控件实现模拟考试系统中的单选题，并在 RadioButton 控件的 CheckedChanged 事件下，将用户选择的答案显示出来。程序实现的主要步骤为：

① 新建一个网站并创建页面 Default.aspx，在 Default.aspx 页面上添加 4 个 RadioButton 控件、1 个 Label 控件和 1 个 Button 控件，页面源代码中的 div 标签的代码如下：

```
<div>
        请从如下 4 个选项中选出你认为正确的答案（单选题）<br />
        <asp:RadioButton ID="RadioButton1" runat="server" AutoPostBack="true" GroupName="Key" Text="A：地球是圆的" TextAlign="Right" OnCheckedChanged="RadioButton1_CheckedChanged"/><br />
        <asp:RadioButton ID="RadioButton2" runat="server" AutoPostBack="true" GroupName="Key" Text="B：地球是长的" TextAlign="Right" OnCheckedChanged="RadioButton2_CheckedChanged"/><br />
        <asp:RadioButton ID="RadioButton3" runat="server" AutoPostBack="true" GroupName="Key" Text="C：地球是方的" TextAlign="Right" OnCheckedChanged="RadioButton3_CheckedChanged"/><br />
        <asp:RadioButton ID="RadioButton4" runat="server" AutoPostBack="true" GroupName="Key" Text="D：地球是椭圆的" TextAlign="Right" OnCheckedChanged="RadioButton4_CheckedChanged"/><br />
        <asp:Label ID="Label1" runat="server" Text="？"></asp:Label><br />
        <asp:Button ID="Button1" runat="server" Text="提交" OnClick="Button1_Click" />
</div>
```

② 为了使用户将已选择的答案显示在界面上，接下来设置 RadioButton 控件的 CheckedChanged 事件并使用 Checked 属性来判断该 RadioButton 控件是否已被选择，如果已被选择，则将其显示出来。单选按钮 RadioButton1 的 CheckedChanged 事件代码如下：

```
protected void RadioButton1_CheckedChanged(object sender, EventArgs e)
{
    if (RadioButton1.Checked == true)        // 如果 RadioButton1 控件为选中状态
    {
        this.Label1.Text = "A";              // 绑定 Label1 控件数据
    }
}
```

说明：

单选按钮 RadioButton2、RadioButton3 和 RadioButton4 控件的 CheckedChanged 事件代码与 RadioButton1 控件的 CheckedChanged 事件代码相似，都是用来判断该单选按钮是否被选中。如果被选中，则将其显示出来。由于篇幅有限，其他单选按钮的 CheckedChanged 事件代码将不再给出，请读者参见本书光盘。

③ 当用户已选择完答案，可以通过单击“提交”按钮获取正确答案。“提交”按钮的 Click 事件代码如下：

```
protected void Button1_Click(object sender, EventArgs e)
{
    // 判断用户是否已选择了答案。如果没有作出选择，将会弹出对话框，提示用户选择答案
    if (RadioButton1.Checked == false && RadioButton2.Checked == false && RadioButton3.Checked == false && RadioButton4.Checked == false)
    {
        Response.Write("<script>alert('请选择答案')</script>");
    }
    else if (RadioButton4.Checked == true)
    {
        Response.Write("<script>alert('正确答案为 D，恭喜您，答对了！')</script>");
    }
    else
    {
        Response.Write("<script>alert('正确答案为 D，对不起，答错了！')</script>");
    }
}
```

执行程序，将显示如图 4.32 所示的页面，选择答案 D，实例运行结果，单击“提交”按钮，将会弹出如图 4.33 所示的提示对话框。

图 4.32　使用 RadioButton 控件模拟考试系统

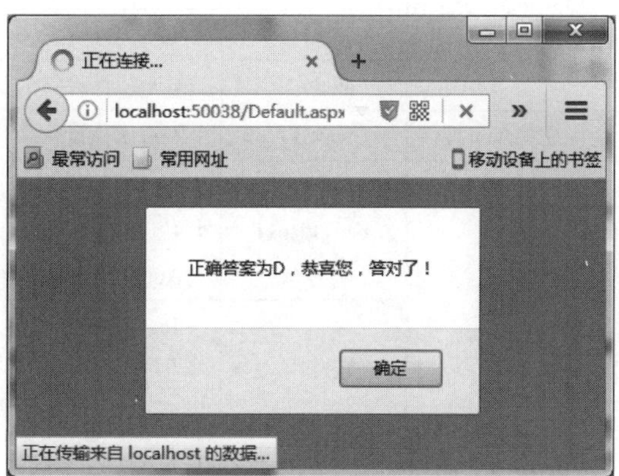

图 4.33　提示对话框

4.4.4 CheckBox 复选框

CheckBox 控件是用来显示允许用户设置 true 或 false 条件的复选框。用户可以从一组 CheckBox 控件中选择一项或多项。如图 4.34 所示为 CheckBox 控件。

（1）CheckBox 控件的重要属性

CheckBox 与 RadioButton 是同一种类的控件，但 CheckBox 控件不包含 GroupName 属性，下面介绍 CheckBox 控件的一些重要属性。

图 4.34　CheckBox 控件

- Checked 属性。如果 CheckBox 控件被选中，则 CheckBox 控件的 Checked 属性值为 true，否则为 false。
- TextAlign 属性。CheckBox 控件可以通过 Text 属性指定要在控件中显示的文本。当 CheckBox 控件的 TextAlign 属性值为 Left 时，文本显示在单选按钮的左侧；当 CheckBox 控件的 TextAlign 属性值为 Right 时，文本显示在单选按钮的右侧。

（2）CheckBox 控件的应用

CheckBox 控件的应用场合也非常广泛，在实现一些类型筛选功能时，多数会用到 CheckBox 控件，CheckBox 控件的 CheckedChanged 事件是当 CheckBox 控件的选中状态发生改变时引发该事件的处理方法。

[实例 4.10]　（源码位置：资源包 \Code\04\10）

实现模拟考试系统中的多选题

本实例将实现模拟考试系统中的多选题功能，并在 CheckBox 控件的 CheckedChanged 事件下，将用户选择的答案显示出来。程序实现的主要步骤为：

① 新建一个网站并创建 Default.aspx 页面，然后在 Default.aspx 页面上添加 4 个 CheckBox 控件、4 个 Label 控件和 1 个 Button 控件，其属性设置及用途如表 4.6 所示。

表 4.6　Default.aspx 页面中控件属性设置及用途

控件类型	控件名称	主要属性设置	用途
标准/Label控件	Label1	Text属性设置为“”	显示用户已选择的A答案
	Label2	Text属性设置为“”	显示用户已选择的B答案
	Label3	Text属性设置为“”	显示用户已选择的C答案
	Label4	Text属性设置为“”	显示用户已选择的D答案
标准/Button控件	Button1	Text属性设置为“提交”	执行提交功能
标准/CheckBox控件	CheckBox1	Text属性设置为“A：正方形有四条边”	显示“A：正方形有四条边”复选框
		AutoPostBack属性设置为true	当单击控件时，自动回发到服务器中
	CheckBox2	Text属性设置为“B：四边形有四个角”	显示“B：四边形有四个角”复选框
		AutoPostBack属性设置为true	当单击控件时，自动回发到服务器中
	CheckBox3	Text属性设置为“C：正方形属于四边形”	显示“C：正方形属于四边形”复选框
		AutoPostBack属性设置为true	当单击控件时，自动回发到服务器中
	CheckBox4	Text属性设置为“D：四边形属于正方形”	显示“D：四边形属于正方形”复选框
		AutoPostBack属性设置为true	当单击控件时，自动回发到服务器中

说明：

CheckBox 控件的 AutoPostBack 属性值设置为 true，当选中复选框时就会自动将网页中的内容回发到 Web 服务器，并触发 CheckBox 控件的 CheckedChanged 事件。

② 为了使用户将已选择的答案显示在界面上，可以在 CheckBox 控件的 CheckedChanged 事件中，使用 Checked 属性来判断该 CheckBox 控件是否已被选择，如果已被选择，则将其显示出来，否则取消选择清除 Label 内容。复选框 CheckBox1 的 CheckedChanged 事件代码如下：

```
protected void CheckBox1_CheckedChanged(object sender, EventArgs e)
 {
          if (CheckBox1.Checked == true) // 如果选中了 CheckBox1 控件
          {
               this.Label1.Text = "A";    // 绑定 Label 控件数据为 "A"
          }
          else
          {
               this.Label1.Text = "";     // 否则设置为空
          }
 }
```

注意：

复选框 CheckBox2、CheckBox3 和 CheckBox4 控件的 CheckedChanged 事件代码与 CheckBox1 控件的 CheckedChanged 事件代码相似，都是用来判断该复选框是否被选中。如果被选择，则将其显示出来。由于篇幅有限，其他复选框的 CheckedChanged 事件代码将不再给出，请读者参见本书资源。

③ 当用户已选择完答案，可以通过单击“提交”按钮获取正确答案。“提交”按钮的 Click 事件代码如下：

```
protected void Button1_Click(object sender, EventArgs e)
 {
        // 判断用户是否已选择了答案，如果没有作出选择，弹出对话框，提示用户选择答案
        if (CheckBox1.Checked == false && CheckBox2.Checked == false && CheckBox3.Checked == false && CheckBox4.Checked == false)
        {
            Response.Write("<script>alert(' 请选择答案 ')</script>");
        }
        else if (CheckBox1.Checked == true && CheckBox2.Checked == true && CheckBox3.Checked == true && CheckBox4.Checked == false)
        {
            Response.Write("<script>alert(' 正确答案为 ABC，恭喜您，答对了！ ')</script>");
        }
        else
        {
            Response.Write("<script>alert(' 正确答案为 ABC，对不起，答错了！ ')</script>");
        }
 }
```

执行程序，将显示如图 4.35 所示的页面，选择答案 A、B、C，单击“提交”按钮，将会弹出如图 4.36 所示的提示对话框。

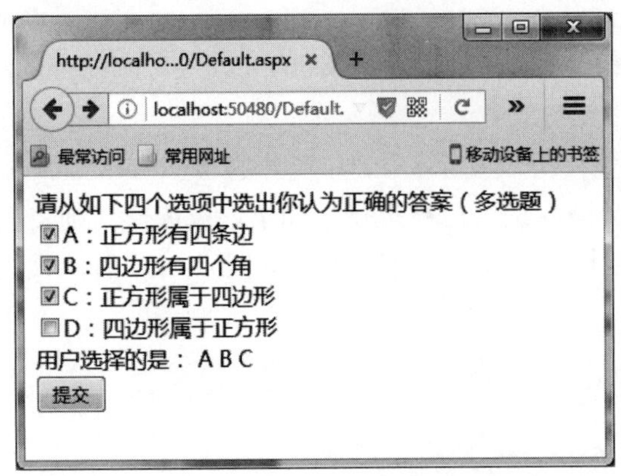

图 4.35　使用 CheckBox 控件模拟多选题

图 4.36　提示对话框

4.5　图形显示类控件

图形显示类控件是用于在网页中呈现图片的一种控件。在 ASP.NET 中图片显示控件被封装成为 Image 控件，通常，它只是用于显示图片而用。同样为图片控件的 ImageMap 控件是用于在图片上画出指定的区域供用户进行点击操作，所以，它是一个可操作的图形显示控件。

4.5.1　Image 图片控件

Image 控件是图片控件，用于在页面上显示图片。在使用 Image 控件时，可以在设计或运行时以编程方式为 Image 对象指定图片文件。如图 4.37 所示为 Image 控件。

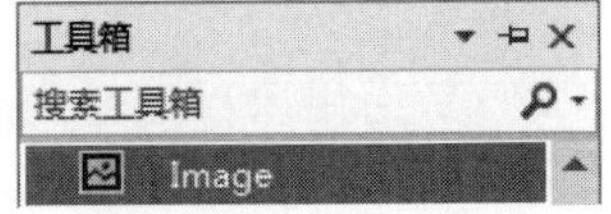

图 4.37　Image 控件

（1）Image 控件的 ImageAlign 属性和 ImageUrl 属性

Image 控件的属性与 ImageButton 控件部分属性相同，但 Image 控件并不是用来单击的，所以它主要用于显示图片，它最常用的属性如下：

● ImageAlign 属性。ImageAlign 属性用于指定图像相对于网页上其他元素的对齐方式。在表 4.7 中列出了可能的对齐方式。

表 4.7　Image 控件的 ImageAlign 属性的可选值

对齐方式	说明
Left	图像沿网页的左边缘对齐，文字在图像右边换行
Right	图像沿网页的右边缘对齐，文字在图像左边换行
Baseline	图像的下边缘与第 1 行文本的下边缘对齐
Top	图像的上边缘与同一行上最高元素的上边缘对齐
Middle	图像的中间与第 1 行文本的下边缘对齐
Bottom	图像的下边缘与第 1 行文本的下边缘对齐
AbsBottom	图像的下边缘与同一行中最大元素的下边缘对齐
AbsMiddle	图像的中间与同一行中最大元素的中间对齐
TextTop	图像的上边缘与同一行上最高文本的上边缘对齐

● ImageUrl 属性。ImageUrl 属性用于设置在 Image 控件中显示图像的位置（URL）。在设置 ImageUrl 属性值时，可以使用相对 URL，也可以使用绝对 URL。相对 URL 使图像的位置与网页的位置相关联，当整个站点移动到服务器上的其他目录时，不需要修改 ImageUrl 属性值；而绝对 URL 使图像的位置与服务器上的完整路径相关联，当更改站点路径时，需要修改 ImageUrl 属性值。所以在通常情况下设置 Image 控件的 ImageUrl 属性值时，使用相对 URL。

（2）Image 控件应用

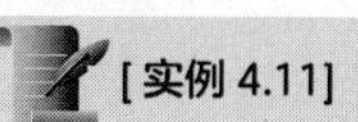

[实例 4.11]　（源码位置：资源包 \Code\04\11）

实现动态显示用户头像功能

本实例将通过选择下拉列表中的项，展示与之对应的图片，并且当下拉列表项被选中时将会触发更改 Image 控件的 ImageUrl 属性的处理方法，从而实现动态显示用户头像功能。程序实现的主要步骤为：

① 新建一个网站，创建 Default.aspx 页面，在 Default.aspx 页面上添加 1 个 DropDownList 控件和 1 个 Image 控件，其属性设置及其用途如表 4.8 所示。

表 4.8　Default.aspx 页面中控件属性设置及其用途

控件类型	控件名称	主要属性设置	用途
标准/DropDownList控件	DropDownList1	AutoPostBack属性设置为true Width属性设置为“90”	当单击控件时，自动回发到服务器中
标准/Image控件	Image1	AlternateText属性设置为“显示头像”	在图像无法显示时显示的替换文字

② 在后台代码中添加 DropDownList 控件的 SelectedIndexChanged 事件，实现动态显示用户头像，代码如下：

```
protected void DropDownList1_SelectedIndexChanged(object sender, EventArgs e)
 {
           // 用户选择 DropDownList 控件中的不同项时，显示不同的用户头像
           if (DropDownList1.SelectedIndex == 1)
           {
                Image1.ImageUrl = "~/images/boy.jpg";
           }
           else if (DropDownList1.SelectedIndex == 2)
           {
                Image1.ImageUrl = "~/images/girl.jpg";
           }
           else
           {
                Image1.ImageUrl = "";
           }
}
```

说明：

在使用 Image 控件时，一般情况下要设置其 AlternateText 属性（用于指定在图像无法显示时显示的替换文字）；设置此属性后浏览网页，当鼠标放置在控件上时也会显示说明文字。

本实例运行结果如图 4.38 所示。在下拉列表框中选择“girl 图像”选项，示例运行结果如图 4.39 所示。

图 4.38　选择“boy 图像”

图 4.39　选择“girl 图像”

4.5.2 ImageMap 图片热点控件

ImageMap 控件允许在图片中定义一些热点（HotSpot）区域。当用户单击这些热点区域时，将会引发超链接或者单击事件。当需要对某幅图片的局部实现交互时，可以使用 ImageMap 控件，如以图片形式展示网站地图和流程图等。如图 4.40 所示为 ImageMap 控件。

图 4.40　ImageMap 控件

（1）指定 ImageMap 控件的默认行为

ImageMap 控件的属性不是很多，但是运用起来要比前面讲到的控件复杂一些，因为需要指定 ImageMap 控件的单击行为和计算单击的坐标点。

HotSpotMode 属性用于获取或者设置单击热点区域后的默认行为方式。在表 4.9 中列出了 HotSpotMode 属性的枚举值。

表 4.9　ImageMap 控件的 HotSpotMode 属性的枚举值

枚举值	说明
Inactive	无任何操作，即此时形同一张没有设置热点区域的普通图片
NotSet	未设置项，同时也是默认项。虽然名为未设置，但是默认情况下将执行定向操作，即链接到指定的 URL 地址。如果未指定 URL 地址，则默认链接到应用程序根目录下
Navigate	定向操作项。链接到指定的 URL 地址。如果未指定 URL 地址，则默认链接到应用程序根目录下
PostBack	回传操作项。单击热点区域后，将触发控件的 Click 事件

注意：

HotSpotMode 属性虽然为图片中所有热点区域定义了单击事件的默认行为方式，在某些情况下图片中热点区域的行为方式各不相同，需要单独为每个热点区域定义 HotSpotMode 属性及相关属性。

（2）定义 ImageMap 控件的坐标点

HotSpots 属性用于获取 HotSpots 对象集合。HotSpot 类是一个抽象类，它包含 CircleHotSpot（圆形热区）、RectangleHotSpot（方形热区）和 PolygonHotSpot（多边形热区）3 个子类，这些子类的实例称为 HotSpot 对象。创建 HotSpot 对象的步骤如下：

① 在 ImageMap 控件上单击右键，在弹出的快捷菜单中选择“属性”命令，将弹出属性面板。

② 在属性面板中，单击 HotSpots 属性后的...按钮，将会弹出“HotSpot 集合编辑器”对话框，单击“添加”按钮后的▾按钮，将会弹出一个下拉菜单，该下拉菜单中包括 CircleHotSpot（圆形热区）、RectangleHotSpot（方形热区）和 PolygonHotSpot（多边形热区）3 个对象，可以通过单击添加对象。

③ 热点（HotSpot）区域设置属性。

在定义每个热点区域的过程中，主要设置两个属性。一个是 HotSpotMode 及其相关属性。HotSpot 对象中的 HotSpotMode 属性用于为单个热点区域设置单击后的显示方式，与 ImageMap 控件的 HotSpotMode 属性基本相同。例如，当 HotSpotMode 属性值设置为 PostBack 时，则必须设置定义回传值的 PostBackValue 属性。另一个是热点区域坐标属性，对于 CircleHotSpot（圆形热区），需要设置半径 Radius 和圆心坐标 X 与 Y；对于 RectangleHotSpot（方形热区），需要设置其左、上、右、下的坐标，即 Left、Top、Right、Bottom 属性；对于 PolygonHotSpot（多边形热区），需要设置每一个关键点的坐标 Coordinates 属性。

④ 单击“确定”按钮，创建完成。

（3）ImageMap 控件的应用

在一些带有数据统计的网站中使用 ImageMap 控件可以限定区域性数据选择，而且这种方式可以更加直观地表现数据，同时它也是无需任何插件就可以实现图形化热点分区，所以在任何浏览器上都会支持 ImageMap 控件，在 ASP.NET 中 ImageMap 控件支持服务器端事件方法，通过 Click 单击事件可将热点区域发送到服务器端。

[实例 4.12]　（源码位置：资源包\Code\04\12）

展示图片中的方位

本实例主要是使用 ImageMap 控件展示图片中的方位，当单击某一方位时向用户提示当前单击的所属方位。

程序实现的主要步骤为：

① 新建一个网站并创建 Default.aspx 页面，在 Default.aspx 页面上添加 1 个 ImageMap 控件和 1 个 Label 控件，其属性设置如表 4.10 所示。

表 4.10　ImageMap 控件属性设置

控件类型	控件名称	主要属性设置	用途
标准/ImageMap 控件	ImageMap1	HotSpotMode 属性设置为“PostBack” ImageUrl 属性设置为“~/images/map.bmp”	定义热点图形
标准/Label 控件	Label1	Text 属性设置为“”	显示用户已选择的方位

定义 3 个 RectangleHotSpot（方形热区），并为每个热点区域设置相关的属性。

在属性面板中，单击 HotSpots 属性后的按钮，弹出“HotSpot 集合编辑器”对话框，在其中单击“添加”按钮后的按钮，在下拉菜单中单击 RectangleHotSpot（方形热区）项，共添加 4 个 RectangleHotSpot，并设置其左（Left）、上（Top）、右（Right）和下（Bottom）的坐标值，4 个热点区域的属性设置如下：

- 显示“西北”方向的 RectangleHotSpot（方形热区）的属性设置。Bottom 设置为 100、Right 设置为 100、HotSpotMode 设置为 PostBack、PostBackValue 设置为 NW、AlternateText 设置为“西北”。
- 显示“东北”方向的 RectangleHotSpot 的属性设置。Bottom 设置为 100、Left 设置为 100、Right 设置为 200、HotSpotMode 设置为 PostBack、PostBackValue 设置为 NE、AlternateText 设置为“东北”。
- 显示“西南”方向的 RectangleHotSpot 的属性设置。Bottom 设置为 200、Right 设置为 100、Top 设置为 100、HotSpotMode 设置为 PostBack、PostBackValue 设置为 SW、AlternateText 设置为“西南”。
- 显示“东南”方向的 RectangleHotSpot 的属性设置。Bottom 设置为 200、Left 设置为 100、Right 设置为 200、Top 设置为 100、HotSpotMode 设置为 PostBack、PostBackValue 设置为 SE、AlternateText 设置为“东南”。

注意：

对于 ImageMap 控件的属性设置，也可以通过在 HTML 视图中添加代码来实现。

② 页面源代码的 div 标签代码如下：

```
<div>
        <asp:Label ID="Label1" runat="server" Text="Label"></asp:Label><br />
        <asp:ImageMap ID="ImageMap1" runat="server" HotSpotMode="PostBack" ImageUrl="~/images/map.bmp" OnClick="ImageMap1_Click">
            <asp:RectangleHotSpot AlternateText="西北" Bottom="100" Right="100" HotSpotMode="PostBack" PostBackValue="NW" />
            <asp:RectangleHotSpot AlternateText="东北" Bottom="100" Left="100" Right="200" HotSpotMode="PostBack" PostBackValue="NE" />
            <asp:RectangleHotSpot AlternateText="西南" Bottom="200" Right="100" Top="100" HotSpotMode="PostBack" PostBackValue="SW" />
            <asp:RectangleHotSpot AlternateText="东南" Bottom="200" Right="200" Top="100" HotSpotMode="PostBack" Left="100" PostBackValue="SE" />
        </asp:ImageMap>
</div>
```

③ 为了实现在单击图片中的热点区域时，将图片的方位显示出来，需要在 ImageMap 控件的 Click 事件中添加如下处理方法：

```
protected void ImageMap1_Click(object sender, ImageMapEventArgs e)
 {
         String region = "";                //定义用于存放地区的变量
         switch (e.PostBackValue)           //通过 switch 分支语句判断
         {
             case "NW":                     //如果选中的区域为 "NW"
                 region = "西北";           //设置变量值为 "西北"
                 break;
             case "NE":                     //以此类推
                 region = "东北";
                 break;
```

```
                case "SE":
                    region = " 东南 ";
                    break;
                case "SW":
                    region = " 西南 ";
                    break;
            }
            Label1.Text = " 您现在所指的方向是: " + region + " 方向。";// 绑定 Label 控件
    }
```

执行程序，效果如图 4.41 所示，在图片中单击西北方向，在界面中，将会显示“您现在所指的方向是：西北方向”字样，如图 4.42 所示。

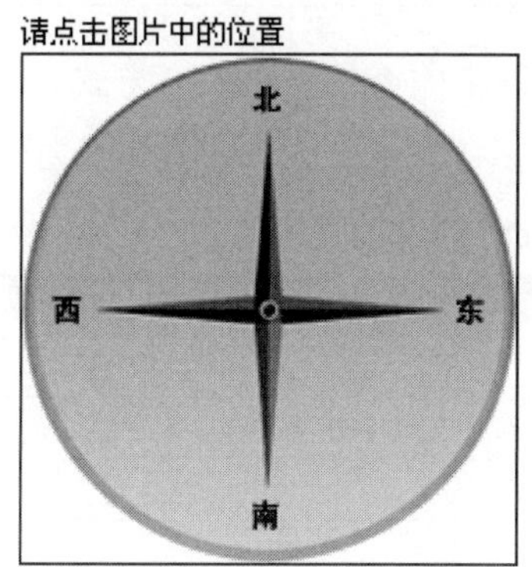

图 4.41　示例运行结果

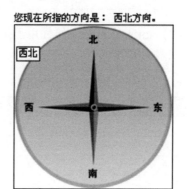

图 4.42　指向“西北方向”

4.6　Panel 容器控件

4.6.1　Panel 控件的概述

Panel 控件在页面内为其他控件提供了一个容器，可以将多个控件放入一个 Panel 控件中，作为一个单元进行控制，如隐藏或显示这些控件；同时也可以使用 Panel 控件为一组控件创建独特的外观。如图 4.43 所示为 Panel 控件。

图 4.43　Panel 控件

4.6.2　Panel 控件的常用属性

Panel 控件的多数属性都是对外观样式进行设置的，这与前面讲到的其他类型控件基本相同。下面介绍一下 Panel 控件的其它常用属性，表 4.11 为 Panel 控件的属性及说明。

表 4.11　Panel 控件的常用属性及说明

属性	说明
ID	获取或设置分配给服务器控件的编程标识符
Visible	用于指示该控件是否可见
ScrollBars	面板的滚动条外观，默认为 None
HorizontalAlign	用于设置控件内容的水平对齐方式
Enabled	获取或设置一个值，该值指示是否已启用控件

Panel 控件的 ScrollBars 属性用于设置面板的滚动条样式，它有多个属性值可供设置，各值说明如表 4.12 所示。

表 4.12 ScrollBars 属性值及说明

属性值	说明
None	不显示滚动条
Horizontal	只显示水平滚动条
Vertical	只显示垂直滚动条
Both	同时显示水平滚动条和垂直滚动条
Auto	根据面板中的内容可自动控制是否显示滚动条

Panel 控件的 HorizontalAlign 属性用于指定容器中内容的水平对齐方式。HorizontalAlign 属性值及说明如表 4.13 所示。

表 4.13 HorizontalAlign 属性值及说明

属性值	说明
Center	容器的内容居中
Justify	容器的内容均匀展开，与左右边距对齐
Left	容器的内容左对齐
NotSet	未设置水平对齐方式
Right	容器的内容右对齐

4.6.3 Panel 控件的应用

Panel 控件可以理解为网页页面中的又一个子页面，在布局网页时通常会用到 div 标签进行内容整合与管理，那么 Panel 控件在解析到浏览器上时就会被解析为 div 标签，所以在实现一个完整的页面时应当先学会页面布局。

[实例 4.13]　（源码位置：资源包 \Code\04\13）

使用 Panel 控件显示或隐藏一组控件

本实例主要是使用 Panel 控件显示或隐藏一组控件。当用户未登录时，将提示用户单击“点击 me”按钮登录本网站，单击“点击 me”按钮之后再显示用户登录控件。程序实现的主要步骤为:

① 新建一个网站并创建 Default.aspx 页面，在 Default.aspx 页面上添加的控件及用途如表 4.14 所示。

表 4.14 Default.aspx 页面上添加的控件及用途

控件类型	控件名称	主要属性设置	用途
标准/Panel 控件	Panel1	Font/Size 设置为 9pt Font/Bold 设置为 True ForeColor 设置为 Red HorizontalAlign 设置为 Left	用于存放 Label1 和 LinkButton1 控件
	Panel2	Font/Size 设置为 9pt HorizontalAlign 设置为 Left Visible 设置为 false	用于存放 Button1 和 TextBox1 控件

续表

控件类型	控件名称	主要属性设置	用途
标准/Label 控件	Label1	Text 属性设置为 “”	显示当前系统时间
标准/LinkButton 控件	LinkButton1	Text 属性设置为 “点击 me”	执行显示或隐藏 Panel 控件
标准/Button 控件	Button1	Text 属性设置为 “登录”	执行登录功能
标准/TextBox 控件	TextBox1	TextMode 属性设置为 SingleLine	输入登录名

② 页面源代码中的 div 标签代码如下：

```
<div>
    <asp:Panel ID="Panel1" runat="server" Font-size="9pt" Font-Bold="True" ForeColor="Red" 
HorizontalAlign="Left">
            <asp:Label ID="Label1" runat="server" Text=""></asp:Label>
            <asp:LinkButton ID="LinkButton1" runat="server" 
OnClick="LinkButton1_Click">点击 me</asp:LinkButton>
    </asp:Panel>
    <asp:Panel ID="Panel2" runat="server" Font-size="9pt" HorizontalAlign="Left" Visible="false">
                请输入您的姓名：<br />
                <asp:TextBox ID="TextBox1" runat="server" TextMode="SingleLine"></asp:TextBox>
                <asp:Button ID="Button1" runat="server" Text="登录"/>
    </asp:Panel>
</div>
```

③ 如果用户需要登录网站，可以通过单击“点击 me”按钮来隐藏 Panel1 控件、显示 Panel2 控件。在“点击 me”按钮的 Click 事件下添加如下代码：

```
protected void LinkButton1_Click(object sender, EventArgs e)
 {
          this.Panel1.Visible = false;    // 设置 Panel1 不可见
          this.Panel2.Visible = true;     // 设置 Panel2 可见
 }
```

执行程序，如图 4.44 所示；当用户单击“点击 me”按钮登录时，将会隐藏提示信息，显示用户登录窗体，如图 4.45 所示。

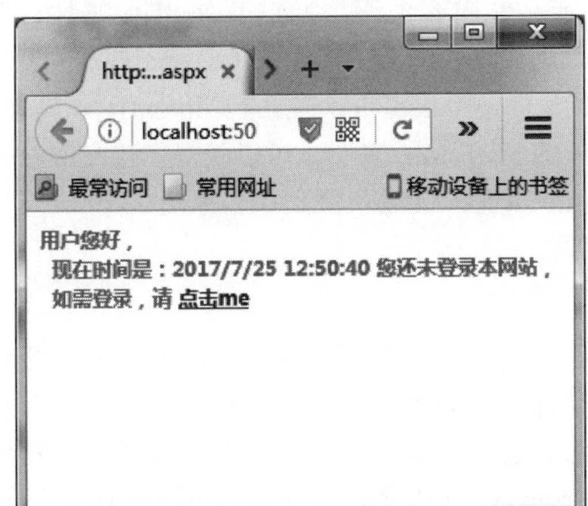

图 4.44　提示用户单击“点击 me”按钮登录本网站

图 4.45　用户登录窗体

4.7 FileUpload 文件上传控件

4.7.1 FileUpload 控件的概述

FileUpload 控件的主要功能是向指定目录上传文件，该控件包括一个文本和一个浏览按钮。用户可以在文本框中输入完整的文件路径，或者通过按钮浏览并选择需要上传的文件。FileUpload 控件不会自动上传文件，必须设置相关的事件处理程序，并在程序中实现文件上传。如图 4.46 所示为 FileUpload 控件。

图 4.46　FileUpload 控件

4.7.2 FileUpload 控件的常用属性

在 FileUpload 控件的属性面板中都是对于外观样式进行设置的属性，那么在后台代码访问 FileUpload 控件的属性时多数都是获取其属性值，所以这些属性也都是只读的。FileUpload 控件的常用属性及说明如表 4.15 所示。

表 4.15　FileUpload 控件的常用属性及说明

属性	说明
ID	获取或设置分配给服务器控件的编程标识符
FileBytes	获取上传文件的字节数组
FileContent	获取指向上传文件的 Stream 对象
FileName	获取上传文件在客户端的文件名称
HasFile	获取一个布尔值，用于表示 FileUpload 控件是否已经包含一个文件
PostedFile	获取一个与上传文件相关的 HttpPostedFilc 对象，使用该对象可以获取上传文件的相关属性

在表 4.15 中列出了 3 种访问上传文件的方式。一是通过 FileBytes 属性，该属性将上传文件数据置于字节数组中，遍历该数组，则能够以字节方式了解上传文件内容；二是通过 FileContent 属性，调用该属性可以获得一个指向上传文件的 Stream 对象，可以使用该属性读取上传文件数据，并使用 FileBytes 属性显示文件内容；三是通过 PostedFile 属性，调用该属性可以获得一个与上传文件相关的 HttpPostedFile 对象，调用 HttpPostedFile 对象的 ContentLength 属性，可获得上传文件大小；调用 HttpPostedFile 对象的 ContentType 属性，可以获得上传文件类型；调用 HttpPostedFile 对象的 FileName 属性，可以获得上传文件在客户端的完整路径（调用 FileUpload 控件的 FileName 属性，仅能获得文件名称）。

4.7.3 FileUpload 控件的常用方法

在一些网站中会要求用户上传一些文件，这些文件包括用户信息中的个人头像、金融平台的个人身份证件照、数据统计平台的数据文件等，无论何种类型文件最终都会保存在服务器磁盘上，而 FileUpload 控件的 SaveAs 方法就是实现将上传的文件写入磁盘，执行保存时需要提供服务器的物理路径，然而，在调用 SaveAs 方法之前，首先应该判断 HasFile 属性值是否为 true。如果为 true，则表示 FileUpload 控件已经确认上传文件存在，此时，就可以调用 SaveAs 方法实现文件上传；如果为 false，则表示文件不存在，需要显示相关提示信息。

[实例 4.14]　（源码位置：资源包 \Code\04\14）

使用 FileUpload 控件上传图片文件

本实例主要使用 FileUpload 控件上传图片文件，然后在网页上显示上传的图片，再将原文件路径、文件大小和文件类型显示出来。程序实现的主要步骤为：

① 新建一个网站并创建 Default.aspx 页面，在 Default.aspx 页面上添加 1 个 FileUpload 上传控件，用于选择上传路径，再添加 1 个 Button 控件，用于将上传图片保存在图片文件夹中，接着再添加 1 个 Image 控件（用于显示头像）和 1 个 Label 控件（用于显示原文件路径、文件大小和文件类型），控件属性如表 4.16 所示。

表 4.16　Default.aspx 页面上添加的控件及用途

控件类型	控件名称	主要属性设置	用途
标准/FileUpload控件	FileUpload1	ID 为 “FileUpload1”	上传图片控件
标准/Button控件	Button1	Text属性设置为 “上传”	执行上传
标准/Image控件	Image1	AlternateText属性设置为 “请上传图片”	显示上传的图片
标准/Label控件	Label1	Text属性设置为空，即 “”	显示上传后的消息

② 页面源代码中的 div 标签代码如下：

```
<div>
    <asp:FileUpload ID="FileUpload1" runat="server" />
    <asp:Button ID="Button1" runat="server" Text=" 上传 " OnClick="Button1_Click" /><br/>
    <asp:Image ID="Image1" runat="server" AlternateText=" 请上传图片 "/><br />
    <asp:Label ID="Label1" runat="server" Text=""></asp:Label>
</div>
```

③ 在“上传”按钮的 Click 事件下添加一段代码，首先判断 FileUpload 控件的 HasFile 属性是否为 true，如果为 true，则表示 FileUpload 控件已经确认上传文件存在；然后再判断文件类型是否符合要求，接着调用 SaveAs 方法实现上传；最后，利用 FileUpload 控件的属性获取与上传文件相关的信息。代码如下：

```
protected void Button1_Click(object sender, EventArgs e)
 {
          bool fileIsValid = false;// 标识文件类型是否符合要求
          if (this.FileUpload1.HasFile)// 判断是否有上传文件
          {
               // 获取上传文件的后缀
               String fileExtension = System.IO.Path.GetExtension(this.FileUpload1.FileName).ToLower();
               // 定义允许上传文件的后缀名
               String[] restrictExtension = { ".gif", ".jpg", ".bmp", ".png" };
               // 循环判断文件类型是否符合要求
               for (int i = 0; i < restrictExtension.Length; i++)
               {
                    if (fileExtension == restrictExtension[i])
                    {
                          fileIsValid = true;
                    }
                }
```

```
                if (fileIsValid == true)// 如果文件类型符合要求，调用 SaveAs 方法实现上传，并显示信息
                {
                    try
                    {
                        // 设置 Image 路径并显示图像
                        this.Image1.ImageUrl = "~/images/" + FileUpload1.FileName;
                        this.FileUpload1.SaveAs(Server.MapPath("~/images/") + FileUpload1.FileName); // 保存文件
                        this.Label1.Text = " 文件上传成功 ";// 拼接 Label 显示的数据
                        this.Label1.Text += "<Br/>";
                        this.Label1.Text += "<li>" + " 原文件路径: " + this.FileUpload1.PostedFile.FileName;
                        this.Label1.Text += "<Br/>";
                        this.Label1.Text += "<li>" + " 文件大小: " + this.FileUpload1.PostedFile.ContentLength + " 字节 ";
                        this.Label1.Text += "<Br/>";
                        this.Label1.Text += "<li>" + " 文件类型: " + this.FileUpload1.PostedFile.ContentType;
                    }
                    catch
                    {
                        this.Label1.Text = " 文件上传不成功！ ";
                    }
                    finally
                    {
                    }
                }
                else
                {
                    this.Label1.Text = " 只能够上传后缀为 .gif,.jpg,.bmp,.png 的文件 ";
                }
            }
    }
```

说明：

运行使用 FileUpload 控件上传文件时，如果为 IE 浏览器，则需要将安全设置中的“将文件上载到服务器时包含本地目录路径”设置为启用状态。

执行程序，将显示如图 4.47 所示的页面，选择图片路径，单击“上传”按钮，将图片的原文件路径、文件大小和文件类型显示出来，运行结果如图 4.48 所示。

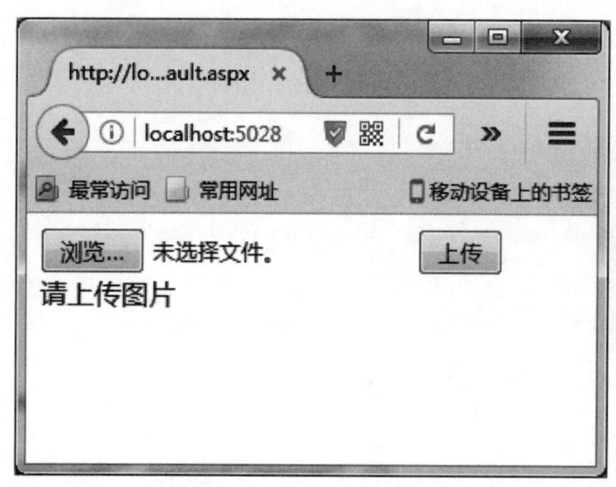

图 4.47　选择上传图片

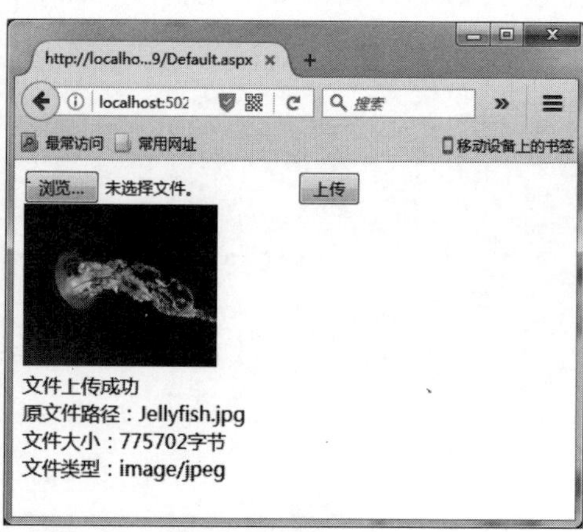

图 4.48　显示原文件路径、文件大小和文件类型

本章知识思维导图

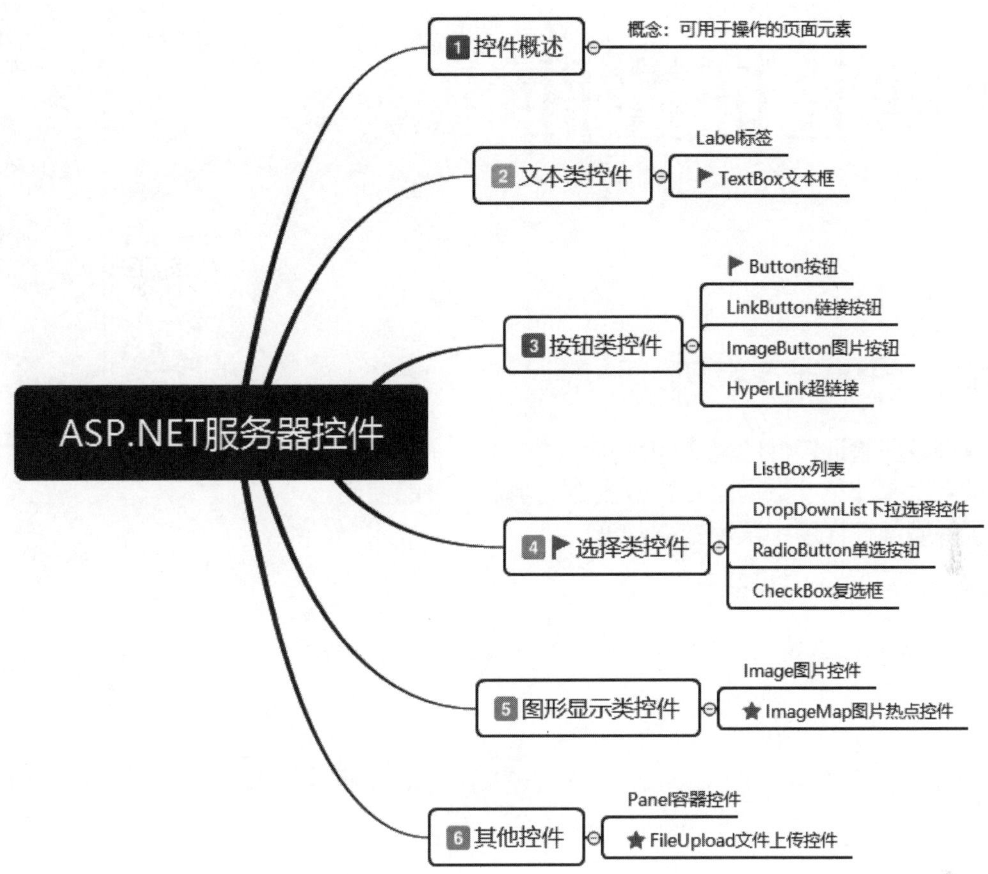
ASP.NET服务器控件
1 控件概述
概念：可用于操作的页面元素
2 文本类控件
Label标签
TextBox文本框
3 按钮类控件
Button按钮
LinkButton链接按钮
ImageButton图片按钮
HyperLink超链接
4 选择类控件
ListBox列表
DropDownList下拉选择控件
RadioButton单选按钮
CheckBox复选框
5 图形显示类控件
Image图片控件
ImageMap图片热点控件
6 其他控件
Panel容器控件
FileUpload文件上传控件

第 5 章 数据验证控件

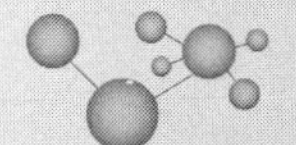

本章学习目标

- 掌握数据验证控件的基本使用方法。
- 重点掌握非空、数据比较和数据格式验证控件的使用。
- 了解如何在程序中禁用数据验证。

5.1 非空数据验证控件

当某个字段不能为空时，可以使用非空数据验证控件（RequiredFieldValidator），该控件常用于文本框的非空验证。在网页提交到服务器前，该控件验证控件的输入值是否为空，如果为空，则显示错误信息和提示信息。RequiredFieldValidator 控件的部分常用属性及说明如表 5.1 所示。

表 5.1 RequiredFieldValidator 控件的常用属性及说明

属性	说明
ID	控件 ID，控件唯一标识符
ControlToValidate	表示要进行验证的控件 ID，此属性必须设置为输入控件 ID。如果没有指定有效输入控件，则在显示页面时引发异常。另外，该 ID 的控件必须和验证控件在相同的容器中
ErrorMessage	表示当验证不合法时，出现错误的信息
IsValid	获取或设置一个值，该值指示控件验证的数据是否有效，默认值为 true
Display	设置错误信息的显示方式
Text	如果 Display 为 Static，不出错时，显示该文本

下面对比较重要的属性进行详细介绍。

- ControlToValidate 属性。

ControlToValidate 属性指定验证控件对哪一个控件的输入进行验证。

例如，要验证 TextBox 控件的 ID 属性为 txtPwd，只要将 RequiredFieldValidator 控件的 ControlToValidate 属性设置为 txtPwd，代码如下：

```
this.RequiredFieldValidator1.ControlToValidate = "txtUserName";
```

- ErrorMessage 属性。

ErrorMessage 属性用于指定页面中使用 RequiredFieldValidator 控件时显示的错误消息文本。

例如，将 RequiredFieldValidator 控件的错误消息文本设为“*”，代码如下：

```
this.RequiredFieldValidator1.ErrorMessage = "*";
```

[实例 5.1] （源码位置：资源包 \Code\05\01）

对文本框进行非空数据验证

下面的示例主要通过 RequiredFieldValidator 控件的 Control ToValidate 属性验证 TextBox 控件的文本值是否为空。执行程序，如果在 TextBox 文本框中内容为空，单击【验证】按钮，示例运行结果如图 5.1 所示。

图 5.1 非空数据验证

程序实现的主要步骤为：新建一个网站，默认主页为 Default.aspx，在 Default.aspx 页面上添加 1 个 TextBox 控 件、1 个 RequiredFieldValidator

控件和 1 个 Button 控件，它们的属性设置如表 5.2 所示。

表 5.2　Default.aspx 页控件的属性设置及用途

控件类型	控件名称	主要属性设置	用途
标准/TextBox 控件	txtName		输入姓名
标准/Button 控件	btnCheck	Text 属性设置为“验证”	执行页面提交的功能
验证/RequiredFieldValidator 控件	RequiredFieldValidator1	ControlToValidate 属性设置为 txtName	要验证的控件的 ID 为 txtName
		ErrorMessage 属性设置为“姓名不能为空”	显示的错误信息为“姓名不能为空”
		SetFocusOnError 属性设置为 true	验证无效时，在该控件上设置焦点

注意：

ASP. NET 中使用的验证控件是在客户端对用户的输入内容进行验证。

5.2　数据比较验证控件

比较验证将输入控件的值同常数值或其他输入控件的值相比较，以确定这两个值是否与比较运算符（小于、等于、大于等）指定的关系相匹配。

数据比较验证控件（CompareValidator）的部分常用属性及说明如表 5.3 所示。

表 5.3　CompareValidator 控件的常用属性及说明

属性	说明
ID	控件 ID，控件的唯一标识
ControlToCompare	获取或设置用于比较的输入控件的 ID。默认值为空字符串（""）
ControlToValidate	表示要进行验证的控件 ID，此属性必须设置为输入控件 ID。如果没有指定有效输入控件，则在显示页面时引发异常。另外该 ID 的空间必须和验证控件在相同的容器中
ErrorMessage	表示当验证不合法时，出现错误的信息
IsValid	获取或设置一个值，该值指示控件验证的数据是否有效。默认值为 true
Operator	获取或设置验证中使用的比较操作。默认值为 Equal
Display	设置错误信息的显示方式
Text	如果 Display 为 Static，不出错时，显示该文本
Type	获取或设置比较的两个值的数据类型。默认值为 string
ValueToCompare	获取或设置要比较的值

说明：

如果比较的控件均为空值，则网页不会调用 CompareValidator 控件进行验证。这时，应使用 RequiredFieldValidator 控件防止输入空值。

下面对比较重要的属性进行详细介绍。

● ControlToCompare 属性。

ControlToCompare 属性指定要对其进行值比较的控件的 ID。

例如，ID 属性为 txtRePwd 的 TextBox 控件与 ID 属性为 txtPwd 的 TextBox 控件进行比较验证，代码如下：

```
this. CompareValidator1.ControlToCompare= "txtPwd";
this. CompareValidator1.ControlToValidate = "txtRePwd";
```

● Operator 属性。

Operator 属性指定要对其进行比较验证时使用的比较操作。ControlToValidate 属性必须位于比较运算符的左边，ControlToCompare 属性位于右边，才能有效进行计算。

例如，要验证 ID 属性为 txtRePwd 的 TextBox 控件与 ID 属性为 txtPwd 的 TextBox 控件是否相等，代码如下：

```
this.CompareValidator1.Operator = ValidationCompareOperator.Equal;
```

● Type 属性。

Type 属性指定要对其进行比较的两个值的数据类型。

例如，要验证 ID 属性为 txtRePwd 的 TextBox 控件与 ID 属性为 txtPwd 的 TextBox 控件的值类型为 string 类型，代码如下：

```
this.CompareValidator1.Type = ValidationDataType.String;
```

● ValueToCompare 属性。

ValueToCompare 属性指定要比较的值。如果 ValueToCompare 和 ControlToCompare 属性都存在，则使用 ControlToCompare 属性的值。

例如，设置比较的值为“你好”，代码如下：

```
this.CompareValidator1.ValueToCompare = " 你好 ";
```

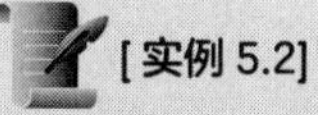

[实例 5.2]　（源码位置：资源包 \Code\05\02）

验证密码与确认密码是否一致

下面的示例主要通过 CompareValidator 控件的 ControlTo-Validate 属性和 ControlToCompare 属性验证用户输入的密码与确认密码是否相同。执行程序，如果密码与确认密码中的值不同，单击【验证】按钮，示例运行结果如图 5.2 所示。

图 5.2　值比较验证

程序实现的主要步骤为：新建一个网站，默认主页为 Default.aspx，在 Default.aspx 页面上添加 3 个 TextBox 控件、1 个 RequiredFieldValidator 控件、1 个 CompareValidator 控件和 1 个 Button 控件，它们的属性设置如表 5.4 所示。

表 5.4　Default.aspx 页控件属性设置及说明

控件类型	控件名称	主要属性设置	用途
标准/TextBox 控件	txtName		输入姓名
	txtPwd	TextMode 属性设置为 Password	设置为密码格式
	txtRePwd	TextMode 属性设置为 Password	设置为密码格式
标准/Button 控件	btnCheck	Text 属性设置为“验证”	执行页面提交的功能
验证/RequiredFieldValidator 控件	RequiredFieldValidator1	ControlToValidate 属性设置为 txtName	要验证的控件的 ID 为 txtName
		ErrorMessage 属性设置为“姓名不能为空”	显示的错误信息为“姓名不能为空”
		SetFocusOnError 属性设置为 true	验证无效时，在该控件上设置焦点
验证/CompareValidator 控件	CompareValidator1	ControlToValidate 属性设置为 txtRePwd	要验证的控件的 ID 为 txtRePwd
		ControlToCompare 属性设置为 txtPwd	进行比较的控件 ID 为 txtPwd
		ErrorMessage 属性设置为“确认密码与密码不匹配”	显示的错误信息为“确认密码与密码不匹配”

5.3　数据类型验证控件

CompareValidator 控件还可以对照特定的数据类型来验证用户的输入，以确保用户输入的是数字、日期等。例如，如果要在用户信息页上输入出生日期信息，就可以使用 CompareValidator 控件确保该页在提交之前对输入的日期格式进行验证。

[实例 5.3]
（源码位置：资源包\Code\05\03）
验证出生日期输入是否正确

下面的示例主要通过 CompareValidator 控件的 ControlTo Validate 属性、Operator 属性和 Type 属性验证用户输入的出生日期与日期类型是否匹配。执行程序，如果出生日期不是日期类型，单击【验证】按钮，示例运行结果如图 5.3 所示。

图 5.3　数据类型验证

程序实现的主要步骤为：新建一个网站，默认主页为 Default.aspx，在 Default.aspx 页面上添加 4 个 TextBox 控件、1 个 RequiredFieldValidator 控件、2 个

CompareValidator 控件和 1 个 Button 控件，它们的属性设置如表 5.5 所示。

表 5.5　Default.aspx 页控件属性设置及说明

控件类型	控件名称	主要属性设置	用途
标准/TextBox 控件	txtName		输入姓名
	txtPwd	TextMode 属性设置为 Password	设置为密码格式
	txtRePwd	TextMode 属性设置为 Password	设置为密码格式
	txtBirth		输入出生日期
标准/Button 控件	btnCheck	Text 属性设置为“验证”	执行页面提交的功能
验证/RequiredFieldValidator 控件	RequiredFieldValidator1	ControlToValidate 属性设置为 txtName	要验证的控件的 ID 为 txtName
		ErrorMessage 属性设置为“姓名不能为空”	显示的错误信息为“姓名不能为空”
		SetFocusOnError 属性设置为 true	验证无效时，在该控件上设置焦点
验证/CompareValidator 控件	CompareValidator1	ControlToValidate 属性设置为 txtRePwd	要验证的控件的 ID 为 txtRePwd
		ControlToCompare 属性设置为 txtPwd	进行比较的控件 ID 为 txtPwd
		ErrorMessage 属性设置为“确认密码与密码不匹配”	显示的错误信息为“确认密码与密码不匹配”
	CompareValidator2	ControlToValidate 属性设置为 txtBirth	要验证的控件的 ID 为 txtBirth
		ErrorMessage 属性设置为“日期格式有误”	显示的错误信息为“日期格式有误”
		Operator 属性设置为 DataTypeCheck	对值进行数据类型验证
		Type 属性设置为 Date	进行日期比较

注意：

使用验证控件（不包括自定义验证控件）时，应该首先设置其 ControlToValidate 属性（必须填），以避免因未指定验证控件 ID 而产生错误。

5.4　数据格式验证控件

使用数据格式验证控件（RegularExpressionValidator）可以验证用户输入是否与预定义的模式相匹配，这样就可以对电话号码、邮编、网址等进行验证。RegularExpressionValidator 控件允许有多种有效模式，每个有效模式使用“|”字符来分隔。预定义的模式需要使用正则表达式定义。

RegularExpressionValidator 控件部分常用属性及说明如表 5.6 所示。

表 5.6　RegularExpressionValidator 控件最常用的属性

属性	说明
ID	控件 ID，控件的唯一标识符
ControlToValidate	表示要进行验证的控件 ID，此属性必须设置为输入控件 ID。如果没有指定有效输入控件，则在显示页面时引发异常，另外，该 ID 的控件必须和验证控件在相同的容器中

续表

属性	说明
ErrorMessage	表示当验证不合法时，出现错误的信息
IsValid	获取或设置一个值，该值指示控件验证的数据是否有效，默认值为 true
Display	设置错误信息的显示方式
Text	如果 Display 为 Static，不出错时，显示该文本
ValidationExpression	获取或设置被指定为验证条件的正则表达式。默认值为空字符串（""）

RegularExpressionValidator 控件的属性与 Required-FieldValidator 控件大致相同，这里只对 ValidationExpression 属性进行具体介绍。

ValidationExpression 属性用于指定验证条件的正则表达式。在 RegularExpressionValidator 控件的属性面板中，单击 ValidationExpression 属性输入框右边的[...]按钮，将弹出“正则表达式编辑器”对话框，在其中列出了一些常用的正则表达式，如图 5.4 所示。

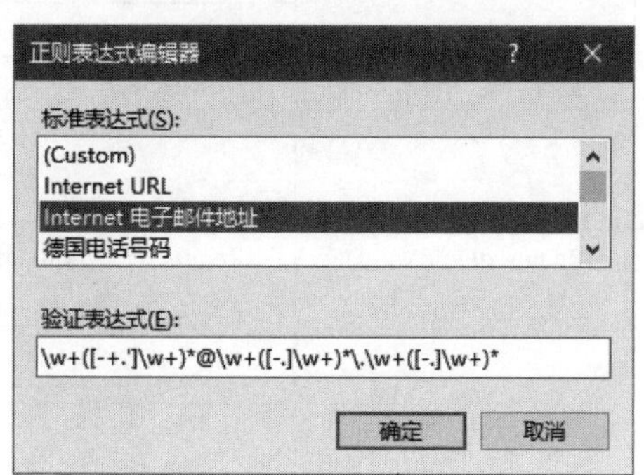

图 5.4　正则表达式编辑器

常用的正则表达式字符及含义如表 5.7 所示。

表 5.7　常用正则表达式字符及含义

编号	正则表达式字符	含义
1	[......]	匹配括号中的任何一个字符
2	[^……]	匹配不在括号中的任何一个字符
3	\w	匹配任何一个字符（a ~ z、A ~ Z和0 ~ 9）
4	\W	匹配任何一个空白字符
5	\s	匹配任何一个非空白字符
6	\S	与任何非单词字符匹配
7	\d	匹配任何一个数字（0 ~ 9）
8	\D	匹配任何一个非数字（^0 ~ 9）
9	[\b]	匹配一个退格键字符
10	{*n*,*m*}	最少匹配前面表达式*n*次，最大为*m*次
11	{*n*,}	最少匹配前面表达式*n*次
12	{*n*}	恰恰匹配前面表达式为*n*次
13	?	匹配前面表达式0或1次 {0,1}
14	+	至少匹配前面表达式1次 {1,}
15	*	至少匹配前面表达式0次 {0,}
16	|	匹配前面表达式或后面表达式
17	(...)	在单元中组合项目
18	^	匹配字符串的开头
19	$	匹配字符串的结尾
20	\b	匹配字符边界
21	\B	匹配非字符边界的某个位置

下面再来列举几个常用的正则表达式。

(1) 验证电子邮件

- \w+([-+.]\w+)*@\w+([-.]\w+)*\.\w+([-.]\w+)*。

- \S+@\S+\. \S+。

（2）验证网址

- HTTP：//\S+\. \S+。
- http(s)?://([\w-]+\.)+[\w-]+(/[\w- ./?%&=]*)?。

（3）验证邮政编码

- \d{6}。

（4）其他常用正则表达式

- [0-9]：表示 0 ～ 9 十个数字。
- \d*：表示任意个数字。
- \d{3,4}-\d{7,8}：表示中国大陆的固定电话号码。
- \d{2}-\d{5}：验证由两位数字、一个连字符再加 5 位数字组成的 ID 号。
- <\s*(\S+)(\s[^>]*)?>[\s\S]*<\s*\/\l\s*>：匹配 HTML 标记。

[实例 5.4]　（源码位置：资源包 \Code\05\04）

验证出生日期及 Email 格式

下面的示例主要通过 RegularExpressionValidator 控件的 ControlToValidate 属性、Operator 属性和 Type 属性验证用户输入的出生日期与日期类型是否匹配。执行程序，如果出生日期不是日期类型，单击【验证】按钮，示例运行结果如图 5.5 所示。

图 5.5　数据格式验证

程序实现的主要步骤为：新建一个网站，默认主页为 Default.aspx，在 Default.aspx 页面上添加 5 个 TextBox 控件、1 个 RequiredFieldValidator 控件、2 个 CompareValidator 控件、1 个 RegularExpressionValidator 控件和 1 个 Button 控件，它们的属性设置如表 5.8 所示。

表 5.8　Default.aspx 页控件属性设置及说明

控件类型	控件名称	主要属性设置	用途
标准/TextBox 控件	txtName		输入姓名
	txtPwd	TextMode 属性设置为 Password	设置为密码格式
	txtRePwd	TextMode 属性设置为 Password	设置为密码格式
	txtBirth		输入出生日期
	txtEmail		输入邮箱
标准/Button 控件	btnCheck	Text 属性设置为“验证”	执行页面提交的功能

续表

控件类型	控件名称	主要属性设置	用途
验证/RequiredFieldValidator控件	RequiredFieldValidator1	ControlToValidate属性设置为txtName	要验证的控件的ID为txtName
		ErrorMessage属性设置为“姓名不能为空”	显示的错误信息为“姓名不能为空”
		SetFocusOnError属性设置为true	验证无效时，在该控件上设置焦点
验证/CompareValidator控件	CompareValidator1	ControlToValidate属性设置为txtRePwd	要验证的控件的ID为txtRePwd
		ControlToCompare属性设置为txtPwd	进行比较的控件ID为txtPwd
		ErrorMessage属性设置为“确认密码与密码不匹配”	显示的错误信息为“确认密码与密码不匹配”
	CompareValidator2	ControlToValidate属性设置为txtBirth	要验证的控件的ID为txtBirth
		ErrorMessage属性设置为“日期格式有误”	显示的错误信息为“日期格式有误”
		Operator属性设置为DataType- Check	对值进行数据类型验证
		Type属性设置为Date	进行日期比较
验证/RegularExpressionValidator控件	RegularExpression-Validator1	ControlToValidate属性设置为txtEmail	要验证的控件的ID为txtEmail
		ErrorMessage属性设置为“格式有误”	显示的错误信息为“格式有误”
		ValidationExpression属性设置为“\w+([-+.’]\w+)*@\w+([-.]\w+)*\.\w+([-.]\w+)*”	进行有效性验证的正则表达式

说明：

RegularExpressionValidator 控件在客户端使用的应该是 JScript 正则表达式语法。

5.5 数据范围验证控件

使用数据范围验证控件（RangeValidator）验证用户输入是否在指定范围之内，可以通过对 RangeValidator 控件的上、下限属性以及指定控件要验证的值的数据类型进行设置完成这一功能。如果用户的输入无法转换为指定的数据类型，如无法转换为日期，则验证将失败。如果用户将控件保留为空白，则此控件将通过范围验证。若要强制用户输入值，则还要添加 RequiredFieldValidator 控件。

一般情况下，输入的月份（1 ～ 12）、一个月中的天数（1 ～ 31）等，都可以使用 RangeValidator 控件对数据的范围进行限定以保证用户输入数据的准确性。

RangeValidator 控件部分常用属性及说明如表 5.9 所示。

表 5.9　RangeValidator 控件的常用属性及说明

属性	说明
ID	控件ID，控件的唯一标识符
ControlToValidate	表示要进行验证的控件ID，此属性必须设置为输入控件ID。如果没有指定有效输入控件，则在显示页面时引发异常，另外，该ID的控件必须和验证控件在相同的容器中
ErrorMessage	表示当验证不合法时，出现错误的信息
IsValid	获取或设置一个值，该值指示控件验证的数据是否有效，默认值为 true
Display	设置错误信息的显示方式
MaximumValue	获取或设置要验证的控件的值，该值必须小于或等于此属性的值，默认值为空字符串（""）
MinimumValue	获取或设置要验证的控件的值，该值必须大于或等于此属性的值，默认值为空字符串（""）
Text	如果 Display 为 Static，不出错时，显示该文本

下面对比较重要的属性进行详细介绍。

● MaximumValue 属性和 MinimumValue 属性。

MaximumValue 和 MinimumValue 属性指定用户输入范围的最大值和最小值。

例如，要验证用户输入的值在 20 ～ 70 之间，代码如下：

```
this. RangeValidator1.MaximumValue= "70";
this. RangeValidator1.MaximumValue= "20";
```

● Type 属性。

Type 属性用于指定进行验证的数据类型。在进行比较之前，值被隐式转换为指定的数据类型。如果数据转换失败，数据验证也会失败。

例如，将 RequiredFieldValidator 控件的错误消息文本设为“*”，代码如下：

```
this. RangeValidator1.Type = ValidationDataType.Integer;
```

[实例 5.5]　（源码位置：资源包 \Code\05\05）

验证学生成绩的输入范围

下面的示例主要通过 RangeValidator 控件的 ControlToValidate 属性、MinimumValue 属性、MaximumValue 属性和 Type 属性验证用户输入的数学成绩是否在 0 ～ 100 之间。执行程序，如果输入的数学成绩不在规定范围内或不符合数据类型要求，单击【验证】按钮，示例运行结果如图 5.6 所示。

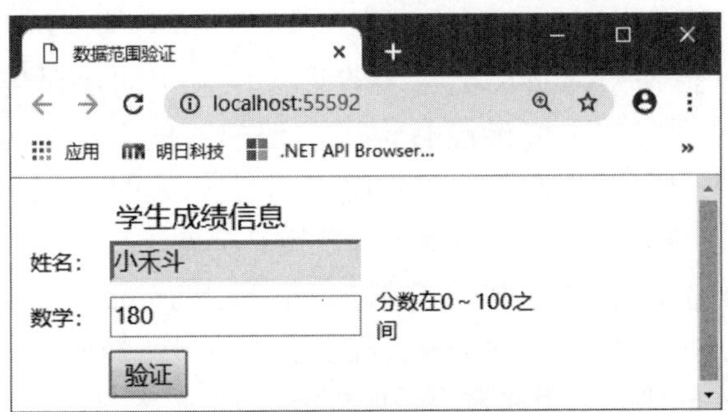

图 5.6　数据范围验证

程序实现的主要步骤为：新建一个网站，默认主页为 Default.aspx，在 Default.aspx 页面上添加 2 个 TextBox 控件、1 个 RangeValidator 控件和 1 个 Button 控件，它们的属性设置如表 5.10 所示。

表 5.10 Default.aspx 页控件属性设置及说明

控件类型	控件名称	主要属性设置	用途
标准/TextBox 控件	txtName		输入姓名
	txtMath		输入数学成绩
标准/Button 控件	btnCheck	Text 属性设置为“验证”	执行页面提交的功能
验 证/RangeValidator 控件	RangeValidator1	ControlToValidate 属性设置为 txtMath	要验证的控件的 ID 为 txtMath
		ErrorMessage 属性设置为“分数在 0 ～ 100 之间”	显示的错误信息为“分数在 0 ～ 100 之间”
		MaximumValue 属性设置为 100	最大值为 100
		MinimumValue 属性设置为 0	最小值为 0
		Type 属性设置为 Double	进行浮点型比较

注意：

① 使用 RangeValidator 控件时，必须保证指定的 MaximumValue 或 MinimumValue 属性值类型能够转换为 Type 属性设定的数据类型，否则会出现异常。

② RangeValidator 控件提供的 5 种验证类型：

Integer 类型：用来验证输入是否在指定的整数范围内。

String 类型：用来验证输入是否在指定的字符串范围内。

Date 类型：用来验证输入是否在指定的日期范围内。

Double 类型：用来验证输入是否在指定的双精度实数范围内。

Currency 类型：用来验证输入是否在指定的货币值范围内。

5.6 验证错误信息显示控件

使用验证错误信息显示控件（ValidationSummary）可以为用户提供将窗体发送到服务器时所出现错误的列表。错误列表可以通过列表、项目符号列表或单个段落的形式进行显示。

ValidationSummary 控件中为页面上每个验证控件显示的错误信息，是由每个验证控件的 ErrorMessage 属性指定的。如果没有设置验证控件的 ErrorMessage 属性，将不会在 ValidationSummary 控件中为该验证控件显示错误信息。还可以通过设置 HeaderText 属性，在 ValidationSummary 控件的标题部分指定一个自定义标题。

通过设置 ShowSummary 属性，可以控制 ValidationSummary 控件是显示还是隐藏，还可通过将 ShowMessageBox 属性设置为 true，在消息框中显示摘要。

ValidationSummary 控件的常用属性及说明如表 5.11 所示。

表 5.11　ValidationSummary 控件的常用属性及说明

属性	说明
HeaderText	控件汇总信息
DisplayMode	设置错误信息的显示格式
ShowMessageBox	是否以弹出方式显示每个被验证控件的错误信息
ShowSummary	是否显示错误汇总信息
EnableClientScript	是否使用客户端验证，系统默认值为 true
Validate	执行验证并且更新 IsValid 属性

下面对比较重要的属性进行详细介绍。

- DisplayMode 属性。

使用 DisplayMode 属性指定 ValidationSummary 控件的显示格式。摘要可以按列表、项目符号列表或单个段落的形式显示。

例如，设置 ValidationSummary 的显示模式为项目符号列表，代码如下：

```
this.ValidationSummary1.DisplayMode = ValidationSummaryDisplayMode.BulletList;
```

- ShowMessageBox 属性。

当 ShowMessageBox 属性设为 true 时，网页上的错误信息不在网页本身显示，而是以弹出对话框的形式来显示错误信息。

- ShowSummary 属性。

除了 ShowMessageBox 属性外，ShowSummary 属性也可用于控制验证摘要的显示位置。如果该属性设置为 true，则在网页上显示验证摘要。

注意：
如果 ShowMessageBox 和 ShowSummary 属性都设置为 true，则在消息框和网页上都显示验证摘要。

[实例 5.6]　（源码位置：资源包 \Code\05\06）

汇总页面中所有的错误提示并显示

下面的示例主要通过 ValidationSummary 控件将错误信息的摘要一起显示。执行程序，如果姓名为空，并且输入的数学成绩不在规定范围内或不符合数据类型要求，单击【验证】按钮，示例运行结果如图 5.7 所示。

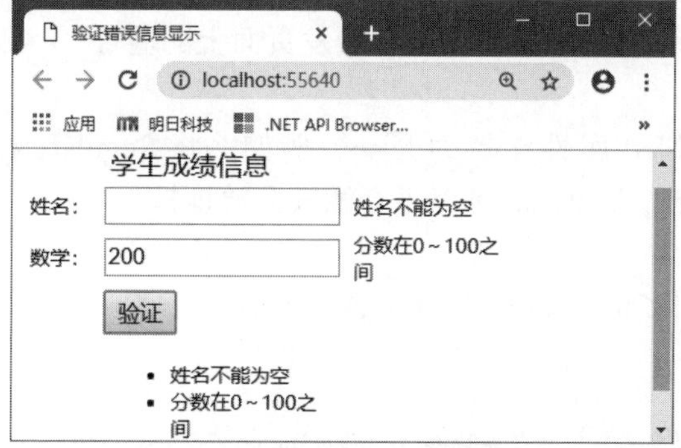

图 5.7　验证错误信息显示

程序实现的主要步骤为：新建一个网站，默认主页为 Default.aspx，在 Default.aspx 页面上添加 2 个 TextBox 控件、1 个 RangeValidator 控件和 1 个 Button 控件等，它们的属性设置如表 5.12 所示。

表 5.12　Default.aspx 页控件属性设置及说明

控件类型	控件名称	主要属性设置	用途
标准/TextBox 控件	txtName		输入姓名
	txtMath		输入数学成绩
标准/Button 控件	btnCheck	Text 属性设置为“验证”	执行页面提交的功能
验证/RequiredFieldValidator 控件	RequiredFieldValidator1	ControlToValidate 属性设置为 txtName	要验证的控件的 ID 为 txtName
		ErrorMessage 属性设置为“姓名不能为空”	显示的错误信息为“姓名不能为空”
		SetFocusOnError 属性设置为 true	验证无效时，在该控件上设置焦点
验证/RangeValidator 控件	RangeValidator1	ControlToValidate 属性设置为 txtMath	要验证的控件的 ID 为 txtMath
		ErrorMessage 属性设置为“分数在 0 ～ 100 之间”	显示的错误信息为“分数在 0 ～ 100 之间”
		MaximumValue 属性设置为 100	最大值为 100
		MinimumValue 属性设置为 0	最小值为 0
		Type 属性设置为 Double	进行浮点型比较
验证/ValidationSummary 控件	ValidationSummary1		将错误信息一起显示

说明：

使用 ValidationSummary 控件能够集中呈现错误信息。

5.7　禁用数据验证

在特定条件下，可能需要避开验证。例如，在一个页面中，即使用户没有正确填写所有验证字段，也应该可以提交该页。这时就需要设置 ASP.NET 服务器控件来避开客户端和服务器的验证。可以通过以下 3 种方式禁用数据验证：

- 在特定控件中禁用验证。

将相关控件的 CausesValidation 属性设置为 false。例如，将 Button 控件的 CausesValidation 属性设置为 false，这时单击 Button 控件不会触发页面上的验证。

- 禁用验证控件。

将验证控件的 Enabled 属性设置为 false。例如，将 RegularExpressionValidator 控件的 Enabled 属性设置为 false，页面在验证时不会触发此验证控件。

- 禁用客户端验证。

将验证控件的 EnableClientScript 属性设置为 false。

技巧：

在网页上的【取消】或【重置】按钮（如 Button、ImageButton 或 LinkButton）不需要执行验证，这时可以设置按钮的 CausesValidation 属性为 false，以防止单击按钮时执行验证。

本章知识思维导图

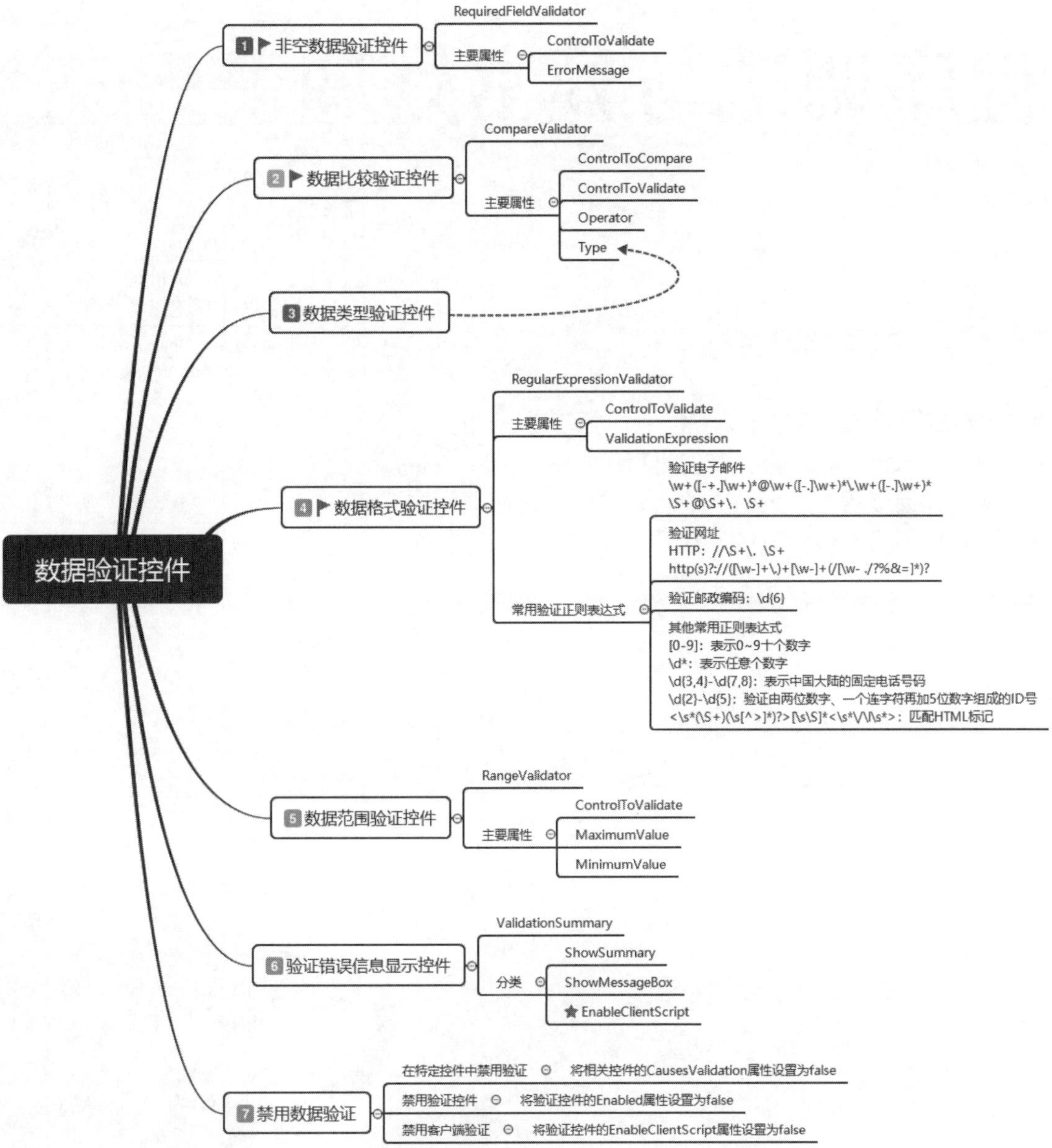

- 数据验证控件
  - 1 非空数据验证控件
    - RequiredFieldValidator
    - 主要属性
      - ControlToValidate
      - ErrorMessage
  - 2 数据比较验证控件
    - CompareValidator
    - 主要属性
      - ControlToCompare
      - ControlToValidate
      - Operator
      - Type
  - 3 数据类型验证控件（→ Type）
  - 4 数据格式验证控件
    - RegularExpressionValidator
    - 主要属性
      - ControlToValidate
      - ValidationExpression
    - 常用验证正则表达式
      - 验证电子邮件
\w+([-+.]\w+)*@\w+([-.]\w+)*\.\w+([-.]\w+)*
\S+@\S+\. \S+
      - 验证网址
HTTP：//\S+\. \S+
http(s)?://([\w-]+\.)+[\w-]+(/[\w- ./?%&=]*)?
      - 验证邮政编码：\d{6}
      - 其他常用正则表达式
[0-9]：表示0~9十个数字
\d*：表示任意个数字
\d{3,4}-\d{7,8}：表示中国大陆的固定电话号码
\d{2}-\d{5}：验证由两位数字、一个连字符再加5位数字组成的ID号
<\s*(\S+)(\s[^>]*)?>[\s\S]*<\s*\/\1\s*>：匹配HTML标记
  - 5 数据范围验证控件
    - RangeValidator
    - 主要属性
      - ControlToValidate
      - MaximumValue
      - MinimumValue
  - 6 验证错误信息显示控件
    - ValidationSummary
    - 分类
      - ShowSummary
      - ShowMessageBox
      - ★ EnableClientScript
  - 7 禁用数据验证
    - 在特定控件中禁用验证：将相关控件的CausesValidation属性设置为false
    - 禁用验证控件：将验证控件的Enabled属性设置为false
    - 禁用客户端验证：将验证控件的EnableClientScript属性设置为false

第 6 章

程序调试与异常处理

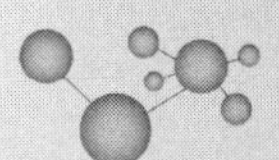

本章学习目标

- 熟练掌握如何使用 Visual Studio 对程序进行调试。
- 熟悉 throw 抛出异常语句的使用。
- 掌握如何使用 try…catch…finally 语句在程序中捕获异常。
- 熟悉程序开发中异常的使用原则。

6.1 程序调试

程序调试是在程序中查找错误的过程，在开发过程中，程序调试是检查代码并验证它能够正常运行的有效方法。另外，在开发时，如果发现程序不能正常工作，就必须找出并解决有关问题。本节将对几种常用的程序调试工具进行讲解。

6.1.1 Visual Studio 编辑器调试

在使用 Visual Studio 开发 C# 程序时，编辑器不但能够为开发者提供代码编写、辅助提示和实时编译等常用功能，而且还提供对 C# 源代码进行快捷修改、重构和语法纠错等高级操作。通过 Visual Studio，可以很方便地找到一些语法错误，并且根据提示进行快速修正。下面对 Visual Studio 提供的常用调试功能进行介绍。

(1) 下方的红色波浪线

在出现错误的代码下方，会显示红色的波浪线，将鼠标移动到红色波浪线上，会显示具体的错误内容（如图 6.1 所示），开发人员可根据该提示对代码进行修改。

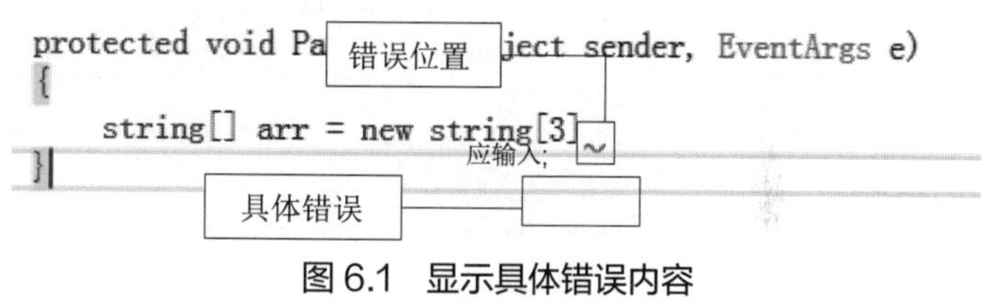

图 6.1　显示具体错误内容

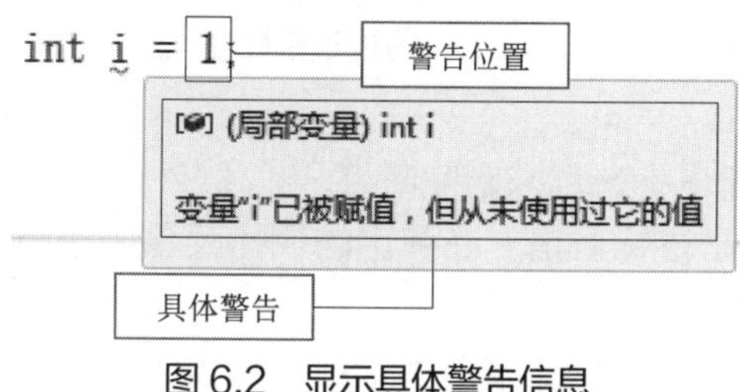

图 6.2　显示具体警告信息

(2) 代码下方的绿色波浪线

在出现警告的代码下方，会显示绿色的波浪线，警告不会影响程序的正常运行，将鼠标移动到绿色波浪线上，将显示具体的警告信息（如图 6.2 所示），开发人员可以根据该警告信息对代码进行优化。

6.1.2 Visual Studio 调试器调试

(1) 断点操作

断点通知调试器会在应用程序中某个断点上暂停执行或某种情况发生时（如异常）中断，发生中断时，称程序和调试器处于中断模式。进入中断模式并不会终止或结束程序的执行，所有元素（如函数、变量和对象）都保留在内存中。执行可以在任何时候继续。

插入断点有 3 种方式：

● 第一种，在要设置断点行旁边的灰色区域单击鼠标，该行代码变为红色，如图 6.3 所示。

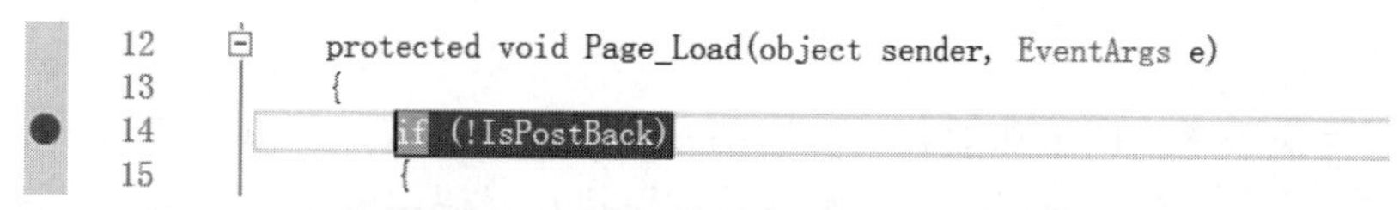

图 6.3　在左侧灰色区域单击设置断点

● 第二种，右键单击要设置断点的代码行，在弹出的快捷菜单中执行“断点”→“插入断点”命令，如图 6.4 所示。

● 第三种，单击要设置断点的代码行，选择菜单中的“调试”→“切换断点 (G)”菜单项，如图 6.5 所示。

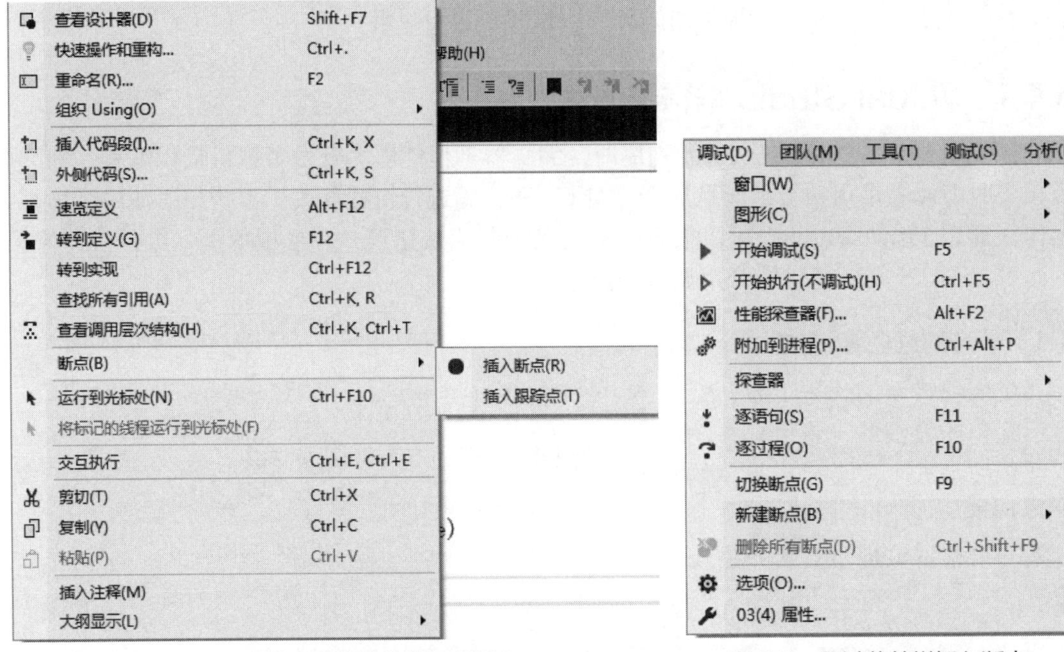

图 6.4　通过右键快捷菜单插入断点　　　　图 6.5　通过菜单栏插入断点

删除断点主要有 3 种方式，分别如下：

① 在设置了断点的代码行左侧的红色圆点上单击鼠标左键来删除断点。

② 在设置了断点的代码行左侧的红色圆点上单击鼠标右键，在弹出的快捷菜单中选择“删除断点”命令。

③ 在设置了断点的代码行上单击鼠标右键，在弹出的快捷菜单中选择“断点”→“删除断点”菜单项，如图 6.6 所示。

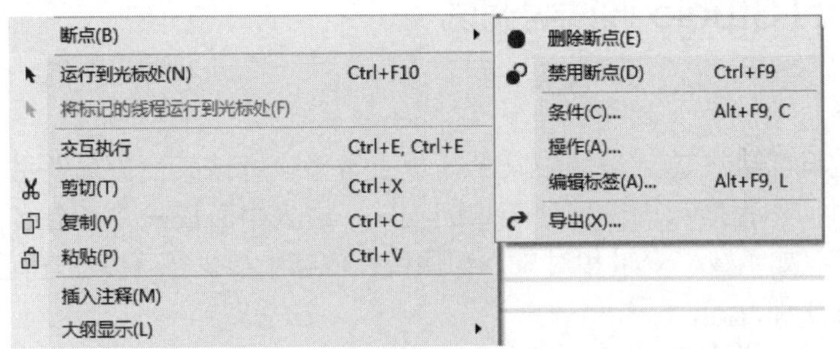

图 6.6　右键快捷菜单删除断点

(2) 开始执行

开始执行是最基本的调试功能之一，启动方式可从“调试”菜单（如图 6.7 所示）中选择“开始调试”命令或在源窗口中单击鼠标右键可执行代码中的某行，然后从弹出的快捷菜单中选择“运行到光标处”命令，如图 6.8 所示。

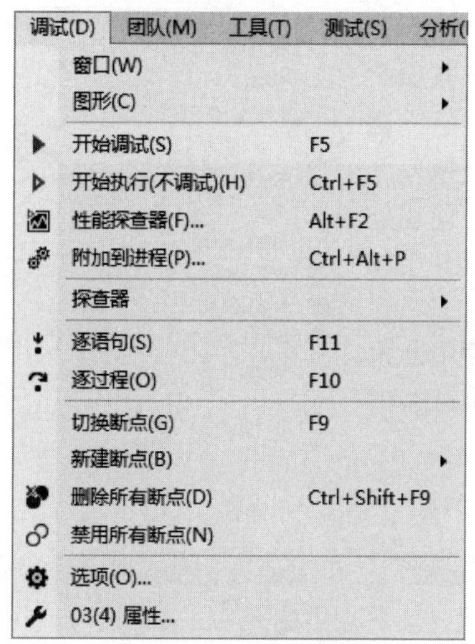

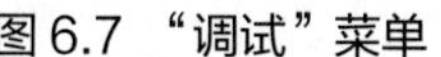
图 6.7 “调试”菜单

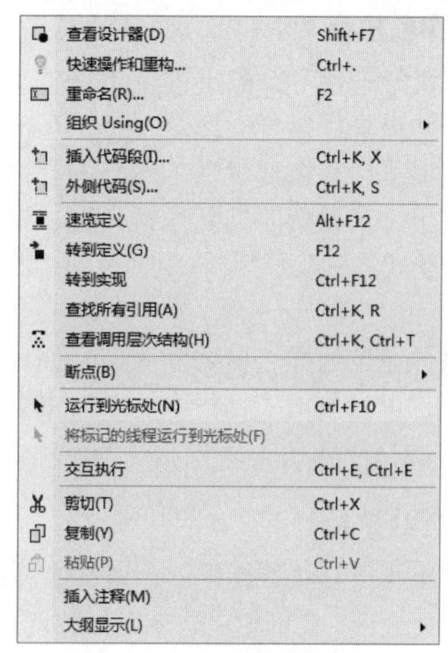

图 6.8 某行代码的右键菜单

除了使用上述的方法开始执行外，还可以直接单击工具栏中的 ▶ Firefox ▾ 按钮，启动调试，如图 6.9 所示。

图 6.9 工具栏中的启动调试按钮

如果已经开始调试，则应用程序启动并一直运行到断点，并且可以在任何时刻中断执行，以检查值、修改变量或检查程序状态，如图 6.10 所示。

```
protected void Page_Load(object sender, EventArgs e)
{
    if (!IsPostBack)
    {
        DataTable dt = GetCacheData(); //读取缓存中的数据
        this.GridView1.DataSource = dt;//绑定数据
        this.GridView1.DataBind();     //执行绑定
    }
}
```

图 6.10 程序单步调试状态

如果执行“运行到光标处”命令，则应用程序启动并一直运行到断点或光标位置，具体要看是断点在前还是光标在前，可以在源窗口中设置光标位置。如果光标在断点的前面，则代码首先运行到光标处，如图 6.11 所示。

```
protected void Page_Load(object sender, EventArgs e)
{
    if (!IsPostBack)
    {
        DataTable dt = GetCacheData(); //读取缓存中的数据
        this.GridView1.DataSource = dt;//绑定数据
        this.GridView1.DataBind();     //执行绑定
    }
}
```

图 6.11 运行到光标处

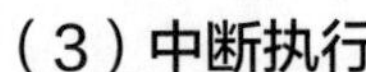

（3）中断执行

当执行到达一个断点或发生异常，调试器将中断程序的执行。另外，执行“调试”→“全部中断”命令后，调试器将停止所有在调试器下运行的程序的执行，但是程序并不退出，可以随时恢复执行。调试器和应用程序现在处于中断模式。“调试”菜单中“全部中断”菜单项如图 6.12 所示。

除了通过选择“调试”→“全部中断”菜单项中断执行外，也可以单击工具栏中的按钮中断执行，如图 6.13 所示。

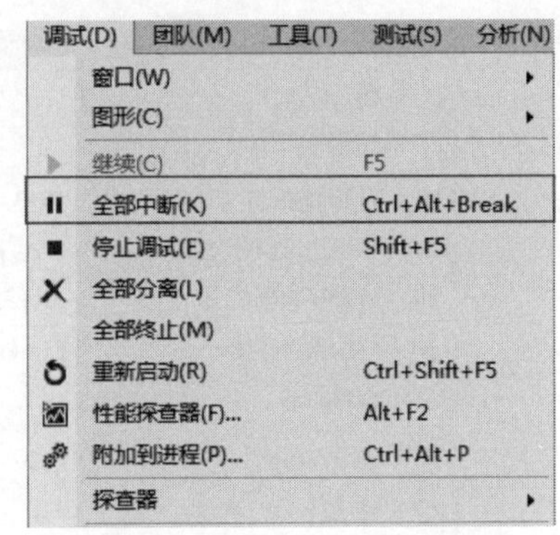

图 6.12 “调试”→“全部中断”命令

（4）停止执行

停止执行意味着终止正在调试的进程并结束调试会话，可以通过选择菜单中的“调试”→“停止调试”菜单项来结束运行和调试，也可以选择工具栏中的按钮停止执行。

（5）单步执行和逐过程执行

通过单步执行，调试器每次只执行一行代码，单步执行主要是通过逐语句、逐过程和跳出这 3 种命令实现的。“逐语句”和“逐过程”的主要区别是当某一行包含函数调用时，“逐语句”仅执行调用本身，然后在函数内的第一个代码行处停止。而“逐过程”则执行整个函数，然后在函数外的第一行处停止。如果位于函数调用的内部并想返回到调用函数时，应使用“跳出”,“跳出”将一直执行代码，直到函数返回，然后在调用函数的返回点处中断。

当启动调试后，可以单击工具栏中的按钮执行“逐语句”操作，单击按钮执行“逐过程”操作，单击按钮执行“跳出”操作，如图 6.14 所示。

图 6.13 工具栏中的中断执行按钮

图 6.14 单步执行的 3 种命令

说明：

除了在工具栏中单击这 3 个按钮外，还可以通过快捷键执行这 3 种操作，即启动调试后，按下 F11 键执行“逐语句”操作，F10 键执行“逐过程”操作，以及 <Shift+F10> 键执行“跳出”操作。

（6）运行到指定位置

如果希望程序运行到指定的位置，可以在指定代码行上单击鼠标右键，在弹出的快捷菜单中选择“运行到光标处”命令，这样当程序运行到光标处时就会自动暂停；另外，也可以在指定的位置插入断点，同样可以使程序运行到插入断点的代码行时自动暂停。

6.2 异常处理语句

在 ASP.NET 程序中，可以使用异常处理语句处理异常。常用的异常处理语句有 throw 语句、try…catch 语句和 try…catch…finally 语句，通过这 3 种异常处理语句，可以对可能产生异常的程序代码进行监控。下面将对这 3 种异常处理语句进行详细讲解。

6.2.1 使用 throw 语句抛出异常

throw 语句用于主动引发一个异常，即在特定的情形下自动抛出异常。throw 语句的基本格式如下：

```
throw  ExObject
```

参数 ExObject 表示所要抛出的异常对象，这个异常对象是派生自 System.Exception 类的对象。

[实例 6.1]　（源码位置：资源包 \Code\06\01）

使用 throw 语句抛出异常

新建一个网站并创建 Default.aspx 页面，在 Default.aspx 的 Page_Load 事件中，调用 ArrToString 方法，用于将传入的数组以指定的间隔符号转换成字符串形式并返回。代码如下：

```
protected void Page_Load(object sender, EventArgs e)
 {
      string str = ArrToString(new string[] { }, "|");
      Response.Write(str);
 }
 public string ArrToString(string[] arr, string tag)
 {
      if (arr == null || arr.Length == 0)
      {
            throw new Exception(" 传递了空的数组或数组长度为 0");
      }
      else
      {
            string str = "";
            foreach (string a in arr)
            {
                  str = str + a + tag;
            }
            return str.Substring(0, str.Length - 1);
      }
 }
```

运行以上程序，由于传入了一个没有任何元素的数组，所以程序出错，错误信息如图 6.15 所示。

图 6.15　数组长度为 0 的错误信息

6.2.2 使用 try…catch 语句捕捉异常

try…catch 语句允许在 try 后面的大括号 {} 中放置可能发生异常情况的程序代码，并对这些程序代码进行监控，而 catch 后面的大括号 {} 中则放置处理错误的程序代码，以处理程序发生的异常。try…catch 语句的基本格式如下：

```
try
{
        被监控的代码
}
catch( 异常类名 异常变量名 )
{
        异常处理
}
```

说明：

在 catch 语句中，异常类名必须为 System.Exception 或从 System.Exception 派生的类型。当 catch 语句指定了异常类名和异常变量名后，就相当于声明了一个具有给定名称和类型的异常变量，此异常变量表示当前正在处理的异常。

[实例 6.2]　（源码位置：资源包 \Code\06\02）

使用 try…catch 语句捕捉异常

新建一个网站并创建 Default.aspx 页面，在 Default.aspx 的 Page_Load 事件中声明两个 string 类型的变量 str1 和 str2，分别赋值为纯数字字符串和英文字母字符串，再将两个变量强制转换成 int 类型，分别赋给 int 类型的变量 num1 和 num2，然后使用 try…catch 语句将这段代码放置于大括号内，用于捕获可能发生的异常。代码如下：

```
protected void Page_Load(object sender, EventArgs e)
{
    try                                          // 使用 try…catch 语句
    {
        string str1 = "1234";                    // 定义字符串内容为 1234
        string str2 = "abcd";                    // 定义字符串内容为 abcd
        int num1 = Convert.ToInt32(str1);  // 强制转换 str1 字符串为 int 类型
        int num2 = Convert.ToInt32(str2);  // 强制转换 str2 字符串为 int 类型
    }
    catch (Exception ex)                         // 捕获异常
    {
        Response.Write(" 捕获异常：" + ex); // 输出异常
    }
}
```

实例运行效果如图 6.16 所示。

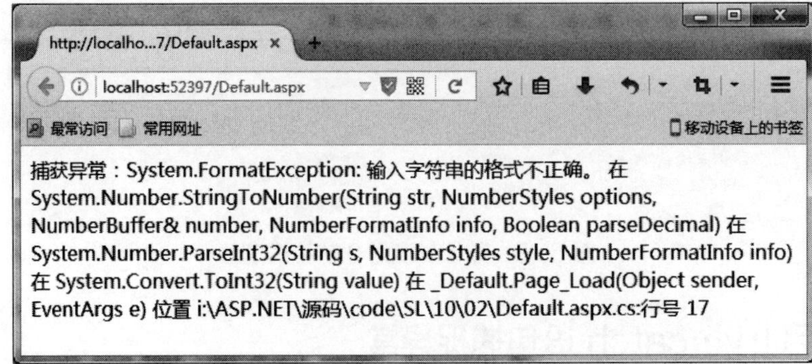

图 6.16　使用 try…catch 语句捕捉异常

说明：

上面的实例是直接使用 System.Exception 类捕获异常，使用其他异常类捕获异常的方法与其类似，这里不再赘述。

在 try…catch 语句中可以包含多个 catch 语句，但程序只执行第一个匹配异常信息类型的 catch 语句中的代码块，其他的 catch 语句将被忽略。异常变量表示当前正在处理的异常。

6.2.3 使用 try…catch…finally 语句捕捉异常

将 finally 语句与 try…catch 语句结合，可以形成 try…catch…finally 语句。finally 语句同样以区块的方式存在，它被放在所有 try…catch 语句的最后，程序执行完毕，都会跳到 finally 语句区块，执行其中的代码。其基本格式如下：

```
try
{
      被监控的代码
}
catch（异常类名 异常变量名）
{
      异常处理
}
…
finally
{
      程序代码
}
```

说明：

如果程序中有一些在任何情况下都必须执行的代码，则可以将其放在 finally 语句区块中。

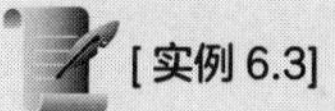

[实例 6.3] （源码位置：资源包 \Code\06\03）

使用 try…catch…finally 语句捕捉异常

新建一个网站并创建 Default.aspx 页面，在 Default.aspx.cs 文件中的 Page_Load 方法中，创建 FileInfo 类用于操作 txt 文件，在通过 FileInfo 类的 Open 方法打开 test.txt 文件时，是以只读的方法打开的。这样，在使用 FileStream 类进行写入数据时必然会导致写入错误，抛出异常。最后在 finally 语句中输出“程序执行完毕…”，然后释放 FileStream 类所占用的资源。这样，无论程序是否发生异常，都会执行 finally 语句中的代码。代码如下：

```
protected void Page_Load(object sender, EventArgs e)
 {
      FileInfo fl = null;                                          //定义文件操作类
      FileStream fs = null;                                        //定义读写文件类
      try                                                          //捕捉异常
      {
           fl = new FileInfo(Server.MapPath("txt/test.txt"));      //实例化文件操作类
           fs = fl.Open(FileMode.Open, FileAccess.Read);           //以只读的方式打开文件
           //定义要写入文件的内容
           byte[] bs = System.Text.Encoding.Default.GetBytes("文本文件内容");
           fs.Write(bs, 0, bs.Length);                             //执行写入文件操作
      }
      catch (Exception ex)                                         //获取异常
      {
           Response.Write(ex.Message);                             //输出异常信息
```

```
        }
        finally                                          //finally 语句
        {
            fs.Dispose();                                // 关闭正在使用的文件
            Response.Write(" 程序执行完毕 ...");          // 输出 " 程序执行完毕…"
        }
    }
```

实例运行效果如图 6.17 所示。

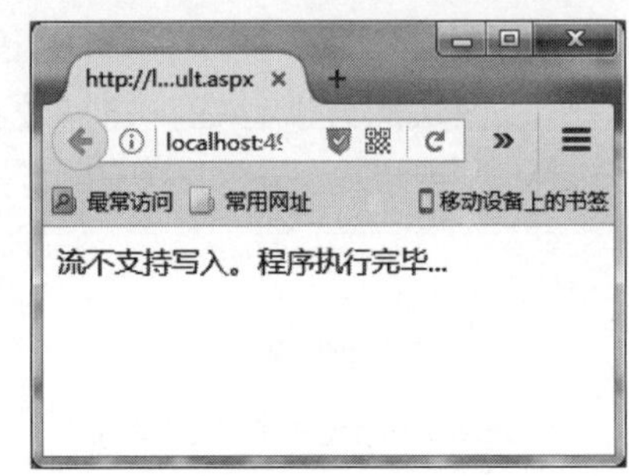

图 6.17　使用 try…catch…finally 语句捕捉异常

6.2.4　异常的使用原则

异常处理的主要作用是捕捉并处理程序在运行时产生的异常。编写代码处理某个方法可能出现的异常时，可遵循以下原则：

① 不要过度使用异常。虽然通过异常可以增强程序的健壮性，但使用过多不必要的异常处理，可能会影响程序的执行效率。

② 不要使用过于庞大的 try…catch 块。在一个 try 块中放置大量的代码，这种写法看上去"很简单"，但是由于 try 块中的代码过于庞大，业务过于复杂，会增加 try 块中出现异常的概率，从而增加分析产生异常原因的难度。

③ 避免使用 catch(Exception e)。如果所有异常都采用相同的处理方式，那么将导致无法对不同异常分类处理。

④ 不要忽略捕捉到的异常，遇到异常一定要及时处理。

⑤ 如果父类抛出多个异常，则覆盖方法必须抛出相同的异常或其异常的子类，不能抛出新异常。

本章知识思维导图

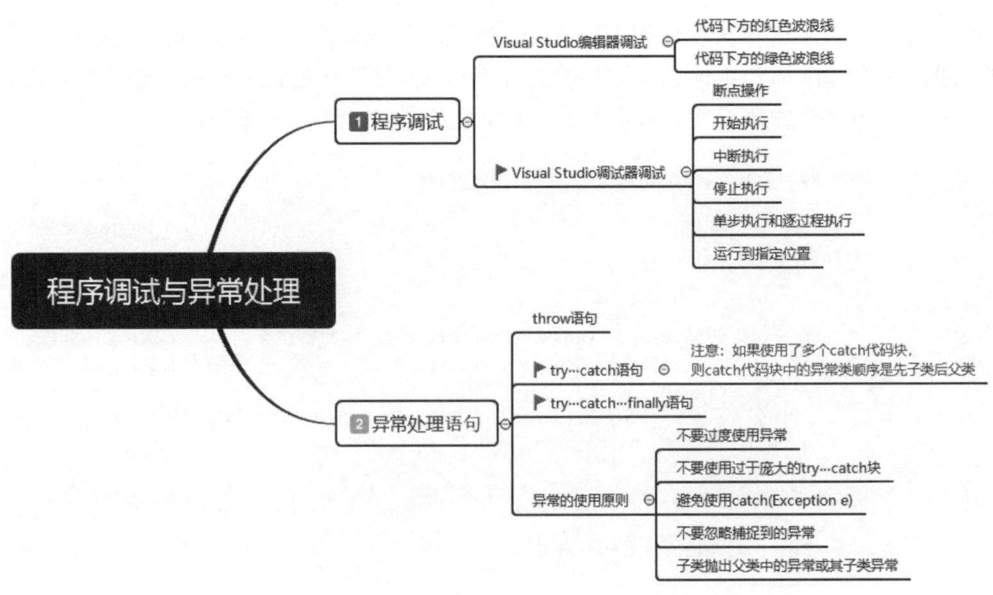

ASP.NET

从零开始学　ASP.NET

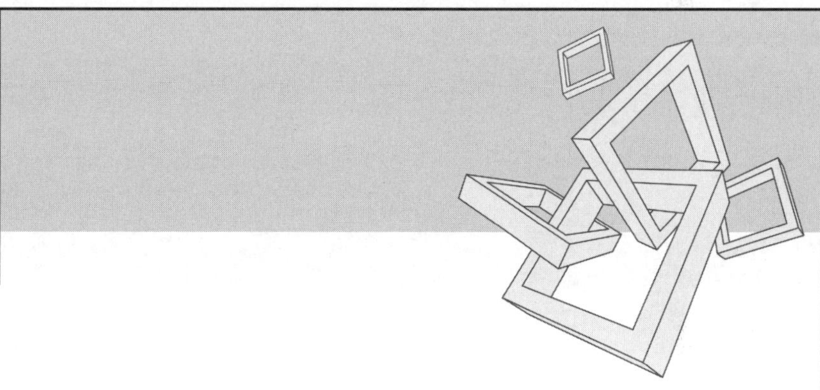

第2篇 数据存取篇

第 7 章

ASP.NET 页面中的数据绑定

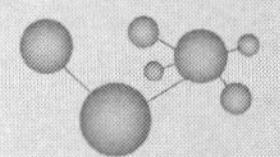

本章学习目标

- 了解数据绑定的基本作用。
- 掌握如何对属性、表达式和集合进行绑定。
- 掌握如何在程序中绑定方法调用结果。

7.1 数据绑定概述

数据绑定是指从数据源获取数据或向数据源写入数据。绑定数据的目的是方便对数据进行后期处理，所以无论是向用户显示数据或者向数据源写入数据以及其他格式的数据处理，都会将这些数据存放到一个合适的数据容器中，以便于进行后期的数据处理。简单的数据绑定可以是对变量或属性的绑定，比较复杂的是对 ASP.NET 数据绑定控件的操作。

说明：

所有的数据绑定表达式都必须包含在 <%#...%> 中。另外，执行绑定操作要么执行 Page 对象的 DataBind 方法，要么执行数据绑定控件对应类的实例对象的 DataBind 方法。

7.2 简单属性绑定

7.2.1 简单属性绑定概述

基于属性的数据绑定所涉及的属性必须包含 get 访问器，因为属性的值是通过其 get 访问器返回的，所以在数据绑定过程中，数据显示控件需要通过属性的 get 访问器从属性中读取数据。

属性绑定的语法如下：

```
<%# 属性名称 %>
```

这种绑定方式需要调用 Page 类的 DataBind 方法才能够执行绑定操作。

注意：

① DataBind 方法通常在 Page_Load 事件中调用。

② 在 aspx 页面中绑定数据时所需要访问的属性、字段、方法等都必须定义在页面类中，否则是无法直接进行访问的，如果需要通过单独的类来定义属性或方法等，那么在需要绑定属性和方法的页面类中需要实例化定义类，再通过实例化的对象来访问各成员。

7.2.2 绑定属性的实现方式

在通过绑定属性方式向页面输出数据时，属性应该被定义在页面的后台代码中，以确保前端能够直接访问到该属性，如果单独放置在一个实体类中，那么需要在页面的后台代码中对这个实体类进行实例化，然后通过实例化对象进行引用。

（源码位置：资源包 \Code\07\01）

[实例 7.1]

绑定属性数据源

本实例通过一个简单的网页数据展示来学习如何实现绑定 C# 属性，并将属性的数据值显示在网页上。程序实现的主要步骤为：

① 新建一个网站并创建 Default.aspx 页面。在 Default.aspx 页面的后台代码中定义有关个人信息的公共属性，代码如下：

```
public partial class _Default : System.Web.UI.Page
 {
     public string Name// 定义姓名，只读属性
     {
         get
         {
             return " 张三 ";
         }
     }
     public string Age// 定义年龄，只读属性
     {
         get
         {
             return "25";
         }
     }
     public string Sex// 定义性别，只读属性
     {
         get
         {
             return " 男 ";
         }
     }
     public string IDType// 定义证件类型，只读属性
     {
         get
         {
             return " 身份证 ";
         }
     }
     public string IDNo// 定义证件号码，只读属性
     {
         get
         {
             return "110108190012345678";
         }
     }
 }
```

② 完成属性定义之后，即可将它绑定到页面“源”中。将编辑器视图切换到“源”模式下，然后定义如下标签代码：

```
<table align="center">
    <tr><th colspan="2"> 简单属性绑定 </th></tr>
    <tr><td width="150px" align="center"> 姓         名: </td>
        <td width="200px"><%#Name %></td></tr>
    <tr><td align="center"> 年         龄: </td>
        <td><%#Age %></td></tr>
    <tr><td align="center"> 性         别: </td>
        <td><%#Sex %></td></tr>
    <tr><td align="center"> 证件类型: </td><td><%#IDType %></td></tr>
    <tr><td align="center"> 证件号码: </td><td><%#IDNo %></td></tr>
</table>
```

③ 绑定完成后，在页面的 Page_Load 事件中调用 Page 类的 DataBind 方法来实现在页面加载时读取数据，代码如下：

```
protected void Page_Load(object sender, EventArgs e)
 {
      Page.DataBind();// 执行绑定数据
 }
```

说明：

绑定变量数据源类似于绑定属性数据源。例如，定义一个公共变量并赋值，在 Page_Load 事件中调用 Page 类的 DataBind 方法，然后在源代码中再进行绑定。

执行程序，运行结果如图 7.1 所示。

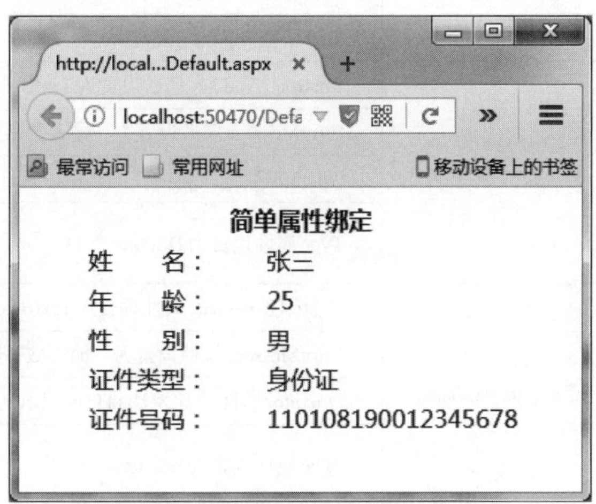

图 7.1　简单属性绑定运行效果图

7.3　表达式绑定

7.3.1　表达式绑定概述

使用表达式绑定数据可以实现自定义格式化数据，例如将两个算数进行加、减、乘、除运算，然后将结果展示在页面上，其语法与“简单属性绑定”相同。同样，执行绑定操作需要调用 Page 类的 DataBind 方法。

7.3.2　表达式绑定的实现方式

表达式绑定的语法与简单属性绑定的方式相同，在绑定表达式时，既可以使用属性来绑定又可以使用变量的方式绑定，当然也可以通过用户 TextBox 中录入的值来进行绑定，因此，在页面中能够访问得到的数据源都可以进行绑定。

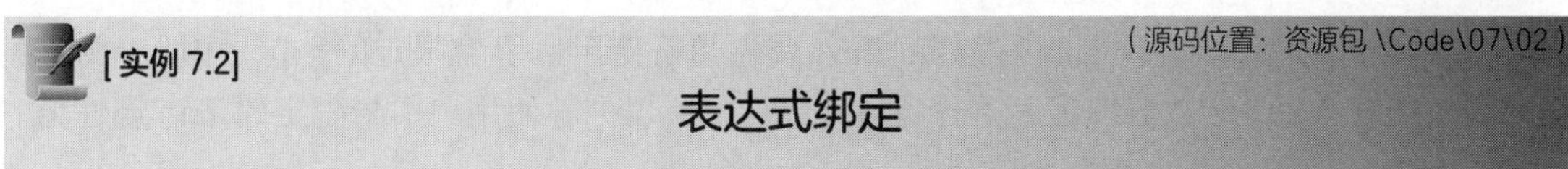

[实例 7.2]　（源码位置：资源包 \Code\07\02）

表达式绑定

本实例将模拟实现一个超市的打价器，通过设置产品的单价并输入产品的重量得到产品的价格，最后再将价格以四舍五入的方式绑定到 Label 控件上。

程序实现的主要步骤为：

① 新建一个网站，默认主页为 Default.aspx，在 Default.aspx 页中添加 2 个 TextBox 控件、1 个 Button 控件、1 个 Label 控件和 2 个 CompareValidator 验证控件，它们的属性设置如表 7.1 所示。

表 7.1　Default.aspx 页面中控件属性设置及其用途

控件类型	控件名称	主要属性设置	用途
标准/TextBox控件	TextBox1	Text属性设置为0	输入默认值
	TextBox2	Text属性设置为0	输入默认值
标准/Button控件	btnOk	Text属性设置为“确定”	将页面提交至服务器
验证/CompareValidator控件	CompareValidator1	ControlToValidate属性设置为TextBox1	需要验证的控件ID
		ErrorMessage属性设置为“输入数字”	显示的错误信息
		Operator属性设置为DataTypeCheck	数据类型比较
		Type属性设置为Double	用于比较的数据类型为Double
	CompareValidator2	ControlToValidate属性设置为TextBox2	需要验证的控件ID
		ErrorMessage属性设置为“输入数字”	显示的错误信息
		Operator属性设置为DataTypeCheck	数据类型比较
		Type属性设置为Integer	用于比较的数据类型为Integer
标准/Label控件	Label1	Text属性设置为0	显示总金额

② 将视图切换到源视图，将表达式绑定到 Label 控件的 Text 属性上，具体代码如下：

```
<div>
   <table align="center">
      <tr><th colspan="2">表达式绑定</th></tr>
      <tr><td width="100" align="center">单价：</td>
          <td><asp:TextBox ID="TextBox1" runat="server" Text="0"></asp:TextBox></td></tr>
      <tr><td align="center">重量：</td>
          <td><asp:TextBox ID="TextBox2" runat="server" Text="0"></asp:TextBox></td></tr>
      <tr><td align="center"><asp:Button ID="Button1" runat="server" Text="计算总价"/></td>
          <td><asp:Label ID="Label1" runat="server" Text='<%#"总金额为："
               +Math.Round(Convert.ToDecimal(TextBox1.Text)
               *Convert.ToInt32(TextBox2.Text),2) %>'></asp:Label></td></tr>
   </table>
   <asp:CompareValidator ID="CompareValidator1" runat="server"
     ErrorMessage="输入数字" Operator="DataTypeCheck"
     Type="Double" ControlToValidate="TextBox1"></asp:CompareValidator>
   <asp:CompareValidator ID="CompareValidator2" runat="server"
     ErrorMessage="输入数字" Operator="DataTypeCheck"
     Type="Integer" ControlToValidate="TextBox2"></asp:CompareValidator>
</div>
```

观察以上代码，会发现 Label 控件的 Text 属性值是使用单引号限定的，这是因为 <%# 数据绑定表达式 %> 中的数据绑定表达式包含双引号，所以推荐使用单引号限定此 Text 属性值。

说明：

① 在 C# 中调用 Convert 类的方法可以实现数据类型的强制转换，即将一个基本数据类型转换为另一个基本数据类型。

② Math.Round 方法用于将结果值精确到两位小数。

③ C# 语言中使用符号“+”拼接字符串。

③ 由于使用了验证控件所以需要添加 jQuery 库，首先在项目上单击鼠标右键，选择“添加”→“新建文件夹”菜单项，将文件夹命名为“scripts”，接着将“jquery-1.10.2.js”

和“jquery-1.10.2.min.js”复制到“scripts”文件夹中。

④ 在项目上单击鼠标右键，选择“添加”→“添加新项”菜单项，在对话框中找到“全局应用程序类”一项，全局应用程序类的文件名称为“Global.asax”，然后单击“添加”按钮，打开 Global.asax 文件，在 Application_Start 方法下定义对“jquery-1.10.2.js”库的引用，具体代码如下：

```
void Application_Start(object sender, EventArgs e)
{
        // 在应用程序启动时运行的代码
        ScriptManager.ScriptResourceMapping.AddDefinition("jquery",new ScriptResourceDefinition
        {
             Path = "~/scripts/jquery-1.10.2.min.js",
             DebugPath = "~/scripts/jquery-1.10.2.js"
        });
}
```

⑤ 在页面的 Page_Load 事件中调用 Page 类的 DataBind 方法执行数据绑定表达式，代码如下：

```
protected void Page_Load(object sender, EventArgs e)
 {
        Page.DataBind();
 }
```

执行程序，实例运行结果如图 7.2 所示。

图 7.2　表达式绑定实例的运行效果图

7.4　集合绑定数据

7.4.1　集合绑定数据概述

有一些服务器控件是可以绑定多条数据记录的，如 DropDownList 控件，因为这些控件只有展示更多数据时才有意义，所以在向这类控件绑定数据时绑定的数据源一定是数据集合类。通常情况下，集合数据源主要包括 ArrayList、List、Hashtabel、DataView、DataReader 等。

7.4.2　集合绑定数据的实现方式

ASP.NET 的多数服务器控件都有一个 DataSource 属性，通过 DataSource 属性可以将控件绑定到数据集合类，然后再通过控件自身的 DataBind 方法来执行绑定操作。

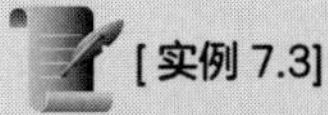

[实例 7.3]　　（源码位置：资源包 \Code\07\03）

将数据集合绑定到 DropDownList 下拉列表

本实例主要实现将 ArrayList 数据集合绑定到 DropDownList 控件并展示在页面上。程序实现的主要步骤为：

① 新建一个网站并创建 Default.aspx 页面，在 Default.aspx 页面中添加 1 个 DropDownList 控件作为显示控件。关键代码如下：

```
<div>
    <asp:DropDownList ID="DropDownList1" runat="server"></asp:DropDownList>
</div>
```

② 在 Default.aspx 页的 Page_Load 事件中定义一个 ArrayList 数据源，然后将数据绑定到显示控件上，最后调用 DataBind 方法执行数据绑定并显示数据。代码如下：

```
protected void Page_Load(object sender, EventArgs e)
 {
        // 定义集合数组，作为数据源
        System.Collections.ArrayList arraylist = new System.Collections.ArrayList();
        arraylist.Add("<-- 请选择 -->");// 向数组集合中添加数据
        arraylist.Add(" 数学 ");
        arraylist.Add(" 语文 ");
        arraylist.Add(" 英语 ");
        arraylist.Add(" 生物 ");
        arraylist.Add(" 化学 ");
        arraylist.Add(" 地理 ");
        arraylist.Add(" 历史 ");
        arraylist.Add(" 体育 ");
        DropDownList1.DataSource = arraylist;// 实现数据绑定
        DropDownList1.DataBind();// 调用 DataBind 方法执行数据绑定
 }
```

注意：

使用 ArrayList 类时，需要引入命名空间 System.Collections。

执行程序，实例运行结果如图 7.3 所示。

图 7.3　集合绑定数据运行效果图

7.5 方法调用结果绑定

7.5.1 方法调用结果绑定概述

在实际项目开发中，会有很多较为复杂的运算逻辑，当然如果放在显示控件中直接去绑定通常是允许的，但这无疑降低了源代码的可读性并增加了后期维护时的难度。那么如果把这些逻辑放到一个方法中，然后在控件中直接调用这个方法，就可以解决这些问题了。

7.5.2 方法调用结果绑定的实现方式

方法调用结果绑定的实现方式在使用时是与属性绑定相同的，这里可以把方法名称理解为属性的名称，而调用方法时可以理解为访问了属性的 get 访问器，所以在调用时使用 <%# 方法名 ()%> 即可，最后同样使用 Page.DataBind 方法执行绑定。

[实例 7.4]

（源码位置：资源包 \Code\07\04）

绑定方法调用的结果

本实例将实现生成两个数间的随机数，通过调用绑定的方法实现在方法内部处理业务逻辑，然后将方法的返回结果值绑定到显示控件上。程序实现的主要步骤为：

① 新建一个网站并创建 Default.aspx 页面，在 Default.aspx 页面中添加 2 个 TextBox 控件、1 个 Button 控件、1 个 Label 控件、2 个 CompareValidator 验证控件和 1 个 RadioButtonList 控件，它们的属性设置如表 7.2 所示。

表 7.2 Default.aspx 页面中控件属性设置及用途

控件类型	控件名称	主要属性设置	用途
标准 /TextBox 控件	txtNum1	Text 属性设置为 0	输入默认值
	txtNum2	Text 属性设置为 0	输入默认值
标准 /RadioButtonList 控件	RadioButtonList1	RepeatDirection 属性设置为 Horizontal	显示“包含”“不包含”
标准 /Button 控件	btnOk	Text 属性设置为“确定”	将页面提交至服务器
验证 /CompareValidator 控件	CompareValidator1	ControlToValidate 属性设置为 txtNum1	需要验证的控件 ID
		ErrorMessage 属性设置为“输入数字”	显示的错误信息
		Operator 属性设置为 DataTypeCheck	数据类型比较
		Type 属性设置为 Double	用于比较的数据类型为 Double
	CompareValidator2	ControlToValidate 属性设置为 txtNum2	需要验证的控件 ID
		ErrorMessage 属性设置为“输入数字”	显示的错误信息
		Operator 属性设置为 DataTypeCheck	数据类型比较
		Type 属性设置为 Double	用于比较的数据类型为 Integer
标准 /Label 控件	Label1		显示运算结果

② 在后台代码中编写求两个数间的随机数的方法，代码如下：

```
public string operation(string VarOperator)
 {
         int num1 = Convert.ToInt32(txtNum1.Text); // 获取下限值
         int num2 = Convert.ToInt32(txtNum2.Text); // 获取上限值
         if (VarOperator == "1")                   // 包含两个限定值
         {
             num2 = num2 + 1;                      // 将上限值加 1
         }
         else                                      // 不包含两个限定值
         {
             num1 = num1 + 1;                      // 将下限值加 1
         }
         Random ram = new Random();                // 生成随机数类
         int result = ram.Next(num1, num2);        // 生成两个数间的随机数
         return result.ToString();                 // 返回结果
 }
```

③ 在“源”视图中，将方法的返回值绑定到 Label 控件的 Text 属性，代码如下：

```
<div>
    <table align="center">
        <tr>
            <th colspan="2"> 绑定方法调用的结果 </th>
        </tr>
        <tr>
            <td width="200" align="center"> 随机数下限: </td>
            <td><asp:TextBox ID="txtNum1" runat="server" Text="0"></asp:TextBox></td>
        </tr>
        <tr>
            <td align="center"> 随机数上限: </td>
            <td><asp:TextBox ID="txtNum2" runat="server" Text="0"></asp:TextBox></td>
        </tr>
        <tr>
            <td align="center"> 是否包含设定上下限: </td>
            <td>
                <asp:RadioButtonList ID="RadioButtonList1"
                 runat="server" RepeatDirection="Horizontal">
                    <asp:ListItem Text=" 包含 " Value="1" Selected="True"></asp:ListItem>
                    <asp:ListItem Text=" 不包含 " Value="0"></asp:ListItem>
                </asp:RadioButtonList>
            </td>
        </tr>
        <tr>
            <td align="center"><asp:Button ID="Button1" runat="server"
                                   Text=" 生成随机数 " /></td>
            <td><asp:Label ID="Label1" runat="server" Text='<%#" 运行结果: "
                 +operation(RadioButtonList1.SelectedValue) %>'></asp:Label></td>
        </tr>
    </table>
    <asp:CompareValidator ID="CompareValidator1" runat="server"
     Operator="DataTypeCheck" Type="Double"
     ErrorMessage=" 输入数字 " ControlToValidate="txtNum1"></asp:CompareValidator>
    <asp:CompareValidator ID="CompareValidator2" runat="server"
     Operator="DataTypeCheck" Type="Double"
     ErrorMessage=" 输入数字 " ControlToValidate="txtNum2"></asp:CompareValidator>
</div>
```

④ 这里使用验证控件，所以需要添加 jQuery 引用。

⑤ 在 Default.aspx 页面的 Page_Load 事件中调用 DataBind 方法执行数据绑定并显示数据，

代码如下：

```
protected void Page_Load(object sender, EventArgs e)
 {
          Page.DataBind();
 }
```

执行程序，实例运行结果如图 7.4 所示。

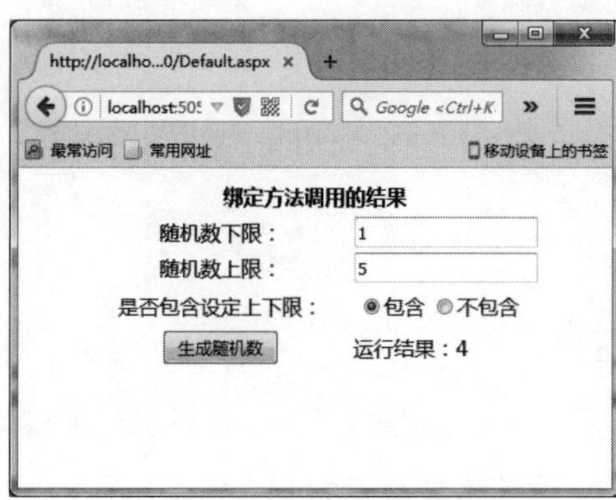

图 7.4　绑定方法调用的结果

本章知识思维导图

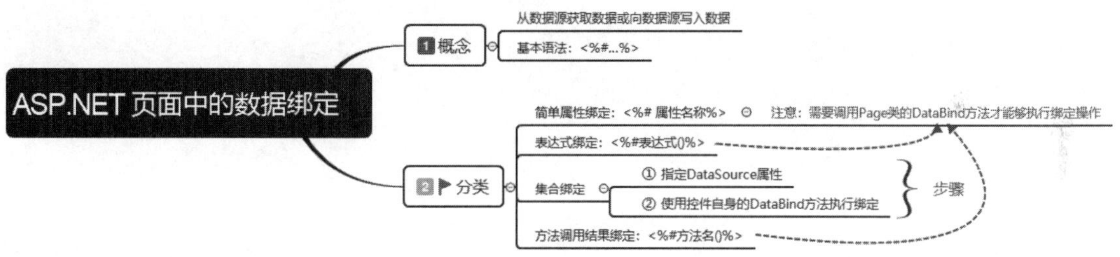

第 8 章

数据库基础

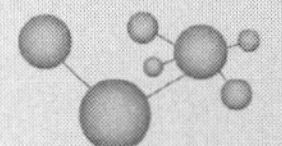

本章学习目标

- 了解数据库的作用。
- 掌握 SQL Server 数据库的下载及安装。
- 掌握数据库及数据表的常见操作。
- 熟练掌握增删改查 SQL 语句的使用方法。

8.1 SQL Server 数据库的下载与安装

8.1.1 数据库简介

数据库是按照数据结构来组织、存储和管理数据的仓库，是存储在一起的相关数据的集合。使用数据库可以减少数据的冗余度，节省数据的存储空间。其具有较高的数据独立性和易扩充性，实现了数据资源的充分共享。计算机系统中只能存储二进制的数据，而数据存在的形式却是多种多样的。数据库可以将多样化的数据转换成二进制的形式，使其能够被计算机识别。同时，可以将存储在数据库中的二进制数据以合理的方式转化为人们可以识别的逻辑数据。

随着数据库技术的发展，为了进一步提高数据库存储数据的高效性和安全性，随之产生了关系型数据库。关系型数据库是由许多数据表组成的，数据表又是由许多条记录组成的，而记录又是由许多的字段组成的，每个字段对应一个对象。根据实际的要求，设置字段的长度、数据类型、是否必须存储数据。

常用的数据库有 SQL Server、MySQL、Oracle、SQLite 等，而 SQL Server 与 C# 由于同属于微软系，因此结合使用的性能更好、更方便。

8.1.2 SQL Server 数据库概述

SQL Server 是由微软公司开发的一个大型的关系数据库系统，它为用户提供了一个安全、可靠、易管理和高端的客户 / 服务器数据库平台。

SQL Server 数据库的中心数据驻留在一个中心计算机上，该计算机被称为服务器。用户通过客户机的应用程序来访问服务器上的数据库，在被允许访问数据库之前，SQL Server 首先对来访问的用户请求做安全验证，只有验证通过后才能够进行处理请求，并将处理的结果返回给客户机应用程序。

SQL Server 是微软推出的数据库服务器工具，从最初的 SQL Server 2000，逐渐发展到如今的 SQL Server 2019，深受广大开发者的喜欢。从 SQL Server 2005 版本开始，SQL Server 数据库的安装与配置过程基本类似。本书以目前最新的 SQL Server 2019 版本为例讲解 SQL Server 数据库的安装与配置过程。

8.1.3 SQL Server 2019 安装必备

安装 SQL Server 2019 之前，首先要了解安装所需的必备条件。检查计算机的软硬件配置是否满足 SQL Server 2019 的安装要求，具体要求如表 8.1 所示。

表 8.1 安装 SQL Server 2019 所需的必备条件

参数	说明
操作系统	Windows 10 TH1 1507或更高版本、Windows Server 2016或更高版本
软件	SQL Server 安装程序需要使用 Microsoft Windows Installer 4.6 或更高版本
处理器	x64 处理器：1.4 GHz，建议使用2.0 GHz或速度更快的处理器
RAM	最小2 GB，建议使用4 GB或更大的内存
可用硬盘空间	至少 6 GB 的可用磁盘空间

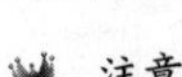

注意：

SQL Server 2019 数据库只支持在 x64 处理器上安装，不支持 x86 处理器。它既可以安装在 32 位操作系统中，也可以安装在 64 位操作系统中，唯一的区别是在 32 位操作系统中有部分功能不支持。建议在 64 位操作系统中安装 SQL Server 2019 数据库。

8.1.4 下载 SQL Server 2019 安装引导文件

安装 SQL Server 2019 数据库，首先需要下载其安装文件。微软官方网站提供了 SQL Server 2019 的安装引导文件，下载步骤如下。

说明：

微软官方网站只提供最新版本的 SQL Server 下载，当前最新版本为 SQL Server 2019，如果后期版本进行更新，可以直接下载使用；另外，本书适用于 SQL Server 2005 及之后的所有版本，包括 2008、2012、2014、2016、2017 等，如果想要下载安装以前版本的 SQL Server 数据库，可以在 https://msdn.itellyou.cn/ 网站中的“服务器”菜单下进行下载。

① 在浏览器中输入 https://www.microsoft.com/zh-cn/sql-server/sql-server-downloads，进入网页后，单击 Developer 下面的“立即下载”按钮，下载安装引导文件，如图 8.1 所示。

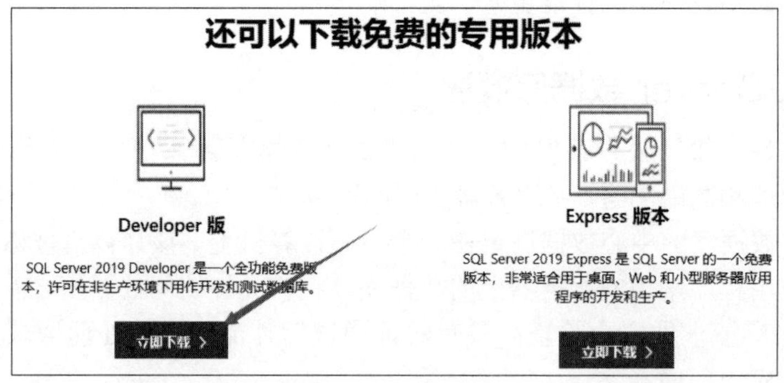

图 8.1 单击 Developer 下面的“立即下载”按钮

② 下载完成的 SQL Server 2019 安装引导文件是一个名称为 SQL2019-SSEI-Dev.exe 的可执行文件。

8.1.5 下载 SQL Server 2019 安装文件

通过安装引导文件下载 SQL Server 2019 的安装文件的步骤如下。

① 双击 SQL2019-SSEI-Dev.exe 文件，进入 SQL Server 2019 的安装界面。该界面中有 3 种安装类型，其中，“基本”和“自定义”都可以直接安装 SQL Server 2019，但这里选择的是第 3 种方式“下载介质”。为什么呢？因为通过这种方式可以将 SQL Server 2019 的安装文件下载到本地，这样，在以后有特殊情况（比如重装系统、SQL Server 2019 数据库损坏等）需要再次安装 SQL Server 2019 时，可直接使用本地存储的安装文件进行安装，如图 8.2 所示。

② 进入指定下载位置窗口，该窗口中，可以选择要下载的安装文件语言，这里选择“中文(简体)”，并选中 ISO 单选按钮，单击“浏览”按钮，选择要保存的位置，然后单击“下载”按钮，如图 8.3 所示。

图 8.2　单击“下载介质”按钮

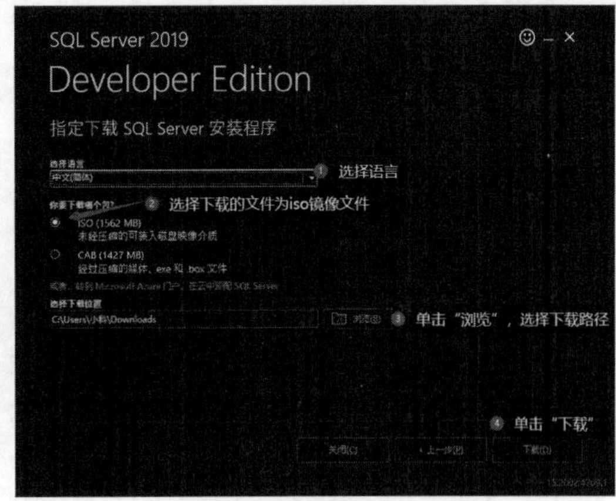

图 8.3　设置安装文件的语言、格式和位置

③ 进入下载窗口，该窗口中显示 SQL Server 2019 安装文件的下载进度，下载进度完成后，即表示 SQL Server 2019 安装文件下载完成了。在设置的路径下可查看下载的安装文件，如图 8.4 所示。

图 8.4　下载的 SQL Server 2019 安装文件

8.1.6　安装 SQL Server 2019 数据库

安装 SQL Server 2019 数据库的步骤如下。

① 使用虚拟光驱软件或者 Windows 10 系统的资源管理器打开 SQL Server 2019 的安装镜像文件（.iso 文件），在 SQL Server 安装中心窗口中选择左侧的“安装”选项，再单击“全新 SQL Server 独立安装或向现有安装添加功能”超链接，如图 8.5 所示。

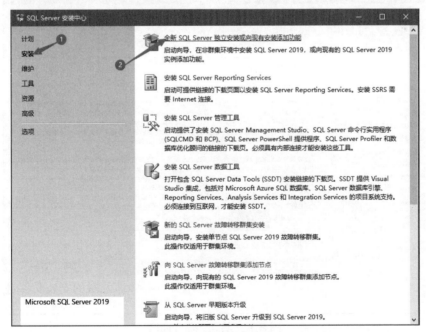

图 8.5　选择安装方式

② 打开“产品密钥”窗口，在该窗口中选中“指定可用版本”单选按钮，在下拉列表

框中选择 Developer 版本，单击“下一步”按钮，如图 8.6 所示。

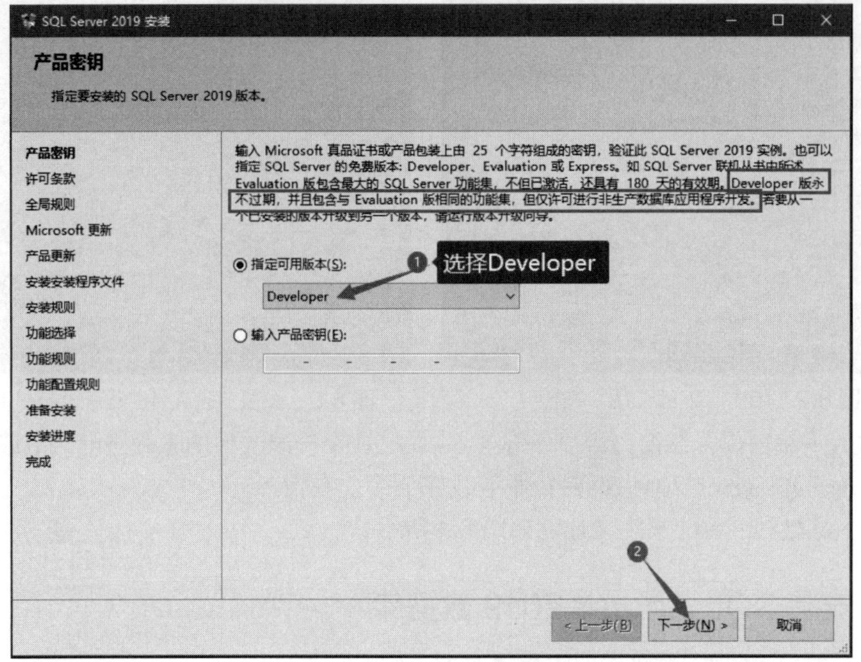

图 8.6 “产品密钥”窗口

③ 进入“许可条款”窗口，如图 8.7 所示，选中“我接受许可条款”复选框，然后单击“下一步”按钮。

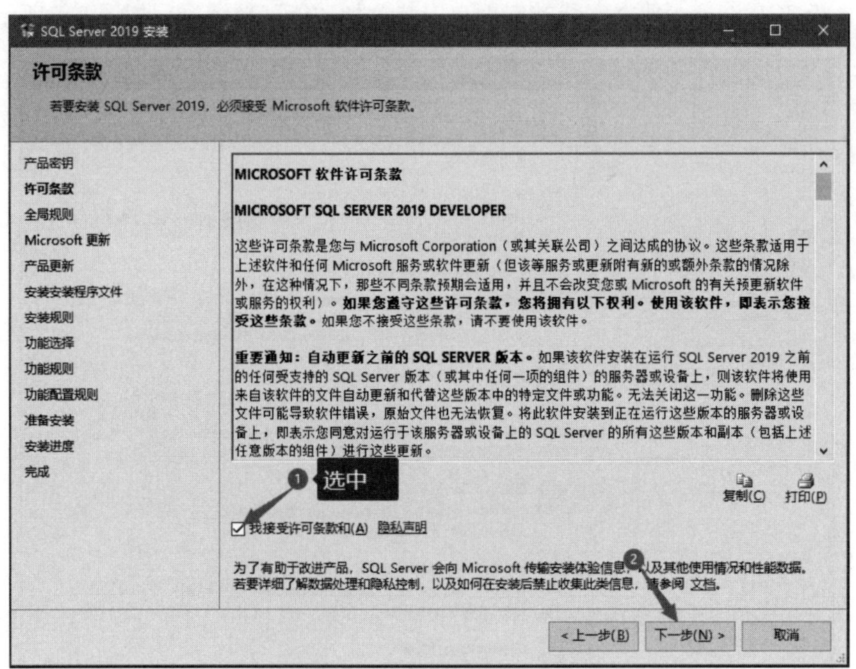

图 8.7 “许可条款”窗口

④ 进入“Microsoft 更新”窗口，该窗口中保持默认设置，然后单击“下一步”按钮。

⑤ 进入“功能选择”窗口，按照如图 8.8 所示选择要安装的功能，并设置好实例根目

录后，单击“下一步”按钮。

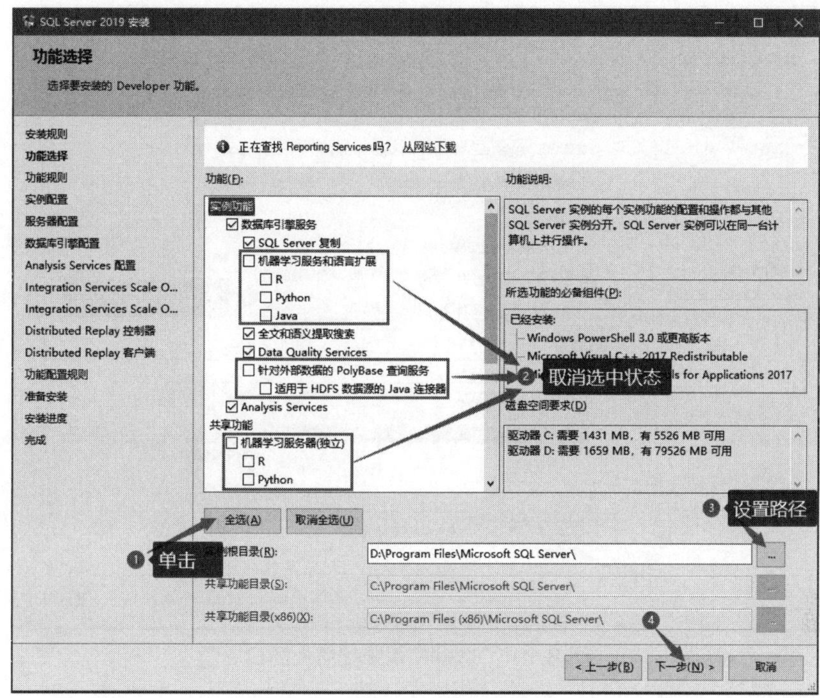

图 8.8 “功能选择”窗口

⑥ 进入“实例配置”窗口，选中“命名实例”单选按钮，然后在其后文本框中添加实例名称，单击“下一步”按钮，如图 8.9 所示。

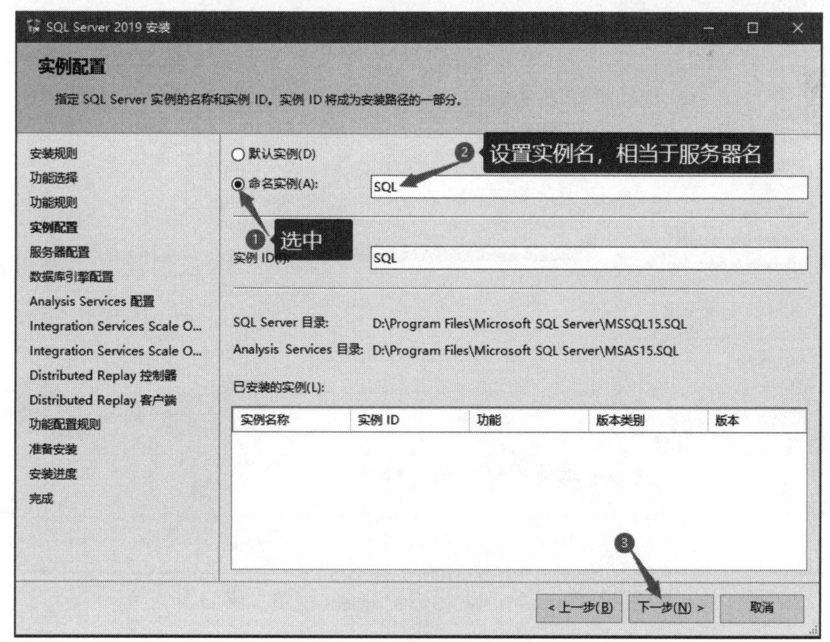

图 8.9 “实例配置”窗口

⑦ 进入“服务器配置”窗口，保持默认不变，单击“下一步”按钮。

⑧ 进入“数据库引擎配置”窗口，该窗口中选择身份验证模式，并输入密码，然后单

击“添加当前用户”按钮，如图 8.10 所示。最后，单击“下一步”按钮。

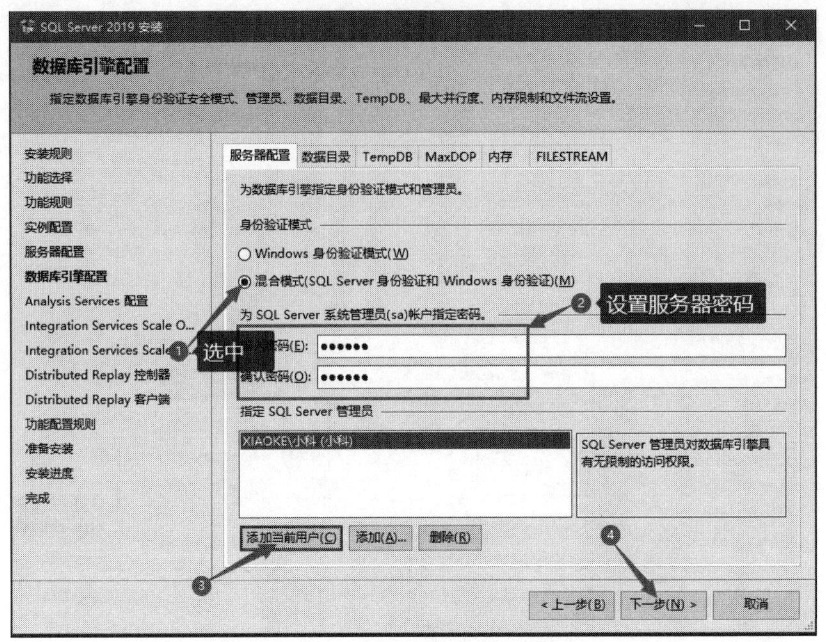

图 8.10 “数据库引擎配置”窗口

⑨ 进入“Analysis Services 配置”窗口，在该窗口中单击“添加当前用户”按钮，然后单击“下一步”按钮，如图 8.11 所示。

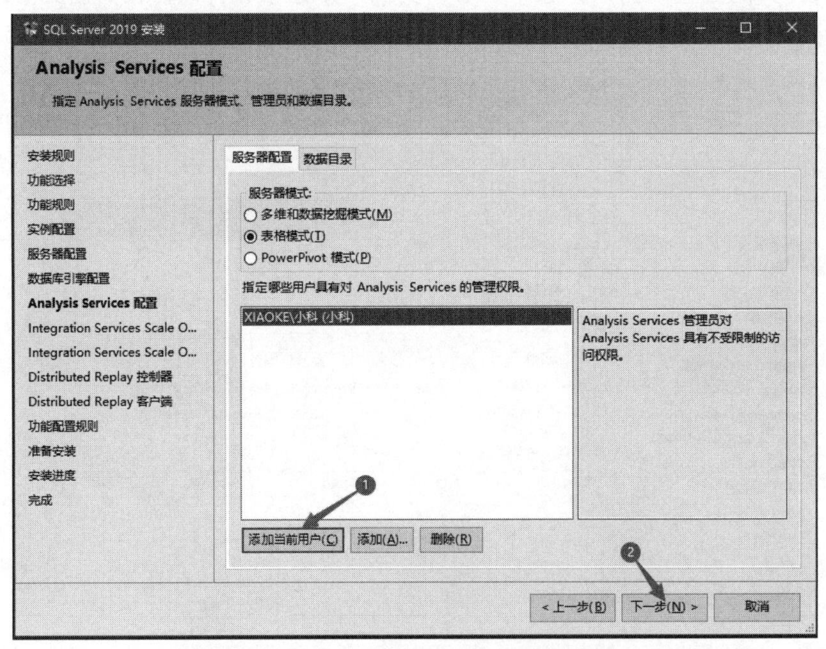

图 8.11 “Analysis Services 配置”窗口

⑩ 进入“Integration Services Scale Out 配置 - 主节点”窗口，该窗口保持默认设置，单击“下一步”按钮。

⑪ 进入“Integration Services Scale Out 配置 - 辅助角色节点”窗口，该窗口保持默认设

置，单击“下一步”按钮。

⑫ 进入“Distributed Replay 控制器”窗口，在该窗口中单击“添加当前用户”按钮，然后单击“下一步”按钮，如图 8.12 所示。

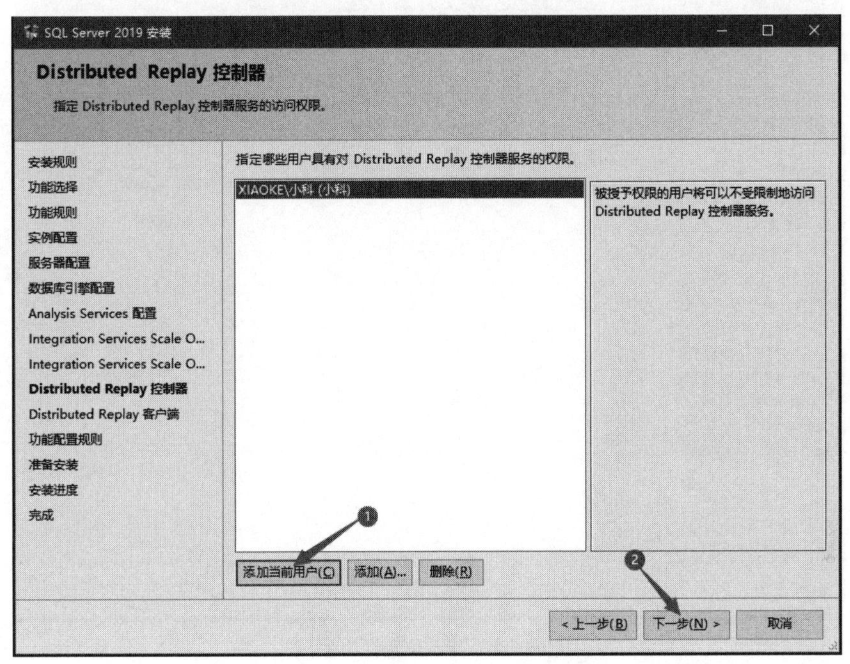

图 8.12 “Distributed Replay 控制器”窗口

⑬ 进入“Distributed Replay 客户端”窗口，该窗口保持默认设置，单击“下一步”按钮。

⑭ 进入“准备安装”窗口，该窗口中显示了即将安装的SQL Server 2019功能。单击“安装”按钮，如图 8.13 所示。

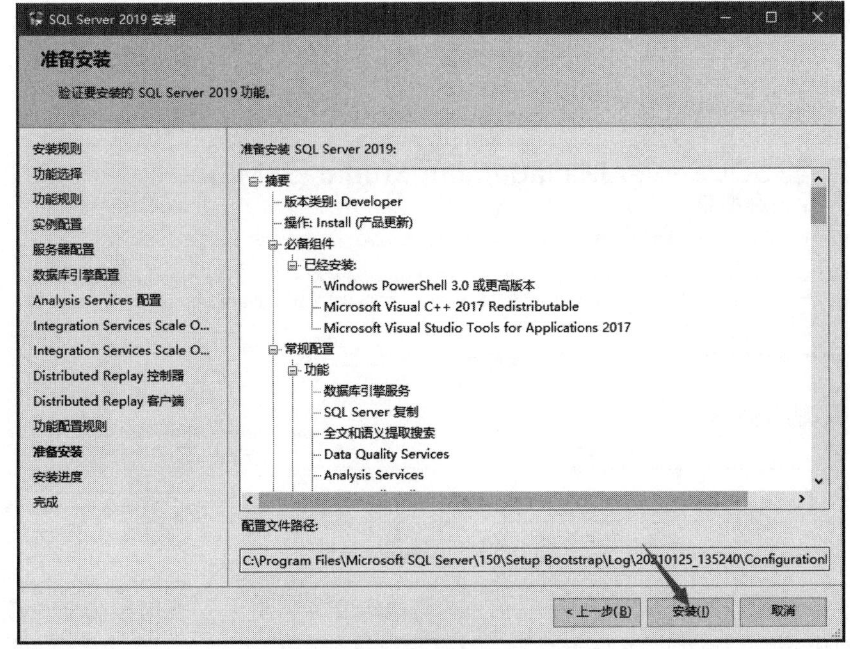

图 8.13 “准备安装”窗口

⑮ 进入“安装进度”窗口，如图 8.14 所示，该窗口中将显示 SQL Server 2019 的安装进度。等待安装完成关闭即可。

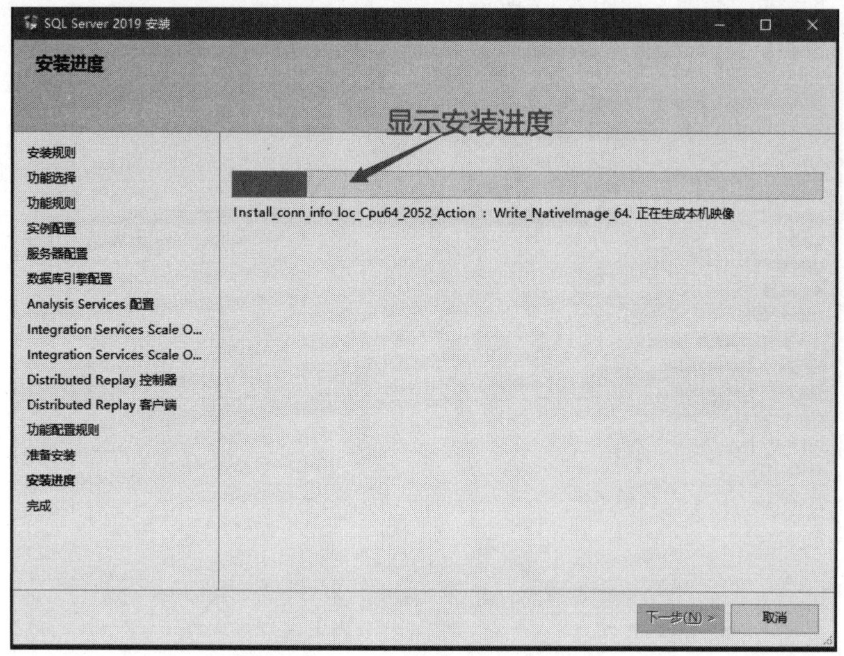

图 8.14 “安装进度”窗口

8.1.7 安装 SQL Server Management Studio 管理工具

安装了 SQL Server 2019 服务器后，要使用可视化工具管理 SQL Server 2019，还需要安装 SQL Server Management Studio 管理工具，步骤如下。

① 在浏览器中输入 https://docs.microsoft.com/zh-cn/sql/ssms/，进入网页后，单击“下载 SQL Server Management Studio (SSMS)”超链接，下载 SQL Server Management Studio 管理工具的安装文件，如图 8.15 所示。

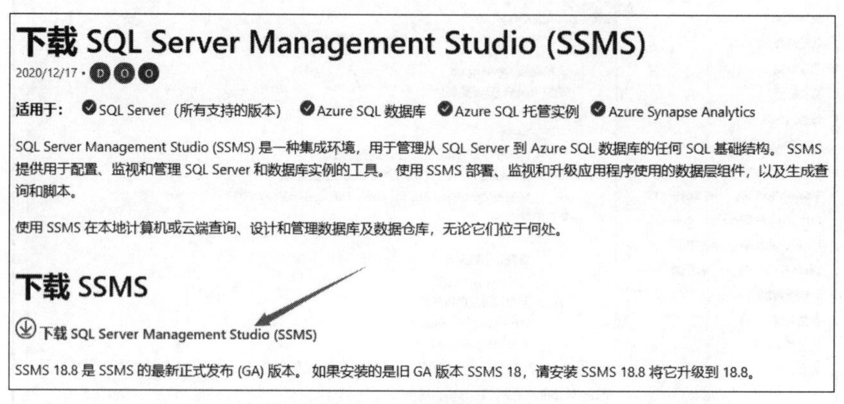

图 8.15 下载安装文件

② 双击下载完成的 SSMS-Setup-CHS.exe 可执行文件，进入安装向导窗口，该窗口中可以设置安装的路径，如图 8.16 所示。

③ 单击“安装”按钮，开始安装并显示安装的进度，如图 8.17 所示，等待安装完成即可。

图 8.16　安装向导窗口

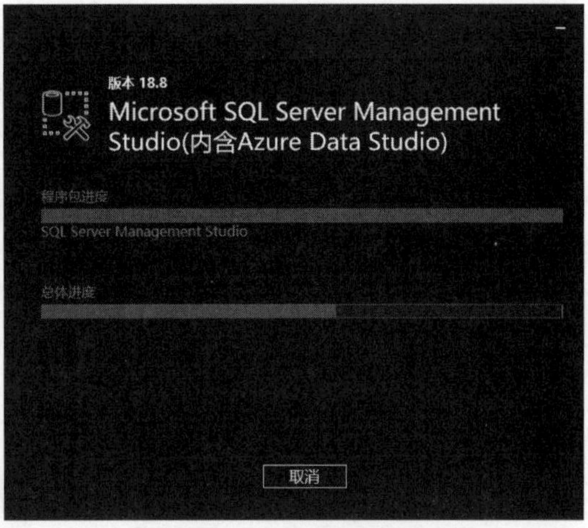

图 8.17　安装进度窗口

说明：

安装完 SQL Server 数据库和管理工具后，系统可能会提示重新启动，按照提示重启系统即可正常使用。

8.1.8　启动 SQL Server 管理工具

安装完成 SQL Server 2019 和 SQL Server Management Studio 后，就可以启动了，具体步骤如下。

① 选择“开始”/Microsoft SQL Server Tools 18/Microsoft SQL Server Management Studio 18 命令，打开“连接到服务器”对话框，如图 8.18 所示。

说明：

服务器名称实际上就是安装 SQL Server 2019 时设置的实例名称。

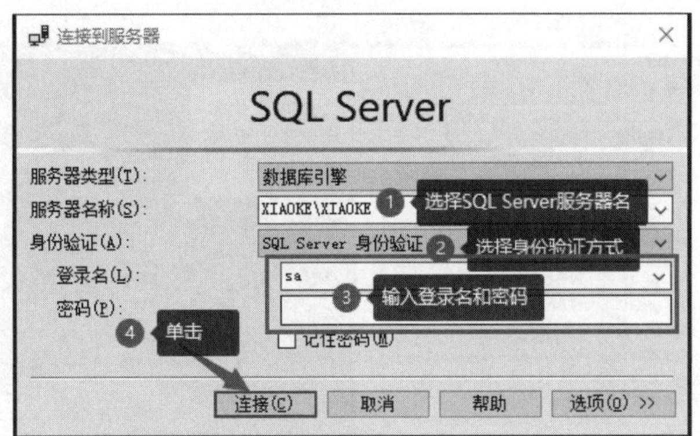

图 8.18　“连接到服务器”对话框

② 在“连接到服务器”对话框中选择服务器名称（通常为默认）和身份验证方式。如果选择的是“Windows 身份验证”，可以直接单击“连接”按钮；如果选择的是“SQL Server 身份验证”，则需要输入安装 SQL Server 2019 数据库时设置的登录名和密码，其中

登录名通常为 sa，密码为用户自己设置。单击“连接”按钮，即可进入 SQL Server 2019 的管理器，如图 8.19 所示。

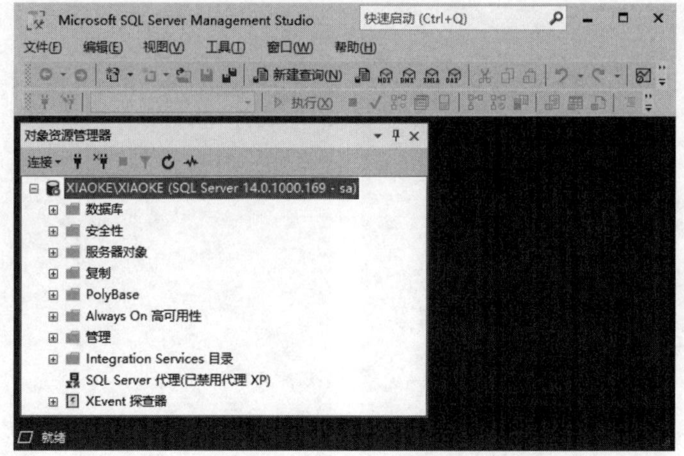

图 8.19　SQL Server 2019 的管理器

8.2　数据库常见操作

8.2.1　创建数据库

使用可视化管理工具是创建 SQL Server 数据库最常使用的方法，其特点是简单、高效。下面将以创建“tb_mrdata”为例，介绍使用可视化管理工具创建数据库的方法。

① 打开 SQL Server 的可视化管理工具，依次逐级展开服务器和数据库节点。

② 右键单击“数据库”项，执行弹出菜单中的“新建数据库”命令，打开“新建数据库”对话框，如图 8.20 所示。

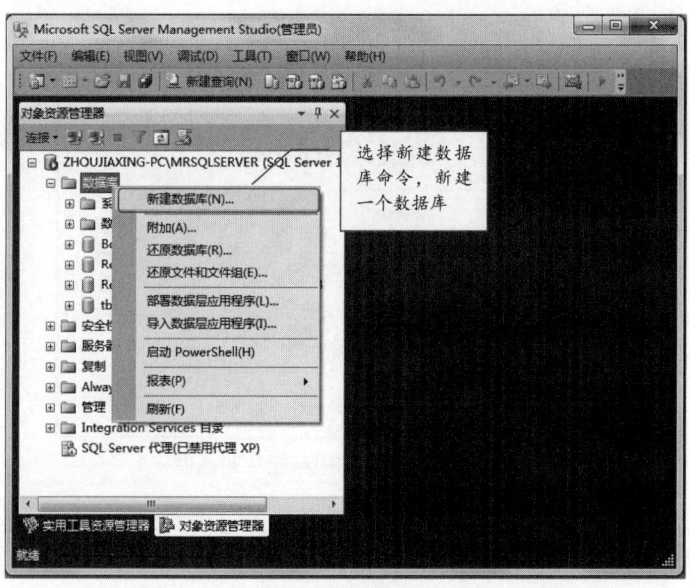

图 8.20　在可视化管理工具中新建数据库

③ 在“新建数据库”对话框选择“常规”选项卡，将需要创建的数据库名称输入到“数据库名称”文本框内，如图 8.21 所示。

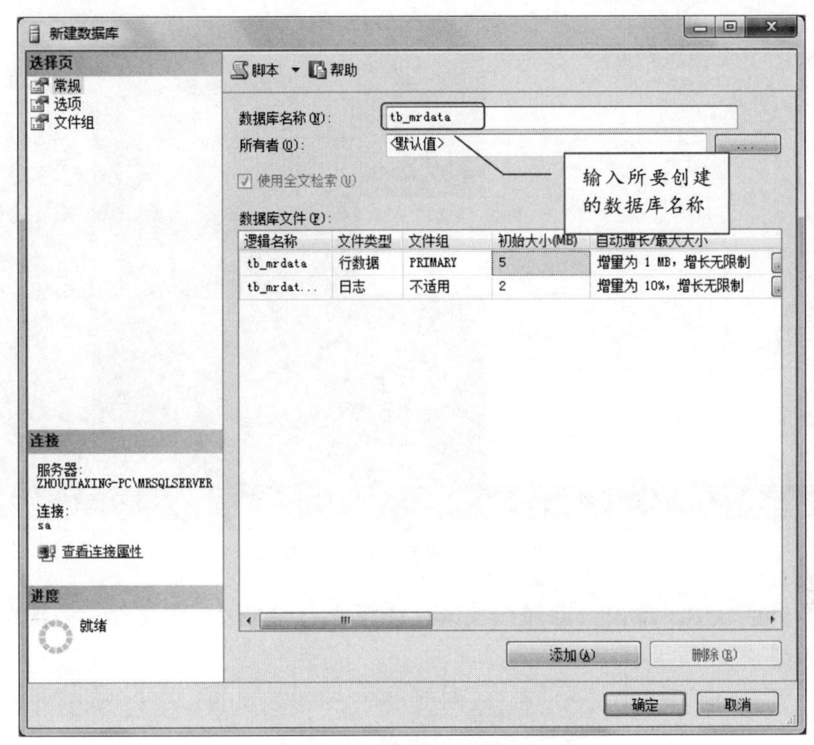

图 8.21 “常规”选项卡界面

④ 单击对话框中的“确定”按钮，完成数据库的创建工作。

8.2.2 删除数据库

当一个数据库已经不再使用时，用户便可删除这个数据库。数据库一旦被删除，它的所有信息，包括文件和数据均会从磁盘上被物理删除掉。

注意：

除非使用了备份，否则被删除的数据库是不可恢复的，所以用户在删除数据库的时候一定要慎重。

使用可视化管理工具删除数据库的方法很简单，其方法如下：

① 打开 SQL Server 可视化管理工具，单击以逐级展开当前服务器下数据库目录中的 tb_mrdata 数据库项。

② 单击右键选择 tb_mrdata 数据库快捷菜单中的“删除”命令，并在确认消息框中选择“确定”按钮，tb_mrdata 数据库即被删除。

8.2.3 附加数据库

通过附加方式可以向服务器中添加数据库，前提是需要存在数据库文件和数据库日志文件。

打开 Microsoft SQL Server Management Studio 管理工具，鼠标右键单击“数据库”选项，将弹出一个快捷菜单，按照如图 8.22 所示进行操作。

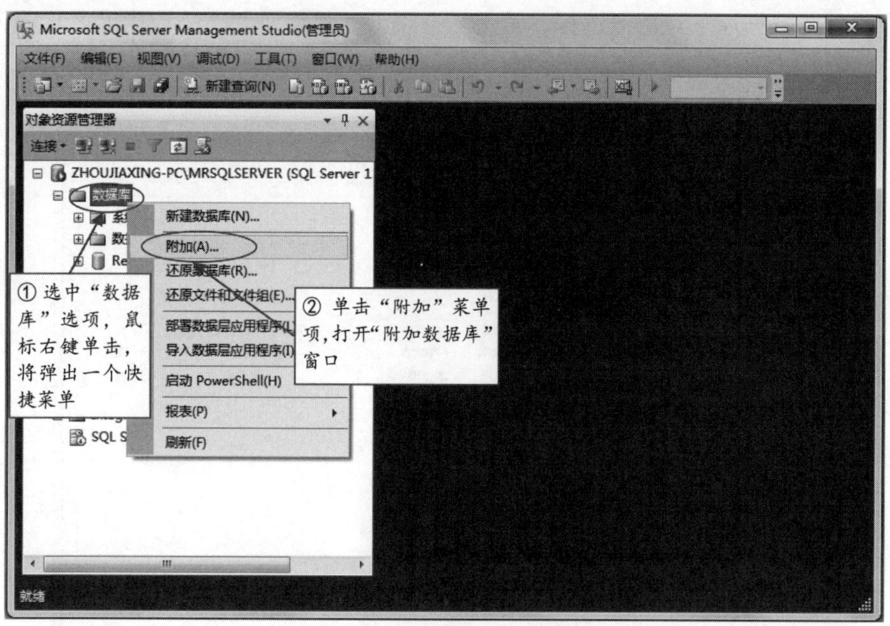

图 8.22　打开附加数据库界面

在弹出的对话框中，单击“添加”按钮，选择要附加的数据库文件，依次单击“确定”按钮即可，如图 8.23 所示。

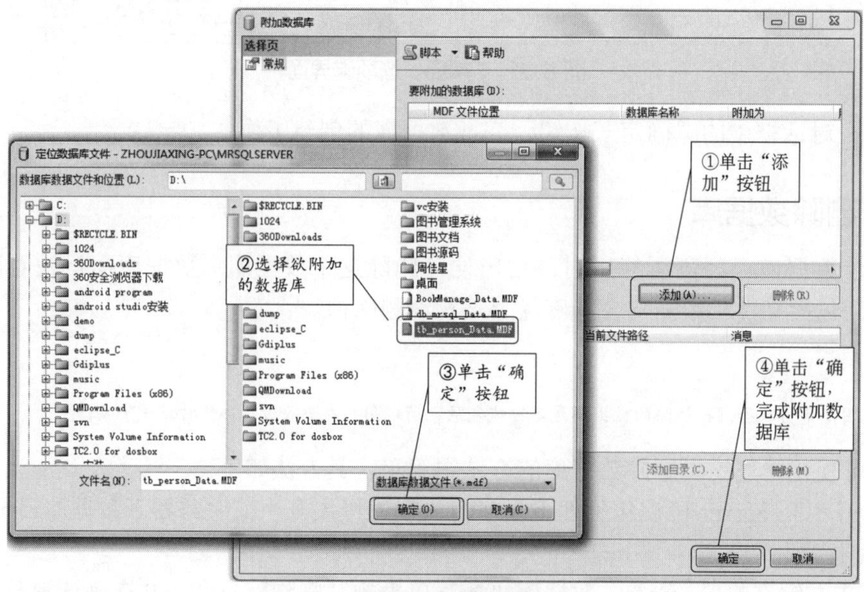

图 8.23　附加数据库

8.2.4　分离数据库

分离数据库是将数据库从服务器中分离出去，但并没有删除数据库，数据库文件依然存在，如果在需要使用数据库时，可以通过附加的方式将数据库附加到服务器中。在 SQL Server 中分离数据库非常简单，方法如下：打开 Microsoft SQL Server Management Studio 管理工具，展开“数据库”节点，选中欲分离的数据库，单击右键，在右键菜单中选择“任务”→“分离”即可，如图 8.24 所示。

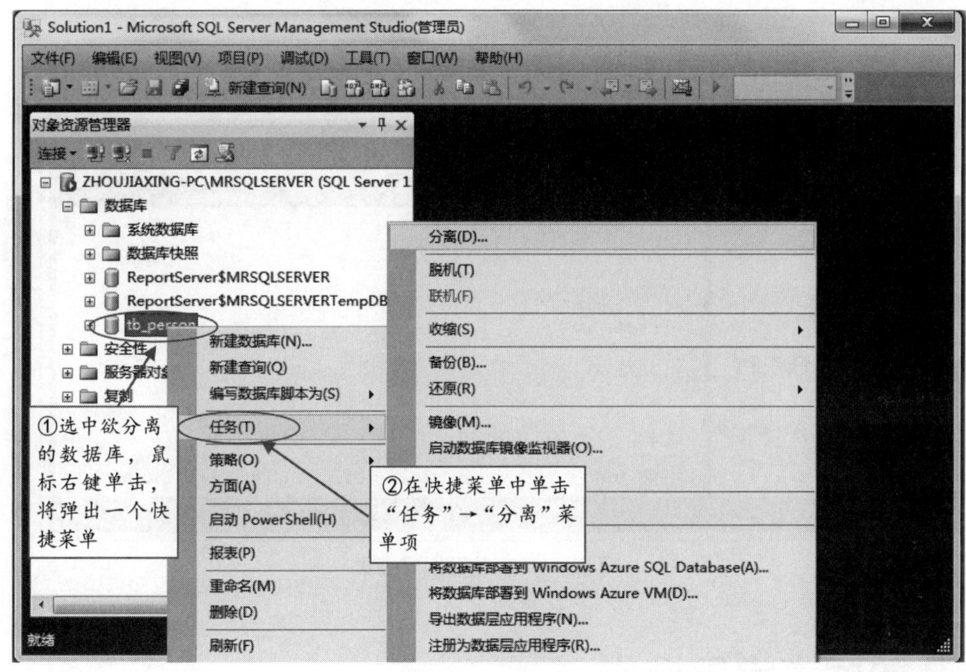

图 8.24　分离数据库

8.2.5　执行 SQL 脚本

在 Microsoft SQL Server Management Studio 管理工具中，选择“文件”→“打开”→“文件”菜单项，打开“打开文件”窗口，如图 8.25 所示。

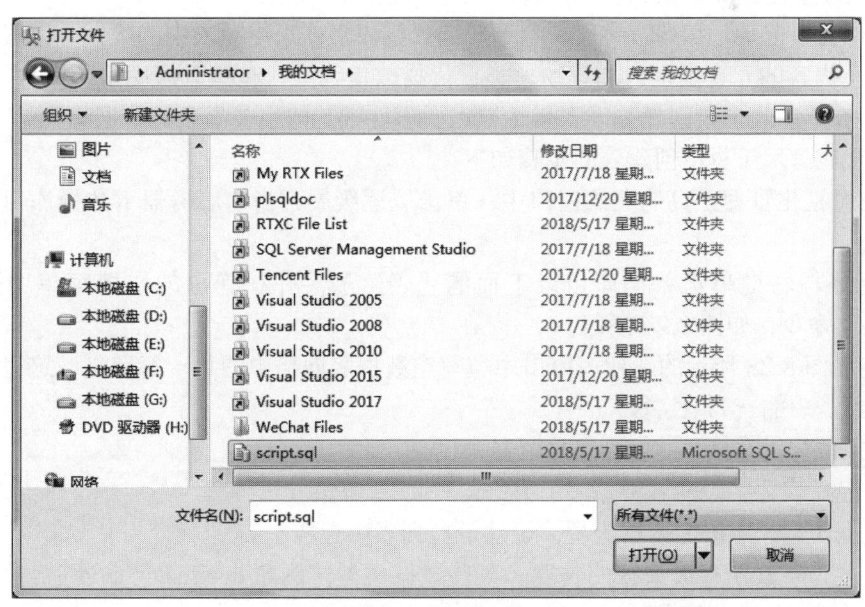

图 8.25　打开脚本文件

在“打开文件”中选择需要执行的脚本（.sql 文件），单击“打开”按钮打开脚本，如图 8.26 所示。在可视化管理工具中单击 执行(X) 按钮或按〈F5〉键执行脚本中的 SQL 语句。

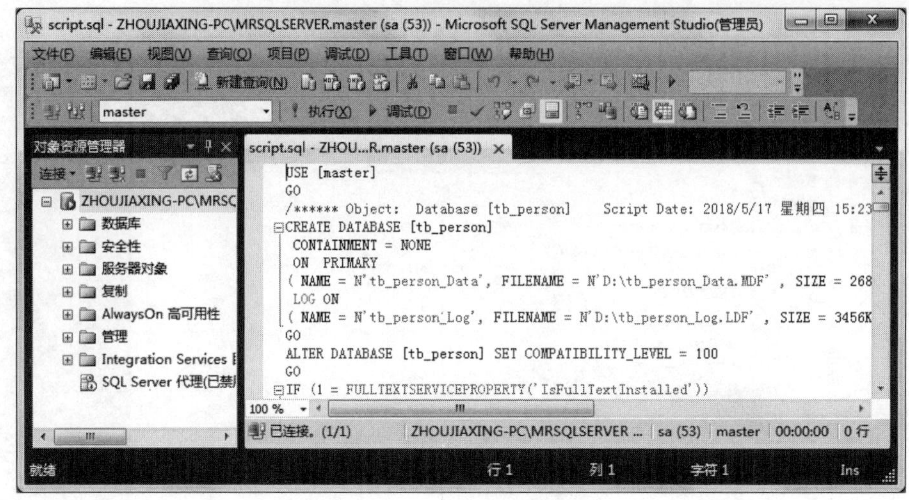

图 8.26 加载数据库脚本

8.3 数据表常见操作

8.3.1 创建数据表

创建完数据库之后，其次的任务就是创建数据表了，在 SQL Server 中，表可以看成是一种关于特定主题的数据集合。

表是以行（记录）和列（字段）所形成的二维表格式来组织表中的数据。字段是表中包含特定信息内容的元素类别，如货物总类、货物数量等。在有些数据库系统中，“字段”往往也被称为“列”。记录则是关于人员、地点、事件或其他相关事项的数据集合。

在可视化管理工具中创建表的步骤如下：

① 在可视化管理工具的左侧窗口中，单击以逐级展开当前服务器下数据库目录中的指定数据库。

② 用鼠标右键单击数据库目录下面的“表”项，并在弹出的快捷菜单中选择“新建”/“表”命令，如图 8.27 所示。

③ 在如图 8.28 所示的新建表窗口中填写空数据表网格中的每一行定义，这里的一行对应着新建数据表的一列（字段）。

新建空数据表网格中的每列名称含义为：

- 列名：表中字段的名称。
- 数据类型：字段的数据类型，可从下拉列表中选取。
- 长度：字段所存放数据的长度。某些数据类型，例如 decimal（十进制实数），可能还需要在对话框的下部定义数据的精度（Precision）。
- 允许空：字段是否允许为空（Null）值。该项的复选框如果被选中（标识为√），则表示允许 Null 值；未被选中则表示不允许为 Null 值。

注意：

行前有▶图标的字段，表示其为当前正在定义的字段，右键此黑三角图标或字段定义网格上的任意位置，选择“设置主键”，可以定义当前字段为表的主键，行前图标变为▶🔑。

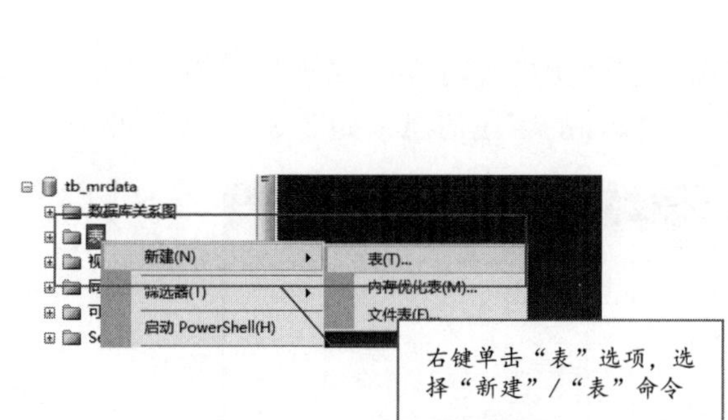

图 8.27　在数据库中新建表

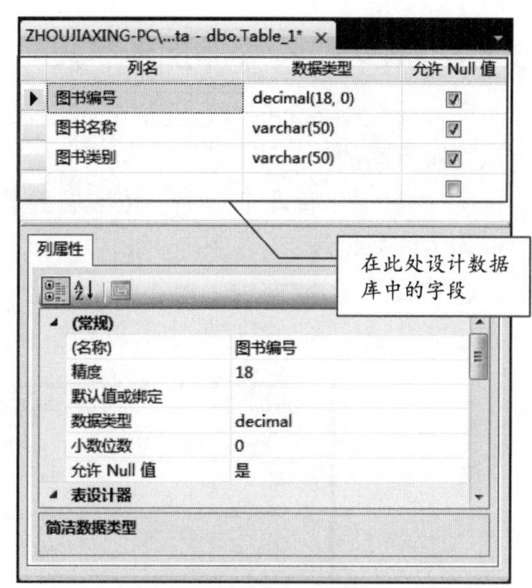

图 8.28　新建表窗口

④ 表的结构定义完毕后，单击💾按钮或者 <Ctrl>+<S> 快捷键保存数据表，输入新建数据表的表名称之后单击“确定”按钮，将保存新建表的结构定义并将新建表添加到 tb_mrdata 数据库中，如图 8.29 所示。

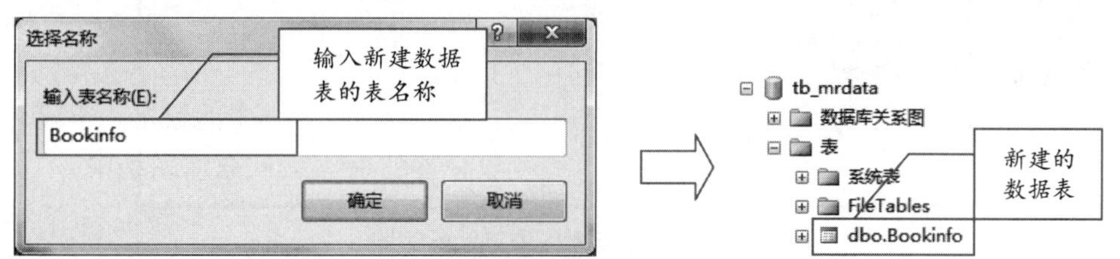

图 8.29　新建成的数据表

8.3.2　删除数据表

如果数据库中的表格已经不需要了，可以在可视化管理工具中进行删除，删除的具体方法如下：

① 在 SQL Server 可视化管理工具中，单击以逐级展开当前服务器下所要删除数据表所在的数据库。

② 选定数据库中的数据表，单击鼠标右键，从弹出的快捷菜单中选择“删除”项就可删除所要删除的数据表。

8.3.3　重命名数据表

当数据表需要更名的时候，可以通过 SQL Server 的可视化管理工具来完成，其具体方法如下：

① 依次展开服务器、数据库节点，然后选中所要修改数据表所在的数据库。

② 单击该数据库，右键单击数据库中的“表”项目，然后在弹出的菜单选项中选择“重命名”菜单项，完成为所选中表更名的操作。

8.3.4 在表结构中添加新字段

在设计数据表的时候，有时候需要在数据表中添加新的字段，在数据表中添加新字段，可以按照下面的步骤来实现：

① 在可视化管理工具中，依次展开服务器、数据库节点，然后选中所要添加新字段的数据库中的数据表。

② 在选中的数据表上单击鼠标右键，然后在弹出的快捷菜单中选择“设计”菜单项，在弹出的“设计表”对话框中可以直接添加所要添加的字段信息，如图 8.30 所示。

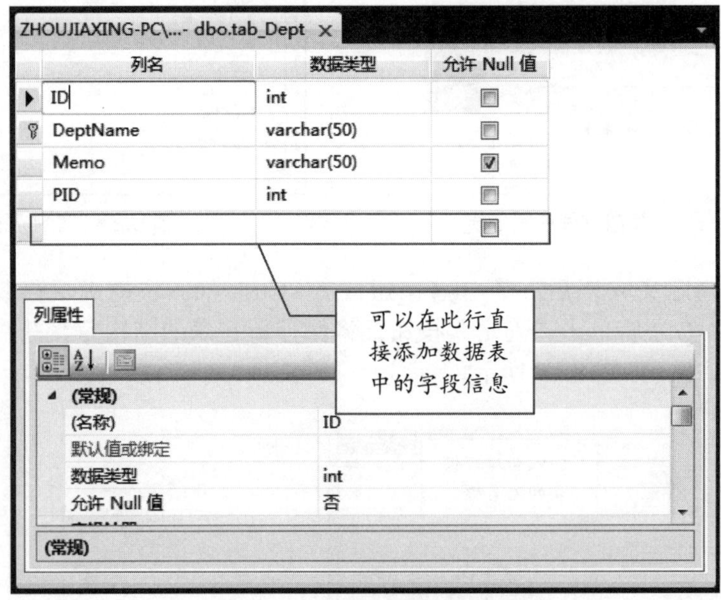

图 8.30 向表中添加新的字段

③ 在添加完信息之后，单击工具栏中的按钮图标，保存改动的信息。

8.3.5 在表结构中删除字段

在设计表对话框中不仅可以添加及修改数据表中字段的信息，还可以删除数据表中字段的信息。

删除数据表中无用字段的步骤如下：

① 在 SQL Server 可视化管理工具中，依次展开服务器、数据库节点，然后选中所要删除字段的数据库中的数据表。

② 在选中的数据表上单击鼠标右键，然后在弹出的快捷菜单中选择“设计”菜单项，在如图 8.31 所示的对话框中选择所要删除的字段信息，然后在该字段上单击鼠标右键选择“删除列”子菜单项即可删除。

③ 在删除完所要删除的字段信息之后，单击工具栏中的按钮图标，保存改动的信息。

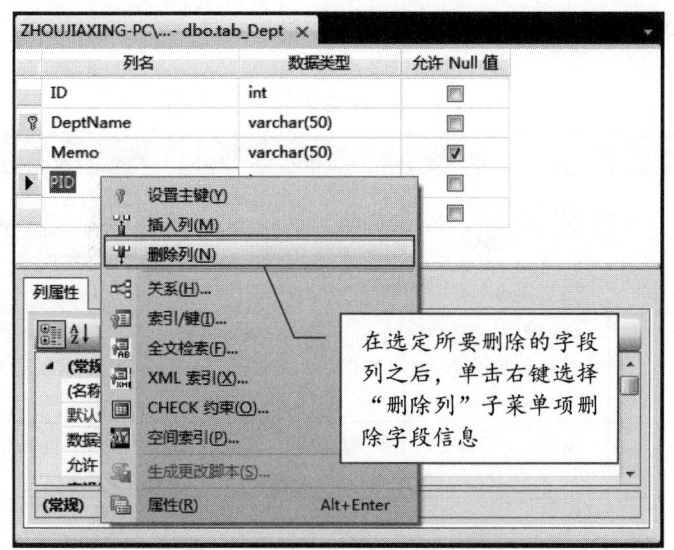

图 8.31　删除数据表中的字段信息

8.4　SQL 语句基础

8.4.1　SQL 语言简介

SQL 是一种数据库查询和程序设计语言，用于存取数据以及查询、更新和管理关系型数据库系统。SQL 的含义是“结构化查询语言（Structured Query Language）”。目前，SQL 语言有两个不同的标准，分别是美国国家标准学会（ANSI）和国际标准化组织（ISO）。SQL 是一种计算机语言，可以用它与数据库交互。SQL 本身不是一个数据库管理系统，也不是一个独立的产品。但 SQL 是数据库管理系统不可缺少的组成部分，它是与 DBMS 通信的一种语言和工具。由于它功能丰富，语言简洁，使用方法灵活，所以备受用户和计算机业界的青睐，被众多计算机公司和软件公司采用。经过多年的发展，SQL 语言已成为关系型数据库的标准语言。

说明：

在编写 SQL 语句时，要注意 SQL 语句中各关键字要以空格来分隔。

8.4.2　简单 SQL 语句的应用

通过 SQL 语句，可以实现对数据库进行查询、插入、更新和删除操作。使用的 SQL 语句分别是 select 语句、insert 语句、update 语句和 delete 语句，下面简单介绍这几种语句。

（1）查询数据

通常使用 select 语句查询数据，select 语句是从数据库中检索数据并查询，并将查询结果以表格的形式返回。基本语法如下：

```
select select_list from table_source [ where search_condition ]
```

语法中的参数说明如表 8.2 所示。

表 8.2　select 语句参数说明

参数	说明
select_list	指定由查询返回的列。它是一个逗号分隔的表达式列表。每个表达式同时定义格式（数据类型和大小）和结果集列的数据来源。每个选择列表表达式通常是对从中获取数据的源表或视图的列的引用，但也可能是其他表达式，例如常量或T-SQL函数。在选择列表中使用 * 表达式指定返回源表中的所有列
from table_source	指定从其中检索行的表。这些来源可能包括基表、视图和链接表。From子句还可包含连接说明，该说明定义了SQL Server用来在表之间进行导航的特定路径。from子句还用在delete和update语句中，以定义要修改的表
where search_conditions	where子句指定用于限制返回的行的搜索条件。where子句还用在delete和update语句中以定义目标表中要修改的行

说明：

SQL 语句中的关键字是不区分大小写的，比如这里讲到的 select 查询语句，我们在编写 SQL 语句时，使用 select、SELECT、Select，或者 SeLeCT 等，效果是一样的，都可以正常执行。

为使读者更好地了解 select 语句的用法，下面举例说明如何使用 select 语句。

例如，数据表 tb_test 中存储了一些商品的信息，使用 select 语句查询数据表 tb_test 中商品的新旧程度为“二手”的数据，代码如下。

```
select * from tb_test where 新旧程度 =' 二手 '
```

查询结果如图 8.32 所示。

	编号	商品名称	商品价格	商品类型	商品产地	新旧程度
1	1	电动自行车	300	交通工具	国产	全新
2	2	手机	1300	家电	国产	二手
3	3	电脑	9000	家电	国产	二手
4	4	背包	350	服饰	国产	全新
5	5	MP4	299	家电	国产	全新
6	6	电视机	1350	家电	国产	全新

〈查询之前的所有商品信息〉

	编号	商品名称	商品价格	商品类型	商品产地	新旧程度
1	2	手机	1300	家电	国产	二手
2	3	电脑	9000	家电	国产	二手

〈查询新旧程度是“二手”的商品信息〉

图 8.32　select 语句查询数据

说明：

如果想要在数据库中查找空值，那么其条件必须为 where 字段名 ='' or 字段名 =null。

（2）添加数据

在 SQL 语句中，使用 insert 语句向数据表中添加数据。

语法如下：

```
insert[into] {table_name} [(column_list)] values ([,..n])
```

语法中的参数说明如表 8.3 所示。

表 8.3　insert 语句参数说明

参数	说明
into	一个可选的关键字，可以将它用在 insert 和目标表之前
table_name	将要接收数据的表或 table 变量的名称
column_list	要在其中插入数据的一列或多列的列表。必须用圆括号将 clumn_list 括起来，并且用逗号进行分隔
values	引入要插入的数据值的列表。对于 column_list（如果已指定）中或者表中的每个列，都必须有一个数据值。必须用圆括号将值列表括起来。如果 value 列表中的值、表中的值与表中列的顺序不相同，或者未包含表中所有列的值，那么必须使用 column_list 明确地指定存储每个传入值的列
[,..n]	与 column_list 对应的列的值

注意：

用户在使用 insert 语句添加数据时，必须注意以下几点：
① 插入项的顺序和数据类型必须与表或视图中列的顺序和数据类型相对应。
② 如果表中某列定义为不允许 NULL，则插入数据时，该列必须存在合法值。
③ 如果某列是字符型或日期型数据类型，则插入的数据应该加上单引号。

例如，使用 insert 语句，向数据表 tb_test 中添加一条新的商品信息，代码如下。

```
insert into tb_test(商品名称,商品价格,商品类型,商品产地,新旧程度) values('洗衣机',890,'家电','进口','全新')
```

运行结果如图 8.33 所示。

	编号	商品名称	商品价格	商品类型	商品产地	新旧程度
1	1	电动自行车	300	交通工具	国产	全新
2	2	手机	1300	家电	国产	二手
3	3	电脑	9000	家电	国产	二手
4	4	背包	350	服饰	国产	全新
5	5	MP4	299	家电	国产	全新
6	6	电视机	1350	家电	国产	全新

<添加新数据之前的商品信息>

	编号	商品名称	商品价格	商品类型	商品产地	新旧程度
1	1	电动自行车	300	交通工具	国产	全新
2	2	手机	1300	家电	国产	二手
3	3	电脑	9000	家电	国产	二手
4	4	背包	350	服饰	国产	全新
5	5	MP4	299	家电	国产	全新
6	6	电视机	1350	家电	国产	全新
7	9	洗衣机	890	家电	进口	全新

<添加新数据的商品信息>

图 8.33　insert 语句添加数据

（3）更新数据

使用 update 语句更新数据，可以修改一个列或者几个列中的值，但一次只能修改一个表。语法如下：

```
update table_name set column_name={expression} [where <search_condition>]
```

语法中的参数说明如表 8.4 所示。

表 8.4　update 语句参数说明

参数	说明
table_name	需要更新的表的名称
set	指定要更新的列或变量名称的列表
column_name	含有要更改数据的列的名称
expression	变量、字面值、表达式
where	指定条件来限定所更新的行
<search_condition>	为要更新行指定需满足的条件

例如，使用 update 语句更新数据表 tb_test 中洗衣机的商品价格，代码如下。

```
update tb_test set 商品价格 =1500 where 商品名称 =' 洗衣机 '
```

运行结果如图 8.34 所示。

	编号	商品名称	商品价格	商品类型	商品产地	新旧程度
1	1	电动自行车	300	交通工具	国产	全新
2	2	手机	1300	家电	国产	二手
3	3	电脑	9000	家电	国产	二手
4	4	背包	350	服饰	国产	全新
5	5	MP4	299	家电	国产	全新
6	6	电视机	1350	家电	国产	全新
7	9	洗衣机	890	家电	进口	全新

〈更新数据之前的商品信息〉

	编号	商品名称	商品价格	商品类型	商品产地	新旧程度
1	1	电动自行车	300	交通工具	国产	全新
2	2	手机	1300	家电	国产	二手
3	3	电脑	9000	家电	国产	二手
4	4	背包	350	服饰	国产	全新
5	5	MP4	299	家电	国产	全新
6	6	电视机	1350	家电	国产	全新
7	9	洗衣机	1500	家电	进口	全新

〈将洗衣机的商品价格更新为1500〉

图 8.34　更新商品信息

（4）删除数据

使用 delete 语句删除数据，可以使用一个单一的 delete 语句删除一行或多行。当表中没有行满足 where 子句中指定的条件时，就没有行会被删除，也没有错误产生。

语法如下：

```
delete [ from ] table_name [ where {< search_condition >]
```

语法中的参数说明如表 8.5 所示。

表 8.5　delete 语句参数说明

参数	说明
from	可选，指定从哪个表删除数据
table_name	需要从中删除数据的表的名称
where	指定条件来限定所删除的行
<search_condition>	为要删除行指定需满足的条件

例如，删除数据表 tb_test 中商品名称为“洗衣机”，并且商品产地是“进口”的商品信息，代码如下。

```
delete from tb_test where 商品名称 =' 洗衣机 ' and 商品产地 =' 进口 '
```

运行结果如图 8.35 所示。

	编号	商品名称	商品价格	商品类型	商品产地	新旧程度
1	1	电动自行车	300	交通工具	国产	全新
2	2	手机	1300	家电	国产	二手
3	3	电脑	9000	家电	国产	二手
4	4	背包	350	服饰	国产	全新
5	5	MP4	299	家电	国产	全新
6	6	电视机	1350	家电	国产	全新
7	8	洗衣机	890	家电	进口	全新

<删除数据之前>

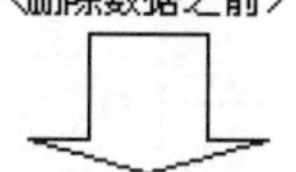

	编号	商品名称	商品价格	商品类型	商品产地	新旧程度
1	1	电动自行车	300	交通工具	国产	全新
2	2	手机	1300	家电	国产	二手
3	3	电脑	9000	家电	国产	二手
4	4	背包	350	服饰	国产	全新
5	5	MP4	299	家电	国产	全新
6	6	电视机	1350	家电	国产	全新

<删除数据之后>

图 8.35　delete 语句删除数据

本章知识思维导图

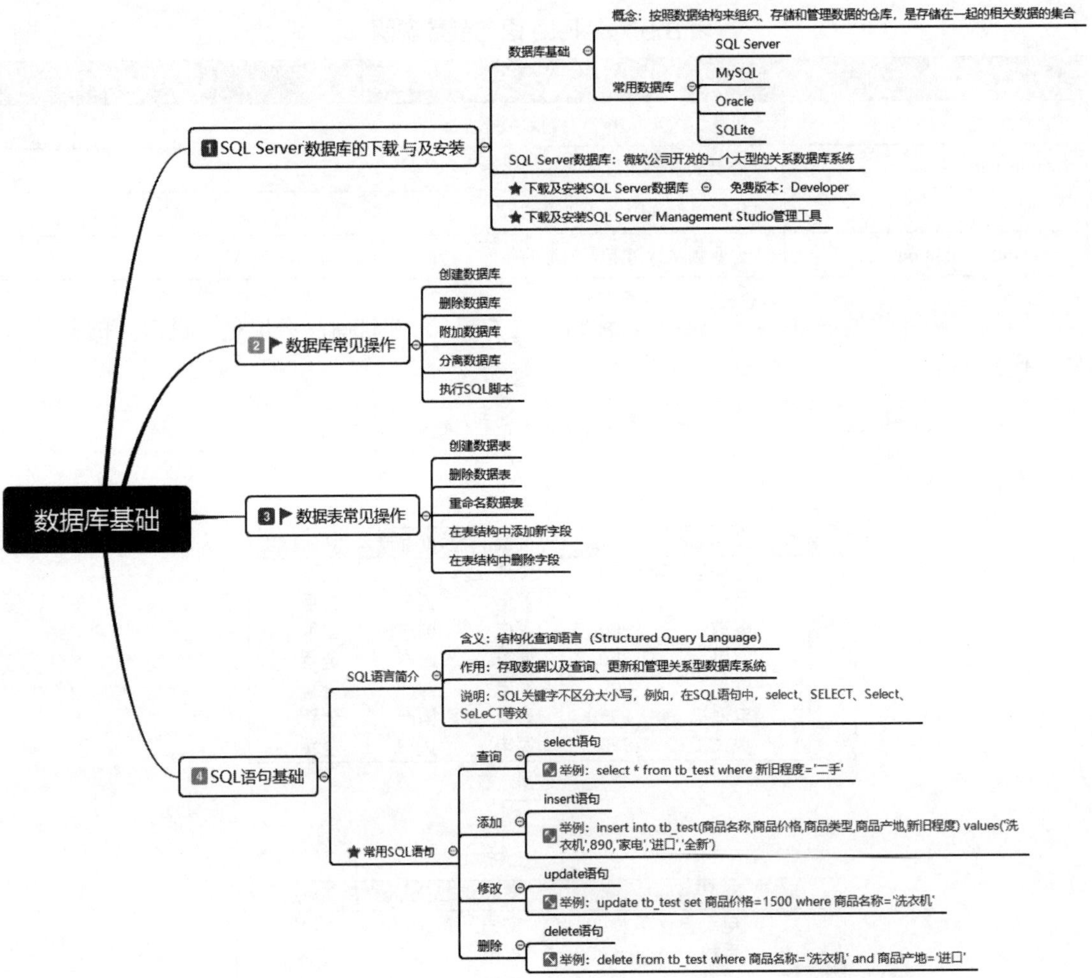

- 数据库基础
  - 1 SQL Server数据库的下载与及安装
    - 数据库基础
      - 概念：按照数据结构来组织、存储和管理数据的仓库，是存储在一起的相关数据的集合
      - 常用数据库
        - SQL Server
        - MySQL
        - Oracle
        - SQLite
    - SQL Server数据库：微软公司开发的一个大型的关系数据库系统
    - ★ 下载及安装SQL Server数据库
      - 免费版本：Developer
    - ★ 下载及安装SQL Server Management Studio管理工具
  - 2 数据库常见操作
    - 创建数据库
    - 删除数据库
    - 附加数据库
    - 分离数据库
    - 执行SQL脚本
  - 3 数据表常见操作
    - 创建数据表
    - 删除数据表
    - 重命名数据表
    - 在表结构中添加新字段
    - 在表结构中删除字段
  - 4 SQL语句基础
    - SQL语言简介
      - 含义：结构化查询语言（Structured Query Language）
      - 作用：存取数据以及查询、更新和管理关系型数据库系统
      - 说明：SQL关键字不区分大小写，例如，在SQL语句中，select、SELECT、Select、SeLeCT等效
    - ★ 常用SQL语句
      - 查询
        - select语句
        - 举例：select * from tb_test where 新旧程度='二手'
      - 添加
        - insert语句
        - 举例：insert into tb_test(商品名称,商品价格,商品类型,商品产地,新旧程度) values('洗衣机',890,'家电','进口','全新')
      - 修改
        - update语句
        - 举例：update tb_test set 商品价格=1500 where 商品名称='洗衣机'
      - 删除
        - delete语句
        - 举例：delete from tb_test where 商品名称='洗衣机' and 商品产地='进口'

第 9 章

使用 ADO.NET 操作数据库

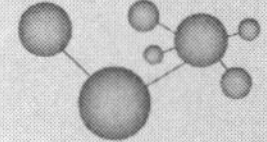

本章学习目标

- 了解 ADO.NET 的基本概念及模型。
- 熟练掌握如何使用ADO.NET技术操作数据库。
- 熟练掌握如何在 ADO.NET 中调用存储过程。
- 掌握事务处理在 ASP.NET 中的应用。
- 熟悉 DataSet 与 DataReader 的区别。

9.1 ADO.NET 简介

ADO.NET 的全称为“ActiveX Data Objects”，它提供对 Microsoft SQL Server 数据源以及 OLEDB 和 XML 数据源的一致性访问，通常情况下数据源就是数据库，但它同样也可以是文本文件、Excel 表格或者 XML 文件。

ADO.NET 组件包含用于连接到数据库、执行命令和检索结果等相关类库，开发人员可以通过配置与数据源的连接然后发送执行的命令语句，最后得到执行的结果。当需要检索数据时，可以通过 ADO.NET 中不同的类库对象选择不同的数据接收方式，并可以直接处理检索到的结果，或将检索到的结果放入 ADO.NET DataSet（DataSet 是 ADO.NET 中的一个对象，用于存储内存中的表）对象中，以便与来自多个数据源的数据或在层之间进行远程处理的数据组合在一起，以特殊方式向用户公开。ADO.NET DataSet 对象可以独立于 .NET Framework 数据提供程序使用，用来管理应用程序本地的数据或来自 XML 的数据。.NET Framework 数据提供程序用于连接数据库、执行命令和检索结果，它与 DataSet 对象间的关系如图 9.1 所示。

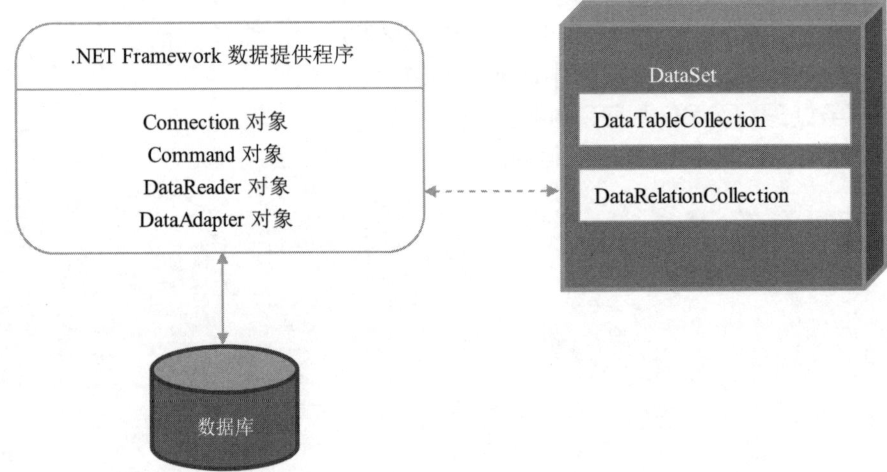

图 9.1　.NET Framework 数据提供程序与 DataSet 间的关系

ADO.NET 主要包括 Connection、Command、DataReader、DataSet 和 DataAdapter 对象，下面分别进行介绍。

- Connection 对象：主要提供与数据库的连接功能。
- Command 对象：用于执行数据库命令语句、返回数据、修改数据、运行存储过程等。
- DataReader 对象：通过 Command 对象提供从数据库检索信息的功能。DataReader 对象以只读的、向前的、快速的方式访问数据库。
- DataSet 对象：是 ADO.NET 的中心概念，它是支持 ADO.NET 断开式、分布式数据方案的核心对象。DataSet 对象是一个数据库容器，可以把它当作是存在于内存中的数据库。DataSet 是数据的内存驻留表示形式，无论数据源是什么，而且 DataSet 还会提供一致的关系编程模型；它可以用于多种不同的数据源，如用于访问 XML 数据或用于管理本地应用程序的数据。
- DataAdapter 对象：是连接 DataSet 对象和数据源的桥梁。它使用 Command 对象在数据源中执行 SQL 命令，以便将数据加载到 DataSet 中，并确保 DataSet 中数据的更改与数据源保持一致。

注意：
DataSet 是可以独立于 .NET Framework 数据提供程序进行使用的，如通过 DataSet 处理 XML 数据等。

9.2 使用 Connection 对象连接数据库

在 ADO.NET 对象模型中，Connection 对象代表了与数据源之间的连接，当连接到数据源时，首先选择一个 .NET 数据提供程序，数据提供程序包含一些操作类，使用这些类可以连接不同的数据源，并可以高效地读取数据、修改数据、操纵数据以及更新数据源。微软公司提供了以下 4 种数据提供程序的连接对象。

- SQL Server .NET 数据提供程序的 SqlConnection 连接对象
- OLE DB .NET 数据提供程序的 OleDbConnection 连接对象
- ODBC .NET 数据提供程序的 OdbcConnection 连接对象
- Oracle .NET 数据提供程序的 OracleConnection 连接对象

在这 4 个连接对象中最常用的是 SqlConnection 对象与 OleDbConnection 对象，因为在使用 C# 语言开发的项目中与之最匹配的还是 SQLServer 数据库。而且通过 OleDbConnection 对象可以对其他类型的数据源进行连接，所以接下来主要讲解 SqlConnection 与 OleDbConnection 连接对象的具体使用方法，而 OdbcConnection 和 OracleConnection 对象的使用方式与前两者大致相同，因为它们都属于 Connection 对象。

9.2.1 Connection 四大连接对象的数据源连接管理范围

在动态网站中，数据都是需要进行持久化存储的，而在不同业务类型的网站中也会用到不同的数据源来存储数据，这里包含主流的数据库、XML 文件、文本文件，以及 Microsoft Office 软件中的 Access、Excel 等。那么对于这些多样化的数据源怎么才能够进行统一管理呢？ Connection 对象提供了 4 个连接数据库对象，每个对象分别实现不同的数据源管理，所以可以利用它们对数据源来进行统一管理。下面列出了 4 个对象适用的数据源连接管理范围。

- SqlConnection 对象：是专为连接到 SQL Server 数据库而设计的，所以在使用 SQL Server 数据库时，首选的应该是 SqlConnection 对象。
- OleDbConnection 对象：通过指定的数据源支持组件可以连接到任何数据库或文件，常用的有 Access、Excel 等。
- OdbcConnection 对象：支持任何在 Windows 中配置好的 ODBC 连接，包括 SQL Server、Sybase、Oracle 数据库等。
- OracleConnection 对象：是专为连接到 Oracle 数据库而设计的。

9.2.2 数据库连接字符串

为了让连接对象知道将要访问的数据库文件在哪里，用户必须将这些信息用一个字符串加以描述。数据库连接字符串中需要提供的必要信息包括服务器名、数据库名称和数据库的身份验证方式（Windows 集成身份验证或 SQL Server 身份验证），另外，还可以指定其他信息（诸如连接超时等）。

数据库连接字符串常用的参数及说明如表 9.1 所示。

表 9.1　数据库连接字符串常用的参数及说明

参数	说明
Provider	设置或返回连接提供程序的名称，仅用于OleDbConnection对象
Connection Timeout	在终止尝试并产生异常前，等待连接到服务器的连接时间长度（以秒为单位）。默认15s
Initial Catalog或Database	数据库的名称
Data Source或Server	连接打开时使用的SQL Server服务签名，或者是Access数据库的文件名
Password或pwd	SQL Server账户的登录密码
User ID或uid	SQL Server登录账户
Integrated Security	此参数决定连接是否是安全连接。可能的值有True、False和SSPI（SSPI是True的同义词）

说明：

表 9.1 中列出的数据库连接字符串中的参数不区分大小写，比如：uid、UID、Uid、uID、uId 表示的都是登录账户，它们在使用上没有任何分别。

下面介绍使用 C# 连接各种数据库的代码。

- 连接 SQL Server 数据库：

```
SqlConnection con = new SqlConnection("Server=XIAOKE;uid=sa;pwd=;database=db");
```

- 连接 Windows 身份验证的 SQL Server 数据库：

```
SqlConnection con = new SqlConnection("Server=XIAOKE;Initial Catalog =db;Integrated
Security=SSPI;");
```

- 连接 2003 及以下版本的 Access 数据库：

```
OleDbConnection oc = new OleDbConnection("Provider=Microsoft.Jet.OLEDB.4.0;Data source=
db.mdb");
```

- 连接 2007 及以上版本的 Access 数据库：

```
OleDbConnection oc = new OleDbConnection("Provider= Microsoft.ACE.OLEDB.12.0;Data source=
db.accdb");
```

- 连接加密的 Access 数据库：

```
OleDbConnection oc = new OleDbConnection("Provider=Microsoft.Jet.OLEDB.4.0; Jet OLEDB:DataBase
Password=123456;User Id=admin;Data source= db.mdb");
```

- 连接 2003 及以下版本的 Excel：

```
OleDbConnection oc = new OleDbConnection("Provider=Microsoft.Jet.OLEDB.4.0;Data source= test.
xls;Extended Properties=Excel 8.0");
```

- 连接 2007 及以上版本的 Excel：

```
OleDbConnection oc = new OleDbConnection("Provider= Microsoft.ACE.OLEDB.12.0;Data source=
test.xlsx;Extended Properties=Excel 12.0");
```

- 连接 MySQL 数据库（需要使用 Mysql.Data.dll 组件）：

```
MySqlConnection myCon = new MySqlConnection("server=localhost;user id=root;password=root;datab
ase=abc");
```

- 连接 Oracle 数据库：

```
OracleConnection ocon = new OracleConnection("User ID=IFSAPP;Password=IFSAPP;Data Source=RACE;");
```

9.2.3 使用 SqlConnection 对象连接 SQL Server 数据库

SqlConnection 对象是在操作 SQL Server 数据库之前第一个被实例化的 ADO.NET 对象，因为它的作用是建立与 SQL Server 数据库的连接，在对 SQL Server 数据库进行任何操作之前，都要先建立与数据库的连接，在执行数据库操作命令的对象时会用到这个连接对象。

在使用 SqlConnection 类之前必须对其进行实例化，其语法格式如下：

```
SqlConnection con = new SqlConnection("Server= 服务器名 ;User Id= 用户 ;Pwd= 密码 ;DataBase= 数据库
名称 ");
```

SqlConnection 对象在实例化时可以指定连接服务器的配置参数，其在构造方法中是以字符串的形式配置的，除了在构造方法中配置参数外，也可以在其属性 ConnectionString 中去配置。SqlConnection 对象的常用属性和方法如表 9.2 和表 9.3 所示。

表 9.2 SqlConnection 对象的常用属性

属性	说明
ConnectionString	获取或设置用于打开 SQL Server 数据库的字符串
ConnectionTimeout	获取在尝试建立连接时终止尝试并生成错误之前所等待的时间
State	指示 SqlConnection 的连接状态，可以是关闭、打开、正在连接、正在执行命令或者已中断

表 9.3 SqlConnection 对象的常用方法

方法	说明
Open	打开数据库连接，所打开的数据库由 ConnectionString 属性或构造方法中配置的连接字符串决定
Close	关闭与数据库的连接，关闭后可以再次执行 Open 方法来打开数据库连接
Dispose	释放连接资源，释放之后不可再执行 Open 方法
CreateCommand	创建并返回一个与 SqlConnection 关联的 SqlCommand 对象

[实例 9.1]　（源码位置：资源包 \Code\09\01）

建立数据库连接并通过 State 属性读取连接状态

本实例将通过 SqlConnection 对象实现连接到数据库，在连接成功之前，获取 State 属性用于将连接状态的值输出到页面上进行显示。本实例将以 SQL Server 中的 ReportServer 数据库为例进行连接。程序实现的主要步骤为：

① 首先新建一个网站并创建 Default.aspx 页面，然后在页面的 Page_Load 方法中调用 ConnectToSql 方法，最后将 ConnectToSql 方法返回的值输出到页面中，代码如下：

```
protected void Page_Load(object sender, EventArgs e)
 {
         string Result = ConnectToSql();                    // 调用连接数据库的方法
         Response.Write(" 连接状态 :</br>" + Result);        // 响应客户端
 }
```

注意：

在编写连接数据库的代码前，必须先引用命名空间 using System.Data.SqlClient。

② 定义 ConnectToSql 方法，实现连接到数据库，首先在方法内部定义连接字符串变量，然后实例化 SqlConnection 类，打开数据连接并读取状态，最后关闭数据库连接并读取状态。定义 ConnectToSql 方法的代码如下：

```
private string ConnectToSql()
 {
          string Result = "";          // 定义要返回的数据库连接状态字符串
          // 创建连接数据库的字符串
          string SqlStr = "Server=127.0.0.1;User Id=sa;Pwd=123456;DataBase=ReportServer";
          // 实例化 SqlConnection 类并传入连接数据库的字符串变量
          SqlConnection con = new SqlConnection(SqlStr);
          // 拼接打开前的状态说明
          Result += "     准备打开，状态：" + con.State.ToString() + "</br>";
          con.Open();                    // 打开数据库的连接
          // 拼接打开后的状态说明
          Result += "     已经打开，状态：" + con.State.ToString() + "</br>";
          // 在打开数据库之后执行数据库的相关操作
          Result += "     执行命令，正在执行数据库查询操作 ..." + "</br>";
          con.Close();                   // 关闭数据库的连接
          // 拼接关闭后的状态说明
          Result += "     已关闭，状态：" + con.State.ToString();
          return Result;                 // 返回拼接好的字符串
 }
```

执行程序，运行结果如图 9.2 所示。

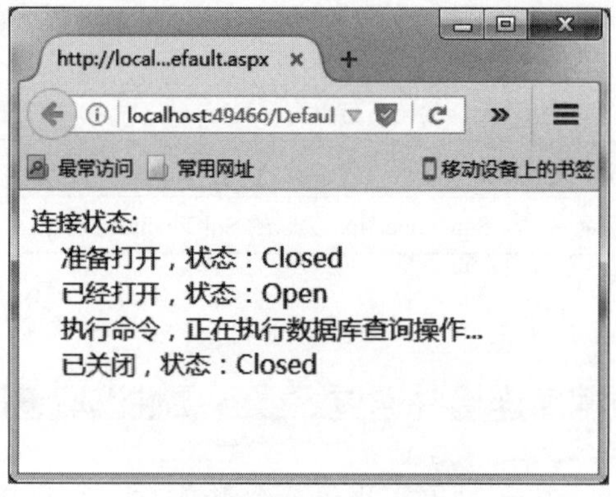

图 9.2　显示数据库连接状态

注意：

在每一次打开数据库并操作完数据库之后都要进行关闭或释放的操作，因为数据库联机资源是有限的，如果未及时关闭连接就会耗费内存资源。这就类似于需要照明时打开电灯，不需要时就要及时关闭电灯一样，以免造成资源浪费。

9.3 使用 Command 对象操作数据

在使用 Connection 对象与数据源建立连接后，可以使用 Command 对象对数据源执行查询、添加、删除和修改等各种操作，操作实现的方式可以使用 SQL 语句，也可以使用存储过程。Command 对象与 Connection 对象是相对应的，根据所用的 .NET Framework 数据提供程序的不同，而选择不同的 Command 对象，Command 对象也可以分成 4 个不同的执行命令对象，下面分别介绍 4 个对象。

- SqlCommand 对象：表示对 SQL Server 数据库执行一条 SQL 语句或存储过程。匹配连接对象为 SqlConnection 对象。
- OleDbCommand 对象：表示要对连接的数据库或其他数据源执行一条 SQL 语句或执行以数据库为数据源的存储过程，匹配连接对象为 OleDbConnection 对象。
- OdbcCommand 对象：表示要对连接的数据库或其他数据源执行一条 SQL 语句或执行以数据库为数据源的存储过程，匹配连接对象为 OdbcConnection 对象。
- OracleCommand 对象：表示对 Oracle 数据库执行一条 SQL 语句或存储过程。匹配连接对象为 OracleConnection 对象。

在以上 4 个对象的成员中，常用的属性和方法功能几乎相同，下面以 SqlCommand 对象为例实现对数据库的各种操作。

SqlCommand 对象的常用属性及说明如表 9.4 所示。

表 9.4 SqlCommand 对象的常用属性及说明

属性	说明
CommandType	获取或设置 SqlCommand 对象要执行命令的类型
CommandText	获取或设置要对数据源执行的 SQL 语句、存储过程名或表名
CommandTimeOut	获取或设置在终止对执行命令的尝试并生成错误之前的等待时间
Connection	获取或设置此 SqlCommand 对象使用的 Connection 对象的名称
Parameters	获取 SqlCommand 对象需要使用的参数集合

SqlCommand 对象的常用方法及说明如表 9.5 所示。

表 9.5 SqlCommand 对象的常用方法及说明

方法	说明
ExecuteNonQuery	对连接执行 SQL 语句并返回受影响的行数
ExecuteReader	对连接执行 SQL 语句返回保持连接的数据读取器对象 SqlDataReader
ExecuteScalar	执行查询，并返回查询结果集中第 1 行的第 1 列的值

说明：

通过 ADO.NET 的 SqlCommand 对象操作数据时，可以根据实际要返回的数据合理地选择使用表中介绍的方法。

9.3.1 查询数据指令

查询数据是指通过查询语句或调用存储过程将数据库中的数据检索出来，然后通过指

第 2 篇 数据存取篇

定的接收方法来得到这些数据。那么查询结果可以是一行一列或者是多行多列的数据格式，两种返回方式在实际开发中都会用到，SqlCommand 对象有多种方法可以查询数据。

[实例 9.2]　（源码位置：资源包 \Code\09\02）

使用 SqlCommand 对象查询数据库中的数据

本实例将实现查询 SQL Server 数据库中的一张数据表，然后将表中的所有数据返回并显示在页面上。为了实现这个过程并在后面学习增、删、改时，能够更清晰明了地展示每一个功能效果，需要预先在 SQL Server 中创建一个库和一张数据表，对应 SQL 语句如下：

```
Create Database School
go
use School
go
create table Student
(
     ID int primary key identity(1,1),
     Name varchar(60),
     Sex char(2),
     Age int,
     Class varchar(60)
)
```

① 新建一个网站并创建 Default.aspx 页面，然后打开 Default.aspx.cs 文件，在页面加载方法中添加调用获取 SQL Server 数据的方法 GetSqlData，实现代码如下：

```
protected void Page_Load(object sender, EventArgs e)
 {
        string Result = GetSqlData();          // 读取数据库数据
        Response.Write(Result);                // 将数据写入到响应输出流
 }
```

② 定义 GetSqlData 方法，实现通过 SqlCommand 对象执行 SQL 查询命令并返回数据，代码如下：

```
private string GetSqlData()
{
     StringBuilder ResultList = new StringBuilder();// 定义可追加字符串的类
     ResultList.Append("<table>");// 手动创建表格列表并将字符串追加到 StringBuilder 类
     // 定义表格头部
     ResultList.Append("<tr><th> 序号 </th><th> 姓名 </th><th> 性别 </th><th> 年龄 </th><th> 班级 </th></tr>");
     // 使用 using 指令建立 SqlConnection 对象
     using (SqlConnection conn = new SqlConnection("Server=127.0.0.1;DataBase=School;User ID=sa;Password=123456"))
     {
         conn.Open();                                 // 打开数据库
         SqlCommand comm = new SqlCommand();          // 实例化执行数据库操作的命令类
         comm.CommandType = CommandType.Text;         // 指定发送到数据库的执行命令为 SQL 语句
         comm.CommandText = "select * from Student";  // 定义查询的 SQL 语句
         comm.Connection = conn;// 指定 SqlCommand 类所需要的数据库连接类
         // 执行数据库查询并返回 SqlDataReader 类型数据接收器
         using (SqlDataReader DataReader = comm.ExecuteReader())
         {
             while (DataReader.Read())                // 使用数据接收器执行数据行的循环读取
             {
                 int ID = (int)DataReader["ID"];      // 获取 ID 列的值
```

```
                string Name = (string)DataReader["Name"];           // 获取 Name 列的值
                string Sex = (string)DataReader["Sex"];             // 获取 Sex 列的值
                int Age = (int)DataReader["Age"];                   // 获取 Age 列的值
                string Class = (string)DataReader["Class"];         // 获取 Class 列的值
                // 以下是将每一列的数据放到表格列中
                ResultList.Append("<tr><td>" + ID + "</td>");
                ResultList.Append("<td>" + Name + "</td>");
                ResultList.Append("<td>" + Sex + "</td>");
                ResultList.Append("<td>" + Age + "</td>");
                ResultList.Append("<td>" + Class + "</td></tr>");
            }
        }
        comm.Dispose();                           // 释放 SqlCommand 资源
    }
    ResultList.Append("</table>");                // 拼接 table 的结束标记
    return ResultList.ToString();                 // 将 StringBuilder 转换成 string 类型并返回
}
```

说明:

SqlDataReader 类是用来读取 SqlCommand 查询的结果集对象，这里先用来接收数据以测试 SqlCommand 对象的执行结果，后面的课程中会对 SqlDataReader 对象做详细讲解。

执行程序，运行结果如图 9.3 所示。

序号	姓名	性别	年龄	班级
1	张三	男	21	二年四班
2	李四	女	20	一年六班
3	王二	男	22	三年九班
4	小明	男	21	二年四班
5	小蕾	女	21	二年五班

图 9.3 通过 SqlCommand 获取到的数据

9.3.2 添加数据指令

向数据库中添加记录同样要使用 SqlCommand 对象进行添加，但添加记录并不像查询数据那样需要考虑选择哪种方式接收数据。当在 Sql Server Management Studio 中使用 Insert 语句插入一条数据时，消息窗口就会提示“(1 行受影响)”的提示消息，同样，如果使用 SqlCommand 对象的 ExecuteNonQuery 方法执行插入数据时，所接收到的结果也是被影响的行数。

[实例 9.3] （源码位置：资源包 \Code\09\03）

使用 Command 对象添加数据

本实例主要讲解如何通过 SqlCommand 对象向数据库添加记录。本实例将继续使用实例 9.2 中的 School 数据库和 Student 学生表来存储数据，所以创建数据库部分这里不再讲述，程序实现过程如下:

① 新建一个网站并创建 Default.aspx 页面，将 Student 表的数据读取并显示在页面上。

② 在 Default 页面上添加 3 个 TextBox 控件、1 个 DropDownList 控件和 1 个 Button 控件，控件属性设置如表 9.6 所示。

表 9.6　页面控件属性设置

控件类型	控件名称	主要属性设置	用途
标准/TextBox 控件	TextBox1	ID 属性设置为“Txt_Name”	输入姓名
	TextBox2	ID 属性设置为“Txt_Age”	输入年龄
	TextBox3	ID 属性设置为“Txt_Class”	输入班级
标准/DropDownList	DropDownList1	ID 属性设置为“DDL_Sex”	选择性别
标准/Button 控件	Button1	ID 属性设置为“Txt_Name” Text 属性设置为“Btn_Add”	单击添加数据按钮

③ 定义“添加”按钮的 Click 事件，当单击添加按钮时使用 SqlCommand 对象将文本框中的值添加到数据库中，并重新加载数据进行显示，代码如下：

```
protected void Btn_Add_Click(object sender, EventArgs e)
{
        string Name = this.Txt_Name.Text.Trim();
        string Sex = this.DDL_Sex.SelectedValue;
        string Age = this.Txt_Age.Text.Trim();
        string Class = this.Txt_Class.Text.Trim();
        using (SqlConnection conn = new SqlConnection("Server=127.0.0.1;DataBase=School;
User ID=sa;Password=123456"))
        {
            conn.Open();                                   // 打开数据库
            SqlCommand comm = new SqlCommand();            // 实例化执行数据库操作的命令类
            comm.CommandType = CommandType.Text;           // 指定发送到数据库的执行命令为 SQL 语句
            // 定义插入数据的 SQL 语句
            comm.CommandText = "INSERT INTO Student([Name],[Sex],[Age],[Class]) VALUES
('" + Name + "','" + Sex + "'," + Age + ",'" + Class + "')";
            comm.Connection = conn;                        // 指定 SqlCommand 类所需要的数据库连接类
            int AddRows = comm.ExecuteNonQuery();
            if (AddRows > 0)
            {
                Response.Redirect("Default.aspx");
            }
        }
}
```

④ 如果此时执行程序并尝试添加数据，其功能就已经能够实现，但实际上代码在运行时会产生一步多余的数据读取过程，并且在点击“添加”按钮时产生了页面回发，所以需要添加 IsPostBack 验证。如果不加此验证将会导致在添加数据前会先执行 Page_Load 方法里面的读取数据代码，而通过 IsPostBack 即可验证页面是否为回发请求，具体修改方法如下：

```
protected void Page_Load(object sender, EventArgs e)
 {
        if (!IsPostBack)                     // 验证页面是否为回发请求
        {
            string Result = GetSqlData();    // 读取数据库数据
            Response.Write(Result);          // 响应客户端
        }
 }
```

执行程序，将显示如图 9.4 所示的界面，在文本框中输入“小方”的个人信息后，然后单击“添加”按钮，即可将数据添加到数据库中，运行结果如图 9.5 所示。

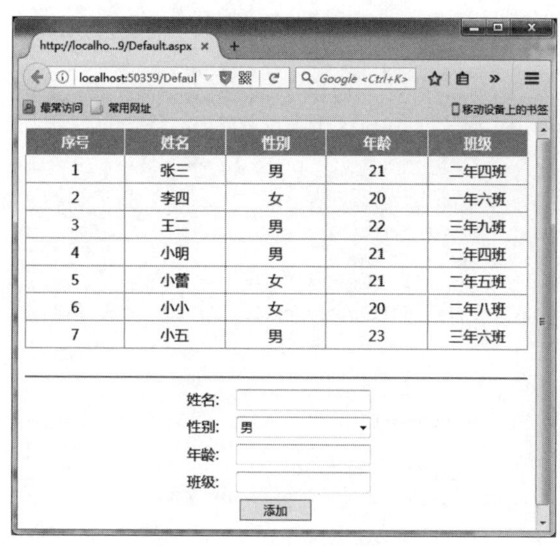

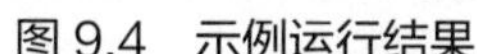
图 9.4　示例运行结果

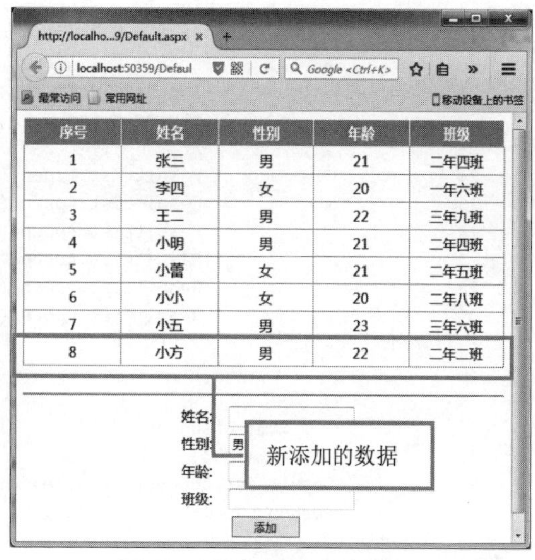

图 9.5　添加记录后的结果

9.3.3　修改数据指令

修改数据的实现方式与插入数据相同，只不过编写的 SQL 语句不同，同样，修改成功后 SqlCommand 将会得到所影响的行数。

[实例 9.4]　（源码位置：资源包 \Code\09\04）

使用 Command 对象修改数据

本实例将讲解如何使用 SqlCommand 对象来修改数据表中的记录，首先实现将学生信息数据列表加载到页面上，实现方式可参考实例 9.2，但在定义的 table 表格上要做一些简单修改，实现在每一行记录的最后一列添加一个“编辑”按钮，当单击“编辑”按钮时，页面将跳转到修改页面，具体要修改代码部分如下：

① 修改数据列表绑定列项，向表格中添加“编辑”按钮功能列，代码如下：

```
private string GetSqlData()
 {
        StringBuilder ResultList = new StringBuilder();// 定义可追加字符串的类
        ResultList.Append("<table>");// 手动创建表格列表并将字符串追加到 StringBuilder 类
        ResultList.Append("<tr><th> 序号 </th><th> 姓名 </th><th> 性别 </th><th> 年龄 </th><th> 班级 </th><th> 操作 </th></tr>");                    // 定义表格头部
        using (SqlConnection conn = new SqlConnection("Server=127.0.0.1;DataBase=School;User ID=sa;Password=123456"))                    // 使用 using 指令建立 SqlConnection 对象
        {
            conn.Open();                            // 打开数据库
            SqlCommand comm = new SqlCommand();     // 实例化执行数据库操作的命令类
            comm.CommandType = CommandType.Text;    // 指定发送到数据库的执行命令为 SQL 语句
            comm.CommandText = "select * from Student";// 定义查询 SQL 语句
            comm.Connection = conn;// 指定 SqlCommand 类所需要的数据库连接类
            // 执行数据库查询并返回 SqlDataReader 类型的数据接收器
            using (SqlDataReader DataReader = comm.ExecuteReader())
```

```
15                {
16                    while (DataReader.Read())// 使用数据接收器执行数据行的循环读取
17                    {
18                        int ID = (int)DataReader["ID"];              // 获取 ID 列的值
19                        string Name = (string)DataReader["Name"];    // 获取 Name 列的值
20                        string Sex = (string)DataReader["Sex"];      // 获取 Sex 列的值
21                        int Age = (int)DataReader["Age"];            // 获取 Age 列的值
22                        string Class = (string)DataReader["Class"];  // 获取 Class 列的值
23                        // 以下是将每一列的数据放到表格列中
24                        ResultList.Append("<tr><td>" + ID + "</td>");
25                        ResultList.Append("<td>" + Name + "</td>");
26                        ResultList.Append("<td>" + Sex + "</td>");
27                        ResultList.Append("<td>" + Age + "</td>");
28                        ResultList.Append("<td>" + Class + "</td>");
29                        ResultList.Append("<td><a href=\"EditData.aspx?ID=" + ID + "\"> 编辑
</a></td></tr>");
30                    }
31                }
32                comm.Dispose();               // 释放 SqlCommand 资源
33            }
34            ResultList.Append("</table>");  // 拼接 table 的结束标记
35            return ResultList.ToString();   // 将 StringBuilder 转换成 string 类型并返回
36    }
```

由上面的代码可以看到相比于前面的普通数据列表，在新的列表中加入了“编辑”按钮，所以在代码的 05 行和 29 行分别加了一个 th 表头和 td 单元格，在 td 单元格内添加两个 a 链接标签，并指定跳转路径为 EditData.aspx 页面，同时传入了一个 ID 参数用于加载学生信息。

② 列表页面完成之后即转到 EditData.aspx 页面进行代码的编写，首先需要在项目中创建 EditData.aspx 页面，然后在页面上定义用于加载字段数据的控件，定义控件的方式与实例 9.4 中的添加数据的控件相同，除此之外还需要添加一个“隐藏域”控件，即：HiddenField 控件，HiddenField 控件本身是不会显示在网页上的，它只是用来存储业务逻辑上的数据，用户无需看到此数据。定义 HiddenField 控件的目的是用于将 ID 值绑定在控件上，在需要修改数据时会用到这个 ID 作为 Where 条件。定义 HiddenField 控件的代码如下：

```
<div>
        <hr />
        <table class="addtab" align="center">
            此处与添加数据的表格定义相同，已省略…
        </table>
        <asp:HiddenField ID="EditID" runat="server" />
</div>
```

如上代码所示，HiddenField 控件被定义在了 table 之外，其实 HiddenField 控件可以被定义在 form 内的任何位置，但不能定义在 form 之外。

③ 根据传递过来的 ID 从数据库中获取所属数据并将数据绑定在对应的每个控件上，代码如下：

```
protected void Page_Load(object sender, EventArgs e)
 {
        if (!IsPostBack)                                // 验证是否为回发
        {
            string ID = Request.QueryString["ID"]; // 获取列表页传递过来的 ID 值
            this.EditID.Value = ID;                // 将值绑定到隐藏域控件上
            GetData(ID);                           // 传入 ID 并获取数据
```

```
            }
        }
        private void GetData(string ID)
        {
            // 创建 SqlConnection 对象
            using (SqlConnection conn = new SqlConnection("Server=127.0.0.1;DataBase=School;User ID=sa;Password=123456"))
            {
                conn.Open();                              // 打开数据库
                SqlCommand comm = new SqlCommand();       // 实例化执行数据库操作的命令类
                comm.CommandType = CommandType.Text;      // 指定发送到数据库的执行命令为 SQL 语句
                // 定义查询 SQL 语句
               comm.CommandText = "select Name,Sex,Age,Class from Student where ID=" + ID;
                comm.Connection = conn;                   // 指定 SqlCommand 类所需要的数据库连接类
                // 执行数据库查询并返回 SqlDataReader 类型数据接收器
                using (SqlDataReader DataReader = comm.ExecuteReader())
                {
                    DataReader.Read();// 因为只有一条数据返回所以数据接收器只需读取一次即可
                    string Name = (string)DataReader["Name"];    // 获取 Name 列的值
                    string Sex = (string)DataReader["Sex"];      // 获取 Sex 列的值
                    int Age = (int)DataReader["Age"];            // 获取 Age 列的值
                    string Class = (string)DataReader["Class"]; // 获取 Class 列的值
                    // 以下是绑定页面上所对应的控件数据
                    this.Txt_Name.Text = Name;
                    this.Txt_Age.Text = Age.ToString();
                    this.Txt_Class.Text = Class;
                   foreach (ListItem item in this.DDL_Sex.Items)// 通过循环的方式绑定下拉框
                    {
                        // 如果下拉框中的某一项与要绑定的值相同那么设置绑定
                        if (item.Value == Sex)
                        {
                            item.Selected = true;  // 将该项设置为选中状态
                            break;                 // 跳出循环
                        }
                    }
                }
                comm.Dispose();                         // 释放 SqlCommand 资源
            }
    }
```

④ 在数据绑定完成之后定义“修改”按钮的处理方法，在该方法内部获取页面上已经修改好的数据，然后根据 ID 修改对应的学生信息，方法代码如下：

```
protected void Btn_Add_Click(object sender, EventArgs e)
 {
        // 获取页面控件的数据
        string ID = this.EditID.Value;
        string Name = this.Txt_Name.Text.Trim();
        string Sex = this.DDL_Sex.SelectedValue;
        string Age = this.Txt_Age.Text.Trim();
        string Class = this.Txt_Class.Text.Trim();
        using (SqlConnection conn = new SqlConnection("Server=127.0.0.1;DataBase=School;User ID=sa;Password=123456"))
        {
            conn.Open();                              // 打开数据库
            SqlCommand comm = new SqlCommand();       // 实例化执行数据库操作的命令类
            comm.CommandType = CommandType.Text;      // 指定发送到数据库的执行命令为 SQL 语句
            // 定义插入数据的 SQL 语句
            comm.CommandText = "update Student set Name='" + Name + "',Sex='" + Sex + "',Age=" + Age + ",Class='" + Class + "' where ID=" + ID;
            comm.Connection = conn;                   // 指定 SqlCommand 类所需要的数据库连接类
            int AddRows = comm.ExecuteNonQuery();  // 执行 SQL 语句命令，返回所影响的行数
```

```
            if (AddRows > 0)
            {
                //如果行数大于零证明修改成功，页面将跳转到列表页
                Response.Redirect("Default.aspx");
            }
        }
    }
```

运行实例，结果如图 9.6 所示，单击页面上小明右侧的“编辑”按钮，将会跳转到如图 9.7 所示的界面，再单击“修改”按钮，数据修改成功并返回到列表页中，此时小明的信息已经被修改，如图 9.8 所示。

序号	姓名	性别	年龄	班级	操作
1	张三	男	21	二年四班	编辑
2	李四一	男	20	一年七班	编辑
3	王二	女	22	三年九班	编辑
4	小明	男	21	二年四班	编辑
5	小蕾	女	21	二年五班	编辑
6	小小	女	20	二年八班	编辑
7	小五	男	23	三年六班	编辑
8	小方	男	22	二年二班	编辑

图 9.6　单击小明右侧的编辑按钮

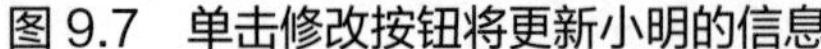

图 9.7　单击修改按钮将更新小明的信息

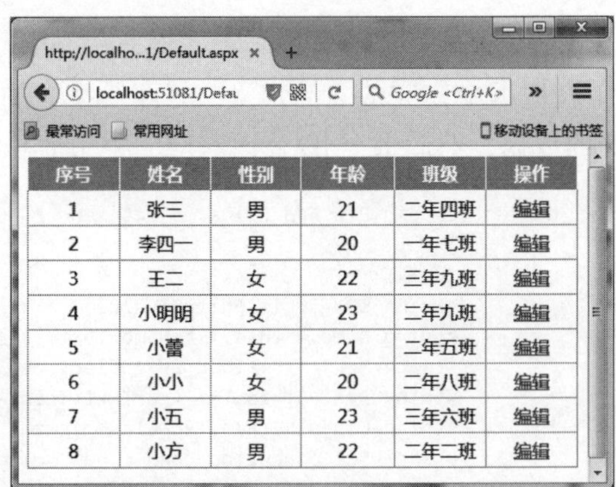

序号	姓名	性别	年龄	班级	操作
1	张三	男	21	二年四班	编辑
2	李四一	男	20	一年七班	编辑
3	王二	女	22	三年九班	编辑
4	小明明	女	23	二年九班	编辑
5	小蕾	女	21	二年五班	编辑
6	小小	女	20	二年八班	编辑
7	小五	男	23	三年六班	编辑
8	小方	男	22	二年二班	编辑

图 9.8　小明的信息已经被成功修改

9.3.4　删除数据指令

删除数据与添加和修改数据的实现过程相同，编写一条删除 SQL 语句即可通过 SqlCommand 对象进行删除操作，当数据删除成功后同样接收到所影响的行数。

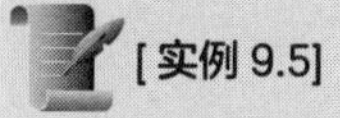

[实例 9.5]（源码位置：资源包 \Code\09\05）

使用 Command 对象删除数据

本实例将完善对学生信息表功能，前面实现的功能包含了查询列表、添加学生信息、修改学生信息，那么接下来就将删除学生信息的功能添加上去。程序实现的主要步骤为：

① 新建一个网站，默认主页为 Default.aspx，接着定义数据列表，实现过程参考实例 9.2。

② 添加删除按钮，与实例 9.4 的实现过程一样，需要对现有列表结构做出修改，即在每行的最后加一列“删除”按钮，下面的代码是对查询列表表格进行修改后的代码，但由于要修改的代码位置或结构与实例 9.4 相同，所以这里只列出要修改的部分，其他部分将以省略号标记。

```
01  private string GetSqlData()
02   {
03       …已省略…
04       ResultList.Append("<tr><th> 序号 </th><th> 姓名 </th><th> 性别 </th><th> 年龄 </th><th> 班级 </th><th> 操作 </th></tr>");
05       …已省略…
06       // 以下是将每一列的数据放到表格列中
07       ResultList.Append("<tr><td>" + ID + "</td>");
08       ResultList.Append("<td>" + Name + "</td>");
09       ResultList.Append("<td>" + Sex + "</td>");
10       ResultList.Append("<td>" + Age + "</td>");
11       ResultList.Append("<td>" + Class + "</td>");
12       ResultList.Append("<td><a href='DeleteData.aspx?ID="+ ID + "'> 删除 </a></td></tr>");
13       …已省略…
14   }
```

③ 上面的代码中做出修改的部分为 04 行和 12 行，可以看到第 12 行中连接指向了 DeleteData.aspx 页面，在这个页面可以进行删除逻辑的业务处理，在实现具体删除代码前首先需要建立一个 DeleteData.aspx 页面，然后在后台代码中实现删除的逻辑代码。具体代码如下：

```
protected void Page_Load(object sender, EventArgs e)
 {
         string ID = Request.QueryString["ID"];   // 获取列表页传递过来的 ID 值
         DelData(ID);                             // 传入 ID 并获取数据
 }
private void DelData(string ID)
 {
         // 创建 SqlConnection 对象
         using(SqlConnection conn = new SqlConnection("Server=127.0.0.1;DataBase=School;User ID=sa;Password=123456"))
         {
             conn.Open();                         // 打开数据库
             SqlCommand comm = new SqlCommand();  // 实例化执行数据库操作的命令类
             comm.CommandType = CommandType.Text; // 指定发送到数据库的执行命令为 SQL 语句
             comm.CommandText = "delete Student where ID=" + ID;// 定义删除 SQL 语句
             comm.Connection = conn;// 指定 SqlCommand 类所需要的数据库连接类
             int DelCount = comm.ExecuteNonQuery();        // 执行删除并返回影响的行数
             if (DelCount > 0)
             {
                 Response.Redirect("Default.aspx");        // 如果删除成功跳转到列表页
             }
             comm.Dispose();                               // 释放 SqlCommand 资源
         }
 }
```

运行实例，将显示如图 9.9 所示的界面，单击“删除”按钮，将删除该学生信息，删除后的结果如图 9.10 所示。

图 9.9　删除数据前

图 9.10　删除数据后

9.3.5　调用存储过程指令

存储过程是数据库可编程性中的一种，与函数类似，它可以对复杂的逻辑语句进行封装，返回用户想要的结果，所以在较为复杂的业务处理中，建议使用存储过程封装查询语句。使用 SqlCommand 对象调用存储过程时与执行 SQL 语句命令有很大区别，主要包含对存储过程参数的传递，输出参数的获取以及存储过程返回值等本质上的区别。

[实例 9.6]　（源码位置：资源包 \Code\09\06）

使用 Command 对象调用数据库存储过程

本实例主要讲解如何使用 SqlCommand 对象调用存储过程并查询数据展示在页面上。在实例 9.3 中通过 SQL 语句将数据加载到表格中，同样，本实例将实现相同的功能，但本实例将使用存储过程的方式进行查询，并且会添加一个搜索框和按钮来实现搜索功能。程序实现的主要步骤为：

① 创建存储过程，代码如下：

```
create proc GetStudentList                    -- 创建存储过程语句
@SearchValue varchar(256)=''                  -- 定义存储过程参数，用来传入搜索的值
as
begin
     if @SearchValue<>''                      -- 判断如果搜索值不为空
     begin
          -- 按搜索值模糊查询
          select * from [dbo].[Student] where Name like '%'+@SearchValue+'%'
     end
     else                                     -- 搜索值为空
     begin
          select * from [dbo].[Student]       -- 查询全部数据
     end
end
```

② 新建一个网站并创建 Default.aspx 页面，然后在页面上添加一个 TextBox 控件和一个 Button 控件，源代码如下：

```
<div>
      <div>
          <asp:TextBox ID="TextBox1" runat="server"></asp:TextBox>
          <asp:Button ID="Button1" runat="server" Text=" 搜索 " />
      </div>
      <div id="tabList" runat="server">  <!-- 设置 div 的 id 值，并将 div 标记为服务器标签 -->
      </div>
</div>
```

③ 上面代码中定义了 2 个 div，一个放置搜索控件，另一个放置列表内容，这和前面实例中的数据输出方式是不同的，相对应后台代码的绑定方式也会发生改变，接下来将实例 03 中美化表格的 CSS 样式代码复制过来并在原样式代码上添加 2 个搜索控件的样式代码，关键代码如下：

```
<style type="text/css">
……复制过来的表格样式代码……
/* 设置搜索控件的边框样式 */
    .TxtSearch,.BtnSearch  {
            border-width:1px;
            border-style:solid;
    }
</style>
```

④ 页面样式定义完成之后，接下来就是实现调用存储过程并绑定页面列表数据，代码如下：

```
protected void Page_Load(object sender, EventArgs e)
 {
        if (!IsPostBack)                        // 判断页面是否为回发
        {
            string Result = GetSqlData();     // 读取数据库数据
            this.tabList.InnerHtml = Result; // 将绑定的内容绑定到 div 中
        }
 }
private string GetSqlData()
 {
        string SearchValue = this.TextBox1.Text;
        StringBuilder ResultList = new StringBuilder();// 定义可追加字符串的类
        ResultList.Append("<table>");// 手动创建表格列表并将字符串追加到 StringBuilder 类
        ResultList.Append("<tr><th> 序号 </th><th> 姓名 </th><th> 性别 </th><th> 年龄 </th><th> 班级 </th></tr>");                                      // 定义表格头部
        using (SqlConnection conn = new SqlConnection("Server=127.0.0.1;DataBase=School; User ID=sa;Password=123456"))
        {
            conn.Open();                          // 打开数据库
            SqlCommand comm = new SqlCommand();    // 实例化执行数据库操作的命令类
            // 指定发送到数据库的执行命令为调用存储过程
            comm.CommandType = CommandType.StoredProcedure;
            comm.CommandText = "GetStudentList";   // 存储过程的名称
            comm.Connection = conn;                // 指定 SqlCommand 类所需要的数据库连接类
            // 定义存储过程中的参数
            SqlParameter Param = new SqlParameter("SearchValue", SqlDbType.VarChar, 256);
            Param.Value = SearchValue;             // 设置参数值
            comm.Parameters.Add(Param); // 将参数对象添加到 SqlCommand 命令的参数集合中
            // 执行调用存储过程并返回 SqlDataReader 类型数据接收器
            using (SqlDataReader DataReader = comm.ExecuteReader())
            {
                while (DataReader.Read())          // 数据接收器执行数据行的循环读取
                {
```

```
                    int ID = (int)DataReader["ID"];                 // 获取 ID 列的值
                    string Name = (string)DataReader["Name"];   // 获取 Name 列的值
                    string Sex = (string)DataReader["Sex"];     // 获取 Sex 列的值
                    int Age = (int)DataReader["Age"];           // 获取 Age 列的值
                    string Class = (string)DataReader["Class"]; // 获取 Class 列的值
                    // 以下是将每一列的数据放到表格列中
                    ResultList.Append("<tr><td>" + ID + "</td>");
                    ResultList.Append("<td>" + Name + "</td>");
                    ResultList.Append("<td>" + Sex + "</td>");
                    ResultList.Append("<td>" + Age + "</td>");
                    ResultList.Append("<td>" + Class + "</td></tr>");
                }
            }
            comm.Dispose();                  // 释放 SqlCommand 资源
        }
        ResultList.Append("</table>");    // 拼接 table 的结束标记
        return ResultList.ToString();     // 将 StringBuilder 转换成 string 类型并返回
    }
```

⑤ 定义“搜索”按钮的事件处理方法：

```
protected void Button1_Click(object sender, EventArgs e)
{
        string Result = GetSqlData();     // 读取数据库数据
        this.tabList.InnerHtml = Result; // 将绑定的内容绑定到 div 中
}
```

执行程序，将显示如图 9.11 所示的页面；在文本框中输入“小”字，然后单击“搜索”按钮，页面数据刷新成了搜索之后的结果，如图 9.12 所示。

图 9.11　实例运行结果

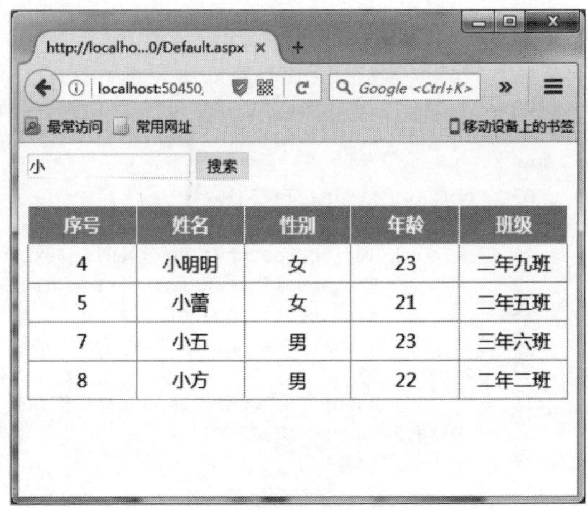

图 9.12　搜索后的结果

9.3.6 事务处理

前面讲解的增、删、改 3 个功能实际上从严格的业务逻辑上来讲是有漏洞的，在一些表关系比较复杂的系统中操作某一条数据可能会影响到多个表的更新，这样当更新数据的过程中某一张表的记录没有更新成功，那么将导致错误发生并停止运行。这时在这条记录之前已经更新过的数据就无法与未被更新的记录存在统一性，从而导致数据不同步，这在上线的系统中是个很严重的问题，为了解决这个问题，ADO.NET 中添加了对 SQL Server 事务的支持。

事务是一组由相关任务组成的单元，该单元中的任务要么全部成功，要么全部失败。

事务最终执行的结果只能是两种状态，即提交或终止。

在事务执行的过程中，如果某一步失败，则需要将事务范围内所涉及的数据更改恢复到事务执行前设置的特定点，这个操作称为回滚。例如，用户如果要给一个表中插入 10 条记录，在执行过程中，插入到第 5 条时发生错误，这时便执行事务回滚操作，将已经插入的 4 条记录从数据表中删除。

[实例 9.7] （源码位置：资源包 \Code\09\07）

应用 Command 对象实现数据库事务处理

本实例将以插入多条学生信息为例，当循环插入第 3 条记录时特意将第 3 条记录插入失败，从而引发程序异常，然后通过事务回滚恢复表的数据状态。程序实现的主要步骤：

新建一个网站并创建 Default.aspx 页面，然后将实例 9.2 中的内容复制过来，找到添加按钮的处理方法，对这个方法的代码做出修改，实现添加多条记录，具体实现方式如下：

```
protected void Btn_Add_Click(object sender, EventArgs e)
 {
      //获取页面数据
      string Name = this.Txt_Name.Text.Trim();
      string Sex = this.DDL_Sex.SelectedValue;
      string Age = this.Txt_Age.Text.Trim();
      string Class = this.Txt_Class.Text.Trim();
      //实例化数据库连接
      using (SqlConnection conn = new SqlConnection("Server=127.0.0.1;DataBase=School;User ID=sa;Password=123456"))
      {
          conn.Open();                                      //打开数据库
          SqlTransaction Tran = conn.BeginTransaction();    //创建开启数据库事务
          int AddRows = 0;                                  //用于记录成功插入的数据总数
          try                                               //通过 try catch 捕获异常
          {
              for (int i = 0; i < 5; i++)                   //循环 5 次数据
              {
                  SqlCommand comm = new SqlCommand();       //实例化执行数据库操作的命令类
                  //指定发送到数据库的执行命令为 SQL 语句
                  comm.CommandType = CommandType.Text;
                  //当循环到第 3 条数据时，将性别列数据与 i 的值相互拼接。
                  if (i == 2)
                  {
                      //由于数据表性别列长度被定义为 2 个字符，所以插入字符会导致数据溢出错误
                      Sex = Sex + i;
                  }
                  //定义插入数据的 SQL 语句
                  comm.CommandText = "INSERT INTO Student([Name],[Sex],[Age],[Class]) VALUES ('" + Name + i + "','" + Sex + "'," + Age + ",'" + Class + i + "')";
                  comm.Connection = conn;           //指定 SqlCommand 类所需要的数据库连接类
                  comm.Transaction = Tran;          //定义本次执行的命令所属的事务范围
                  AddRows += comm.ExecuteNonQuery();//执行数据库命令
              }
              Tran.Commit();                        //提交事务
          }
          catch (Exception ex)
          {
              Tran.Rollback();//如果发生插入错误，此处将回滚事务范围内的数据
          }
          Response.Redirect("Default.aspx");        //刷新页面
      }
 }
```

执行程序，在未发生错误的情况下如图 9.13 所示成功地插入了两条数据，当插入数据失败时，数据列表并没有发生变化，结果证明即使前两条数据插入成功，那么后面有一条插入失败都将导致整个操作回到最初状态，如图 9.14 所示，页面并没有发生改变。

序号	姓名	性别	年龄	班级
1	张三	男	21	二年四班
2	李四一	男	20	一年七班
4	小明明	女	23	二年九班
5	小蕾	女	21	二年五班
7	小五	男	23	三年六班
8	小方	男	22	二年二班
11	小六0	男	20	一年一班0
12	小六1	男	20	一年一班1

图 9.13　示例运行结果

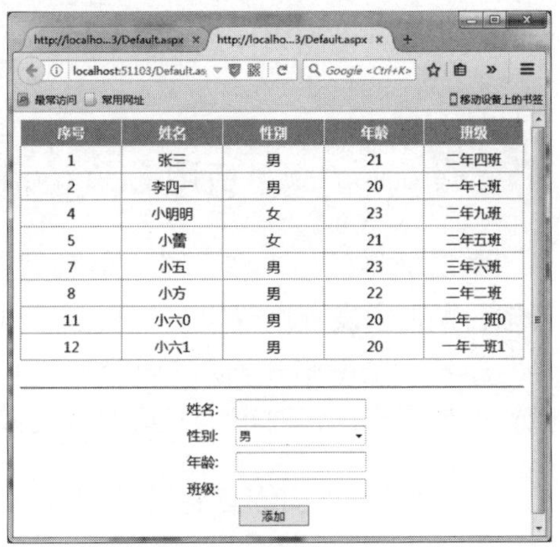

序号	姓名	性别	年龄	班级
1	张三	男	21	二年四班
2	李四一	男	20	一年七班
4	小明明	女	23	二年九班
5	小蕾	女	21	二年五班
7	小五	男	23	三年六班
8	小方	男	22	二年二班
11	小六0	男	20	一年一班0
12	小六1	男	20	一年一班1

图 9.14　事务回滚

9.4　结合使用 DataSet 对象和 DataAdapter 对象

使用 DataSet 对象加载数据库中的数据时需要配合 DataAdapter 对象来使用。在查询数据时，使用 DataAdapter 对象查询的数据无论是一张表还是多张表，都会被完整地映射到 DataSet 中。

9.4.1　DataSet 对象概述

DataSet 是 ADO.NET 的中心概念，它是支持 ADO.NET 断开式、分布式数据方案的核心对象。DataSet 对象是创建在内存中的集合对象，它可以包含任意数量的数据表，以及所有表的约束、索引和关系，相当于在内存中的一个小型关系数据库。一个 DataSet 对象包括一组 DataTable 对象，这些对象可以与 DataRelation 对象相关联，同时，DataTable 对象又由 DataColumn 和 DataRow 对象组成。

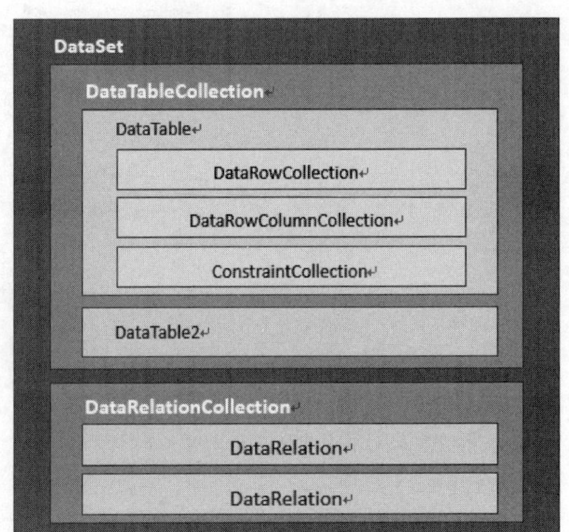

图 9.15　DataSet 数据模型

DataSet 对象的数据模型如图 9.15 所示。

使用 DataSet 对象的方法有以下几种，这些方法可以单独应用，也可以结合应用：

- 以编程方式在 DataSet 中创建 DataTable、DataRelation 和 Constraint，并使用数据填充表。
- 通过 DataAdapter 实现使用现有关系数据源中的数据表填充 DataSet。
- 使用 XML 加载和保持 DataSet 内容。

9.4.2 DataAdapter 对象概述

DataAdapter 又称为数据适配器，它是 DataSet 对象和数据源之间联系的桥梁，主要是从数据源中检索数据，然后将返回的数据填充到 DataSet 对象中，或者把用户对 DataSet 对象作出的更改写入到数据源。

说明：

在 .NET Framework 中主要使用两种 DataAdapter 对象，即 OleDbDataAdapter 和 SqlDataAdapter。OleDbDataAdapter 对象适用于 OLEDB 数据源；SqlDataAdapter 对象适用于 SQL Server 7.0 或更高版本。

DataAdapter 对象的常用属性及说明如表 9.7 所示。

表 9.7　DataAdapter 对象的常用属性及说明

属性	说明
SelectCommand	获取或设置用于在数据源中选择记录的命令
InsertCommand	获取或设置用于将新记录插入到数据源中的命令
UpdateCommand	获取或设置用于更新数据源中记录的命令
DeleteCommand	获取或设置用于从数据集中删除记录的命令

DataAdapter 对象的常用方法及说明如表 9.8 所示。

表 9.8　DataAdapter 对象的常用方法及说明

方法	说明
Fill	从数据源中提取数据以填充数据集
Update	更新数据源

9.4.3 使用 DataAdapter 对象填充 DataSet 对象

使用 DataSet 对象和 DataAdapter 对象在返回查询结果时，SqlConnection 对象与数据库间的连接处于完全断开，数据库连接可以及时释放。在返回集合数据时使用 DataSet 对象和 DataAdapter 对象组合是最常用的方法。

[实例 9.8]　（源码位置：资源包 \Code\09\08）

使用 DataAdapter 对象和 DataSet 对象读取学生列表

本实例将实现如何通过 DataAdapter 对象的 Fill 方法将数据填充到 DataSet 对象中，同样是实例 9.2 中的学生列表，这里将采用 DataSet 对象来实现，具体实现步骤如下：

① 新建一个网站并创建 Default.aspx 页面，然后打开 Default.aspx.cs 文件，在页面加载方法中添加调用获取 SQLServer 数据的方法 GetSqlData，实现代码如下：

```
protected void Page_Load(object sender, EventArgs e)
 {
         string Result = GetSqlData();     //读取数据库数据
         Response.Write(Result);           //响应客户端
 }
```

② 下面主要对 GetSqlData 方法中的数据库查询方式做一些修改，绑定表格的代码不会

改变，修改后的代码如下：

```
private string GetSqlData()
 {
        StringBuilder ResultList = new StringBuilder();// 定义可追加字符串的类
        ResultList.Append("<table>");// 手动创建表格列表并将字符串追加到 StringBuilder 类
        // 定义表格头部
        ResultList.Append("<tr><th> 序号 </th><th> 姓名 </th><th> 性别 </th><th> 年龄 </th><th> 班级 </th></tr>");
        // 使用 using 指令建立 SqlConnection 对象
        using (SqlConnection conn = new SqlConnection("Server=127.0.0.1;DataBase=School;User ID=sa;Password=123456"))
        {
            conn.Open();                          // 打开数据库
            SqlCommand comm = new SqlCommand();   // 实例化执行数据库操作的命令类
            comm.CommandType = CommandType.Text; // 指定发送到数据库的执行命令为 SQL 语句
            comm.CommandText = "select * from Student";// 定义查询 SQL 语句
            comm.Connection = conn;// 指定 SqlCommand 类所需要的数据库连接类
            SqlDataAdapter Adapter = new SqlDataAdapter();// 实例化数据适配器
            Adapter.SelectCommand = comm;  // 定义查询命令
            DataSet ds = new DataSet();    // 实例化 DataSet 对象
            Adapter.Fill(ds);              // 执行查询并填充 DataSet 对象
            Adapter.Dispose();             // 释放数据适配器资源
            comm.Dispose();                // 释放 SqlCommand 使用的资源
            DataTable dt = ds.Tables[0];   // 获取到 DataSet 中的第一个表
           for (int r = 0; r < dt.Rows.Count; r++)// 使用数据接收器执行数据行的循环读取
            {
                int ID = (int)dt.Rows[r]["ID"];                 // 获取 ID 列的值
                string Name = (string)dt.Rows[r]["Name"];   // 获取 Name 列的值
                string Sex = (string)dt.Rows[r]["Sex"];     // 获取 Sex 列的值
                int Age = (int)dt.Rows[r]["Age"];             // 获取 Age 列的值
                string Class = (string)dt.Rows[r]["Class"]; // 获取 Class 列的值
                // 以下是将每一列的数据放到表格列中
                ResultList.Append("<tr><td>" + ID + "</td>");
                ResultList.Append("<td>" + Name + "</td>");
                ResultList.Append("<td>" + Sex + "</td>");
                ResultList.Append("<td>" + Age + "</td>");
                ResultList.Append("<td>" + Class + "</td></tr>");
            }
        }
        return ResultList.ToString();
 }
```

注意：

DataAdapter 对象的 Fill 重载方法中定义的表名称是可以自定义的。

③ 将实例 9.2 中的 CSS 样式代码复制到 Default.aspx 页面中。

执行程序，运行结果如图 9.16 所示。 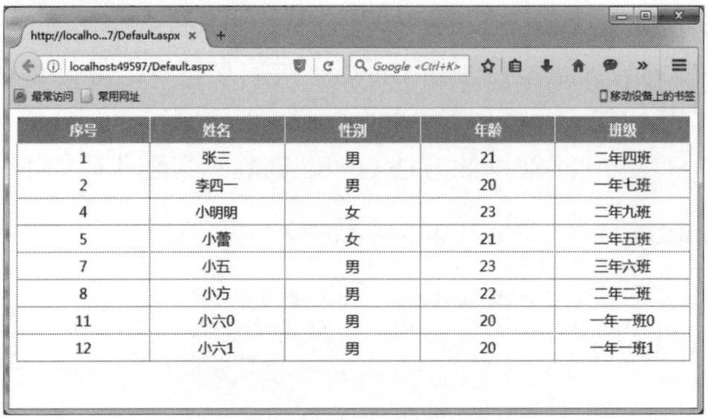

序号	姓名	性别	年龄	班级
1	张三	男	21	二年四班
2	李四一	男	20	一年七班
4	小明明	女	23	二年九班
5	小蕾	女	21	二年五班
7	小五	男	23	三年六班
8	小方	男	22	二年二班
11	小六0	男	20	一年一班0
12	小六1	男	20	一年一班1

图 9.16　学生信息列表

9.4.4 使用 DataSet 中的数据更新数据库

DataAdapter 对象不仅仅可以实现查询数据，还可以完成添加、修改、删除等操作。DataAdapter 对象在更新数据时需要先查询数据并加载到 DataSet 中，然后将需要更新的数据更新到 DataSet 中，接着通过 SqlCommandBuilder 对象生成更新语句，再通过 DataAdapter 对象的 Update 方法将 DataSet 中的数据更新到数据库中。

[实例 9.9] （源码位置：资源包 \Code\09\09）

使用 DataAdapter 对象的 UpdateCommand 方法更新数据

本实例将使用 SqlDataAdapter 的 UpdateCommand 方法先读取学生信息列表，然后在页面上定义一个 TextBox 按钮和一个 Button 按钮。用户在文本框中输入年龄后，单击“修改”按钮，将所有学生信息的年龄加上文本框中的年龄，再将每个学生的年龄更新成相加后的结果，具体实现步骤如下。

① 为了实现操作数据库代码的复用性，实例中将对访问数据库的代码部分进行类封装，这样可以减少代码的冗余，也可以使代码逻辑更清晰，类定义如下：

```
public class OperaData                          // 自定义数据库操作类
 {
     SqlConnection conn = null;                 // 定义 SqlConnection 全局变量
     SqlCommand comm = null;                    // 定义 SqlCommand 全局变量
     SqlDataAdapter Adapter = null;             // 定义 SqlDataAdapter 全局变量
     public OperaData()                         // 构造方法中实例化三个全局对象
     {
          // 实例化数据库连接对象
          conn = new
          SqlConnection("Server=127.0.0.1;DataBase=School;User ID=sa;Password=123456");
          comm = new SqlCommand();              // 实例化执行数据库操作的命令类
          Adapter = new SqlDataAdapter();       // 实例化数据适配器
     }
     public DataSet ExecSelect()                // 定义查询数据的方法
     {
          conn.Open();                          // 打开数据库
          comm.CommandType = CommandType.Text;  // 指定发送到数据库的执行命令为 SQL 语句
          comm.CommandText = "select * from Student";// 定义查询 SQL 语句
          comm.Connection = conn;               // 指定 SqlCommand 类所需要的数据库连接类
          Adapter.SelectCommand = comm;         // 定义查询命令
          DataSet ds = new DataSet();           // 实例化 DataSet 对象
          Adapter.Fill(ds);                     // 执行查询并填充 DataSet 对象
          return ds;                            // 返回 DataSet 对象
     }
     public int Update(DataSet ds)              // 定义更新数据库的方法
     {
          // 实例化能够自动生成 SQL 语句的 SqlCommandBuilder 对象
          using (SqlCommandBuilder scb = new SqlCommandBuilder(Adapter))
          {
               return Adapter.Update(ds);       // 将以更改的 DataSet 对象更新到数据表中
          }
     }
     // 定义在分步执行数据库操作后并在完成所有步骤后统一释放所有资源
     public void Complete()
     {
          Adapter.Dispose();
          comm.Dispose();
          conn.Dispose();
     }
 }
```

② 打开 Default.aspx 页面，然后在页面上添加一个 TextBox 控件和一个 Button 控件，将 Button 控件的 Text 属性设置为“修改”，接着定义后台代码并实现按钮的单击处理方法，代码如下：

```
protected void Page_Load(object sender, EventArgs e)
 {
        if (!IsPostBack)                    // 验证页面回发
        {
            string Result = GetSqlData();  // 读取数据库数据
            Response.Write(Result);        // 响应客户端
        }
 }
 private string GetSqlData()
 {
        StringBuilder ResultList = new StringBuilder();// 定义可追加字符串的类
        ResultList.Append("<table>");// 手动创建表格列表并将字符串追加到 StringBuilder 类
        // 定义表格头部
        ResultList.Append("<tr><th> 序号 </th><th> 姓名 </th><th> 性别 </th><th> 年龄 </th><th>班级 </th></tr>");
        OperaData od = new OperaData();          // 实例化自定义的数据库操作类
        DataSet ds = od.ExecSelect();            // 获取返回的 DataSet 对象
        od.Complete();                           // 释放资源
        DataTable dt = ds.Tables[0];             // 获取到 DataSet 中的第一个表
        for (int r = 0; r < dt.Rows.Count; r++) // 使用数据接收器执行数据行的循环读取
        {
            int ID = (int)dt.Rows[r]["ID"];                  // 获取 ID 列的值
            string Name = (string)dt.Rows[r]["Name"];    // 获取 Name 列的值
            string Sex = (string)dt.Rows[r]["Sex"];      // 获取 Sex 列的值
            int Age = (int)dt.Rows[r]["Age"];            // 获取 Age 列的值
            string Class = (string)dt.Rows[r]["Class"]; // 获取 Class 列的值
            // 以下是将每一列的数据放到表格列中
            ResultList.Append("<tr><td>" + ID + "</td>");
            ResultList.Append("<td>" + Name + "</td>");
            ResultList.Append("<td>" + Sex + "</td>");
            ResultList.Append("<td>" + Age + "</td>");
            ResultList.Append("<td>" + Class + "</td></tr>");
        }
        return ResultList.ToString();                    // 返回拼接字符串
 }
 protected void Button1_Click(object sender, EventArgs e)
 {
        int GetAge = 0;// 定义用于接收用户输入的年龄变量
        // 判断用户输入的年龄数据是否合法，并将有效的 int 值赋予 GetAge 变量
        if (int.TryParse(this.TextBox1.Text, out GetAge))
        {
            OperaData od = new OperaData();             // 实例化自定义的数据库操作类
            DataSet ds = od.ExecSelect();               // 获取返回的 DataSet 对象
            foreach (DataRow dr in ds.Tables[0].Rows) // 遍历表中的每一行数据
            {
                // 将原本的年龄数值加上用户输入的年龄值重新写入到 DataTable 对象的 Age 列中
                dr["Age"] = (int)dr["Age"] + GetAge;
            }
            od.Update(ds);               // 执行更新数据表
            od.Complete();               // 释放资源
        }
        string Result = GetSqlData();  // 刷新数据
        Response.Write(Result);        // 响应客户端
 }
```

注意：

DataSet 对象中的数据必须至少存在一个主键列或唯一列。如果不存在主键列或唯一列，调用 Update 方法时将会产生 InvalidOperation 异常，不会生成自动更新数据库的 INSERT、UPDATE 或 DELETE 命令。

执行程序，显示如图 9.17 所示的界面，当在文本框中输入 1 之后，每个学生的年龄都在原来的基础上进行了加 1 的操作，如图 9.18 所示。

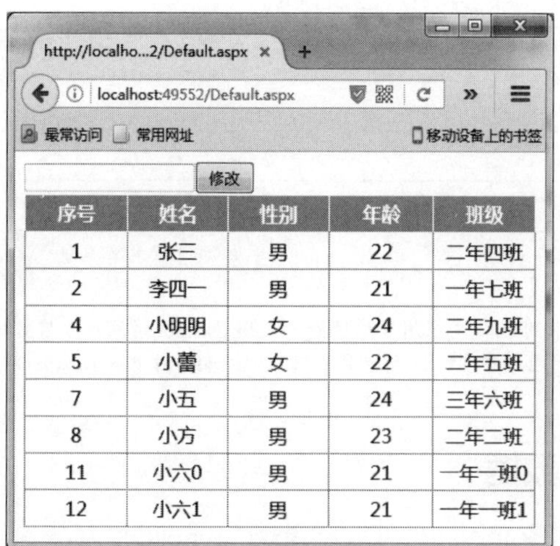

图 9.17　默认学生列表

图 9.18　将年龄加 1 后的学生列表

9.5　使用 DataReader 对象读取数据

在 ADO.NET 中有多种方式可以读取并接收数据库中的数据，DataReader 对象是其中的一种，无论选择哪种方式都有自己的利弊，而 DataReader 对象最显而易见的利和弊分别是读取的速度和资源的占用。所以，要选择最为合适的应用场景来使用 DataReader 对象。

9.5.1　DataReader 对象概述

DataReader 对象是一个简单的数据集，用于从数据源中以只进流的方式读取数据，DataReader 对象在读取数据时要始终与数据库保持连接状态，所以在读取较多数据时要注意数据库连接池的开销。根据 .NET Framework 数据提供程序不同，DataReader 对象可以分成 SqlDataReader、OleDbDataReader 两类。

DataReader 对象每次读取数据时只在内存中保留一行记录，所以开销非常小。如果将数据源比喻为水池，DataReader 对象可以形象地比喻成一根水管，水管单向地直接把水送到用户处。

9.5.2　DataReader 对象的常用属性和方法

通过 Command 对象的 ExecuteReader 方法可以从数据源中检索数据来创建 DataReader 对象。下面介绍 DataReader 对象的常用属性和方法。

DataReader 对象的常用属性及说明如表 9.9 所示。

表 9.9　DataReader 对象的常用属性及说明

属性	说明
FieldCount	获取当前行的列数
RecordsAffected	获取执行 SQL 语句所更改、添加或删除的行数

DataReader 对象的常用方法及说明如表 9.10 所示。

表 9.10　DataReader 对象的常用方法及说明

方法	说明
Read	使 DataReader 对象前进到下一条记录
Close	关闭 DataReader 对象
Get	用来读取数据集的当前行的某一列的数据

注意：

使用 DataReader 对象是以只进、只读方式返回数据，这样可以提高应用程序性能。使用 DataSet 对象可以将数据缓存到本地，进行数据动态交互，处理大量数据。在操作数据时应根据实际情况选择使用 DataReader 对象或 DataSet 对象。

9.5.3　使用 DataReader 对象读取数据

DataReader 对象使用起来很简单，通过 SqlCommand 对象的 ExecuteReader 方法执行数据库查询并返回 SqlDataReader 对象，然后通过在 while 循环中，使用 SqlDataReader 对象的 Read 方法即可将数据前进到下一条记录，同时 Read 方法将会返回当前是否为有效数据，如果数据已经到达最后一条记录，那么 Read 方法将会返回 false，最后通过 SqlDataReader 对象的索引器来访问每一列数据的数据值。

例如，下面代码用来使用 SqlDataReader 对象读取查询到的数据：

```
//使用 ExecuteReader 方法的返回值创建 SqlDataReader 对象
SqlDataReader sqldr = sqlcmd.ExecuteReader();
richTextBox1.Text = " 编号        版本          价格 \n";//为文本框赋初始值
try
{
     if (sqldr.HasRows) //判断 SqlDataReader 对象中是否有数据
     {
          while (sqldr.Read())//循环读取 SqlDataReader 对象中的数据
          {
               richTextBox1.Text += "" + sqldr["ID"] + "    " + sqldr["Name"] + "    " +
sqldr["Money"] + "\n";          }
     }
}
```

注意：

① 在使用 DataReader 对象时，将以独占方式使用 Connection 对象，也就是在使用 DataReader 读取数据时，与 DataReader 对象关联的 Connection 对象不能再为其他对象所使用。因此，在使用完 DataReader 对象后，应显式调用 Close() 方法断开和 Connection 对象的关联。

② 若程序中漏写了 DataReader 对象的 Close() 方法，.NET 垃圾收集程序在清理过程中会自动完成断开关联的操作。但显式的关闭关联，将会确保程序结束之前它们全部得到处理和执行，并尽可能早地释放资源，而垃圾收集程序不能保证这项工作的完成。

9.5.4　DataReader 对象与 DataSet 对象的区别

ADO.NET 提供两个对象用于检索关系数据，并把它们存储在内存中，分别是 DataSet 对象和 DataReader 对象。DataSet 对象表示内存中的数据库，它能将数据库中的表和约束等表间关系映射到内存中；DataReader 提供快速、向前、只读的数据库读取方式。下面介绍 DataReader 对象与 DataSet 对象的区别。

DataSet 对象在为用户查询数据时的过程如下：

① 创建连接。

② 创建 DataAdapter 对象。

③ 定义 DataSet 对象。

④ 执行 DataAdapter 对象的 Fill 方法。

⑤ 将 DataSet 中的表绑定到数据控件中。

DataReader 对象在为用户查询数据时的过程如下：

① 创建连接。

② 打开连接。

③ 创建 Command 对象。

④ 执行 Command 对象的 ExecuteReader 方法。

⑤ 将 DataReader 对象绑定到数据控件中。

⑥ 关闭 DataReader 对象。

⑦ 关闭连接。

本章知识思维导图

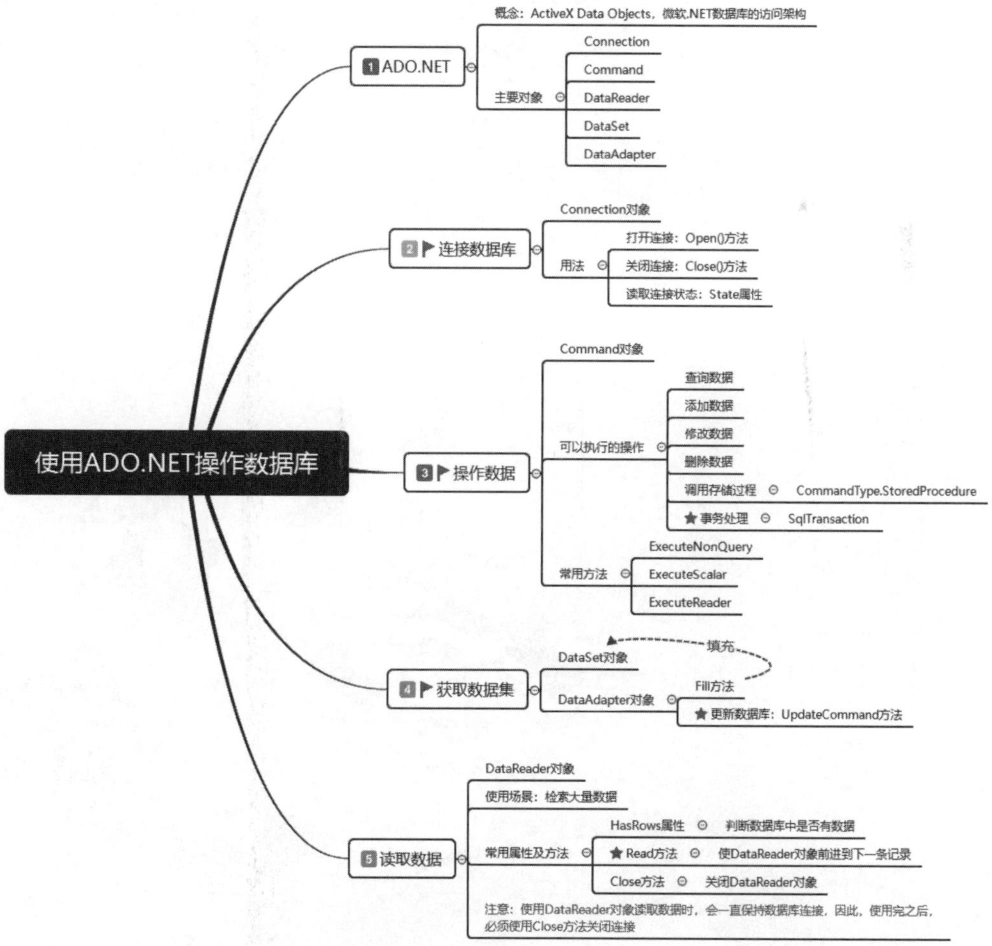

- 使用ADO.NET操作数据库
  - 1 ADO.NET
    - 概念：ActiveX Data Objects，微软.NET数据库的访问架构
    - 主要对象
      - Connection
      - Command
      - DataReader
      - DataSet
      - DataAdapter
  - 2 连接数据库
    - Connection对象
    - 用法
      - 打开连接：Open()方法
      - 关闭连接：Close()方法
      - 读取连接状态：State属性
  - 3 操作数据
    - Command对象
    - 可以执行的操作
      - 查询数据
      - 添加数据
      - 修改数据
      - 删除数据
      - 调用存储过程 — CommandType.StoredProcedure
      - ★ 事务处理 — SqlTransaction
    - 常用方法
      - ExecuteNonQuery
      - ExecuteScalar
      - ExecuteReader
  - 4 获取数据集
    - DataSet对象
    - DataAdapter对象
      - Fill方法（填充 → DataSet对象）
      - ★ 更新数据库：UpdateCommand方法
  - 5 读取数据
    - DataReader对象
    - 使用场景：检索大量数据
    - 常用属性及方法
      - HasRows属性 — 判断数据库中是否有数据
      - ★ Read方法 — 使DataReader对象前进到下一条记录
      - Close方法 — 关闭DataReader对象
    - 注意：使用DataReader对象读取数据时，会一直保持数据库连接，因此，使用完之后，必须使用Close方法关闭连接

第 10 章

LINQ 数据访问技术

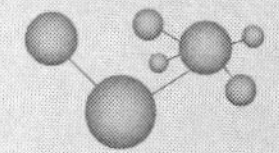

本章学习目标

- 了解 LINQ 技术。
- 熟练掌握 LINQ 查询表达式的使用。
- 掌握 Lambda 表达式的使用。
- 熟悉 Func 委托与匿名方法。
- 掌握如何在实际开发中使用 LINQ 技术。

10.1 LINQ 技术概述

LINQ（语言集成查询）是 .NET Framework 中引入的一项功能，是一种查询技术。它在对象领域和数据领域之间架起了一座桥梁。在传统上针对数据的查询都以简单的字符串进行数据的匹配查询等，并且没有编译时类型检查或 IntelliSense（智能感知）的支持。不同的数据源时，也解决了需要单独的了解和学习，如 SQL 数据库、XML 文档和各种 Web 服务等。

LINQ 主要由 3 部分组成，分别为 LINQ to Objects、LINQ to ADO.NET 和 LINQ to XML。其中，LINQ to ADO.NET 可以分为两部分，分别为 LINQ to SQL 和 LINQ to DataSet。下面为各组件的简要说明。

● LINQ to SQL 组件：可以查询基于关系数据库的数据，并对这些数据进行检索、插入、修改、删除、排序、聚合和分区等操作。

● LINQ to DataSet 组件：可以查询 DataSet 对象中的数据，并对这些数据进行检索、过滤和排序等操作。

● LINQ to Objects 组件：可以查询 Ienumerable 或 Ienumerable<T> 集合，也就是说可以查询任何可枚举的集合，如数据（Array 和 ArrayList）、泛型列表 List<T>、泛型字典 Dictionary<T> 以及用户自定义的集合，而不需要使用 LINQ 提供程序或 API。

● LINQ to XML 组件：可以查询或操作 XML 结构的数据（如 XML 文档、XML 片段和 XML 格式的字符串等），并提供了修改文档对象模型的内存文档和支持 LINQ 查询表达式等功能，处理 XML 文档的全新编程接口。

LINQ 可以查询或操作任何存储形式的数据，如对象（集合、数组、字符串等）、关系（关系数据库、ADO.NET 数据集等）、XML 文档、支持 IEnumerable 或泛型 Ienumerable<T> 接口的任何对象集合。此外，一些第三方数据组件也会提供 LINQ 的支持。LINQ 架构如图 10.1 所示。

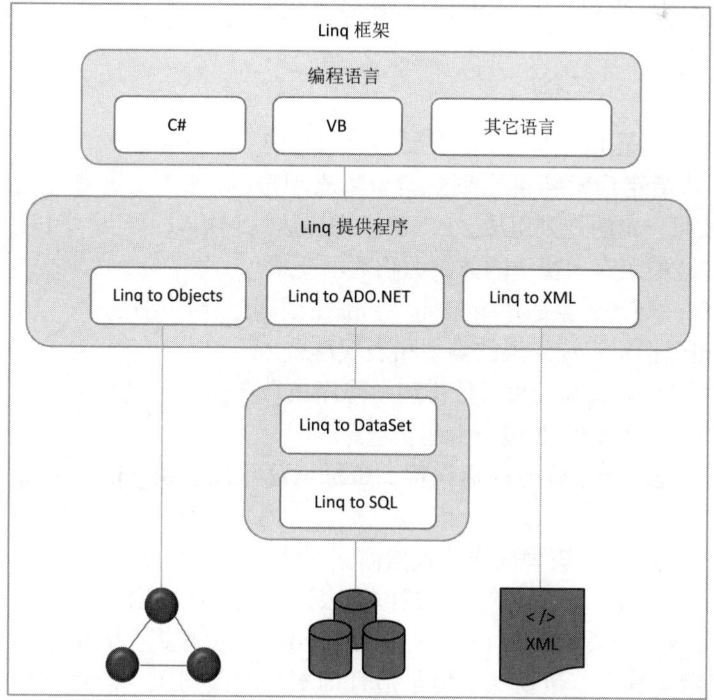

图 10.1 LINQ 架构

10.2 LINQ 查询基础

在学习 LINQ 技术之前需要了解一些有关 LINQ 的基础知识，因为 LINQ 的实现，必须由这些基础来构成，例如隐式类型、委托以及 Lambda 表达式等。在了解并掌握这些基础知识后才能继续 LINQ 的学习。

10.2.1 LINQ 中的查询形式

在实现 LINQ 查询时可以使用两种形式的语法，即方法查询和查询语法。

● 方法查询 (method syntax) 使用标准的方法调用，这些方法是一组标准查询运算符的方法。方法语法是命令式的，它指明了查询方法的调用顺序。

● 查询语法 (query syntax) 是看上去和 SQL 语句很相似的一组查询子句。查询语法是声明式的，即它只是定义描述了你想返回的数据，但并没有指明如何执行这个查询，所以，编译器实际上会将查询语法表示的查询翻译为方法调用的形式。

下面为两种查询方式的基本形式：

第一种：使用方法查询方式

```
int[] values = new int[] { 5, 8, 15, 20, 21, 30, 50, 65, 93 };
List<int> list = values.Where(W => W >= 30).ToList();
```

第二种：使用查询语法方式

```
int[] values = new int[] { 5, 8, 15, 20, 21, 30, 50, 65, 93 };
var list = from v in values where v >= 30 select v;
```

上面两种方式的查询结果是相同的，但 Microsoft 推荐使用查询语法来实现，因为它更易读，更能清晰地表明查询意图，因此也更不容易出错。

10.2.2 查询表达式结构

LINQ 查询表达式是 LINQ 中非常重要的一部分内容，它可以从一个或多个给定的数据源中检索数据，并指定检索结果的数据类型和表现形式。LINQ 查询表达式由一个或多个 LINQ 查询子句按照一定的规则组成。LINQ 查询表达式包括以下几个子句：

● from 子句：指定查询操作的数据源和范围变量。

● where 子句：筛选元素的逻辑条件，一般由逻辑运算符组成。

● select 子句：指定查询结果的类型和表现形式。

● orderby 子句：对查询结果进行排序（降序或升序）。

● group 子句：对查询结果进行分组。

● into 子句：提供一个临时的标识符，该标识符可以引用 join、group 和 select 子句的结果。

● join 子句：连接多个查询操作的数据源。

● let 子句：引入用于存储查询表达式中子表达式结果的范围变量。

LINQ 查询表达式必须包括 from 子句，且以 from 子句开头。from 子句指定查询操作的数据源和范围变量。其中，数据源不但包括查询本身的数据源，而且还包括子查询的数据源。范围变量一般用来表示源序列中的每一个元素。

说明：

如果该查询表达式还包括子查询，那么子查询表达式也必须以 from 子句开头。

下面是一个完整的 LINQ 查询表达式语句：

```
List<Student> student = GetStudents();
List<Scores> scores = GetScores();
var list = from _student in student
                join _scores in scores on _student.ID equals _scores.StudentID
                where (_scores.Chinese + _scores.Math + _scores.English) / 3 > 60
                group _student by new { _student.Age } into ab
                orderby ab.Key.Age descending
                select new data { Age = ab.Key.Age, count = ab.Count() };
```

student 和 scores 分别是两个存在关联性的 List 数据集合，通过 from 和 join 子句并指定关联属性可以将两个集合进行数据间的关联。where 条件筛选了平均分为 60 分以上的学生，然后通过 group by 子句指定了分组依据并使用 into 子句将分组结果存储在临时标识符 ab 中，在 group by 或 select 子句中使用 into 子句建立新的临时标识符有时也可以称为"延续"，这样对于 into 的理解就会更加透彻。orderby 子句定义了按指定的属性进行排序操作，排序方式可以为 descending 和 ascending，指定 descending 为按降序排列，而 ascending 为升序排列。最后通过 select 子句返回一个自定义的数据实体类。

10.2.3 标准查询运算符

标准查询运算符是由一系列 API 方法组成，它支持查询任何数组或集合对象。被查询的集合必须是实现了 IEnumerable<T> 接口的，这些查询方法中有一些返回 IEnumerable 对象，而其他一部分查询方法会直接返回标量值。

下面列举几个常用的标准查询运算符（查询方法）。

- Select：指定要查询的项，同 select 子句。
- Where：指定筛选条件，同 where 子句。
- Take：指定要获取的元素个数，同 SQL 中的 top 语句。
- Skip：跳过指定个数的元素开始获取。
- Join：对两个对象执行内连接。
- GroupBy：分组集合中的元素，同 groupby 子句。
- OrderBy：指定对集合中元素进行排序。
- ThenBy：可对更多的元素进行排序。
- Count：返回集合中元素的个数。
- Sum：返回集合中某一项值的总和。
- Min：返回元素中最小的值。
- Max：返回元素中最大的值。

这些查询运算符只是其中常用的一部分，Where 可以指定筛选条件，而 Select 或 Count 等查询运算符能够返回所需的数据项，但使用这些带有返回项的查询运算符时同样也可以指定像 Where 一样的筛选条件。

下面以标准查询运算符的方式来查询 student 和 scores 数据集合，实现与查询表达式查询结果相同的查询运算符语句：

```
List<Student> student = GetStudents();
List<Scores> scores = GetScores();
var JoinData = student.Join(scores, _student => _student.ID, _scores => _scores.StudentID,
                            (_student, _scores) => new { Student = _student, Scores = _scores });
var ResultList = JoinData.Where(W =>
                            (W.Scores.Chinese + W.Scores.Math + W.Scores.English) / 3 > 60)
                         .GroupBy(G => G.Student.Age)
                         .OrderByDescending(O => O.Key)
                         .Select(S => new { Age = S.Key, Count = S.Count() });
```

在上面的代码中，使用 Join 方法将 student 和 scores 关联了起来，第一个参数为与之关联的集合，第二个和第三个参数分别为两个集合的关联键，第四个参数为关联后返回的结果。下面的 Where 和 GroupBy 查询运算符与查询表达式中 where 子句和 groupby 子句实现效果相同。OrderByDescending 运算符直接定义了降序排序的依据，反之升序为 OrderBy 方法，最后通过 Select 运算符回了要查询的数据。

10.2.4 LINQ 语言特性

在前面我们学习了 LINQ 的一些基础以及两种查询方式，但在使用 LINQ 之前还要对下面三个语言特性进行了解，分别是隐式类型、匿名类型和对象初始化器。

（1）隐式类型

在还没有出现隐式类型之前，在声明一个变量时，该变量的数据类型必须要明确指定，例如 int a=0、string s="abc" 等。当然，这样的声明方式是没有任何问题的，但在使用 LINQ 查询数据时，要想明确指定返回的数据类型是一件很麻烦的事情，有时还需要进行各种类型转换，这无疑增加了开发成本，所以，隐式类型的出现解决了这个问题。

下面是定义隐式类型的语法规则，通过使用 var 关键字可以定义接收任何类型的数据。

```
var a = 1;                          //等同于 int a=1;
var s = "abc";                      //等同于 string s="abc";
var list = new List<int>();         //等同于 List<int> list=new List<int>();
var o = new object();               //等同于 object o=new object();
```

上面通过 var 关键字定义的 4 个变量与对应注释中明确指定类型的定义效果是相同的，因为编辑器可通过变量的值来推导出数据类型，所以，在使用隐式类型时，必须在声明变量之初就要给变量赋值。

使用隐式类型定义变量并不会存在程序性能的问题，因为其原理是在编译器进行编译后产生的 IL 代码（中间语言代码）与普通的明确类型的定义是完全相同的。不过，能够方便使用具体类型的地方还是要尽量使用明确指定类型的方式，因为这会关系到程序的可读性。

使用隐式类型的好处：一方面可以无需关心 LINQ 查询返回的各种复杂类型，另一方面在使用 foreach 遍历一个集合时也不必去查看相关的数据类型，使用 var 即可代替。

注意：

隐式类型只能在方法内部、属性的 get 或 set 访问器内进行声明，不能使用 var 来定义返回值、参数类型或类中的数据成员。

（2）匿名类型

匿名类型与隐式类型是相对的，在创建一个对象时同样无需定义对象的类型。在使用 LINQ 查询时所返回的数据对象通常会以匿名类型进行返回，这也就需要使用 var 来接收匿名类型对象。

下面是匿名类型的定义方式，使用 var 和 new 关键字可以实现创建一个匿名类型。

```
var obj = new { DateTime.Now, Name = "名称", Values = new int[] { 1, 2, 3, 4, 5 } };
```

代码中分别定义了三个不同类型的属性，这里注意到第一个属性 DataTime.Now 并没有定义属性的名称，这是因为原始属性的名字会被“复制”到匿名对象中。

注意：

不能同时引用具有相同名称的对象属性作为匿名类型的属性，例如 Guid.Empty 和 string.Empty，因为这会导致属性同名问题。

（3）对象初始化器

对象初始化器可以结合前两个语言特性一起使用，例如，创建一个匿名对象时就应用到了三种特性。它提供了一种非常简洁的方式来实例化一个对象和为对象的属性赋值。

下面是使用对象初始化特性进行实例化操作的语法规则。

```
var student = new Student() { ID = 1, Name = "张三", Age = 20 };
```

使用显式类型定义也可以，例如：

```
Student student = new Student() { ID = 1, Name = "张三", Age = 20 };
```

对象初始化器特性并不需要相关的关键字，它只是一种初始化对象的方式。结合隐式类型和匿名类型可以避免使用强制类型转换。

10.2.5 Func 委托与匿名方法

Func 被定义成了一个泛型委托，它最多为 0 ～ 16 个输入参数，正是由于它是泛型委托，所以参数由开发者确定，同时，它规定要有一个返回值，而返回值的类型也是由开发者确定。

下面是定义 Func 泛型委托的语法，代码中定义了一个委托和一个委托回调方法。

```
Func<int, int, string> calc = getCalc;
public string getCalc(int a, int b)
{
    return "结果为：" + (a + b);
}
```

从代码中可以看到 Func 泛型的前两个参数类型为 int 型，所对应的是 getCalc 方法的两个参数类型，而最后一个泛型参数类型为 string 类型，它表示 getCalc 方法的返回值类型。

上面定义的委托及调用方法都是显式声明的，但在 C# 中可以通过使用一种叫做匿名方法的方式来定义委托的回调方法。匿名方法的定义就是将原来传入的方法名称变更为委托方法体。

下面是定义 Func 泛型委托，并使用匿名方法定义委托的回调方法的语法。

```
Func<int, int, string> calc =
          delegate (int a, int b)
          {
               return "结果为: " + (a + b);
          };
```

在代码结构上，此方式较传统的定义方式更加简便了一些，因为省去了方法的定义。这使得开发者在开发程序时可以更加专注于核心业务部分。

10.2.6 Lambda 表达式

在 LINQ 标准查询运算符中，一些重载方法的参数列表中都有 Func 泛型委托的身影。然而，如果在这里使用 Func 泛型委托和匿名方法会显得复杂得多，所以，C# 中又出现了 Lambda 表达式，相对于匿名方法，Lambda 表达式进一步简化了一些多余的字母或单词的编码工作，例如省去了 delegate，同时结合匿名类型也可以省去定义实体数据类的过程。

Lambda 表达式的语法格式是将委托的回调方法简化到了只有参数列表和表达式体的程度。

```
Arg-list => expr-body
```

“=>”符号左边为表达式的参数列表，右边则是表达式体，参数列表可以包含 0 到多个参数，声明方式与定义方法时的形参格式相同，例如下面是带有两个参数的 Lambda 表达式。

```
Func<int, int, string> calc =
          (int a, int b) =>
          {
               return "结果为: " + (a + b);
          };
```

如果只有一个参数也可以有另一种写法:

```
Func<int, string> calc =
          a =>
          {
               return "结果为: " + a;
          };
```

无参数的 Lambda 表达式则直接定义一个空的参数列表:

```
Func<string> calc =
          () =>
          {
               return "无参数 Lambda 表达式";
          };
```

10.3 LINQ 技术的实际应用

LINQ 技术目前在 C# 代码中占有很高的使用率，从基本的内存数据筛选再到与数据库间的关联操作，都已在 LINQ 技术中实现了这些功能。无论是 C# 语言本身集成的组件，还是第三方组件，只要是基于 LINQ 技术来实现，那么开发人员只需掌握 LINQ 这一项技术就可以快速地应用这些组件，而无需再去管理那些组件所带来的各种驱动程序。

10.3.1 简单的 List 集合筛选

通常，在一个集合中要想筛选出指定条件的数据条目，我们可以采用 foreach 遍历，然后通过 if 判断来实现，这样做确实能够实现，但从代码量和实现复杂度上来讲这并不是最好的解决办法。然而，使用 LINQ 则可以实现各种复杂的运算逻辑，并且在结构上要优于使用循环的方式。

（源码位置：资源包 \Code\10\01）

[实例 10.1]

使用 LINQ 筛选出自 1900 年到现在的所有闰年

本实例实现将从 1900 年到当前时间的年份添加到 List 集合中，然后通过 LINQ 的标准查询运算符和定义的 Lambda 表达式条件筛选出所有的闰年。

程序的实现步骤如下：

① 新建一个网站并创建 Default.aspx 页面，在页面添加一个 DataList 控件并实现模板的绑定以及样式设置。

② 打开后台代码文件 Default.aspx.cs，首先在该文件中定义 List 对象，然后在 Page_Load 方法中通过循环 1900 到当前时间的所有年份并添加到 List 中，接着调用筛选年份的方法，代码如下：

```
public List<int> EveryYear = new List<int>();
protected void Page_Load(object sender, EventArgs e)
{
     int StartYear = 1900;                         // 定义起始年份
     int EndYear = DateTime.Now.Year;              // 定义当前年份
     for (; StartYear <= EndYear; StartYear++)     // 循环每一年
{
EveryYear.Add(StartYear);                          // 将每一年添加到 List 集合中
}
LeapYear();                                        // 调用筛选闰年的方法
}
```

③ 使用 LINQ 实现筛选闰年的方法，代码如下：

```
private void LeapYear()
 {
     /* 使用标准查询运算符并定义 Lambda 表达式筛选条件，
       通过 Select 方法将检索的项赋给 LeapYearEntity 类 */
     var EveryLeapYear = EveryYear.Where(W =>
         (W % 4 == 0 && W % 100 > 0) || (W % 100 == 0 && W % 400 == 0))
         .Select(S => new LeapYearEntity() { EveryLeapYear = S });
     // 绑定筛选出来的数据到 DataList 控件
     this.DataList1.DataSource = EveryLeapYear;
     // 执行绑定
     this.DataList1.DataBind();
 }
```

执行程序，页面加载完成后将显示所有闰年列表，如图 10.2 和图 10.3 所示。

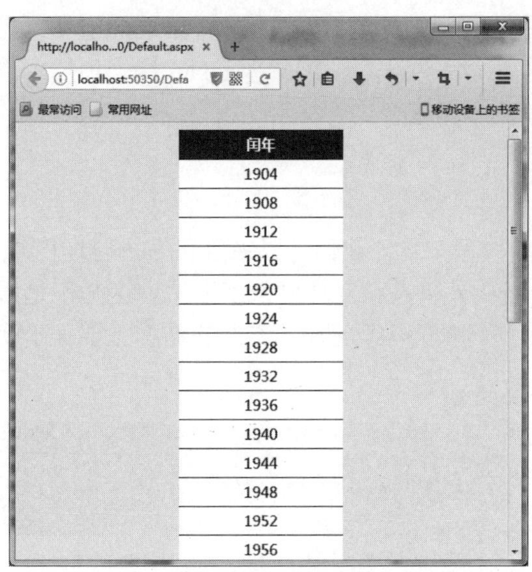

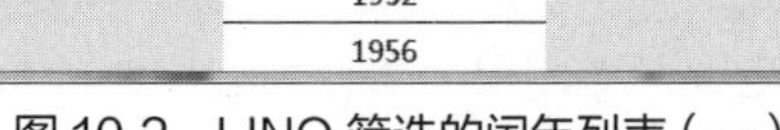
图 10.2　LINQ 筛选的闰年列表（一）

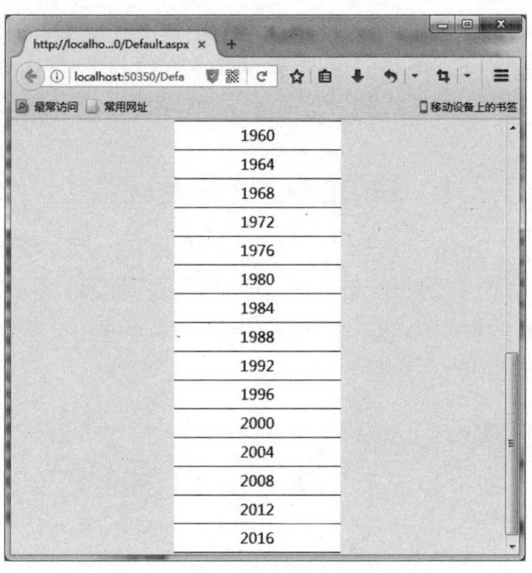

图 10.3　LINQ 筛选的闰年列表（二）

10.3.2　使用 LINQ 统计数据

[实例 10.2]　（源码位置：资源包 \Code\10\02）

使用 LINQ 统计商品销售情况表

本实例将通过在 List 中统计商品的销售额以及销售数量等数据，主要是使用表连接以及分组统计进行查询，并且将会执行动态条件查询来筛选多个条件查询。

程序的实现步骤如下：

① 创建一个网站并创建 Default.aspx 页面，在 Default.aspx 页面中添加一个 GridView 控件用于显示数据列表，然后在列表上方定义筛选条件区域。

② 在页面类下面定义两个 List 集合对象，然后在 Page_Load 方法中生成 List 数据。这里注意的是 List 对象要声明为静态的（static），然后数据将以随机的方式生成。

③ 定义核心代码部分，编写查询数据的查询表达式语句，该方法有 3 个参数，分别用于产品种类、种类编号以及销售日期的搜索条件，代码如下：

```
public void GetData(string CategoryName, string CategoryCode, DateTime? SaleDate)
{
DateTime StartDate = DateTime.MinValue;// 定义搜索条件的开始日期，默认值为最小时间
// 定义搜索条件的结束日期，默认值为最大时间
DateTime EndDate = DateTime.MaxValue.AddDays(-1);
    if (SaleDate != null)// 如果日期参数不为空，则说明用户按日期进行了搜索
{
StartDate = (DateTime)SaleDate;// 设置开始日期为用户选择的日期
EndDate = (DateTime)SaleDate;  // 设置结束日期为用户选择的日期
}
    var Getting = from gs in goodsSalesList// 查询销售表
/*where 条件指定了日期查询，采用范围搜索的目的是能够
使用最小和最大日期来兼容默认情况下（不按日期搜索）的数据查询 */
                  where gs.SaleDate >= StartDate.Date && gs.SaleDate < EndDate.AddDays(1).Date
                  group gs by gs.goodsID into newGroup// 按产品分组
                  join g in goodsList on newGroup.Key equals g.ID// 分组后与主集合数据关联
```

```
/*where 条件指定了按种类或编号查询，采用三元运算符是为了兼容
用户没有进行条件搜索的默认为查询全部数据 */
                    where (CategoryName == "" ? true : g.CategoryName == CategoryName)
                          && (CategoryCode == "" ? true : g.CategoryCode == CategoryCode)
                    orderby newGroup.Key ascending// 按产品 ID 排序
// 查询需要用到的信息以及各种统计数据
                    select new
{
goodsID = newGroup.Key,
CategoryCode = g.CategoryCode,
CategoryName = g.CategoryName,
Price = g.Price,
totalSalePrice = newGroup.Sum(S => S.SalePrice),
totalCount = newGroup.Count(),
avgSalePrice = Math.Round(Convert.ToDecimal(newGroup.Sum(S =>
S.SalePrice) / newGroup.Count()), 2)
};
      this.GridView1.DataSource = Getting;// 绑定数据源
      this.GridView1.DataBind();          // 执行绑定
}
```

④ 定义两个搜索事件处理方法，一个是搜索产品时的 Button 按钮事件，另一个是按日期搜索的 Calendar 日期控件选中事件。

执行程序，页面在加载时默认显示全部数据，如图 10.4 所示。按条件搜索时将显示条件内的数据，如图 10.5 所示。

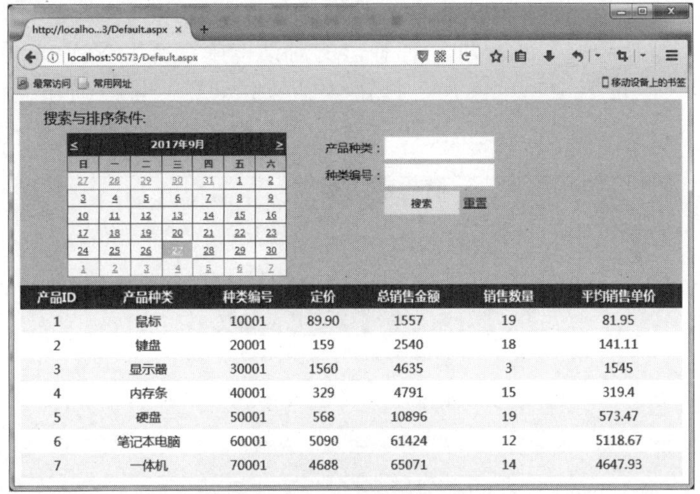

产品ID	产品种类	种类编号	定价	总销售金额	销售数量	平均销售单价
1	鼠标	10001	89.90	1557	19	81.95
2	键盘	20001	159	2540	18	141.11
3	显示器	30001	1560	4635	3	1545
4	内存条	40001	329	4791	15	319.4
5	硬盘	50001	568	10896	19	573.47
6	笔记本电脑	60001	5090	61424	12	5118.67
7	一体机	70001	4688	65071	14	4647.93

图 10.4　默认统计列表

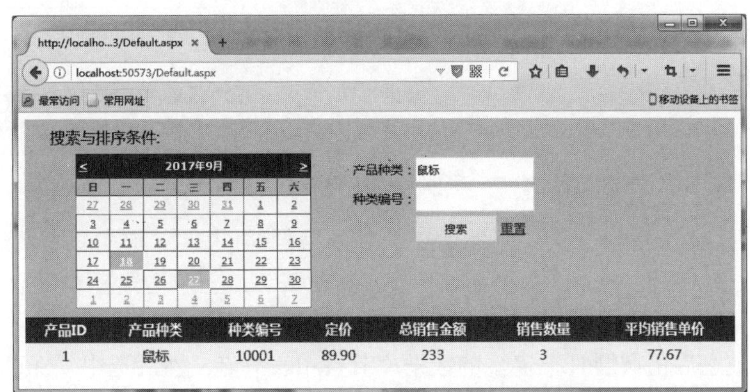

产品ID	产品种类	种类编号	定价	总销售金额	销售数量	平均销售单价
1	鼠标	10001	89.90	233	3	77.67

图 10.5　搜索“鼠标”并选择日期为 18 号

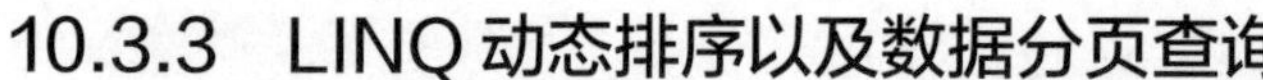

10.3.3 LINQ 动态排序以及数据分页查询

LINQ不仅可以实现内存中集合数据的筛选，而且还可以对数据库进行相关的操作，其语法格式也与查询数据集合相同。在以往查询数据库时，通常要在程序中拼接 SQL 语句，大量的拼接字符串不利于程序的管理维护，然而更复杂的动态逻辑语句还必须要使用存储过程才能实现。例如，各种排序方式以及数据分页等，然而在使用 LINQ 技术后，就可以在程序中使用强类型来实现这些功能。

[实例 10.3] （源码位置：资源包 \Code\10\03）

使用 LINQ 查询学生信息表

本实例将使用 LINQ to Sql 实现数据查询操作，通过页面上定义的查询、排序以及分页等功能按钮实现在 LINQ 中查询这些数据。

程序的实现步骤如下：

① 创建一个网站并创建 Default.aspx 页面，在该页面中添加一个 GridView 控件用于显示数据列表，然后在列表上方定义筛选条件、排序按钮以及分页按钮，页面中还定义了 3 个 HiddenField 控件，用于存储分页功能的“当前页码”“总页码”和“升降序”排序功能。

② 在使用 LINQ to Sql 时，需要先创建映射数据库的相关类文件，首先在项目上右键，选择“添加”→“添加新项”菜单项，在弹出的对话框中选择 LINQ to SQL 类，然后修改文件名为“School”，最后单击“添加”按钮会显示提示文件将被创建在“App_Code”文件夹内的提示框，单击“确定”按钮即可完成添加操作。添加过程如图 10.6 所示。

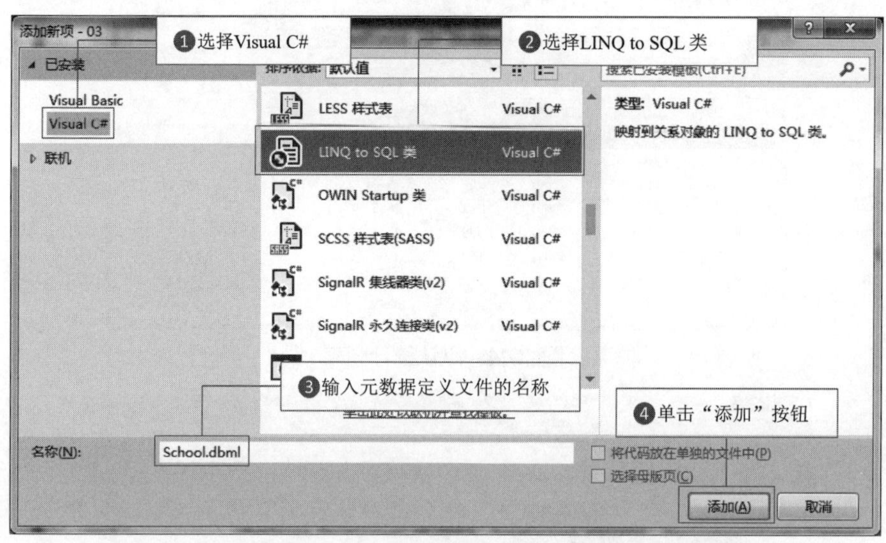

图 10.6 添加 LINQ to SQL 类文件

③ 双击打开 School.dbml 文件，然后在“视图”菜单中找到“服务器资源管理器”选项，如图 10.7 所示，并打开，找到“数据连接”节点并在该节点上单击鼠标右键选择“添加连接”项，如图 10.8 所示，在弹出的配置对话框中配置要连接的数据库信息。

④ 添加完成之后依次展开已连接的数据库节点和表节点，然后选中“Student”表，接着按住鼠标左键向 School.dbml 页面中拖动，页面上会出现一个表结构窗口，如图 10.9 所示。

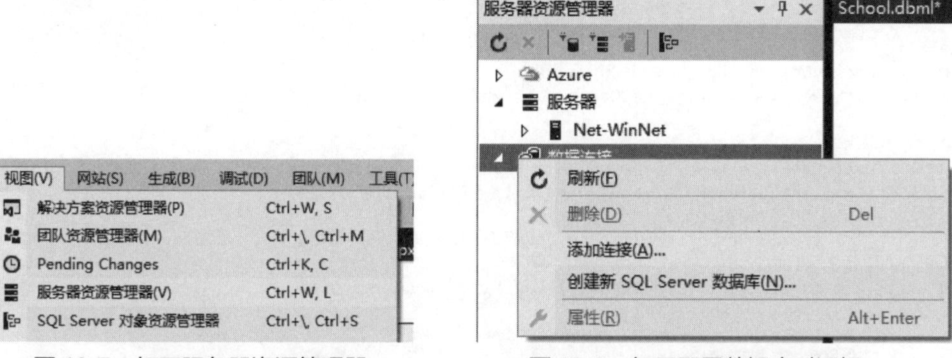

图 10.7 打开服务器资源管理器　　　　图 10.8 打开配置数据库对话框

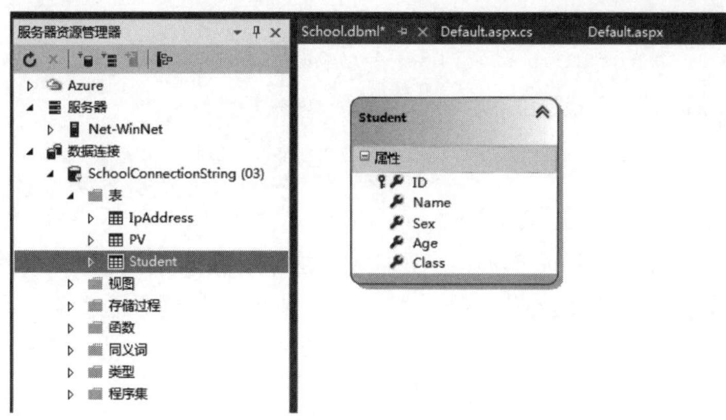

图 10.9 向 School.dbml 文件中拖放一个表

⑤ 定义查询数据的方法，设定方法可以接收 4 个参数，分别为当前页码、每页显示的数据总数、性别筛选条件和名称筛选条件。方法设计思路是先对数据进行 where 条件筛选，然后进行分页计算和筛选，接着设定排序方式，最后查询数据并绑定到 GridView，代码如下：

```
public void GetData(int PageIndex, int PageSize, int SexID, string SearchValue)
{
// 实例化操作数据库的上下文类
    SchoolDataContext sdc = new SchoolDataContext();
// 对 Student 表进行条件筛选
    var resultWhere = sdc.Student.Where(W => ((SexID == 0 ? true :
W.Sex == (SexID == 1 ? "男" : "女"))
     && (SearchValue != "" ? W.Name.Contains(SearchValue) : true));
// 根据分页信息计算当前需要跳过的数据条数
    int skip = (PageIndex - 1) * PageSize;
// 跳过计算后的数据条数，并指定要获取的总数据条数
    var resultPage = resultWhere.Skip(skip).Take(PageSize);
// 获取隐藏域中记录的排序方式
    int Sort = Convert.ToInt32(this.HiddenField3.Value);
// 定义表达式目录树
    Expression<Func<Student, int?>> orderby;
// 得到要排序的列
orderby = ob => (Sort == -2 || Sort == 2 ? ob.Age : ob.ID);
// 定义排序后的返回类型
    IOrderedQueryable<Student> resultOrderby = null;
// 如果排序方式大于零则表示升序
    if (Sort > 0)
{
//OrderBy 表示以升序排序
resultOrderby = resultPage.OrderBy(orderby);
}
// 如果排序方式小于零则表示降序
```

```
    else if (Sort < 0)
{
//OrderByDescending 方法表示以降序排序
resultOrderby = resultPage.OrderByDescending(orderby);
}
// 查询要使用的字段
    var result = resultOrderby.Select(S => new { S.ID, S.Name, S.Sex, S.Age, S.Class });
    this.GridView1.DataSource = result;  // 绑定到 GridView
    this.GridView1.DataBind();           // 执行绑定
    int totalCount = resultWhere.Count();// 获取总记录数
// 计算出总页数
    int totalPage = (totalCount / PageSize) + ((totalCount % PageSize) > 0 ? 1 : 0);
// 绑定分页信息到 Label 控件
    this.Label1.Text = " 共 " + totalPage + " 页，当前第 " + PageIndex + " 页";
// 将总页数绑定到隐藏域
    this.HiddenField2.Value = totalPage.ToString();
    if (PageIndex == 1)                  // 如果当前为第一页
{
        this.Button2.Enabled = false;    // 设置上一页按钮不可用
}
    if (PageIndex == totalPage)          // 如果当前为最后一页
{
        this.Button3.Enabled = false;    // 设置下一页按钮不可用
}
}
```

⑥ GetData 方法需要在 Page_Load 页面加载方法中、搜索按钮事件以及排序按钮事件中被调用，而方法参数中只有 PageSize 可以为常量，所以，其他 3 个参数都需要在页面中获取。接着在每个功能按钮事件方法与该方法之间定义一个过渡方法，这样做是为了能够统一传入条件参数，代码如下：

```
public void GoSearch(int PageIndex)
{
    int SexID;                                          // 定义获取的性别值
    int.TryParse(this.RadioButtonList1.SelectedValue, out SexID);// 获取已选择的性别
    // 调用 GetData，只有 PageIndex 参数是需要每个方法单独传入的
    GetData(PageIndex, 10, SexID, this.TextBox1.Text.Trim());
}
```

⑦ 实现各个功能按钮功能的事件处理方法，这些方法的实现方式大致相同，都是进行相应的数据计算与赋值操作，然后再调用 GetSearch 方法执行查询。方法的定义可在光盘资源文件中找到，这里将不再列出。

执行程序，页面加载完成后将显示全部数据，如图 10.10 所示。当按“小”字和性别为男进行搜索后，再执行按年龄升序排序将会得到筛选以及排序好的数据列表，如图 10.11 所示。

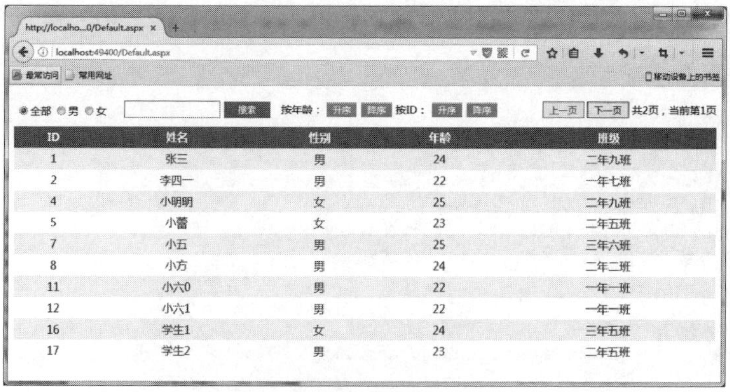

ID	姓名	性别	年龄	班级
1	张三	男	24	二年九班
2	李四一	男	22	一年七班
4	小明明	女	25	二年九班
5	小蕾	女	23	二年五班
7	小五	男	25	三年六班
8	小方	男	24	二年二班
11	小六0	男	22	一年一班
12	小六1	男	22	一年一班
16	学生1	女	24	三年五班
17	学生2	男	23	二年五班

图 10.10　默认学生列表

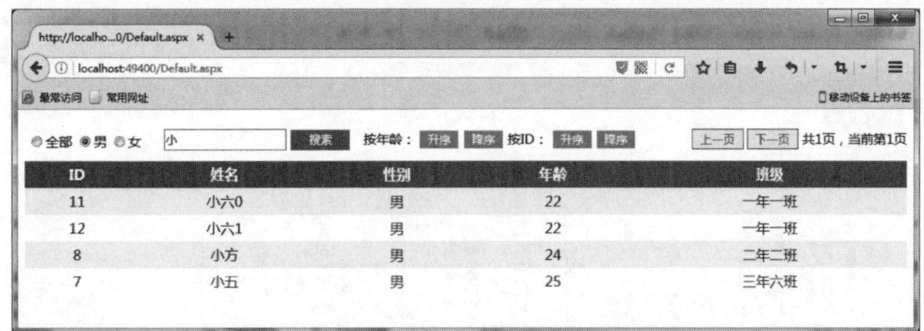

图 10.11　搜索和排序后的列表

本章知识思维导图

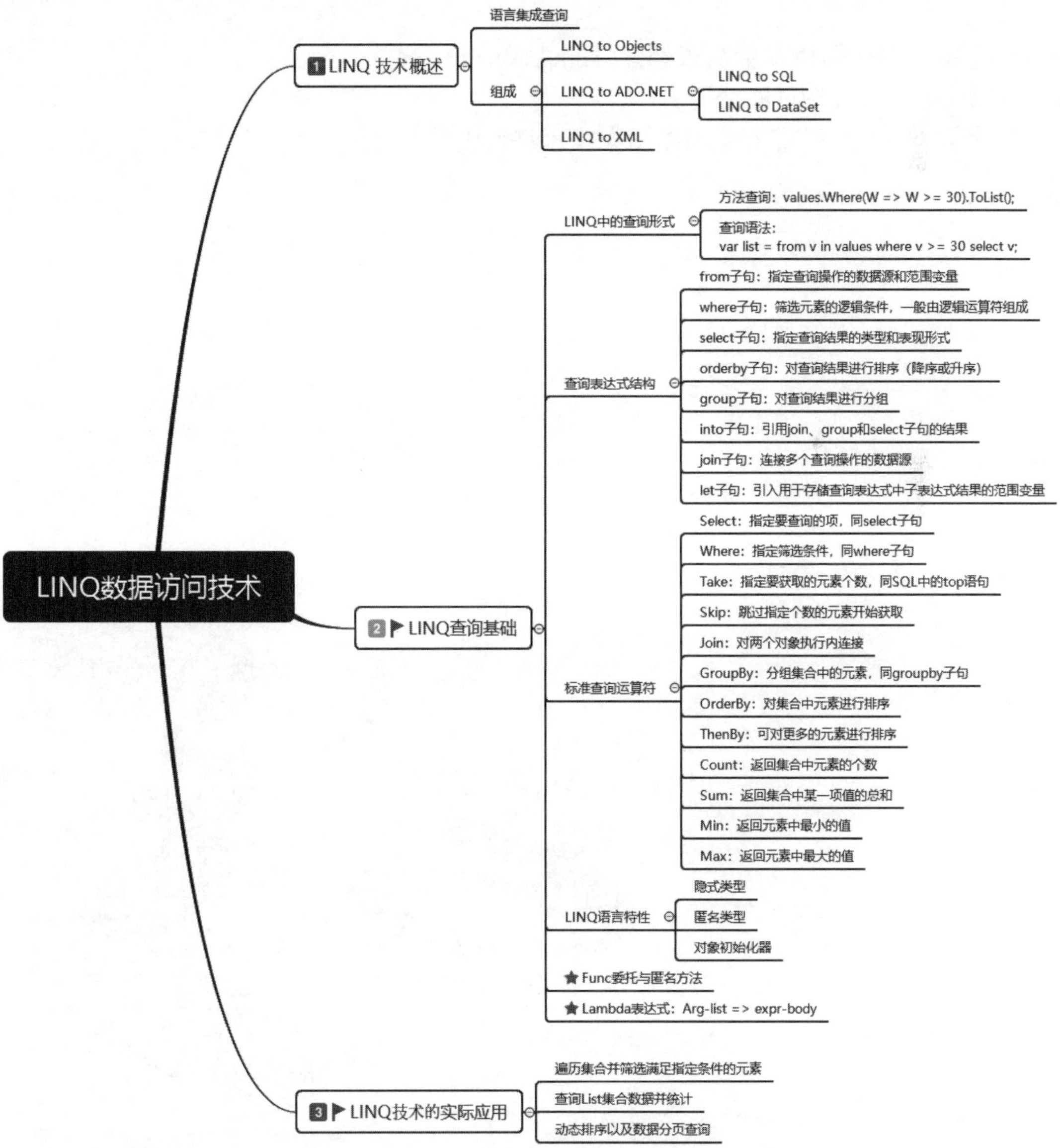

- LINQ数据访问技术
  - 1 LINQ 技术概述
    - 语言集成查询
    - 组成
      - LINQ to Objects
      - LINQ to ADO.NET
        - LINQ to SQL
        - LINQ to DataSet
      - LINQ to XML
  - 2 LINQ查询基础
    - LINQ中的查询形式
      - 方法查询：values.Where(W => W >= 30).ToList();
      - 查询语法：var list = from v in values where v >= 30 select v;
    - 查询表达式结构
      - from子句：指定查询操作的数据源和范围变量
      - where子句：筛选元素的逻辑条件，一般由逻辑运算符组成
      - select子句：指定查询结果的类型和表现形式
      - orderby子句：对查询结果进行排序（降序或升序）
      - group子句：对查询结果进行分组
      - into子句：引用join、group和select子句的结果
      - join子句：连接多个查询操作的数据源
      - let子句：引入用于存储查询表达式中子表达式结果的范围变量
    - 标准查询运算符
      - Select：指定要查询的项，同select子句
      - Where：指定筛选条件，同where子句
      - Take：指定要获取的元素个数，同SQL中的top语句
      - Skip：跳过指定个数的元素开始获取
      - Join：对两个对象执行内连接
      - GroupBy：分组集合中的元素，同groupby子句
      - OrderBy：对集合中元素进行排序
      - ThenBy：可对更多的元素进行排序
      - Count：返回集合中元素的个数
      - Sum：返回集合中某一项值的总和
      - Min：返回元素中最小的值
      - Max：返回元素中最大的值
    - LINQ语言特性
      - 隐式类型
      - 匿名类型
      - 对象初始化器
    - ★ Func委托与匿名方法
    - ★ Lambda表达式：Arg-list => expr-body
  - 3 LINQ技术的实际应用
    - 遍历集合并筛选满足指定条件的元素
    - 查询List集合数据并统计
    - 动态排序以及数据分页查询

第 11 章
数据绑定控件的使用

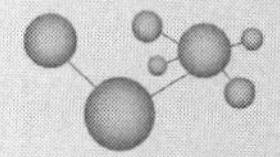

本章学习目标

- 熟练掌握 GridView 数据表格控件的使用。
- 掌握 DataList 控件的使用。
- 熟悉 ListView 控件与 DataPager 控件的组合应用。

11.1 GridView 控件

GridView 控件是所有数据控件中最常用的一个，使用 GridView 控件可以更方便快捷地设计出一个数据表格，下面我们主要讲解 GridView 控件的各成员以及它的用法。

11.1.1 GridView 控件概述

GridView 控件的作用是显示数据源中的数据，在浏览器中它是以表格的形式呈现数据的。每列表示一个字段，而每行表示一条记录，由于 GridView 控件为服务器端控件，所以绑定数据也是在服务器端进行的。GridView 控件是 ASP.NET 1.x 中 DataGrid 控件的改进版本，其最大的特点是自动化程度比 DataGrid 控件高。使用 GridView 控件时，可以在不编写代码的情况下实现分页、排序等功能。GridView 控件支持下面的功能：

- 可绑定至多种数据源，如 SqlDataSource、IList。
- 内置排序功能。
- 内置更新和删除功能。
- 内置分页功能。
- 内置行选择功能。
- 通过编程方式管理 GridView 对象以动态设置属性、处理事件等。
- 可通过主题和样式自定义外观。

11.1.2 GridView 控件常用的属性、方法和事件

通常一个数据列表除了展示数据信息外还需要对这些数据进行管理，例如增、删、改等，若想使用 GridView 控件完成这些操作或更高级的效果，在程序中就一定要应用 GridView 控件的事件与方法，因为这些过程都是通过事件或属性来完成的。

GridView 控件的常用属性及说明如表 11.1 所示。

表 11.1 GridView 控件的常用属性及说明

属性	说明
AllowPaging	获取或设置一个值，该值指示是否启用分页功能
AllowSorting	获取或设置一个值，该值指示是否启用排序功能
AutoGenerateColumns	获取或设置一个值，该值指示是否为数据源中的每个字段自动创建绑定字段
CssClass	获取或设置由 Web 服务器控件在客户端呈现的级联样式表（CSS）类
DataKeyNames	获取或设置一个数组，该数组包含了显示在 GridView 控件中的项的主键字段的名称
DataKeys	获取一个 DataKey 对象集合，这些对象表示 GridView 控件中的每一行的数据键值
DataMember	当数据源包含多个不同的数据项列表时，获取或设置数据绑定控件绑定到的数据列表的名称
DataSource	获取或设置对象，数据绑定控件从该对象中检索其数据项列表
DataSourceID	获取或设置控件的数据源 ID，数据绑定控件从该控件中检索其数据项列表
Enabled	获取或设置一个值，该值指示是否启用 Web 服务器控件
HorizontalAlign	获取或设置 GridView 控件在页面上的水平对齐方式

续表

属性	说明
ID	获取或设置分配给服务器控件的编程标识符
PageCount	获取在 GridView 控件中显示数据源记录所需的页数
PageIndex	获取或设置当前显示页的索引
PageSize	获取或设置 GridView 控件在每页上所显示的记录数目
SortDirection	获取正在排序列的排序方向
SortExpression	获取与正在排序列关联的排序表达式

GridView 控件的属性就像电路的总开关一样，是实现每一个功能的基础，通过预定义这些功能设置，可以实现无论是读还是写的任何功能。

GridView 控件的常用方法及说明如表 11.2 所示。

表 11.2　GridView 控件的常用方法及说明

方法	说明
ApplyStyleSheetSkin	将页样式表中定义的样式属性应用到控件
DataBind	将数据源绑定到 GridView 控件
DeleteRow	从数据源中删除位于指定索引位置的记录
FindControl	在当前的命名容器中搜索指定的服务器控件
Focus	为控件设置输入焦点
IsBindableType	确定指定的数据类型是否能绑定到 GridView 控件中的列
Sort	根据指定的排序表达式和方向对 GridView 控件进行排序
UpdateRow	使用行的字段值更新位于指定行索引位置的记录

GridView 控件的方法可以理解为当一些属性配置完成之后，需要通过方法去呈现这些属性所带来的效果过程，每一个方法都具有不同的实现细节来实现不同的功能。

GridView 控件的常用事件及说明如表 11.3 所示。

表 11.3　GridView 控件的常用事件及说明

事件	说明
DataBinding	当服务器控件绑定到数据源时发生
DataBound	在服务器控件绑定到数据源后发生
PageIndexChanged	在 GridView 控件处理分页操作之后发生
PageIndexChanging	在 GridView 控件处理分页操作之前发生
RowCancelingEdit	单击编辑模式中某一行的“取消”按钮以后，在该行退出编辑模式之前发生
RowCommand	当单击 GridView 控件中的按钮时发生
RowDataBound	在 GridView 控件中将数据行绑定到数据时发生
RowDeleted	单击某一行的“删除”按钮时，在 GridView 控件删除该行之后发生
RowDeleting	单击某一行的“删除”按钮时，在 GridView 控件删除该行之前发生
RowEditing	单击某一行的“编辑”按钮以后，GridView 控件进入编辑模式之前发生

续表

事件	说明
RowUpdated	单击某一行的“更新”按钮时，在GridView控件对该行进行更新之后发生
RowUpdating	单击某一行的“更新”按钮以后，GridView控件对该行进行更新之前发生
SelectedIndexChanged	单击某一行的“选择”按钮时，GridView控件对相应的选择操作进行处理之后发生
SelectedIndexChanging	单击某一行的“选择”按钮以后，GridView控件对相应的选择操作进行处理之前发生
Sorted	单击用于列排序的超链接时，在GridView控件对相应的排序操作进行处理之后发生
Sorting	单击用于列排序的超链接时，在GridView控件对相应的排序操作进行处理之前发生

事件是当在控件上发生某一行为时所触发的处理方法，例如在单击某一行时，想要对这一行数据进行编辑或删除的操作，那么就会触发 RowCommand 事件并调用对应的处理方法，在方法内部就可以实现相应的逻辑。当需要判断所触发的按钮应该执行什么操作时，需要使用 GridView 控件中的按钮（如 Button 按钮）的 CommandName 属性值来标识。CommandName 属性值及其说明如表 11.4 所示。

表 11.4　CommandName 属性值及其说明

事件	说明
Cancel	取消编辑操作，并将GridView控件返回为只读模式
Delete	删除当前记录
Edit	将当前记录置于编辑模式
Page	执行分页操作，将按钮的CommandArgument属性设置为First、Last、Next、Prev或页码，以指定要执行的分页操作类型
Select	选择当前记录
Sort	对GridView控件进行排序
Update	更新数据源中的当前记录

11.1.3　GridView 控件的简单应用

GridView 控件以呈现集合数据为主，与 Excel 表格相同，纵向代表列，横向代表行，第一行是列表头部，通过自带的样式属性可以实现各种样式的表格，当然也可以在主题的 .skin 文件中设置 GridView 控件的外观。

下面通过一个具体的实例介绍如何绑定 GridView 控件。

[实例 11.1]　（源码位置：资源包 \Code\11\01）

绑定 GridView 控件并设置其外观样式

本实例将使用 SqlDataSource 控件连接到数据库作为 GridView 控件的数据源，通过绑定 GridView 控件的数据源配置属性，实现加载数据表中的数据并显示在页面上。实例中将以

School 数据库中的 Student 表为例呈现学生数据列表。程序实现的主要步骤为：

① 新建一个网站并创建 Default.aspx 页面，首先在页面上添加 1 个 GridView 控件和 1 个 SqlDataSource 控件，如图 11.1 所示。

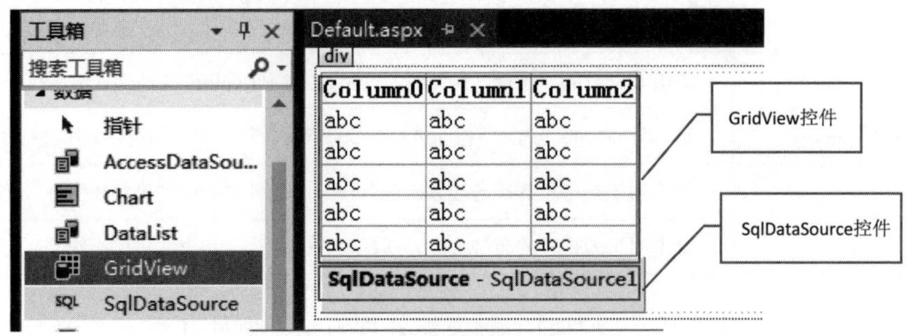

图 11.1　GridView 和 SqlDataSource 控件

② 在项目上单击右键，然后选择创建“Web.config”配置文件，在稍后配置数据源时将会在配置文件中存放数据库连接字符串。

③ 配置 SqlDataSource 控件。首先，单击 SqlDataSource 控件，这时控件右上角出现一个小箭头，单击箭头会弹出 SqlDataSource 任务框，如图 11.2 所示，接着选择“配置数据源”选项会打开“配置数据源”的对话框，如图 11.3 所示。

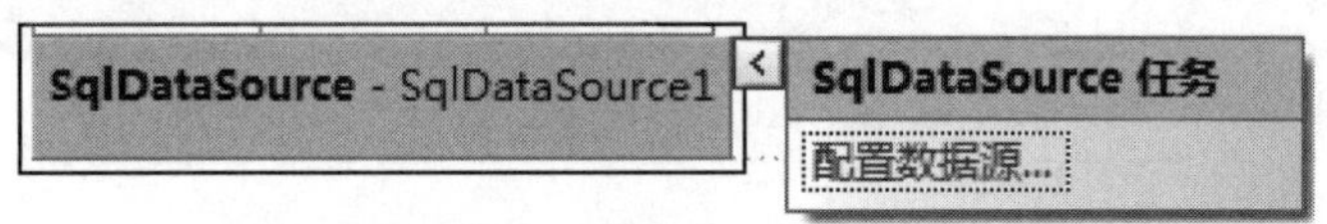

图 11.2　SqlDataSource 控件的任务框

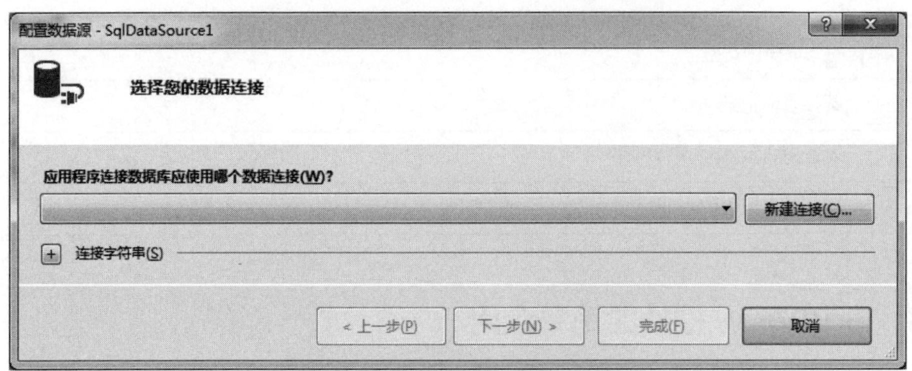

图 11.3　“配置数据源”对话框

④ 连接到数据库。单击“新建连接”按钮，弹出添加连接对话框，在其数据源一栏选择“Microsoft SQL Server (SqlClient)”，服务器名一栏可使用 IP 地址方式进行填写，例如本地数据库使用“127.0.0.1”，身份验证选择 SQL Server 身份验证，用户名为 sa，密码栏填写安装时设置的密码，再输入要连接的数据库名称或者直接单击下拉框进行选择，单击“测试连接”按钮，将弹出测试连接成功提示框，如图 11.4 所示。接着单击“确定”按钮，返回到“配置数据源”对话框中。

回到配置数据源页面后，单击“下一步”按钮，该页面询问是否将连接字符串保存到应用程序配置文件中，默认选择是，如图 11.5 所示。

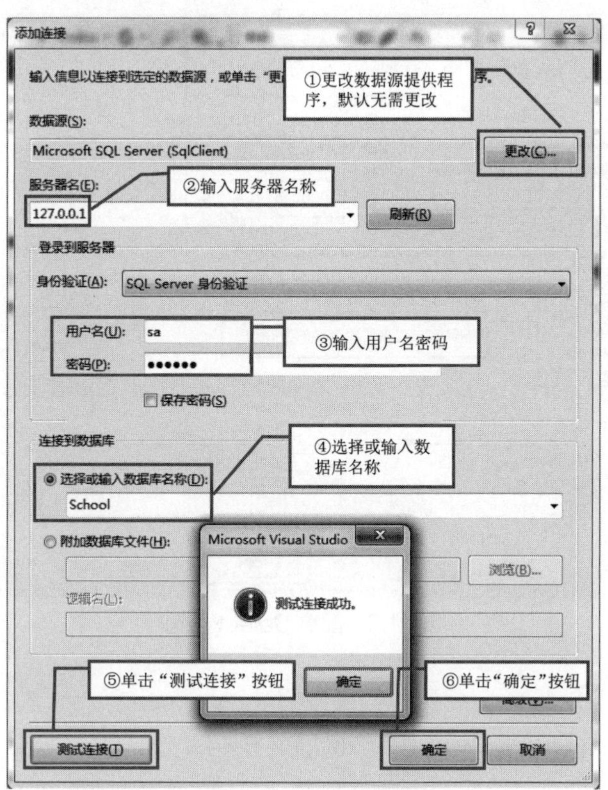

图 11.4　添加连接

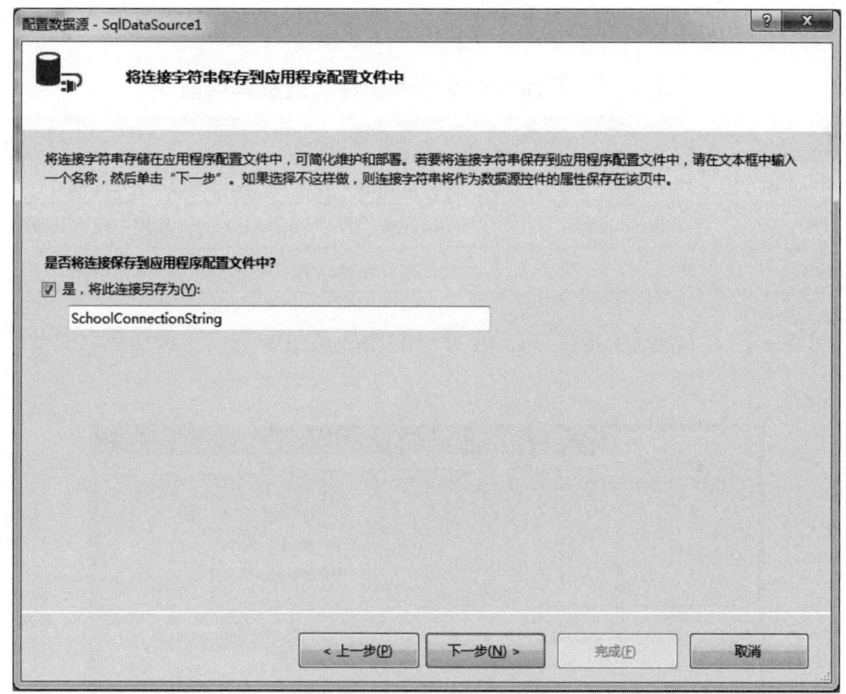

图 11.5　保存连接字符串

然后继续单击“下一步”按钮，在配置 Select 语句页面中，选择要查询的表以及所要查询的列，如图 11.6 所示。

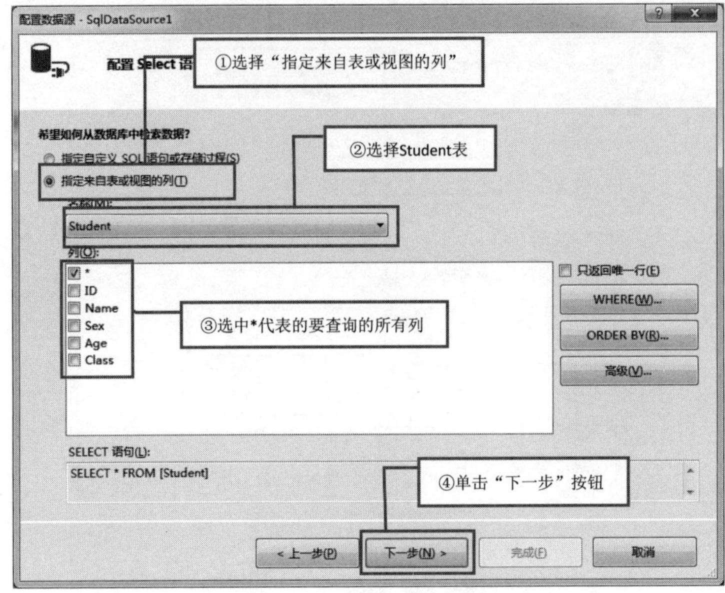

图 11.6　配置 Select 语句

说明：

在图 11.6 中可以根据需要定义包含 WHERE、ORDER BY 等子句的 SQL 语句。

最后，单击"下一步"按钮，测试查询结果。向导将执行窗口下方的 SQL 语句，将查询结果显示在窗口中间。单击"完成"按钮，完成数据源配置及连接数据库。

⑤ 将获取的数据源绑定到 GridView 控件上。GridView 的属性设置如表 11.5 所示。

表 11.5　GridView 控件属性设置及其用途

属性名称	属性设置	用途
AutoGenerateColumns	False	不为数据源中的每个字段自动创建绑定字段
DataSourceID	SqlDataSource1	GridView 控件从 SqlDataSource1 控件中检索其数据项列表
DataKeyNames	ID	显示在 GridView 控件中项的主键字段的名称

单击 GridView 控件右上方的▷按钮，在弹出的快捷菜单中选择"编辑列"命令，如图 11.7 所示。

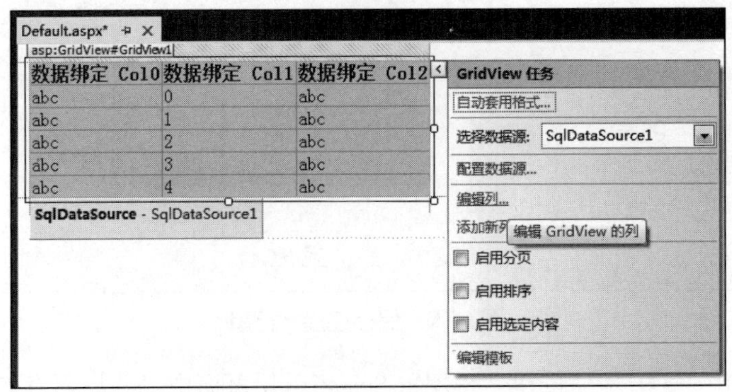

图 11.7　选择"编辑列"命令

在弹出来的配置框中添加 BoundField 绑定字段，列表中需要几列数据就添加几个 BoundField，然后设置 BoundField 的两个重要属性，分别是 HeaderText 属性和 DataField 属性：设置 HeaderText 为显示该列头的标题名，设置 DataField 为数据源中要绑定的字段名称，如图 11.8 所示。

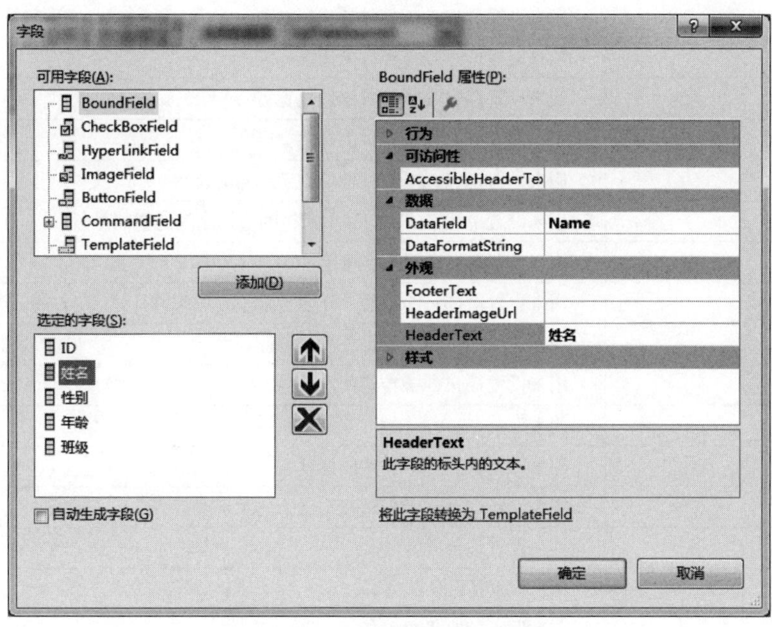

图 11.8　配置绑定字段对话框

单击“确定”按钮后，设计中的控件将会显示设置后的效果，如图 11.9 所示。

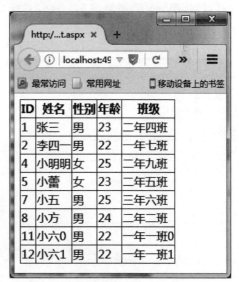

ID	姓名	性别	年龄	班级
数据绑定	数据绑定	数据绑定	数据绑定	数据绑定
数据绑定	数据绑定	数据绑定	数据绑定	数据绑定
数据绑定	数据绑定	数据绑定	数据绑定	数据绑定
数据绑定	数据绑定	数据绑定	数据绑定	数据绑定
数据绑定	数据绑定	数据绑定	数据绑定	数据绑定

图 11.9　配置完成后的 GridView 控件

http:/...t.aspx　localhost:49　最常访问　常用网址　移动设备上的书签

ID	姓名	性别	年龄	班级
1	张三	男	23	二年四班
2	李四一	男	22	一年七班
4	小明明	女	25	二年九班
5	小蕾	女	23	二年五班
7	小五	男	25	三年六班
8	小方	男	24	二年二班
11	小六0	男	22	一年一班0
12	小六1	男	22	一年一班1

图 11.10　使用 GridView 显示学生列表

执行程序，查看运行效果，如图 11.10 所示。

在默认状态下，GridView 控件的外观就是如图 11.10 所示的简单表格，其外观样式并不美观。为了美化网页的界面，丰富页面的显示效果，开发人员可以通过多种方式来美化 GridView 控件的外观。表 11.6 是 GridView 的常用外观属性。

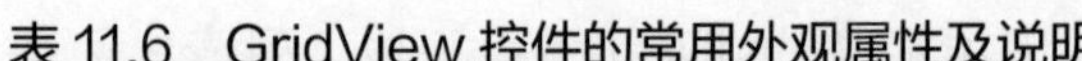

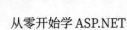

表 11.6　GridView 控件的常用外观属性及说明

属性	说明
BackColor	用来设置GridView控件的背景色
BackImageUrl	用来设置要在GridView控件的背景中显示图像的URL
BorderColor	用来设置GridView控件的边框颜色
BorderStyle	用来设置GridView控件的边框样式
BorderWidth	用来设置GridView控件的边框宽度
Caption	用来设置GridView控件的标题文字
CaptionAlign	用来设置GridView控件标题文字的布局位置
CellPadding	用来设置单元格的内容和单元格的边框之间的空间量
CellSpacing	用来设置单元格间的空间量
CssClass	用来设置由GridView控件在客户端呈现的级联样式表（CSS）类
Font	用来设置GridView控件关联的字体属性
ForeColor	用来设置GridView控件的前景色
GridLines	用来设置GridView控件的网格线样式
Height	用来设置GridView控件的高度
HorizontalAlign	用来设置GridView控件在页面上的水平对齐方式
ShowFooter	用来设置是否显示页脚
ShowHeader	用来设置是否显示页眉
Width	用来设置控件宽度

了解了 GridView 控件的样式属性后，接下来就对图 11.10 中的学生信息表进行美化，首先打开 GridView 的属性窗口，在属性窗口中设置如表 11.7 中列出的属性和所对应的值。

表 11.7　GridView 控件属性设置及其用途

属性名称	属性设置	用途
BackColor	#F7F7F7	设置背景色
HorizontalAlign	Center	设置对齐格式
Width	590px	设置GridView的宽
Height	240px	设置GridView的高
HeaderStyle. BackColor	#0080C0	设置表头背景色
HeaderStyle. ForeColor	White	设置表头字体颜色

再次执行程序，表格样式发生了改变，如图 11.11 所示。

ID	姓名	性别	年龄	班级
1	张三	男	23	二年四班
2	李四一	男	22	一年七班
4	小明明	女	25	二年九班
5	小蕾	女	23	二年五班
7	小五	男	25	三年六班
8	小方	男	24	二年二班
11	小六0	男	22	一年一班0
12	小六1	男	22	一年一班1

图 11.11　修改 GridView 设置后的样式

11.1.4 GridView 的高级应用

GridView 控件中的每一列由一个 DataControlField 对象表示。在默认情况下，GridView 控件会根据数据源中的每一个字段自动生成数据列，通过控件本身的 AutoGenerateColumns 属性可以设置是否需要自动生成列，当 AutoGenerateColumns 属性被设置为 true 时，表示为数据源中的每一个字段创建一个 AutoGeneratedField 对象。将 AutoGenerateColumns 属性设置为 false 时，可以实现自定义数据绑定列。GridView 控件共包括以下 7 种类型的列：

- BoundField：默认的数据绑定类型，通常用于显示普通文本。
- CheckBoxField：复选框控件类型，使用 CheckBoxField 控件显示布尔类型的数据。在正常情况下，CheckBoxField 显示在表格中的复选框控件处于只读状态。只有 GridView 控件的某一行进入编辑状态后，复选框才恢复为可修改状态。
- CommandField：显示用来执行选择、编辑或删除操作的预定义命令按钮，这些按钮可以呈现为普通按钮、超链接和图片等外观。
- ImageField：用于在 GridView 控件呈现的表格中显示图片列。通常 ImageField 列绑定的内容是图片的路径。
- HyperLinkField：允许将所绑定的数据以超链接的形式显示出来。开发人员可自定义绑定超链接的显示文字、超链接的 URL 以及打开窗口的方式等。
- ButtonField：可以为 GridView 控件创建命令按钮。开发人员可以通过按钮来操作其所在行的数据。
- TemplateField：允许以模板形式自定义数据绑定列的内容。该字段包含的常用模板如下。
- ItemTemplate：显示每一条数据的模板。
- AlternatingItemTemplate：使奇数条数据及偶数条数据以不同模板显示，该模板与 ItemTemplate 结合可产生两个模板交错显示的效果。
- EditItemTemplate：进入编辑模式时所使用的数据编辑模板。对于 EditItemTemplate 用户，可以自定义编辑界面。
- HeaderTemplate：最上方的表头（或被称为标题）。GridView 会默认显示表及其标题。

注意：

必须将 GridView 控件的 AutoGenerateColumns 属性设置为 false，才能自定义数据绑定列。

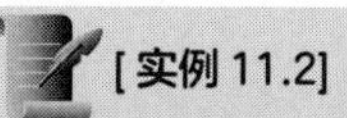

[实例 11.2]　（源码位置：资源包 \Code\11\02）

编辑并修改 GridView 数据

本实例将继续以实例 11.1 为基础，在实现了如何读取绑定数据之后，再向 GridView 中添加一些功能性操作，具体实现步骤如下：

① 新建一个网站并创建 Default.aspx 页面，然后在页面上添加一个 GridView 控件，控件设置方式与实例 11.1 基本相同，不过本实例将不使用 SqlDataSource 控件作为数据源，而是在后台中通过 DataSet 接收数据库查询结果并绑定到 GridView 控件，后台绑定代码如下：

```
protected void Page_Load(object sender, EventArgs e)
{
    if (!IsPostBack)   //验证页面是否回发
    {
```

```
            GridViewBind();// 调用绑定数据方法
        }
    }
    public void GridViewBind()
    {
        using (SqlConnection sqlCon = new SqlConnection())     // 实例化 SqlConnection 对象
        {
          // 设置连接数据库的字符串
          sqlCon.ConnectionString = "server=127.0.0.1;uid=sa;pwd=123456;database=School";
          string SqlStr = "select * from Student";              // 定义 SQL 语句
          sqlCon.Open();                                         // 打开数据库连接
          SqlDataAdapter da = new SqlDataAdapter(SqlStr, sqlCon);// 实例化 SqlDataAdapter 对象
          DataSet ds = new DataSet();                            // 实例化数据集 DataSet
          da.Fill(ds);                                           // 将数据填充到 DataSet
          GridView1.DataSource = ds;                             // 绑定 DataList 控件
          GridView1.DataBind();                                  // 执行绑定
          da.Dispose();                                          // 释放资源
        }
    }
```

② 设置分页功能。首先，将 GridView 控件的 AllowPaging 属性设置为 true，表示允许分页；然后将 PageSize 属性设置为一个数字，用来控制每个页面中显示的记录数，这里设置为 10；最后在 GridView 控件的 PageIndexChanging 事件中设置 GridView 控件的 PageIndex 属性为当前页的索引值，并重新绑定 GridView 控件。具体代码如下：

```
protected void GridView1_PageIndexChanging(object sender, GridViewPageEventArgs e)
 {
        GridView1.PageIndex = e.NewPageIndex;                   // 设置控件新的页码
        GridViewBind();                                         // 重新绑定数据
 }
```

分页功能设置完成后，为了能够显示效果，需要在数据库表中插入更多的数据。此时执行程序就可以看到分页的效果了，如图 11.12 所示。

ID	姓名	性别	年龄	班级
28	学生13	女	23	二年五班
29	学生14	女	25	二年四班
30	学生15	男	23	二年五班
31	学生16	女	25	二年五班
32	学生17	女	22	二年四班
33	学生18	男	25	一年七班
34	学生19	女	23	二年五班
35	学生20	男	25	一年七班
36	学生21	女	22	二年四班
37	学生22	男	25	一年七班
1234				

图 11.12　GridView 分页效果

③ 实现编辑表格数据的功能。在 GridView 控件的按钮列中添加“编辑”“更新”和“取消”按钮，这 3 个按钮分别触发 GridView 控件的 RowEditing、RowUpdating、RowCancelingEdit 事件，从而完成对指定项的编辑、更新和取消操作功能，如图 11.13 中所示，需要向 GridView 中添加一个操作按钮列。

④ 定义 GridView 控件的 RowEditing 事件，表示当用户单击“编辑”按钮时所触发的事件处理方法，在方法内部将 GridView 控件编辑项索引设置为当前选择项的索引，并重新绑定数据。代码如下：

```
protected void GridView1_RowEditing(object sender, GridViewEditEventArgs e)
 {
         // 设置 GridView 控件的编辑项的索引为选择的当前索引
         GridView1.EditIndex = e.NewEditIndex;
         GridViewBind();// 数据绑定
 }
```

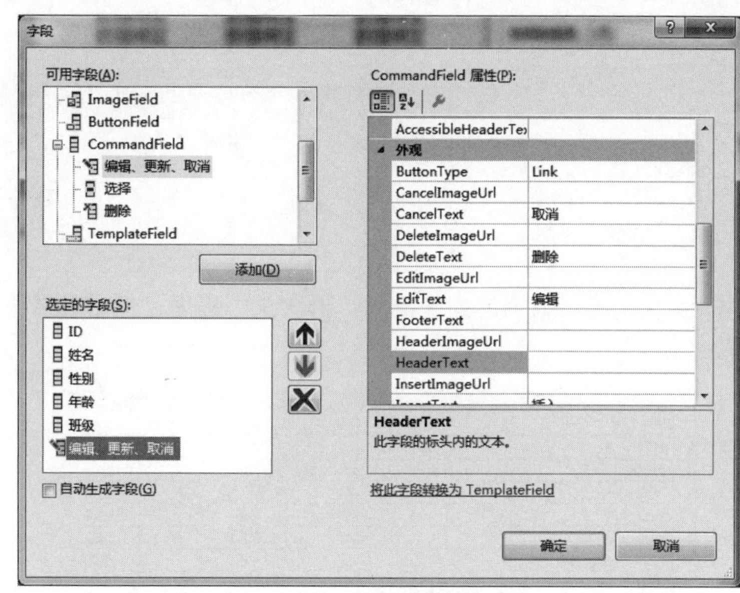

图 11.13　添加编辑按钮列

⑤ 单击编辑按钮后该行就进入了可编辑状态，而操作区域将显示“更新”与“取消”两个按钮用于接下来的操作。当单击“更新”按钮时，将触发 GridView 控件的 RowUpdating 事件。所以接着定义 RowUpdating 事件，在处理方法中首先获得编辑行的关键字段的值及各文本框中的值，然后将数据更新至数据库，最后重新绑定数据。代码如下：

```
protected void GridView1_RowUpdating(object sender, GridViewUpdateEventArgs e)
 {
         // 取得编辑行的关键字段的值
         string ID = GridView1.DataKeys[e.RowIndex].Value.ToString();
         // 取得文本框中输入的内容
         string Name = ((TextBox)(GridView1.Rows[e.RowIndex].Cells[1].Controls[0])).Text.ToString();
         string Sex = ((TextBox)(GridView1.Rows[e.RowIndex].Cells[2].Controls[0])).Text.ToString();
         string Age = ((TextBox)(GridView1.Rows[e.RowIndex].Cells[3].Controls[0])).Text.ToString();
         string Class = ((TextBox)(GridView1.Rows[e.RowIndex].Cells[4].Controls[0])).Text.ToString();
         // 定义 SQL 语句
         string sqlStr = "update Student set Name='" + Name + "',Sex='" + Sex + "',Age=" + Age + ",Class='"+ Class + "' where ID=" + ID;
         SqlConnection myConn = new SqlConnection("server=127.0.0.1;uid=sa;pwd=123456;database=School");
         myConn.Open();
         // 执行 SQL 语句
         SqlCommand myCmd = new SqlCommand(sqlStr, myConn);
         myCmd.ExecuteNonQuery();
         myCmd.Dispose();
         myConn.Close();
```

```
            //设置编辑行的索引
            GridView1.EditIndex = -1;
            //重新绑定
            GridViewBind();
    }
```

⑥ 当用户单击“取消”按钮时，将触发 GridView 控件的 RowCancelingEdit 事件。在该事件的程序代码中，将编辑项的索引设为 -1，并重新绑定数据，代码如下：

```
protected void GridView1_RowCancelingEdit(object sender, GridViewCancelEditEventArgs e)
 {
            //设置 GridView 控件的编辑项的索引为 -1，即取消编辑
            GridView1.EditIndex = -1;
            //数据绑定
            GridViewBind();
 }
```

以上是使用 GridView 编辑数据的完整流程，再次执行程序，然后尝试修改其中一条数据，效果如图 11.14 所示。

ID	姓名	性别	年龄	班级	操作
1	张三	男	24	二年九班	编辑
2	李四一	男	22	一年七班	更新 取消
4	小明明	女	25	二年九班	编辑
5	小蕾	女	23	二年五班	编辑
7	小五	男	25	三年六班	编辑
8	小方	男	24	二年二班	编辑
11	小六0	男	22	一年一班0	编辑
12	小六1	男	22	一年一班1	编辑
16	学生1	女	24	三年五班	编辑
17	学生2	男	23	二年五班	编辑
1234					

图 11.14　使用 GridView 编辑数据的效果

11.2　DataList 控件

在需要体现个性化的数据表格时 DataList 控件比 GridView 控件具有更高的操作灵活性，因为它不具备 GridView 控件的那些集成功能，所以更多的设计过程是由开发人员自己来完成。

11.2.1　DataList 控件概述

DataList 控件可以使用模板与定义样式来显示数据，并可以进行数据的选择、删除以及编辑。DataList 控件的最大特点就是一定要通过模板来定义数据的显示格式。如果想要设计出美观的界面，就需要花费一番心思。正因为如此，DataList 控件显示数据时才更具灵活性，开发人员个人发挥的空间也比较大。DataList 控件支持的模板如下。

- AlternatingItemTemplate：如果已定义，则为 DataList 控件中的交替项提供内容和布局；如果未定义，则使用 ItemTemplate。
- EditItemTemplate：如果已定义，则为 DataList 控件中的当前编辑项提供内容和布局；如果未定义，则使用 ItemTemplate。
- FooterTemplate：如果已定义，则为 DataList 控件的脚注部分提供内容和布局；如果未定义，将不显示脚注部分。

- HeaderTemplate：如果已定义，则为 DataList 控件的页眉提供内容和布局；如果未定义，将不显示页眉。
- ItemTemplate：为 DataList 中的项提供内容和布局所要求的模板。
- SelectedItemTemplate：如果已定义，则为 DataList 控件中的当前选定项提供内容和布局；如果未定义，则使用 ItemTemplate。
- SeparatorTemplate：如果已定义，则为 DataList 控件中各项之间的分隔符提供内容和布局；如果未定义，将不显示分隔符。

> **说明：**
>
> 在 DataList 控件中可以为项、交替项、选定项和编辑项创建模板，也可以使用标题、脚注和分隔符模板自定义 DataList 控件的整体外观。

11.2.2 DataList 控件的简单使用

DataList 控件绑定数据源的方法与 GridView 控件基本相似，但要将所绑定数据源的数据显示出来，就需要通过设计 DataList 控件的模板来完成。

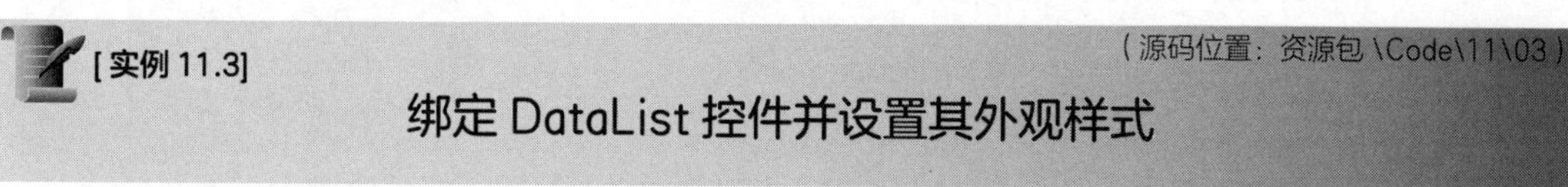

[实例 11.3]
（源码位置：资源包\Code\11\03）
绑定 DataList 控件并设置其外观样式

① 新建一个网站并创建 Default.aspx 页面，向页面中添加 1 个 DataList 控件。

② 单击 DataList 控件右上方的 按钮，在弹出的快捷菜单中选择“编辑模板”命令，如图 11.15 所示。

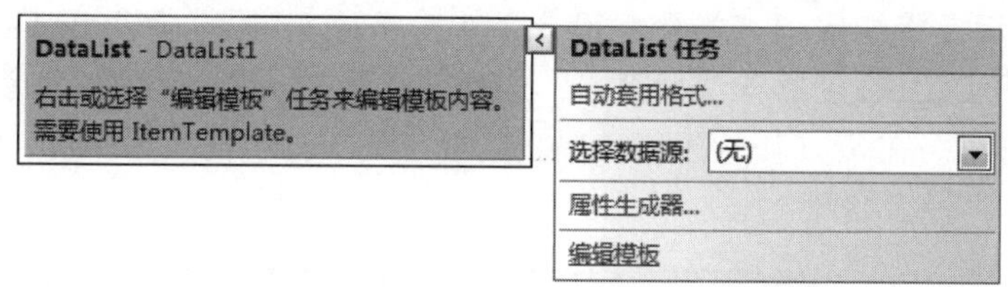

图 11.15 选择 DataList 控件的“编辑模板”

打开 DataList 任务模板编辑模式面板，在“显示”下拉列表框中选择 HeaderTemplate 选项，如图 11.16 所示。

③ 在 DataList 控件的 HeaderTemplate（页眉模板）中添加一个表格用于布局，并设置其外观属性，如图 11.17 所示。

图 11.16 DataList 任务模板编辑模式面板

图 11.17 设计 DataList 控件的页眉页脚模板

图 11.17 中定义了表格的头部，为了操作方便，在编辑 Table 内容时可以将编辑器切换到“源”上进行编辑，DataList 控件的 HeaderTemplate 定义代码如下：

```
<HeaderTemplate>
   <table style="width:100%;">
      <tr>
        <td style="height: 19px; width: 50px; color: #669900;">ID</td>
        <td style="height: 19px; width: 150px; color: #669900;">姓名</td>
        <td style="height: 19px; width: 50px; color: #669900;">性别</td>
        <td style="height: 19px; width: 50px; color: #669900;">年龄</td>
        <td style="height: 19px; width: 150px; color: #669900;">班级</td>
      </tr>
   </table>
</HeaderTemplate>
```

④ 在 DataList 任务模板编辑模式面板中选择 ItemTemplate 选项，打开项模板。同样在项模板中添加一个用于布局数据体的表格，并添加 5 个 Label 控件用于显示数据源中的数据记录。ItemTemplate 的定义代码如下：

```
<ItemTemplate>
   <table style="width:100%;">
     <tr>
       <td><asp:Label ID="lblID" runat="server" Text="Label"></asp:Label></td>
       <td><asp:Label ID="lblName" runat="server" Text="Label"></asp:Label></td>
       <td><asp:Label ID="LalSex" runat="server" Text="Label"></asp:Label></td>
       <td><asp:Label ID="LabAge" runat="server" Text="Label"></asp:Label></td>
       <td><asp:Label ID="LblClass" runat="server" Text="Label"></asp:Label></td>
     </tr>
   </table>
</ItemTemplate>
```

添加完成之后，将编辑器切换到“设计”中，单击 ID 属性为 lblID 的 Label 控件右上角的按钮，打开“Label 任务”快捷菜单，选择“编辑 DataBindings”命令，打开 lblStuID DataBindings 对话框。在 Text 属性的“代码表达式”文本框中输入“Eval(“ID”)”，用于绑定数据源中的 ID 字段，如图 11.18 所示。

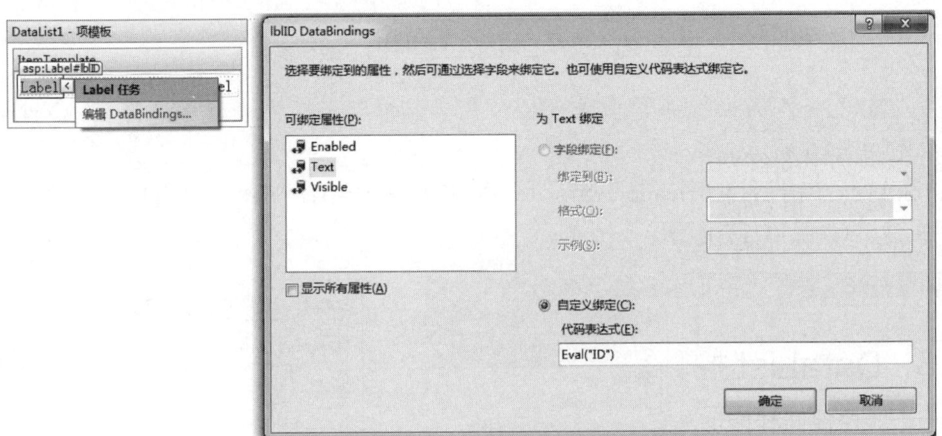

图 11.18　lblStuID DataBindings 对话框

如图 11.18 所示，配置了 ID 数据列，那么其他 4 个 Label 控件绑定方法与 ID 列的 Label 相同，按顺序依次绑定，最后在 DataList 任务模板编辑模式面板中选择“结束模板编辑”选项，退回到设计中。

⑤ 在页面加载事件中，将控件绑定至数据源，代码如下：

```
protected void Page_Load(object sender, EventArgs e)
 {
        if (!IsPostBack)
        {
            //实例化 SqlConnection 对象
            SqlConnection sqlCon = new SqlConnection();
            //定义连接数据库的字符串
            sqlCon.ConnectionString = "server=127.0.0.1;uid=sa;pwd=123456;database=School";
            //定义 SQL 语句
            string SqlStr = "select * from Student";
            //实例化 SqlDataAdapter 对象
            SqlDataAdapter da = new SqlDataAdapter(SqlStr, sqlCon);
            //实例化数据集 DataSet 对象
            DataSet ds = new DataSet();
            da.Fill(ds);
            //绑定 DataList 控件
            DataList1.DataSource = ds;//设置数据源，用于填充控件中的项的值列表
            DataList1.DataBind();//将控件及其所有子控件绑定到指定的数据源
        }
 }
```

⑥ DataList 控件的灵活性比 GridView 强很多，无论在内容编辑上还是后期客户端进行访问时都是很容易实现的。下面的样式代码可以实现对表格样式进行统一设置。

```
<style type="text/css">
        .trHead td{
            height:25px;
            width:100px;
            color: #669900;
            text-align:center;
        }
        .trData td {
            height:25px;
            width:100px;
            text-align:center;
        }
</style>
```

编写上面的 CSS 代码后就可以在表头的 td 标签上去掉重复的 style 设置，使用全局的 CSS 样式标签来设定。实现方式是在两个 table 的 tr 上分别定义属性 class="trHead" 和 class="trData"，然后在 html 的 head 标签内定义 style 样式。

执行程序，运行结果如图 11.19 所示。

ID	姓名	性别	年龄	班级
1	张三	男	24	二年九班
2	李四一	男	22	一年七班
4	小明明	女	25	二年九班
5	小蕾	女	23	二年五班
7	小五	男	25	三年六班
8	小方	男	24	二年二班
11	小六0	男	22	一年一班0
12	小六1	男	22	一年一班1
16	学生1	女	24	三年五班
17	学生2	男	23	二年五班
18	学生3	女	25	三年六班
19	学生4	女	23	一年七班
20	学生5	女	22	三年六班

图 11.19 DataList 列表

11.2.3 DataList 控件的高级应用

DataList 控件同样能够实现一些对表格数据的操作，但有些功能实现起来却与 GridView 控件不同，就像分页功能，DataList 控件并没有类似 GridView 控件中与分页相关的属性，那么 DataList 控件是通过什么方法实现分页显示的呢？其实也很简单，只

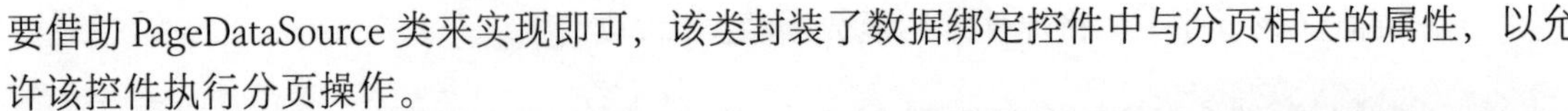

要借助 PageDataSource 类来实现即可，该类封装了数据绑定控件中与分页相关的属性，以允许该控件执行分页操作。

（源码位置：资源包\Code\11\04）

[实例 11.4]

操作 DataList 控件数据

本实例主要介绍如何实现 DataList 控件的分页功能以及查看详细数据的功能，实例中同样使用 School 库的 Student 表作为数据源进行数据绑定。程序实现的主要步骤为：

① 新建一个网站并创建 Default.aspx 页面，在页面中添加 1 个 DataList 控件、2 个 Label 控件、4 个 LinkButton 控件、1 个 TextBox 控件和 1 个 Button 按钮。

DataList 控件的具体设计步骤参见实例 03，下面讲解一下其他控件的定义以及用途，如表 11.8 所示。

表 11.8　Default.aspx 页面中控件的属性设置及用途

控件类型	控件名称	主要属性设置	用途
标准/Label控件	labCount	Text属性设置为“0”	用于显示总页数和当前页
	labNowPage	Text属性设置为“1”	
标准/LinkButton控件	lnkbtnFirst	CommandName属性设置为“first”	用于显示首页
	lnkbtnFront	CommandName属性设置为“pre”	用于显示上一页
	lnkbtnNext	CommandName属性设置为“next”	用于显示下一页
	lnkbtnLast	CommandName属性设置为“last”	用于显示尾页
标准/TextBox控件	txtPage	CssClass属性设置为“TxtPage”	用于输入跳转的页码
标准/Button控件	Button1	CssClass属性设置为“BtnPage” CommandName属性设置为“search”	用于实现跳转功能

② 在页面加载方法中调用 Bind 方法，在 Bind 方法中实现读取数据库表数据并绑定到 DataList 控件，同时配置 PageDataSource 类，用于实现分页功能，代码如下：

```
public static PagedDataSource ps = new PagedDataSource();   //定义全局静态分页类
protected void Page_Load(object sender, EventArgs e)
 {
    if (!IsPostBack)                                          //判断页面回发状态
    {
        Bind(0);                                              //调用绑定数据方法并传入页码
    }
 }
public void Bind(int CurrentPage)
 {
    SqlConnection sqlCon = new SqlConnection();               //实例化 SqlConnection 对象
    //定义连接数据库的字符串
    sqlCon.ConnectionString = "server=127.0.0.1;uid=sa;pwd=123456;database=School";
    string SqlStr = "select * from Student";                  //定义 SQL 语句
    SqlDataAdapter da = new SqlDataAdapter(SqlStr, sqlCon);// 实例化 SqlDataAdapter 对象
    DataSet ds = new DataSet();                               //实例化数据集 DataSet 对象
    da.Fill(ds);                                              //填充 DataSet 对象
    ps.DataSource = ds.Tables[0].DefaultView;                 //获取表的自定义视图
    ps.AllowPaging = true;                                    //是否可以分页
    ps.PageSize = 10;                                         //每页显示的数据条数
    ps.CurrentPageIndex = CurrentPage;                        //设置当前页的索引，索引从 0 开始
```

```
    this.DataList1.DataSource = ps;                              // 绑定 DataList 控件
    this.DataList1.DataKeyField = "ID";                          // 设置数据源键
    this.DataList1.DataBind();                                   // 绑定数据源
}
```

说明：

PagedDataSource 类之所以被定义为静态变量是因为要保存其内部数据状态。

③ 定义 DataList 控件的 ItemDataBound 事件，在该事件中处理各按钮的显示状态以及 Label 控件的显示内容，代码如下：

```
protected void DataList1_ItemDataBound(object sender, DataListItemEventArgs e)
{
        if (e.Item.ItemType == ListItemType.Footer)// 如果当前项为页脚
        {
            // 得到页脚模板中的控件，并赋值给变量
            Label CurrentPage = e.Item.FindControl("labNowPage") as Label;
            Label PageCount = e.Item.FindControl("labCount") as Label;
            LinkButton FirstPage = e.Item.FindControl("lnkbtnFirst") as LinkButton;
            LinkButton PrePage = e.Item.FindControl("lnkbtnFront") as LinkButton;
            LinkButton NextPage = e.Item.FindControl("lnkbtnNext") as LinkButton;
            LinkButton LastPage = e.Item.FindControl("lnkbtnLast") as LinkButton;
            // 在绑定 PagedDataSource 时，页面设置为从 0 开始，所以在显示时要进行加 1
            CurrentPage.Text = (ps.CurrentPageIndex + 1).ToString();
            PageCount.Text = ps.PageCount.ToString();// 绑定显示总页数
            if (ps.IsFirstPage)// 如果是第 1 页，设置 " 首页 " 和 " 上一页 " 按钮不可用
            {
                FirstPage.Enabled = false;
                PrePage.Enabled = false;
            }
            if (ps.IsLastPage)// 如果是最后一页，设置 " 下一页 " 和 " 尾页 " 按钮不可用
            {
                NextPage.Enabled = false;
                LastPage.Enabled = false;
            }
        }
}
```

④ 定义 DataList 控件的 ItemCommand 事件，在该事件中设置单击“首页”“上一页”“下一页”“尾页”按钮时当前页索引以及绑定当前页，并实现跳转到指定页码的功能，代码如下：

```
protected void DataList1_ItemCommand(object source, DataListCommandEventArgs e)
{
        switch (e.CommandName)
        {
          // 以下 5 种情况分别为捕获用户单击首页、上一页、下一页、尾页和页面跳转页时发生的事件
            case "first":// 首页
                ps.CurrentPageIndex = 0;
                Bind(ps.CurrentPageIndex);
                break;
            case "pre":// 上一页
                ps.CurrentPageIndex = ps.CurrentPageIndex - 1;
                Bind(ps.CurrentPageIndex);
                break;
            case "next":// 下一页
                ps.CurrentPageIndex = ps.CurrentPageIndex + 1;
                Bind(ps.CurrentPageIndex);
                break;
            case "last":// 尾页
```

```
                    ps.CurrentPageIndex = ps.PageCount - 1;
                    Bind(ps.CurrentPageIndex);
                    break;
                case "search":// 页面跳转页
                    if (e.Item.ItemType == ListItemType.Footer)
                    {
                        int PageCount = int.Parse(ps.PageCount.ToString());
                        TextBox txtPage = e.Item.FindControl("txtPage") as TextBox;
                        int MyPageNum = 0;
                        if (!txtPage.Text.Equals(""))
                        {
                            MyPageNum = Convert.ToInt32(txtPage.Text.ToString());
                        }
                        if (MyPageNum <= 0 || MyPageNum > PageCount)
                        {
                            Response.Write("<script>alert(' 请输入页数并确定没有超出总页数! ')</script>");
                        }
                        else
                        {
                            Bind(MyPageNum - 1);
                        }
                    }
                    break;
            }
    }
```

说明：

由于篇幅限制，这里省略DataList控件内的源代码，具体请参见资源包目录下的Default.aspx。"首页""上一页""下一页""尾页"按钮等分页控件放置在DataList控件的FooterTemplate模板中。

首先运行程序查看翻页效果，如图 11.20 所示。

ID	姓名	性别	年龄	班级
28	学生13	女	23	二年五班
29	学生14	女	25	二年四班
30	学生15	男	23	二年五班
31	学生16	女	25	二年五班
32	学生17	女	22	二年四班
33	学生18	男	25	一年七班
34	学生19	女	23	二年五班
35	学生20	男	25	一年七班
36	学生21	女	22	二年四班
37	学生22	男	25	一年七班

总页数：4 当前页：3 首页 上一页 下一页 尾页 跳转到： 跳转

图 11.20　DataList 控件的翻页效果

⑤ 实现 DataList 控件查看详细数据的功能。该功能也是数据列表中最常用的功能之一，在 DataList 控件中显示一条数据记录的详细信息可以通过 SelectedItemTemplate 模板来完成。

首先在 ItemTemplate 模板中添加 1 个 LinkButton 控件，用于显示用户选择的数据项；在 SelectedItemTemplate 模板中添加 2 个 LinkButton 控件用来取消查看详情，再添加 5 个 Label 控件用来显示详细信息。这些控件的属性设置如表 11.9 所示。

表 11.9　Default.aspx 页控件属性设置及说明

控件类型	控件名称	主要属性设置	用途
标准/LinkButton 控件	LnkBtnShow	CommandName 属性设置为 select	用于查看详细数据
	LnkBtnBack	CommandName 属性设置为 back	用于取消查看
标准/Label 控件	LblID	Text 属性设置为 "<%#DataBinder.Eval(Container.DataItem, "ID")%>"	绑定 ID 列数据

续表

控件类型	控件名称	主要属性设置	用途
标准/Label 控件	LblName	Text 属性设置为“<%#DataBinder.Eval(Container.DataItem, "Name")%>”	绑定 Name 列数据
	LblSex	Text 属性设置为“<%#DataBinder.Eval(Container.DataItem, "Sex")%>”	绑定 Sex 列数据
	LblAge	Text 属性设置为“<%#DataBinder.Eval(Container.DataItem, "Age")%>”	绑定 Age 列数据
	LblClass	Text 属性设置为“<%#DataBinder.Eval(Container.DataItem, "Class")%>”	绑定 Class 列数据

⑥ 当用户单击模板中的按钮时，会引发 DataList 控件的 ItemCommand 事件，在该事件的程序代码中已经实现了分页按钮的处理代码，所以在这里需要添加两个 case 条件分支来区别按钮的功能，根据实现查看或取消按钮，设置 DataList 控件的 SelectedIndex 属性的值，决定显示详细信息或者取消显示详细信息。最后重新将控件绑定到数据源。代码如下：

```
protected void DataList1_ItemCommand(object source, DataListCommandEventArgs e)
{
    switch (e.CommandName)
    {
        ……分页 case 代码省略……
        case "select":
            // 设置选中行的索引为当前选择行的索引
            DataList1.SelectedIndex = e.Item.ItemIndex;
            Bind();// 数据绑定
            break;
        case "back":
            // 设置选中行的索引为 -1，取消该数据项的选择
            DataList1.SelectedIndex = -1;
            // 数据绑定
            Bind();
            break;
}
```

说明：

由于篇幅限制，这里省略 DataList 控件内的源代码，具体请参见资源包目录下的 Default.aspx 或自行设计。

执行程序，单击“查看”按钮，效果如图 11.21 所示。

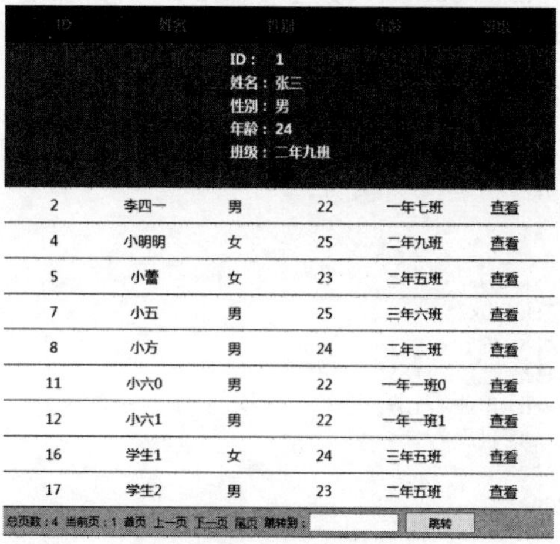

图 11.21　查看详细数据

11.3 ListView 控件与 DataPager 控件

ListView 控件是一个使用起来较复杂的数据控件，它的功能也很强大。如果制作一个简单的数据表格我们可能不会首选使用 ListView 控件，但如果制作一个功能强大、个性化更强的数据表格则可以使用 ListView 控件来实现。

11.3.1 ListView 控件与 DataPager 控件概述

ListView 控件用于显示数据，它提供了编辑、删除、插入、分页与排序等功能，它的分页功能是通过 DataPager 控件来实现的。DataPager 控件的 PagedControlID 属性指定 ListView 控件 ID，DataPager 控件可以摆放在两个位置，一是内嵌在 ListView 控件的 <LayoutTemplate> 标签内，二是独立于 ListView 控件。

说明：

ListView 控件可以理解为 GridView 控件与 DataList 控件的融合，它具有 GridView 控件编辑数据的功能，同时又具有 DataList 控件灵活布局的功能。但是，ListView 控件的分页功能必须通过 DataPager 控件来实现。

11.3.2 使用 ListView 控件与 DataPager 控件分页显示数据

使用 ListView 控件可以实现较为复杂的数据展示格式，如果要展示纯数据列表格式，那么可以使用 GridView 控件，如果展示较为复杂的数据格式，例如带有图片的列表，那么可以使用 DataList 控件，而 ListView 控件像是一个综合控件，前两个控件的效果它都可以实现。

下面演示如何在 ListView 控件中创建组模板，并结合 DataPager 控件分页显示数据。

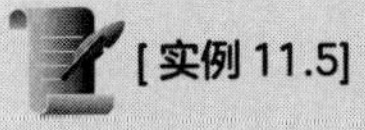

（源码位置：资源包 \Code\11\05）

[实例 11.5]

通过 ListView 展示数据并实现分页

本实例将在 ListView 中显示学生表信息，然后实现翻页功能，具体实现步骤如下。

① 新建 ASP.NET 项目并创建 Default.aspx 页面，然后在 Default.aspx 页面上添加 1 个 ListView 控件和 1 个 SqlDataSource 控件，再配置 SqlDataSource 控件的数据检索，然后指定 ListView 控件的数据源为 SqlDataSource，关于 SqlDataSource 控件的配置可参考实例 01。

② 设计 ListView 控件，首先定义 LayoutTemplate，在 LayoutTemplate 中定义表头模板框架和分页控件，代码如下：

```
<asp:ListView runat="server" DataSourceID="SqlDataSource1"  ID="ListView1">
    <LayoutTemplate>
        <table class="tabList">
           <thead>
               <tr>
                 <th>ID</th>
                 <th> 姓名 </th>
                 <th> 性别 </th>
                 <th> 年龄 </th>
                 <th> 班级 </th>
               </tr>
            </thead>
            <tbody>
              <asp:PlaceHolder runat="server" ID="itemPlaceHolder"></asp:PlaceHolder>
```

```
            </tbody>
            <tfoot>
                <tr>
                    <td colspan="5">
                        <asp:DataPager ID="DataPager1"
                          runat="server" PagedControlID="ListView1" PageSize="10">
                              <Fields>
                                <asp:NextPreviousPagerField ShowFirstPageButton="True"
                                     ShowNextPageButton="False"
ShowPreviousPageButton="False" />
                                <asp:NumericPagerField ButtonType="Button" />
                                <asp:NextPreviousPagerField ShowLastPageButton="True"
                                  ShowPreviousPageButton="False" ShowNextPageButton="False" />
                              </Fields>
                          </asp:DataPager>
                    </td>
                </tr>
            </tfoot>
        </table>
    </LayoutTemplate>
</asp:ListView>
```

③ 上面的代码中已经定义了数据表格的大致模板，其中 thead 定义了表头内容，tfoot 定义了分页控件，tbody 中定义了占位符。定义 ItemTemplate 模板及在 ItemTemplate 内添加 td 数据内容的代码如下：

```
<ItemTemplate>
      <tr>
         <td><%#Eval("ID") %></td>
         <td><%#Eval("Name") %></td>
         <td><%#Eval("Sex") %></td>
         <td><%#Eval("Age") %></td>
         <td><%#Eval("Class") %></td>
       </tr>
</ItemTemplate>
```

④ ItemTemplate 中的内容将会替换 ID 为 itemPlaceHolder 标签的内容，而且 itemPlaceHolder 这个属性值是不可更改的，只能固定为 itemPlaceHolder。最后设置表格的样式，通过 table 标签定义的 class 属性值 tabList 自定义 CSS 样式代码，样式代码如下：

```
<style type="text/css">
        .tabList {
            border:1px;
            border-style:solid;
            border-collapse:collapse;
            width:600px;
        }
        .tabList tr th,.tabList tr td {
            border:1px;
            border-style:solid;
        }
        .tabList tr th {
            border-color:white;
        }
        .tabList tr td{
            border-color:#4dcfcf;
            text-align:center;
        }
        .tabList tr th {
```

```
            background-color:#4dcfcf;
            color:white;
            height:30px;
        }
        .tabList tr td input{
            border:1px;
            border-style:solid;
            border-color:#4dcfcf;
        }
    </style>
```

执行程序，运行结果如图 11.22 所示。

ID	姓名	性别	年龄	班级
18	学生3	女	25	三年六班
19	学生4	女	23	一年七班
20	学生5	女	22	三年六班
21	学生6	男	25	二年五班
22	学生7	女	22	一年七班
23	学生8	男	25	二年四班
24	学生9	女	25	一年七班
25	学生10	男	23	二年五班
26	学生11	女	25	二年四班
27	学生12	男	22	一年七班
第一页 1 2 3 4 最后一页				

图 11.22　通过 ListView 显示学生列表

本章知识思维导图

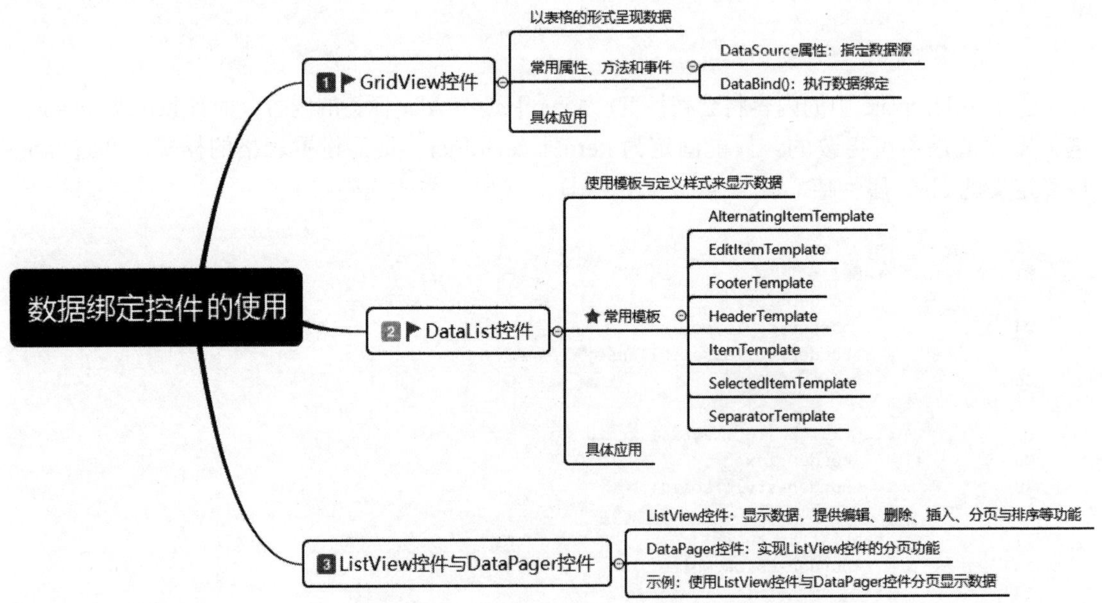

ASP.NET

从零开始学　ASP.NET

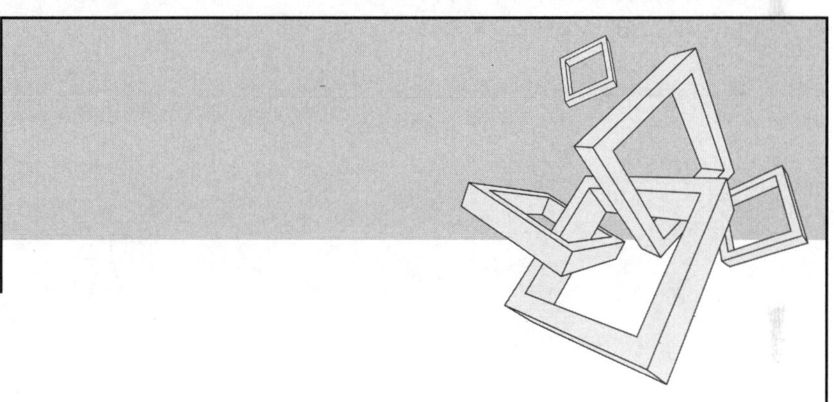

第3篇

页面交互篇

第 12 章

Web 用户控件

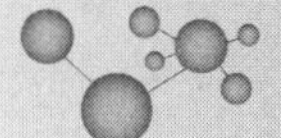

本章学习目标

- 了解 Web 用户控件的基本作用。
- 熟悉 Web 用户控件与网页的区别。
- 掌握如何创建 Web 用户控件。
- 掌握如何访问 Web 用户控件中的成员。

12.1 Web 用户控件概述

用户控件是一种复合控件，编写用户控件是在以 .ascx 为后缀名的文件中进行的。其工作原理类似于 ASP.NET 网页 (.aspx 页面)，没有“用户控件”概念的初学者第一次接触时可能会将其当成普通控件直接拖曳，但实际上它就是一个简易 aspx 页面。开发者可以向用户控件中添加现有的 Web 服务器控件和标记，并定义控件的属性和方法，然后可以将控件嵌入 ASP.NET 网页中充当一个单元。一个网站页面的公共区域可以使用用户控件来完成，并且它的灵活性是母版页不可替代的。

12.1.1 ascx 页与 aspx 页的区别

ASP.NET Web 用户控件（.ascx 文件）与完整的 ASP.NET 网页（.aspx 文件）相似，同样具有用户界面和代码，开发人员可以采取与创建 ASP.NET 页相似的方法创建用户控件，然后向其中添加所需的标记和子控件。用户控件可以像 ASP.NET 网页一样对包含的内容进行操作（包括执行数据绑定等任务）。

用户控件与 ASP.NET 网页有以下区别：

- 用户控件的文件扩展名为 .ascx。
- 用户控件中没有 @Page 指令，而是包含 @Control 指令，该指令可对 .aspx 页面进行功能配置及其他属性进行定义。
- 用户控件不能作为独立文件运行，而必须像处理任何控件一样，将它们添加到 aspx 页中。
- 用户控件中没有 HTML、BODY 或 FORM 元素。

12.1.2 用户控件的优点

用户控件提供了一个面向对象的编程模型，在一定程度上取代了服务器端文件包含 (<!--#include-->) 指令，并且提供的功能比服务器端包含文件提供的功能多。使用用户控件的优点主要体现在以下几个方面。

- 设计公共内容信息：在用户控件上设计公共内容信息是最主要的用途。网页中很多重复性的内容可以在用户控件中来完成，例如网页上的导航栏，几乎每个页都需要相同的导航栏，可以将其设计为一个用户控件，在多个页中使用。
- 提高开发效率：由于用户控件是用来解决重复性工作的，所以一个公共内容信息设计了一次之后，其他所有关于该内容信息的页面只需引用这个用户控件即可。
- 项目结构清晰：经过用户控件设计的网站项目无论是在代码量上还是网页设计结构上都能得到更好的优化。
- 易于管理维护：在项目开发阶段可能涉及一些网页上的改动，或是简单的版式修改，也可能是整个布局的修改甚至是内容上的变化，这些问题都可以通过用户控件来解决，因为网页内容如果需要改变，只需修改用户控件中的内容，其他添加使用该用户控件的网页会自动随之改变，因此网页的设计以及维护变得简单易行。

注意：

与 Web 页面一样，用户控件可以在第一次请求时被编译并存储在服务器内存中，这样就可以缩短以后请求的响应时间。但是，不能独立请求用户控件，用户控件必须被包含在 Web 网页内才能使用。

12.2 应用 Web 用户控件

尽管 ASP.NET 提供的服务器控件具有十分强大的功能，但在实际应用中，遇到的问题总是复杂多样的（例如，使用服务器控件不能完成复杂的、能在多处使用的导航控件）。为了满足不同的需求，ASP.NET 允许程序开发人员根据实际需要制作适用的控件。通过本节的学习，读者将会了解到创建 Web 用户控件、将制作好的 Web 用户控件添加到网页中的方法及 Web 用户控件在实际开发中的应用。

12.2.1 Web 用户控件的基本使用

使用用户控件前应先创建用户控件页面，也就是 .ascx 页，与 .aspx 页面一样，创建用户控件页面时需要输入一个有意义的页面名称，必要时还要选择一个合理的路径来放置用户控件，在创建完页面后对页面内容进行编写和设计。

[实例 12.1]　（源码位置：资源包 \Code\12\01）

设计并使用用户控件

本实例将实现一个简单的网页，然后通过用户控件定义顶部全局信息，包括日期信息、网站首页、登录、注册、下载客户端等信息，具体实现步骤如下。

① 新建一个网站并创建 Default.aspx 页面，然后通过 HTML 代码设计一个简单的网页页面，Default.aspx 页面的布局代码如下：

```
01  <div>
02      <div class="top"></div>
03      <div class="img"></div>
04      <div class="nav">
05          <nav>
06              <a> 首页 </a>
07              <a> 公司介绍 </a>
08              <a> 产品列表 </a>
09              <a> 成功案例 </a>
10              <a> 加入我们 </a>
11          </nav>
12      </div>
13      <div class="content">
14          <div class="contentLeft">
15              <h2>Web 用户控件如何应用于网站开发中 </h2>
16              <p></p>
17          </div>
18      </div>
19      <div class="foot">
20          <div> 清华大学出版社 | 吉林大学出版社 | 人民邮电出版社 | 吉林人民出版社 </div>
21          <div> 版权声明 Copyright ©2021 明日科技 All Rights Reserved</div>
22      </div>
23  </div>
```

上面的代码中第 16 行 p 标签内为一段文字介绍，由于受到篇幅的限制，省略部分内容，读者可在光盘中找到该部分文字内容。

② 页面大体结构已经设计完成，接下来进行页面的美化，首先在 head 标签内定义 style 标签，然后在 style 标签中定义如下 CSS 样式代码。

```
<style type="text/css">
body {                                         /* 设置 body 的边距为 0 像素 */
            margin:0px;
            padding:0px;
}
.img {                                         /* 设置大图样式 */
            width:100%;
            height:300px;
            background-image:url('image/Lighthouse.jpg');     /* 设置背景图片 */
            background-repeat:no-repeat;                      /* 设置背景图片不重复 */
            background-size:100%;                             /* 设置图片大小 */
}
.nav nav{                                      /* 设置导航样式 */
            width:100%;
            height:40px;
            background-color:#4b4a4a;          /* 设置背景颜色 */
            color:white;                       /* 设置字体颜色 */
            font-size:18px;                    /* 设置字体大小 */
            font-weight:600;
            font-family:'Microsoft YaHei';/* 设置字体样式 */
}
.nav nav a {                                   /* 设置导航 a 标签 */
            display:block;                     /* 设置 a 标签为块级元素显示 */
            float:left;
            width:150px;
            height:40px;
            line-height:40px;
            text-align:center;                 /* 文本内容居中显示 */
}
.nav nav a:hover {                             /* 设置光标悬浮在 a 标签上的样式  */
            background-color:#808080;          /* 设置背景颜色 */
            cursor:pointer;                    /* 设置光标形状 */
}
.content {                                     /* 设置内容标签 */
            width:100%;
}
.contentLeft {                                 /* 设置第一个内容元素的样式 */
            width:100%;
            height:280px;
            background-image:url('image/bg1.jpg');
            color:white;
}
h2 {                                           /* 设置 h2 标签 */
            margin:0px;
            padding:50px 0 0 60px;
}
p {                                            /* 设置 p 标签 */
            padding:1px 0 0 60px;
            width:90%;
            margin:0px autp;
            font-size:14px;
}
.foot {                                        /* 设置友情链接 */
            width:100%;
            height:140px;
            background-color:#4b4a4a;
}
.foot div{                                     /* 设置 .foot 下面的每一个 div 标签 */
            width:100%;
            height:60px;
            line-height:60px;
            color:white;
```

```
                font-size:14px;
                text-align:center;
}
</style>
```

在上面的代码中，ID 为 top 的 div 标签目前还没有应用到，那么这个标签有什么作用呢？从它的 class 属性可以了解到它是网页最顶部的内容，通常在一些比较大型网站的页面顶部都会是用户登录、注册等按钮区域，在版块较多的网站中还会放置“网站地图”按钮。本例将 ID 为“top”的 div 标签预留在了页面中，用于后面放置编写好的 Web 用户控件。接下来就是创建用户控件，然后再将用户控件引用到 Default.aspx 页面中来。

③ 同添加 aspx 页面的步骤一样，在项目上右键选择添加新项，然后在弹出的对话框中选择“Web Forms 用户控件”选项，为其命名为“Top.ascx”，最后单击“添加”按钮，将 Web 用户控件添加到项目中，如图 12.1 所示。

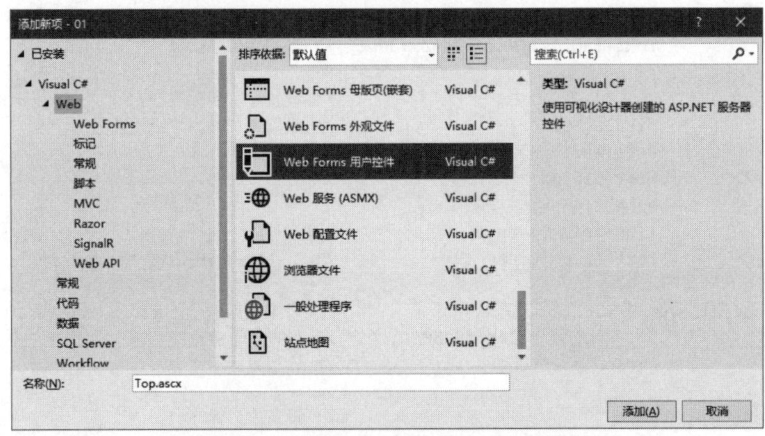

图 12.1 “添加 Web 用户控件”的对话框

打开已创建好的 Web 用户控件（用户控件的文件扩展名为 .ascx），在 .ascx 文件中可以直接向页面上添加各种服务器控件及静态文本、图片等，同样，.ascx 页面也包含了后台代码文件 .ascx.cs。

注意：

创建好用户控件后，必须添加到其他 Web 页中才能显示出来，不能直接作为一个网页来显示，因此也就不能设置用户控件为“起始页”。

④ 在 Top.ascx 页面中实现顶部内容区域，按照预定的需求将在网页顶部添加“网站首页”“日期信息”“登录 / 注册”“下载客户端”等超链接，Top.ascx 页面源代码如下：

```
<div class="TopInfo">
     <div class="TopInfoLeft">
          <a href="Default.aspx"> 网站首页 </a>
          <a style="margin-left:85px;"> 今天是: <time runat="server" id="today"></time></a>
     </div>
     <div class="TopInfoRight">
          <a href="Default.aspx"> 登录 </a>
          <a href="Default.aspx"> 注册 </a>
          <a href="Default.aspx"> 下载客户端 </a>
     </div>
</div>
```

⑤ 用户控件中的布局标签定义完成之后，还需要使用 CSS 美化这些标签，样式代码如下：

```
<style type="text/css">
.TopInfo {                                  /* 设置网站全局信息样式 */
          width:100%;
          height:40px;
          background-color:#5b5858;
}
.TopInfo div {                              /* 设置 TopInfo 下的所有 div 标签样式 */
          margin-top:9px;
}
.TopInfoLeft{                               /* 设置全局信息中的左部分样式 */
           width:300px;
           float:left;
           padding-left:20px;
}
.TopInfoRight{                              /* 设置全局信息中的右部分样式 */
           width:200px;
           float:right;
}
.TopInfoRight a{                            /* 设置右部分中的 a 标签样式 */
          margin-left:10px;
}
.TopInfo a {                                /* 设置 a 标签 */
          font-size:13px;
          font-family:'Microsoft YaHei';
          color:#fcfaee;
          text-decoration:none;
}
</style>
```

⑥ 在布局标签的第 4 行可以看见 time 标签因属性 runat 等于 server 而被定义成了服务器标签，那么这里需要在后台代码中通过标签 id 设置该标签内动态显示当前日期，后台代码如下：

```
protected void Page_Load(object sender, EventArgs e)
{
          this.today.InnerText = DateTime.Now.Date.ToString("yyyy 年 MM 月 dd 日 ");
}
```

⑦ 在上面的步骤中，网页的主页面部分和网页公共区域都已经编写完成，那么最后就是将两个部分进行"合并"，具体操作就是在 Default.aspx 主页面中去引用 Top.ascx 用户控件，这里有两种方式可以进行引用，一种就是使用拖曳的方式，首先找到 Default.aspx 页面中要引用 Top.ascx 页面的位置，实例中将以预留的 id 为 Top 的 div 标签为引用位置，然后打开"解决方案资源管理器"找到 Top.ascx 文件并选中，接着按住鼠标左键并移动鼠标至 div 标签中，这时会发现页面中多了两行代码：

第一个是引用位置定义的标签，代码如下：

```
<div class="top">
     <uc1:Top runat="server" ID="Top"/>
</div>
```

第二个是在页面源代码的顶部第二行代码中的 Register 指令标签，定义该标签是为了引用"用户控件"并设定相关的命名空间以及别名等，代码如下：

```
<%@ Register Src="~/Top.ascx" TagPrefix="uc1" TagName="Top" %>
```

其中 Src 指定了用户控件文件的相对路径，TagPrefix 自定义的与用户控件命名空间相关联的别名，TagName 为自定义的控件别名。

说明：

引用“用户控件”Register 指令中的 TagPrefix 属性和 TagName 属性，类似于在定义 Button 控件的标签 <asp:Button ID="Button1" runat="server" Text="Button" /> 中的 asp 与 Button 的关系，即：TagPrefix:TagName。

执行程序，运行结果如图 12.2 所示。

图 12.2　用户控件与主页面“合并”效果图

说明：

用户控件运行时，会将该用户控件的 URL 作为基 URL，以解析对外部资源（如图像）的引用，例如，如果用户控件包含一个 Image 控件，而 Image 控件的 ImageUrl 属性设置为 Images/Button.gif，则会将图像的 URL 添加到用户控件的 URL，以解析该图像的完整路径，如果该 Image 控件所引用的图片资源不存在，则用户控件本身的子文件夹中，无法显示该图像。

12.2.2　访问 Web 用户控件中的成员

ASP.NET 提供的服务器控件中都有其自身的属性和方法，程序开发人员可以灵活地使用服务器控件中的属性和方法开发程序。在用户控件中，程序开发人员也可以自行定义各种属性和方法，通过访问这些成员信息可以实现读取来自用户控件上的任何信息，这其中包括用户定义在 ascx 页面上的各类服务器控件，从而也使得应用用户控件变得更加灵活。

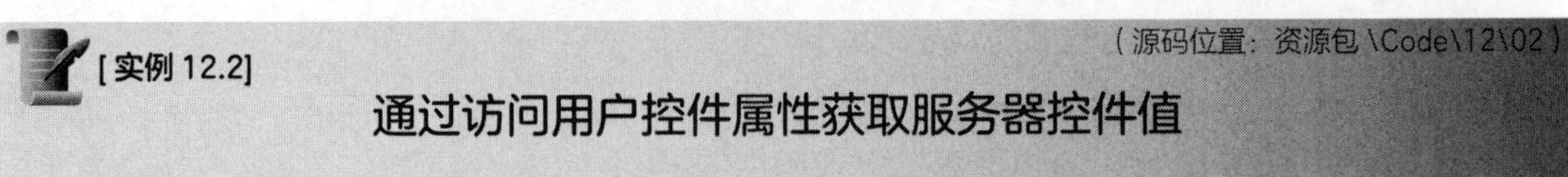

[实例 12.2]
（源码位置：资源包 \Code\12\02）
通过访问用户控件属性获取服务器控件值

本实例主要实现在用户控件页面中定义关于颜色的单选按钮，然后在主页面中定义切换按钮，当单击切换按钮后主页面的背景色会随着用户控件页面选中的颜色而改变，程序实现的主要步骤为：

① 新建一个网站并创建 Default.aspx 页面，在该页中添加 1 个 Button 控件，用于更改

页面背景颜色，然后再设置页面中 div 的宽和高，代码如下：

```
<div style="width:100%;height:800px">
        <asp:Button ID="Button1" runat="server" Text=" 更改背景颜色 "
          Height="50px" Width="166px" CssClass="btn"/>
</div>
```

定义按钮的 CSS 样式代码如下：

```
<style type="text/css">
body {
          margin:0px;
          padding:0px;
}
.btn {
          border:1px;
          border-style:solid;
          border-color:antiquewhite;
}
</style>
```

② 创建用户控件页面并将其命名为“ChangeBgColor.ascx”，然后在该页中添加 1 个 RadioButtonList 控件并定义各颜色值，代码如下：

```
<div class="DivColorItem">
     <asp:RadioButtonList ID="ColorItem" runat="server"
      RepeatDirection="Horizontal" CssClass="ColorItem">
         <asp:ListItem Text=" 白色 " Value="white"></asp:ListItem>
         <asp:ListItem Text=" 红色 " Value="red"></asp:ListItem>
         <asp:ListItem Text=" 蓝色 " Value="blue"></asp:ListItem>
         <asp:ListItem Text=" 绿色 " Value="green"></asp:ListItem>
         <asp:ListItem Text=" 黄色 " Value="yellow"></asp:ListItem>
         <asp:ListItem Text=" 黑色 " Value="black"></asp:ListItem>
     </asp:RadioButtonList>
</div>
```

为了直接凸显每个颜色，在 ChangeBgColor.ascx 页面中定义了关于 RadioButtonList 控件的个性化 CSS 样式代码，由于篇幅的限制，读者可以在光盘资源中找到这段样式代码。

③ 在 ChangeBgColor.ascx 页面的后台代码中定义获取 RadioButtonList 控件选择的颜色值的属性，代码如下：

```
public string GetColorValue
{
           get
           {
                return this.ColorItem.SelectedValue;
           }
}
```

④ 定义 Button 按钮的单击事件，在事件处理方法中添加获取用户控件属性的代码，然后将获取到的颜色值赋值给全局变量，用于设置网页背景颜色，代码如下：

```
public string GetColorValue = "";// 定义全局变量用于接收颜色值
protected void Page_Load(object sender, EventArgs e) { }
protected void Button1_Click(object sender, EventArgs e)
{
      // 获取用户控件选定的颜色值并赋值给全局变量
      GetColorValue = this.ChangeBgColor.GetColorValue;
}
```

⑤ 切换到 Default.aspx 页面中，在 div 标签中添加背景颜色的样式并指定值为后台全局变量，设置后的代码如下：

```
<div style="width:100%;height:800px; background-color:<%=GetColorValue%>">
```

执行程序，如图 12.3 所示，选择红色单选框，然后单击“更改背景颜色”按钮，网页背景色就已经变为红色。

图 12.3　使用用户控件的颜色值设置网页背景色

注意：

① 不能将用户控件放入网站的 App_Code 文件夹中，如果放入其中，则运行包含该用户控件的网页时将发生分析错误。另外，用户控件属于 System.web.UI.UserControl 类型，它直接继承于 System.web.UI.Control。

② 在运行带有用户控件的页面时，ASP.NET 页面 (aspx) 最先被执行，但这里指的是 Page_Load 方法的执行顺序。ASP.NET 页面要先于用户控件，如果在 ASP.NET 页面中触发了 Button 按钮的单击事件，那么 Button 按钮的执行顺序将会放在最后来处理，正确的顺序是 ASP.NET 页面的 Page_Load 方法，然后是用户控件的 Page_Load 方法，最后是 ASP.NET 页面的 Button 事件处理方法。

本章知识思维导图

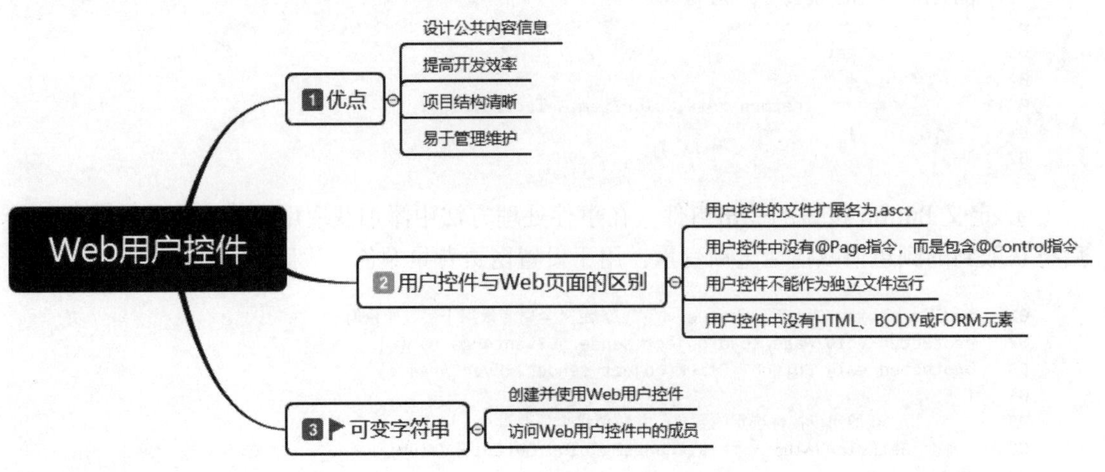

第 13 章

母版页与主题

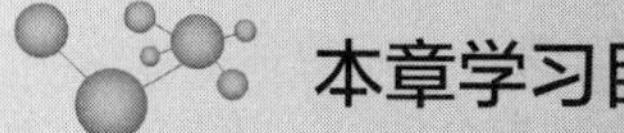

本章学习目标

- 了解母版页与主题的作用。
- 掌握如何创建母版页与内容页。
- 学会如何访问母版页中的控件和属性。
- 熟悉主题的组成元素。
- 掌握如何创建主题。
- 掌握如何使用主题以及动态加载主题。

13.1 母版页概述

母版页的主要功能是为 ASP.NET 应用程序创建统一的用户界面和样式。实际上母版页是由两部分构成，即一个母版页和一个（或多个）内容页。这些内容页与母版页合并以将母版页的布局与内容页的内容组合在一起输出。

使用母版页，简化了以往重复设计每个 Web 页面的工作。母版页中承载了网站的统一内容、设计风格，减轻了网页设计人员的工作量，提高了工作效率。如果将母版页比喻为未签名的名片，那么在这张名片上签字后就代表着签名人的身份，这就相当于为母版页添加内容页后呈现出的各个页面效果。

（1）母版页

母版页为具有扩展名 .master（如 MyMaster.master）的 ASP.NET 文件，它包括静态文本、HTML 元素和服务器控件的预定义布局。母版页由特殊的 @Master 指令识别，该指令替换了普通 .aspx 页的 @ Page 指令。

（2）内容页

内容页与母版页关系紧密，内容页主要包含页面中的非公共内容。通过创建各个内容页来定义母版页的占位符控件的内容，这些内容页是绑定到特定母版页的 ASP.NET 页（.aspx 文件以及可选的代码隐藏文件）。

> **注意：**
> 使用母版页，必须首先创建母版页再创建内容页。

（3）母版页运行机制

在运行时，母版页按照下面的步骤处理：

① 用户通过输入内容页的 URL 来请求某页。

② 获取该页后，读取 @Page 指令。如果该指令引用一个母版页，则读取该母版页。如果是第一次请求这两个页，则两个页都要进行编译。

③ 包含更新内容的母版页合并到内容页的控件树中。

④ 各个 Content 控件的内容合并到母版页相应的 ContentPlaceHolder 控件中。

⑤ 浏览器中呈现得到的合并页。

（4）母版页的优点

使用母版页，可以为 ASP.NET 应用程序页面创建一个通用的外观。开发人员可以利用母版页创建一个单页布局，然后将其应用到多个内容页中。母版页具有以下优点：

- 使用母版页可以集中处理页的通用功能，以便只在一个位置上进行更新，在很大程度上提高了工作效率。
- 使用母版页可以方便地创建一组公共控件和代码，并将其应用于网站中所有引用该母版页的网页。例如，可以在母版页上使用控件来创建一个应用于所有页的功能菜单。
- 可以通过控制母版页中的占位符 ContentPlaceHolder 对网页进行布局。
- 由内容页和母版页组成的对象模型，能够为应用程序提供一种高效、易用的实现方式，并且这种对象模型的执行效率比以前的处理方式有了很大的提高。

13.2　创建母版页

母版页中包含的是页面的公共部分，因此，在创建母版页之前，必须判断哪些内容是页面的公共部分。如图 13.1 所示为企业绩效管理系统的首页 Index.aspx，该网页是由 4 部分组成的，即页头、页尾、登录栏和内容页。经过分析可知，其中，页头、页尾和登录栏是企业绩效系统中页面的公共部分。内容 A 是企业绩效系统的非公共部分，是 Index.aspx 页面所独有的。结合母版页和内容页的相关知识可知，如果使用母版页和内容页创建页面 Index.aspx，那么必须创建一个母版页 MasterPage.master 和一个内容页 Index.aspx，其中，母版页包含页头、页尾和登录栏，内容页则包含内容 A。

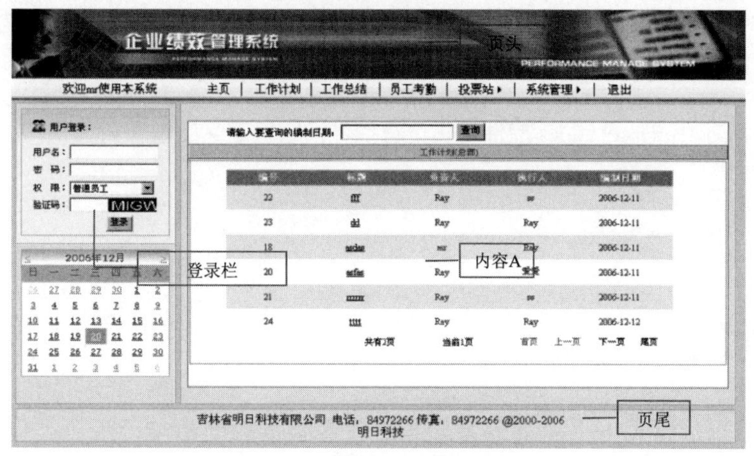

图 13.1　企业绩效管理系统首页

创建母版页的具体步骤如下：

① 在网站的解决方案下的网站名称上单击右键，在弹出的快捷菜单中选择“添加”→“添加新项”命令。

② 打开“添加新项”对话框，如图 13.2 所示。选择“母版页”，默认名为 MasterPage.master。单击“添加”按钮即可创建一个新的母版页。

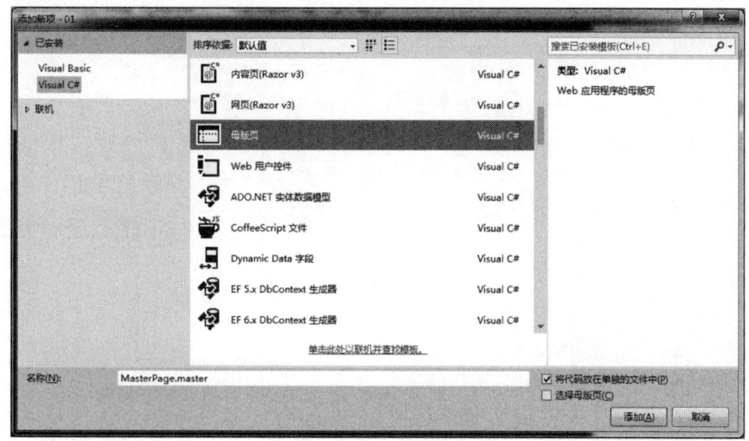

图 13.2　创建母版页

③ 母版页 MasterPage.master 的代码如下：

```
<%@ Master Language="C#" AutoEventWireup="true" CodeFile="MasterPage.master.cs"
Inherits="MasterPage" %>
<!DOCTYPE html PUBLIC "-//W3C//DTD XHTML 1.0 Transitional//EN"
"http://www.w3.org/TR/xhtml1/DTD/xhtml1-transitional.dtd">
<html xmlns="http://www.w3.org/1999/xhtml">
<head runat="server">
    <title> 无标题页 </title>
    <asp:ContentPlaceHolder id="head" runat="server">
    </asp:ContentPlaceHolder>
</head>
<body>
    <form id="form1" runat="server">
    <div>
        <asp:ContentPlaceHolder id="ContentPlaceHolder1" runat="server">
        </asp:ContentPlaceHolder>
    </div>
    </form>
</body>
</html>
```

以上代码中 ContentPlaceHolder 控件为占位符控件，它所定义的位置可替换内容出现的区域。

说明：

母版页中可以包括一个或多个 ContentPlaceHolder 控件。

13.3 创建内容页

创建完母版页后，接下来就要创建内容页。内容页的创建与母版页类似，具体创建步骤如下：

① 在网站的解决方案下的网站名称上单击右键，在弹出的快捷菜单中选择“添加”→“添加新项”菜单项。

② 打开“添加新项”对话框，如图 13.3 所示。在对话框中选择“Web 窗体”并为其命名，同时选中“将代码放在单独的文件中”和“选择母版页”复选框，单击“添加”按钮，弹出如图 13.4 所示的“选择母版页”对话框，在其中选择一个母版页，单击“确定”按钮，即可创建一个新的内容页。

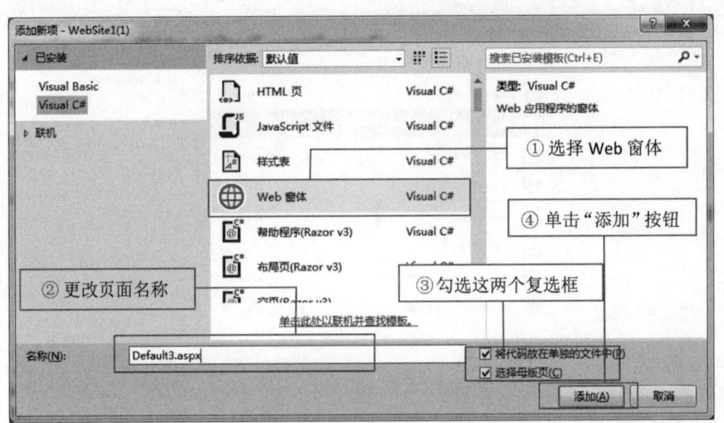

图 13.3 “添加新项”对话框

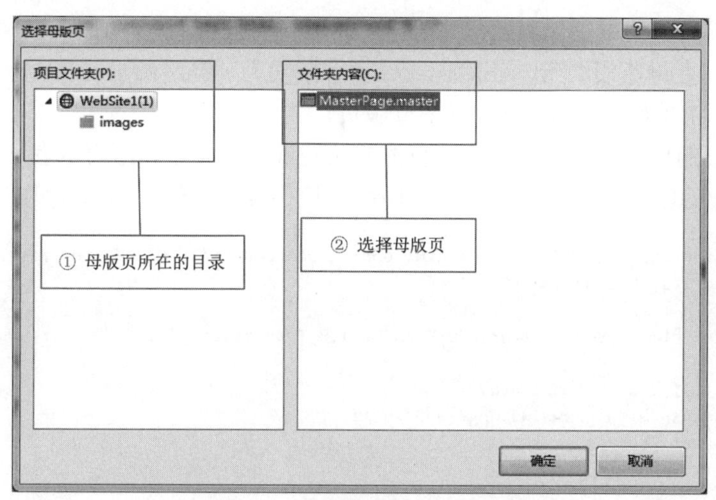

图 13.4 “选择母版页”对话框

③ 内容页中的代码如下：

```
<%@ Page Language="C#" MasterPageFile="~/MasterPage.master" AutoEventWireup="true"
CodeFile="Default2.aspx.cs" Inherits="Default2" Title="无标题页" %>
<asp:Content ID="Content1" ContentPlaceHolderID="head" Runat="Server">
</asp:Content>
<asp:Content ID="Content2" ContentPlaceHolderID="ContentPlaceHolder1" Runat="Server">
</asp:Content>
```

从已创建的母版页和内容页可以看到，在母版页中包含了两个 ContentPlaceHolder 控件，同时，在内容页中包含了两个 Content 控件，说明内容页中的 Content 控件对应着母版页中的 ContentPlaceHolder 控件。

13.4　嵌套母版页

所谓“嵌套”，就是一个套一个，大的容器套装小的容器。嵌套母版页就是指创建一个大母版页，在其中包含另外一个母版页。如图 13.5 所示为嵌套母版页的示意图。

图 13.5　嵌套母版页的示意图

利用嵌套的母版页可以创建组件化的母版页。例如，大型网站可能包含一个用于定义站点外观的总体母版页，而根据不同的网站模块内容，又可以定义各子母版页，这些子母版页再引用网站母版页，这样网站的所有公共内容就可以通过嵌套母版页来实现。

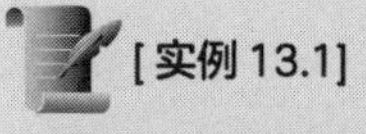

[实例 13.1]　（源码位置：资源包 \Code\13\01）

创建一个简单的嵌套母版页

本实例主要通过实现一个简单的嵌套母版页功能来加深读者对嵌套母版页的理解。程序实现的主要步骤为：

① 新建一个网站，将其命名为 01。

② 在该网站的解决方案下的网站名称上单击右键，在弹出的快捷菜单中选择“添

加”→“添加新项”菜单项，打开“添加新项”对话框，首先添加两个母版页，分别命名为 MainMaster（主母版页）和 SubMaster（子母版页），然后添加一个 Web 窗体，命名为 Default.aspx，并将其作为 SubMaster（子母版页）的内容页。

③ 主母版页的构建方法与普通母版页的方法一致。由于主母版页嵌套一个子母版页，因此必须在适当的位置设置一个 ContentPlaceHolder 控件实现占位。主母版页的设计代码如下：

```
<%@ Master Language="C#" AutoEventWireup="true" CodeFile="MainMaster.master.cs"
    Inherits="MainMaster" %>

<!DOCTYPE html PUBLIC "-//W3C//DTD XHTML 1.0 Transitional//EN" "http://www.w3.org/TR/
xhtml1/DTD/
     xhtml1-transitional.dtd">
<html xmlns="http://www.w3.org/1999/xhtml">
<head runat="server">
    <title> 主母版页 </title>
</head>
<body>
    <form id="form1" runat="server">
        <div>
            <table style="width: 759px; height:634px" cellpadding="0" cellspacing="0"
align="center">
                 <tr>
                      <td style="background-image: url(Image/banner.jpg); width: 759px;
height: 153px"></td>
                 </tr>
                 <tr>
                      <td style="width: 759px; height:374px" align="center"
valign="middle">
                          <asp:ContentPlaceHolder ID="MainContent" runat="server">
                          </asp:ContentPlaceHolder>
                     </td>
                 </tr>
                 <tr>
                      <td style="background-image: url(Image/3.jpg); width: 759px; height:
107px"></td>
                 </tr>
            </table>
        </div>
    </form>
</body>
</html>
```

④ 子母版页以 .master 为扩展名，其代码包括两个部分，即代码头声明和 Content 控件。子母版页与普通母版页相比，子母版页中不包括 <html>、<body> 等 HTML 元素。在子母版页的代码头中添加了一个属性 MasterPageFile，以设置嵌套子母版页的主母版页路径，通过设置这个属性，实现主母版页和子母版页之间的嵌套。子母版页的 Content 控件中声明的 ContentPlaceHolder 控件用于为内容页实现占位。子母版页的设计代码如下：

```
<%@ Master Language="C#" AutoEventWireup="true" CodeFile="SubMaster.master.cs"
Inherits="SubMaster" MasterPageFile="~/MainMaster.master" %>
<asp:Content ID="Content1" ContentPlaceHolderID="MainContent" runat="server">
    <table style="background-image: url(Image/2.jpg); width: 759px; height: 374px">
         <tr>
              <td align="center" valign="middle">
                   <h1> 子母版页 </h1>
              </td>
              <td align="center" valign="middle" style="width: 451px;" >
                   <asp:ContentPlaceHolder ID="SubContent" runat="server">
```

```
                    </asp:ContentPlaceHolder>
                </td>
            </tr>
        </table>
</asp:Content>
```

注意：

这里需要强调的是子母版页中不包括 <html>、<body> 等 HTML 元素。在子母版页的 @ Master 指令中添加了 MasterPageFile 属性以设置父母版页路径，从而实现嵌套。

⑤ 内容页的构建方法与普通内容页的一致，其代码包括两部分，即代码头声明和 Content 控件。由于内容页绑定子母版页，所以代码头中的属性 MasterPageFile 必须设置为子母版页的路径。内容页的设计代码如下：

```
<%@ Page Language="C#" MasterPageFile="~/SubMaster.master" AutoEventWireup="true"
    CodeFile="Default.aspx.cs" Inherits="_Default" Title="Untitled Page" %>
<asp:Content ID="Content1" ContentPlaceHolderID="SubContent" runat="Server">
    <table style="width: 451px; height: 391px">
        <tr>
            <td>
                <h1> 内容页 </h1>
            </td>
        </tr>
    </table>
</asp:Content>
```

执行程序，运行结果如图 13.6 所示。

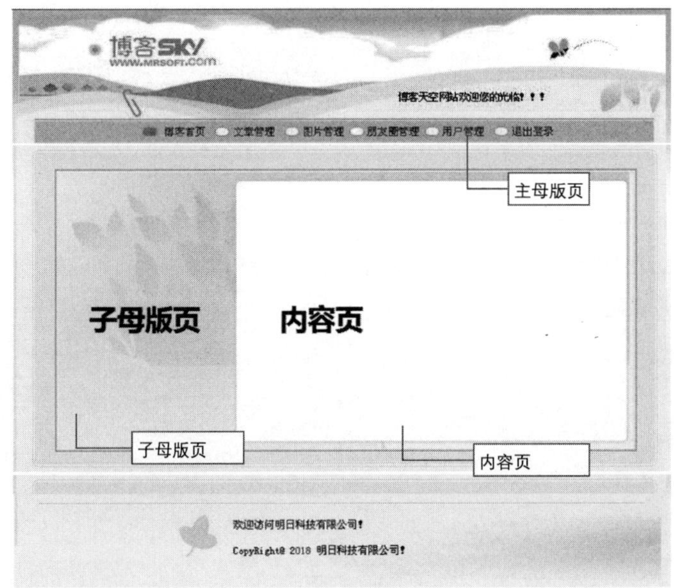

图 13.6　嵌套母版页

13.5　访问母版页的控件和属性

内容页中引用母版页中的属性、方法和控件有一定的限制。对于属性和方法的规则是：

如果它们在母版页上被声明为公共成员（包括公共属性和公共方法），则可以引用它们。在引用母版页上的控件时，没有只能引用公共成员的这种限制。

13.5.1 使用 Master.FindControl() 方法访问母版页上的控件

在内容页中，Page 对象具有一个公共属性 Master，该属性能够实现对相关母版页基类 MasterPage 的引用。母版页中的 MasterPage 相当于普通 ASP.NET 页面中的 Page 对象，因此，可以使用 MasterPage 对象实现对母版页中各个子对象的访问，但由于母版页中的控件是受保护的，不能直接访问，那么就必须使用 MasterPage 对象的 FindControl 方法实现。

[实例 13.2]　（源码位置：资源包 \Code\13\02）

访问母版页上的控件

本实例主要通过使用 FindControl 方法，获取母版页中用于显示系统时间的 Label 控件。程序实现的主要步骤为：

① 新建一个网站，首先添加一个母版页，默认名称为 MasterPage.master，再添加一个 Web 窗体，命名为 Default.aspx，作为母版页的内容页。

② 分别在母版页和内容页上添加 1 个 Label 控件。母版页的 Label 控件的 ID 属性为 labMaster，用来显示系统日期。内容页的 Label 控件的 ID 属性为 labContent，用来显示母版页中的 Label 控件值。

③ 在 MasterPage.master 母版页的 Page_Load 事件中，使母版页的 Label 控件显示当前系统日期的代码如下：

```
protected void Page_Load(object sender, EventArgs e)
 {
         this.labMaster.Text = "今天是" + DateTime.Today.Year + "年" + DateTime.Today.Month + "月" + DateTime.Today.Day + "日";
 }
```

④ 在 Default.aspx 内容页中的 Page_LoadComplete 事件中，使内容页的 Label 控件显示母版页中 Label 控件的值，代码如下：

```
protected void Page_LoadComplete(object sender, EventArgs e)
 {
     Label MLable1 = (Label)this.Master.FindControl("labMaster");// 获取母版页上的控件
     this.labContent.Text = MLable1.Text; // 将母版页上的 Label 控件值绑定到内容页的 Label 上
 }
```

注意：

由于在母版页的 Page_Load 事件引发之前，内容页 Page_Load 事件已经引发，所以，此时从内容页中访问母版页中的控件比较困难。所以，本示例使用 Page_LoadComplete 事件，利用 FindControl() 方法来获取母版页的控件，其中 Page_LoadComplete 事件是在生命周期内和网页加载结束时触发。当然还可以在 Label 控件的 PreRender 事件下完成此功能。

执行程序，运行结果如图 13.7 所示。

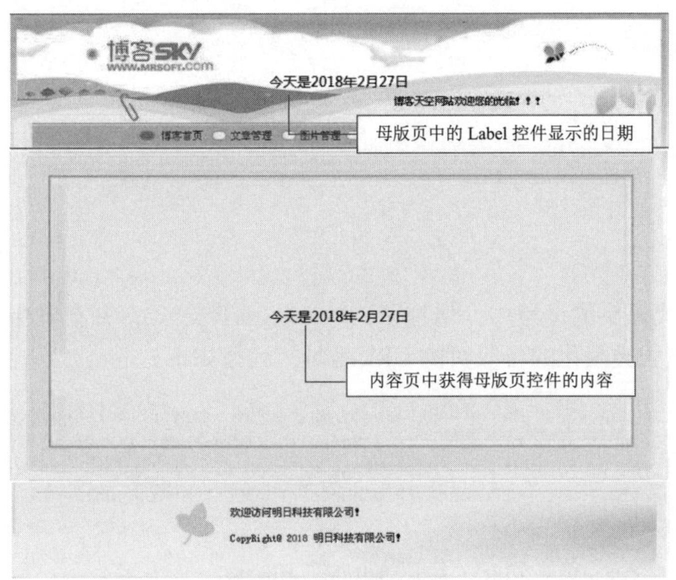

图 13.7　嵌套母版页

13.5.2　引用 @MasterType 指令访问母版页上的属性

引用母版页中的属性和方法，需要在内容页中使用 MasterType 指令，将内容页的 Master 属性强类型化，即通过 MasterType 指令创建与内容页相关的母版页的强类型引用。另外，在设置 MasterType 指令时，必须设置 VirtualPath 属性用于指定与内容页相关的母版页的存储地址。

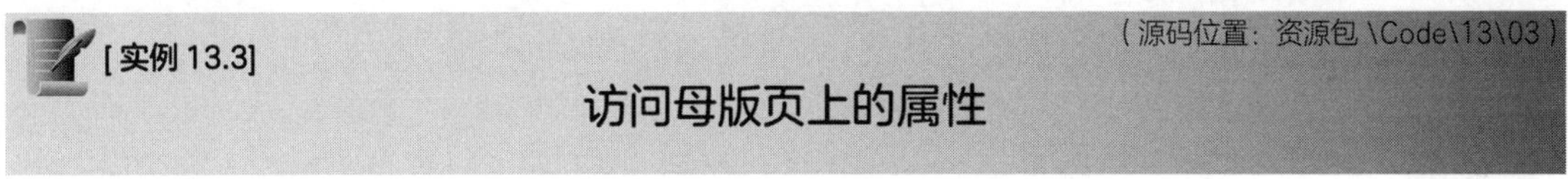
[实例 13.3]　（源码位置：资源包\Code\13\03）

访问母版页上的属性

本实例主要通过使用 MasterType 指令引用母版页的公共属性，并将 Welcome 字样赋给母版页的公共属性。程序实现的主要步骤为：

① 程序开发步骤参见实例 13.2。

② 在母版页的后台代码中定义了一个 String 类型的公共属性 mValue，代码如下：

```
public partial class MasterPage : System.Web.UI.MasterPage
 {
          string mValue = "";                 // 定义变量
          public string MValue                // 定义属性
          {
               get                            //get 访问器
               {
                   return mValue;             // 返回变量值
               }
               set                            //set 访问器
               {
                   mValue = value;            // 设置变量值
               }
        }
 }
```

③ 通过 <%= this.MValue %> 将定义的 MValue 属性值绑定在母版页中，代码如下：

```
<table align="center">
  <tr>
     <td style="width:759px;height:153px;background-image:url('Image/banner.jpg');
text-align:center;">
        <asp:Label ID="labMaster" runat="server" Text="Label"></asp:Label>
           <%=this.MValue%>
     </td>
  </tr>
</table>
```

④ 在内容页代码头的设置中，增加了 <%@MasterType%>，并在其中设置了 VirtualPath 属性，用于设置被强类型化的母版页的 URL 地址。代码如下：

```
<%@ Page Language="C#" MasterPageFile="~/MasterPage.master" AutoEventWireup="true"
CodeFile="Default.aspx.cs" Inherits="_Default" Title="Untitled Page" %>
<%@ MasterType VirtualPath ="~/MasterPage.master" %>
<asp:Content ID="Content1" ContentPlaceHolderID="ContentPlaceHolder1" Runat="Server">
    <table align="center">
        <tr>
            <td style="width: 86px; height: 21px;">
                <asp:Label ID="labContent" runat="server" Width="351px" ></asp:Label>
            </td>
        </tr>
    </table>
</asp:Content>
```

⑤ 在内容页的 Page_Load 事件下，通过 Master 对象引用母版页中的公共属性，并将 Welcome 字样赋给母版页中的公共属性。代码如下：

```
protected void Page_Load(object sender, EventArgs e)
{
    Master.MValue = "Welcome";// 设置母版页属性
}
```

说明：

以上代码在内容页上的赋值，将影响母版页中公共属性的值。

执行程序，运行结果如图 13.8 所示。

图 13.8　访问母版页上的属性

13.6 主题概述

13.6.1 组成元素

主题由外观、级联样式表（CSS）、图像和其他资源组成，主题中至少包含外观，它是在网站或 Web 服务器上的特殊目录中定义的，如图 13.9 所示。

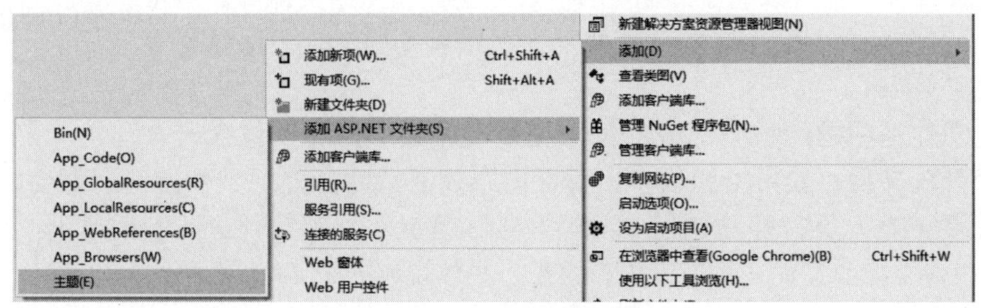

图 13.9　添加主题文件夹

在制作网站中的网页时，有时对控件、对页面设置要进行重复的设计，主题的出现就是将重复的工作简单化，不仅提高制作效率，更重要的是能够统一网站的外观。例如，一款家具的设计框架是一样的，但是整体颜色、零件色彩（把手等）可以是不同的，这就相当于一个网站可以通过不同的主题呈现出不同的外观。

● 外观。

外观文件是主题的核心内容，用于定义页面中服务器控件的外观，它包含各个控件（如 Button、TextBox 或 Calendar 控件）的属性设置。控件外观设置类似于控件标记本身，但只包含要作为主题的一部分来设置的属性。例如，下面的代码定义了 TextBox 控件的外观：

```
<asp:TextBox runat="server" BackColor="PowderBlue" ForeColor="RoyalBlue"/>
```

控件外观的设置与控件声明代码类似。在控件外观设置中只能包含作为主题的属性定义。上述代码中设置了 TextBox 控件的前景色和背景色属性。如果将以上控件外观应用到单个 Web 页上，那么页面内所有 TextBox 控件都将显示所设置的控件外观。

注意：
主题中至少要包含外观。

● 级联样式表（CSS）。

主题还可以包含级联样式表（.css 文件）。将 .css 文件放在主题目录中时，样式表自动作为主题的一部分应用。使用文件扩展名 .css 在主题文件夹中定义样式表。

说明：
主题中可以包含一个或多个级联样式表。

● 图像和其他资源。

主题还可以包含图形和其他资源，如脚本文件或视频文件等。通常，主题的资源文件与该主题的外观文件位于同一个文件夹中，但也可以在 Web 应用程序中的其他地方，如主题目录的某个子文件夹中。

13.6.2 文件存储和组织方式

在 Web 应用程序中，主题文件必须存储在根目录的 App_Themes 文件夹下（除全局主题之外），开发人员可以手动或者使用 Visual Studio 在网站的根目录下创建该文件夹。如图 13.10 所示为 App_Themes 文件夹的示意图。

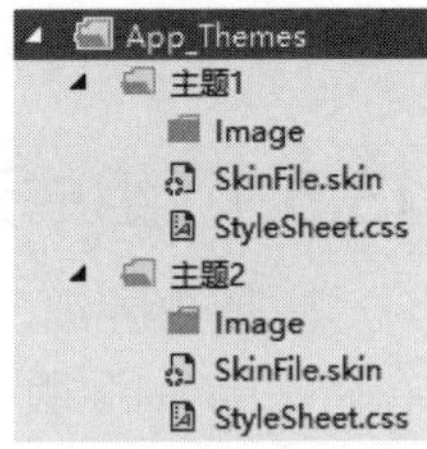

图 13.10 App_Themes 文件夹的示意图

在 App_Themes 文件夹中包括“主题 1”和“主题 2”两个文件夹。每个主题文件夹中都可以包含外观文件、CSS 文件和图像文件等。通常 APP_Themes 文件夹中只存储主题文件及与主题有关的文件，尽量不存储其他类型文件。

外观文件是主题的核心部分，每个主题文件夹下都可以包含一个或者多个外观文件，如果主题较多，页面内容较复杂时，外观文件的组织就会出现问题。这样就需要开发人员在开发过程中，根据实际情况对外观文件进行有效管理。通常根据 SkinID、控件类型及文件 3 种方式进行组织，具体说明如表 13.1 所示。

表 13.1 3 种常见的外观文件的组织方式及说明

组织方式	说明
根据 SkinID	在对控件外观设置时，将具有相同的 SkinID 放在同一个外观文件中，这种方式适用于网站页面较多、设置内容复杂的情况
根据控件类型	组织外观文件时，以控件类型进行分类，这种方式适用于页面中包含控件较少的情况
根据文件	组织外观文件时，以网站中的页面进行分类，这种方式适用于网站中页面较少的情况

13.7 创建主题

13.7.1 创建外观文件

在创建外观文件之前，先介绍有关创建外观文件的知识。

外观文件分为“默认外观”和“已命名外观”两种类型。如果控件外观没有包含 SkinID 属性，那么就是默认外观。此时，向页面应用主题，默认外观自动应用于同一类型的所有控件。已命名外观是设置了 SkinID 属性的控件外观。已命名外观不会自动按类型应用于控件，而应当通过设置控件的 SkinID 属性将其显式应用于控件。通过创建已命名外观，可以为应用程序中同一控件的不同实例设置不同的外观。

控件外观设置的属性可以是简单属性，也可以是复杂属性。简单属性是控件外观设置中最常见的类型，如控件背景颜色（BackColor）、控件的宽度（Width）等。复杂属性主要包括集合属性、模板属性和数据绑定表达式（仅限于 <%#Eval%> 或 <%#Bind%>）等类型。

注意：
外观文件的后缀为 .skin。

下面通过示例来介绍如何创建一个简单的外观文件。

[实例 13.4]　（源码位置：资源包 \Code\13\04）

创建外观文件并应用

本示例主要通过两个 TextBox 控件分别介绍如何创建默认外观和命名外观。执行程序，示例运行结果如图 13.11 所示。

默认外观： Hello World!
命名外观： Hello World!

图 13.11　创建外观文件示例图

程序实现的主要步骤为：

① 新建一个网站，应用程序根目录下创建一个 App_Themes 文件夹用于存储主题。添加一个主题，在 App_Themes 文件夹上右击，在弹出的快捷菜单中选择“添加 ASP.NET 文件夹”/“主题”命令，主题名为 TextBoxSkin。在主题下新建一个外观文件，名称为 TextBoxSkin.skin，用来设置页面中 TextBox 控件的外观。TextBoxSkin.skin 外观文件的源代码如下：

```
<asp:TextBox runat="server" Text="Hello World!" BackColor="#FFE0C0" BorderColor="#FFC080"
Font-Size="12pt" ForeColor="#C04000" Width="149px"/>
<asp:TextBox SkinId="textboxSkin" runat="server" Text="Hello World!" BackColor="#FFFFC0"
BorderColor="Olive" BorderStyle="Dashed" Font-Size="15pt" Width="224px"/>
```

在代码中创建了两个 TextBox 控件的外观，其中没有添加 SkinID 属性的是 Button 的默认外观，另外一个设置了 SkinID 属性的是 TextBox 控件的命名外观，它的 SkinID 属性为 textboxSkin。

注意：

任何控件的 ID 属性都不可以在外观文件中出现。如果向外观文件中添加了不能设置主题的属性，将会导致错误发生。

② 在网站的默认页 Default.aspx 中添加 2 个 TextBox 控件，应用 TextBoxSkin.skin 中的控件外观。首先在 <%@ Page%> 标签中设置一个 Theme 属性用来应用主题。如果为控件设置默认外观，则不用设置控件的 SkinID 属性；如果为控件设置了命名外观，则需要设置控件的 SkinID 属性。Default.aspx 文件的源代码如下：

```
<%@ Page Language="C#" AutoEventWireup="true" CodeFile="Default.aspx.cs" Inherits="_Default"
Theme="TextBoxSkin"%>
<!DOCTYPE html PUBLIC "-//W3C//DTD XHTML 1.0 Transitional//EN"
"http://www.w3.org/TR/xhtml1/DTD/xhtml1-transitional.dtd">
<html xmlns="http://www.w3.org/1999/xhtml" >
<head runat="server">
    <title> 创建一个简单的外观 </title>
</head>
<body>
    <form id="form2" runat="server">
    <div>
        <table>
            <tr>
                <td style="width: 100px">
                    默认外观: </td>
                <td style="width: 247px">
                    <asp:TextBox ID="TextBox1" runat="server"></asp:TextBox></td>
            </tr>
            <tr>
                <td style="width: 100px">
                    命名外观: </td>
                <td style="width: 247px">
```

```
                        <asp:TextBox ID="TextBox2" runat="server" SkinID ="textboxSkin">
</asp:TextBox></td>
                </tr>
            </table>
        </div>
        </form>
    </body>
    </html>
```

如果在控件代码中添加了与控件外观相同的属性，则页面最终显示以控件外观的设置效果为主。

13.7.2 为主题添加 CSS 样式

主题中的样式表主要用于设置页面和普通 HTML 控件的外观样式。

说明：
主题中的 .css 样式表是自动作为主题的一部分加以应用的。

本示例主要对页面背景、页面中的普通文字、超链接文本以及 HTML 提交按钮创建样式。执行程序，示例运行结果如图 13.12 所示。

图 13.12 创建外观文件示例图

程序实现的主要步骤为：

① 新建一个网站，在应用程序根目录下创建一个 App_Themes 文件夹，用于存储主题。添加一个名为 MyTheme 的主题。在 MyTheme 主题下添加一个样式表文件，默认名称为 StyleSheet.css。

页面中共有 3 处被设置的样式，一是页面背景颜色、文本对齐方式及文本颜色；二是超文本的外观、悬停效果；三是 HTML 按钮的边框颜色。StyleSheet.css 文件的源代码如下：

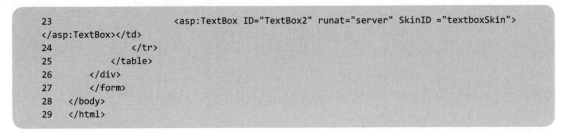

```
body {
     text-align: center;
     color: Yellow;
     background-color: Navy;
}
A:link {
     color: White;
     text-decoration: underline;
}
A:visited {
     color: White;
     text-decoration: underline;
}
A:hover {
     color: Fuchsia;
     text-decoration: underline;
     font-style: italic;
}
input {
     border-color: Yellow;
}
```

主题中的 CSS 文件与普通的 CSS 文件没有任何区别，但主题中包含的 CSS 文件主要针对页面和普通的 HTML 控件进行设置，并且主题中的 CSS 文件必须保存在主题文件夹中。

② 在网站的默认网页 Default.aspx 中，应用主题中的 CSS 文件样式的源代码如下：

```
<%@ Page Language="C#" AutoEventWireup="true"  CodeFile="Default.aspx.cs" Inherits="_Default"
Theme ="myTheme" %>
<!DOCTYPE html PUBLIC "-//W3C//DTD XHTML 1.0 Transitional//EN"
"http://www.w3.org/TR/xhtml1/DTD/xhtml1-transitional.dtd">
<html xmlns="http://www.w3.org/1999/xhtml" >
<head runat="server">
    <title> 为主题添加 CSS 样式 </title>
</head>
<body>
    <form id="form2" runat="server">
    <div>
        为主题添加 CSS 文件
        <table>
            <tr>
                <td style="width: 100px">
                <a href ="Default.aspx"> 明日科技 </a>
                </td>
                <td style="width: 100px">
                <a href ="Default.aspx"> 明日科技 </a>
                </td>
            </tr>
            <tr>
                <td style="width: 100px">
                    <input id="Button1" type="button" value="button" /></td>
                <td style="width: 100px">
                 </td>
            </tr>
        </table>
    </div>
    </form>
</body>
</html>
```

技巧：

① 如何将主题应用于母版页中。

不能直接将 ASP.NET 主题应用于母版页。如果向 @Master 指令添加一个主题属性，则页在运行时会引发错误。但是，主题在下面这些情况中会应用于母版页：

如果主题是在内容页中定义的，母版页在内容页的上下文中解析，因此内容页的主题也会应用于母版页。

通过在 Web.config 文件中的 pages 元素内设置主题定义可以将整个站点都应用主题。

② 创建主题的简便方法。

在创建控件外观时，一个简单的方法就是：将控件添加到 .aspx 页面中，然后利用 Visual Studio 的属性面板及可视化设计功能对控件进行设置，最后再将控件代码复制到外观文件中并做适当的 修改。

13.8 应用主题

13.8.1 指定和禁用主题

可以对页或网站应用主题，还可以对全局应用主题。在网站级设置主题会对站点上的所有页和控件应用样式和外观，除非对个别页重写主题。在页面级设置主题会对该页及其所有控件应用样式和外观。默认情况下，主题重写本地控件设置，或者可以设置一个主题作为样式表主题，以便该主题仅应用于未在控件上显式设置的控件设置。

（1）为单个页面指定和禁用主题

为单个页面指定主题可以将 @ Page 指令的 Theme 或 StyleSheetTheme 属性设置为要使用的主题的名称，代码如下：

```
<%@ Page Theme="ThemeName" %>
```

或

```
<%@ Page StyleSheetTheme="ThemeName" %>
```

注意：

StyleSheetTheme 属性的工作方式与普通主题（使用 Theme 设置的主题）类似，不同的是当使用 StyleSheetTheme 时，控件外观的设置可以被页面中声明的同一类型控件的相同属性所代替。例如，如果使用 Theme 属性指定主题，该主题指定所有的 Button 控件的背景都是黄色，那么即使在页面中个别的 Button 控件的背景设置了不同颜色，页面中的所有 Button 控件的背景仍然是黄色。如果需要改变个别 Button 控件的背景，这种情况下就需要使用 StyleSheetTheme 属性指定主题。

禁用单个页面的主题，只要将 @Page 指令的 EnableTheming 属性设置为 false 即可，代码如下：

```
<%@ Page EnableTheming="false" %>
```

如果想要禁用控件的主题，只要将控件的 EnableTheming 属性设置为 false 即可。以 Button 控件为例，代码如下：

```
<asp:Button id="Button1" runat="server" EnableTheming="false" />
```

（2）为应用程序指定和禁用主题

为了快速地为整个网站的所有页面设置相同的主题，可以设置 Web.config 文件中的 <pages> 配置节的内容。Web.config 文件的配置代码如下：

```
<configuration>
  <system.web >
    <pages theme ="ThemeName"></pages>
  </system.web>
<connectionStrings/>
```

或

```
<configuration>
  <system.web >
    <pages StylesheetTheme=" ThemeName "></pages>
  </system.web>
<connectionStrings/>
```

禁用整个应用程序的主题设置，只要将 <pages> 配置节中的 Theme 属性或者 StylesheetTheme 属性值设置为空（""）即可。

13.8.2 动态加载主题

除了在页面声明和配置文件中指定主题和外观首选项之外，还可以通过编程方式动态加载主题。

[实例 13.6]　（源码位置：资源包 \Code\13\06）

动态加载主题

本示例主要通过选择相应的主题，实现对页面应用所选主题。默认情况下，页面应用主题一样式。执行程序，示例运行结果如图 13.13 和图 13.14 所示。

图 13.13　主题一

图 13.14　主题二

程序实现的主要步骤为：

① 新建一个网站，添加两个主题，分别命名为 Theme1 和 Theme2，并且每个主题包含一个外观文件（TextBoxSkin.skin）和一个 CSS 文件（StyleSheet.css），用于设置页面外观及控件外观。主题文件夹 Theme1 中的外观文件 TextBoxSkin.skin 的源代码如下：

```
<asp:TextBox runat="server" Text="Hello World!" BackColor="#FFE0C0" BorderColor="#FFC080"
Font-Size="12pt" ForeColor="#C04000" Width="149px"/>
<asp:TextBox SkinId="textboxSkin" runat="server" Text="Hello World!" BackColor="#FFFFC0"
BorderColor="Olive" BorderStyle="Dashed" Font-Size="15pt" Width="224px"/>
```

级联样式表文件 StyleSheet.css 的源代码如下：

```
body {
    text-align: center;
    color: Yellow;
    background-color: Navy;
}
A:link {
    color: White;
    text-decoration: underline;
}
A:visited {
    color: White;
    text-decoration: underline;
}
A:hover {
    color: Fuchsia;
    text-decoration: underline;
    font-style: italic;
}
input {
    border-color: Yellow;
}
```

主题文件夹 Theme2 中的外观文件 TextBoxSkin.skin 的源代码如下：

```
<asp:TextBox runat="server" Text="Hello World!" BackColor="#C0FFC0" BorderColor="#00C000"
ForeColor="#004000" Font-Size="12pt" Width="149px"/>
<asp:TextBox SkinId="textboxSkin" runat="server" Text="Hello World!" BackColor="#00C000"
BorderColor="#004000" ForeColor="#C0FFC0" BorderStyle="Dashed" Font-Size="15pt"  Width="224px"/>
```

级联样式表文件 StyleSheet.css 的源代码如下：

```
body {
    text-align: center;
    color: #004000;
    background-color: Aqua;
}
A:link {
    color: Blue;
    text-decoration: underline;
}
A:visited {
    color: Blue;
    text-decoration: underline;
}
A:hover {
    color: Silver;
    text-decoration: underline;
    font-style: italic;
}
input {
    border-color: #004040;
}
```

② 在网站的默认主页 Default.aspx 中添加 1 个 DropDownList 控件、2 个 TextBox 控件、1 个 HTML/Button 控件以及 1 个超链接。

DropDownList 控件中包含两个选项，一个是“主题一”，另一个是“主题二”。当用户选择任一个选项时，都会触发 DropDownList 控件的 SelectedIndexChanged 事件，在该事件下，将选项的主题名存放在 URL 的 QueryString（即 theme）中，并重新加载页面。其代码如下：

```
protected void DropDownList1_SelectedIndexChanged(object sender, EventArgs e)
{
    string url = Request.Path + "?theme=" + DropDownList1.SelectedItem.Value;
    Response.Redirect(url);
}
```

使用 Theme 属性指定页面的主题，只能在页面的 PreInit 事件发生过程中或者之前设置，本示例是在 PreInit 事件发生过程中修改 Page 对象的 Theme 属性值。其代码如下：

```
void Page_PreInit(Object sender, EventArgs e)
{
    string theme = "Theme1";
    if (Request.QueryString["theme"] == null)
    {
        theme = "Theme1";
    }
    else
    {
        theme = Request.QueryString["theme"];
    }
    Page.Theme = theme;
    ListItem item = DropDownList1.Items.FindByValue(theme);
    if (item != null)
    {
        item.Selected = true;
    }
}
```

说明：

在制作网站换肤程序时，可以动态加载主题以使网站具有指定的显示风格。

本章知识思维导图

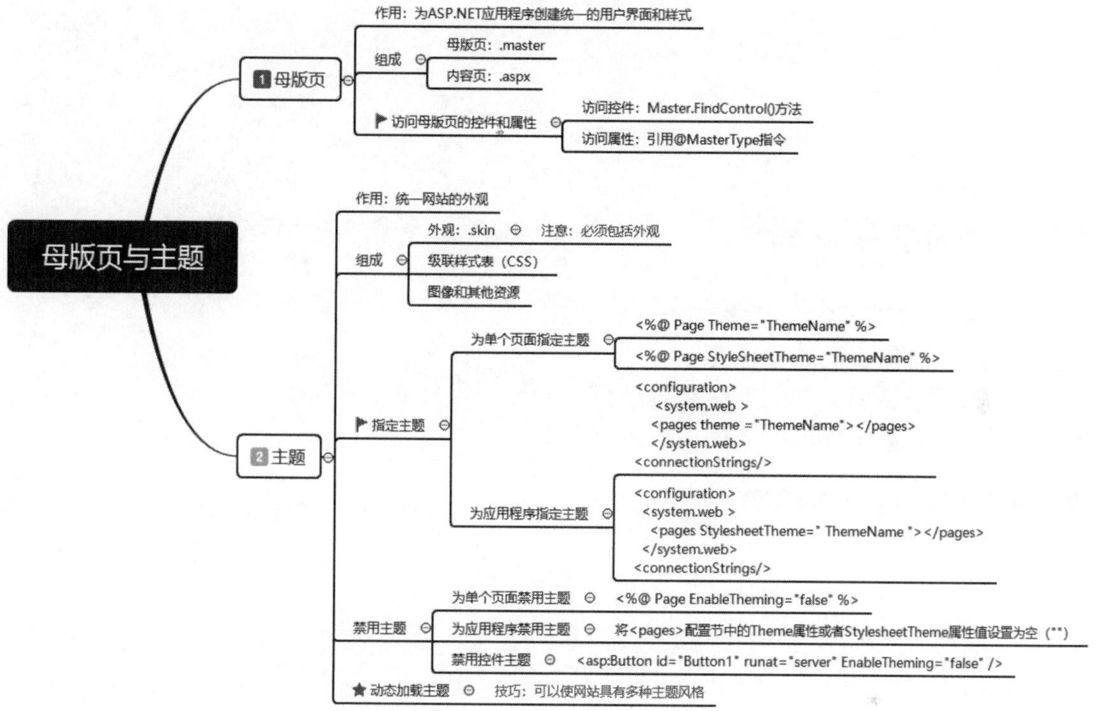

第 14 章

ASP.NET 缓存技术

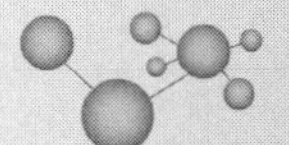

本章学习目标

- 了解 ASP.NET 缓存技术。
- 掌握如何设置页面输出缓存。
- 掌握如何设置页面中的部分内容缓存。
- 掌握如何缓存页面中的数据。

14.1 ASP.NET 缓存概述

缓存是 ASP.NET 中非常重要的一个特性，可以生成高性能的 Web 应用程序。生成高性能的 Web 应用程序最重要的因素之一，就是将那些频繁访问而且不需要经常更新的数据存储在内存中，当客户端再一次访问这些数据时，可以避免重复获取满足先前请求的信息，快速显示请求的 Web 页面。

ASP.NET 中有 3 种 Web 应用程序可以使用缓存技术，即页面输出缓存、页面部分缓存和页面数据缓存。ASP.NET 的缓存功能具有以下优点：

- 支持更为广泛和灵活的可开发特征。ASP.NET 2.0 及以上版本包含一些新增的缓存控件和 API，如自定义缓存依赖、Substitution 控件、页面输出缓存 API 等，这些特征能够明显改善开发人员对于缓存功能的控制。
- 增强可管理性。使用 ASP.NET 提供的配置和管理功能，可以更加轻松地管理缓存。
- 提供更高的性能和可伸缩性。ASP.NET 提供了一些新的功能，如 SQL 数据缓存依赖等，这些功能将帮助开发人员创建高性能、伸缩性强的 Web 应用程序。

注意：

缓存功能也有其自身的不足。例如，显示的内容可能不是最新、最准确的，为此必须设置合适的缓存策略。又如，缓存增加了系统的复杂性，并使其难于测试和调试，因此建议在没有缓存的情况下开发和测试应用程序，然后在性能优化阶段启用缓存选项。

14.2 页面输出缓存

使用页面输出缓存可以缓解页面高访问量所带来的压力，在实际开发中我们可以针对特定的业务需求来设置页面缓存，例如，一个动态页面的数据更新频率并不是很高，开发人员就可以将该页面进行缓存。下面主要讲解一下页面输出缓存的具体用法。

14.2.1 页面输出缓存概述

页面输出缓存是最为简单的缓存机制，该机制将整个 ASP.NET 页面内容保存在服务器内存中。当用户请求该页面时，系统从内存中输出相关数据，直到缓存数据过期。在这个过程中，缓存内容直接发送给用户，而不必再次经过页面处理生命周期。通常情况下，页面输出缓存对于那些包含不需要经常修改的内容，但需要大量处理才能编译完成的页面特别有用。另外，页面输出缓存是将页面全部内容都保存在内存中，并用于完成客户端请求。

页面输出缓存需要利用有效期来对缓存区中的页面进行管理。设置缓存的有效期可以使用 @OutputCache 指令。@OutputCache 指令的格式如下：

```
<%@ OutputCache Duration="#ofseconds"
Location="Any | Client | Downstream | Server | None | ServerAndClient "
Shared="True | False"
VaryByControl="controlname"
VaryByCustom="browser | customstring"
VaryByHeader="headers"
VaryByParam="parametername"
%>
```

@OutputCache 指令中的各个属性及其说明如表 14.1 所示。

表 14.1　@OutputCache 指令中的各个属性及说明

属性	说明
Duration	页或用户控件进行缓存的时间（以秒为单位）。该属性是必需的，在@OutPutCache指令中至少要包含该属性
Location	指定输出缓存可以使用的场所，默认值为Any。用户控件中的@OutPutCache指令不支持此属性
Shared	确定用户控件输出是否可以由多个页共享，默认值为false
VaryByControl	该属性使用一个用分号分隔的字符串列表来改变用户控件的部分输出缓存，这些字符串代表用户控件中声明的ASP.NET服务器控件的ID属性值。值得注意的是，除非已经包含了VaryByParam属性，否则在用户控件@OutputCache指令中必须包括该属性。页面输出缓冲不支持此属性
VaryByCustom	根据自定义的文本来改变缓存内容。如果赋予该属性的值为browser，缓存将随浏览器名称和主要版本信息的不同而不同。如果值是customstring，还必须重写Global.asax中的GetVaryByCustomString方法
VaryByHeader	根据HTTP头信息来改变缓冲区内容，当有多重头信息时，输出缓冲中会为每个指定的HTTP头信息保存不同的页面文档，该属性可以应用于缓冲所有HTTP 1.1 的缓冲内容，而不仅限于ASP.NET缓存。页面部分缓存不支持此属性
VaryByParam	该属性使用一个用分号分隔的字符串列表使输出缓存发生变化。默认情况下，这些字符串与用GET或POST方法发送的查询字符串值对应。当将该属性设置为多个参数时，对于每个指定参数组合，输出缓存都包含一个不同版本的请求文档，可能的值包括none、星号（*）以及任何有效的查询字符串或POST参数名称

14.2.2　设置页面输出缓存

页面输出缓存可以通过标签的方式来实现，通过设置指定的过期时间来控制缓存的有效期。

[实例 14.1]　（源码位置：资源包 \Code\14\01）

通过指定过期时间设置页面输出缓存

本实例主要通过定义页面输出缓存的指令标签 @OutputCache，实现将 Default.aspx 页面进行缓存处理，并通过设置指令标签的 Duration 属性值，实现当程序运行 20s 内刷新页面时，页面中的数据不发生变化，当 20s 后再次执行刷新，页面中的数据才会发生变化。程序实现的主要步骤为：

① 新建一个网站并创建 Default.aspx 页面，然后在页面中定义两个 div 标签，代码如下：

```
<div>
     <div><span> 参数数据: </span><span id="paramVal" runat="server"></span></div>
     <div><span> 当前时间: </span><span id="curTime" runat="server"></span></div>
</div>
```

② 在页面的后台代码中实现获取客户端传递过来的参数数据，然后再获取当前系统时间，为了展示效果，时间要精确到秒，最后将参数数据和时间同时输出到网页中，代码如下：

```
protected void Page_Load(object sender, EventArgs e)
{
       this.paramVal.InnerText = Request. QueryString["Param1"];// 获取传递参数并输出到页面上
       this.curTime.InnerText = DateTime.Now.ToString();// 获取当前系统时间并输出到页面上
}
```

③ 为了在运行页面时能够在地址栏中传入参数数据，在设置页面输出缓存之前先运行一次 Default.aspx 页面。打开解决方案资源管理器找到 Default.aspx 页面，单击右键选择“在浏览器中查看”，在浏览器打开之后先不要关闭浏览器，稍后用于传入参数。

④ 在 Default.aspx 页面源中的 <%@ Page> 指令下方添加如下代码，实现页面缓存的过期时间为当前时间加上 20s：

```
<%@ OutputCache Duration ="20" VaryByParam ="none"%>
```

将第三步运行起来的浏览器页面打开，然后在地址栏中传入“第一次刷新”参数数据，然后用户可在 20s 内随意刷新网页或更改参数，页面都不会发生任何改变，效果如图 14.1 所示，当时间超过 20s 后再刷新网页或更改参数数据时页面内容就会发生改变，如图 14.2 所示。

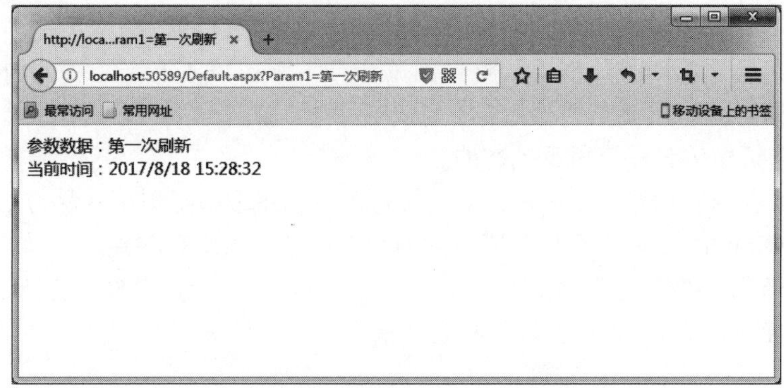

图 14.1　20s 内刷新页面的结果图

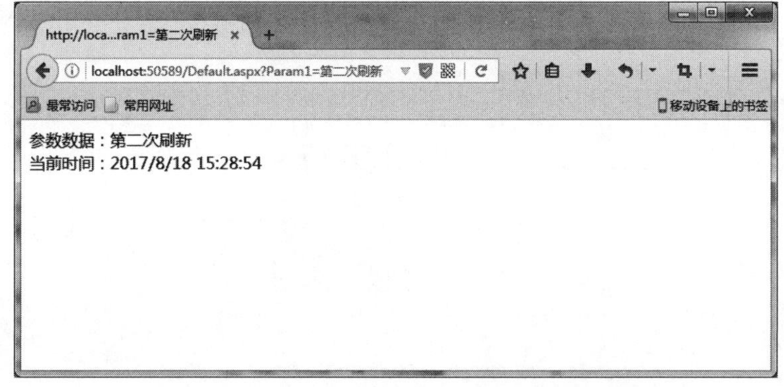

图 14.2　20s 后更改参数并刷新页面的结果图

说明：

① 网页缓存位置可以根据缓存的内容来决定，如对于包含用户个人资料信息、安全性要求比较高的网页，最好缓存在 Web 服务器上，以保证数据无安全性问题；而对于普通的网页，最好是允许它缓存在任何具备缓存功能的装置上，以充分使用资源来提高网页效率。

② 在使用 @OupPutCache 指令标签进行网页输出缓存时，可通过设置属性 Location ="Server" 将网页缓存在服务器端。

14.3　页面部分内容缓存

在开发网站项目时，页面部分缓存要比页面输出缓存的使用场景更多一些，但它们实

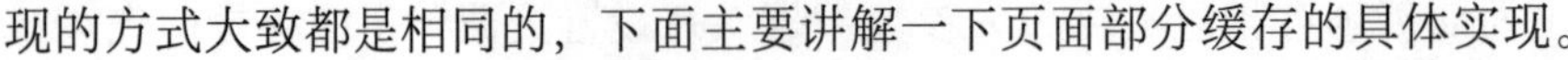

现的方式大致都是相同的，下面主要讲解一下页面部分缓存的具体实现。

14.3.1 页面部分内容缓存概述

通常情况下，缓存整个页面是不合理的，因为页面的某些部分可能在每一次请求时都进行更改，这种情况下，只能缓存页面的一部分，即：页面部分内容缓存。页面部分内容缓存是将页面部分内容保存在内存中以便响应用户请求，而页面其他部分内容则为动态内容。

页面部分内容缓存的实现包括控件缓存和缓存后替换两种方式。前者也可称为片段缓存，这种方式允许将需要缓存的信息包含在一个用户控件内，然后将该用户控件标记为可缓存的，以此来缓存页面输出的部分内容。例如，要开发一个股票交易的网页，每支股票价格是实时变动的，因此，整个页面必须是动态生成且不能缓存的，但其中有一小块用于放置过去一周的趋势图或成交量，它存储的是历史数据，这些数据早已是固定的，或者需要很长一段时间后才重新统计变动，将这部分缓存下来可以不必因相同的内容做重复计算而浪费时间，这时就可以使用控件缓存。缓存后替换与用户控件缓存正好相反，这种方式缓存整个页，但页中的各段可以是动态的。

设置控件缓存的实质是对用户控件进行缓存配置，主要包括以下 3 种方法：

- 使用 @OutputCache 指令以声明方式为用户控件设置缓存功能。
- 在代码隐藏文件中使用 PartialCachingAttribute 类设置用户控件缓存。
- 使用 ControlCachePolicy 类以编程方式指定用户控件缓存设置。

说明：

页面部分缓存可以分为控件缓存和缓存后替换。控件缓存是本章介绍的重点，如图 14.3 所示。缓存后替换是通过 AdRotator 控件或 Substitution 控件实现的，它是指在控件区域内的数据不缓存而此区域外的数据缓存。

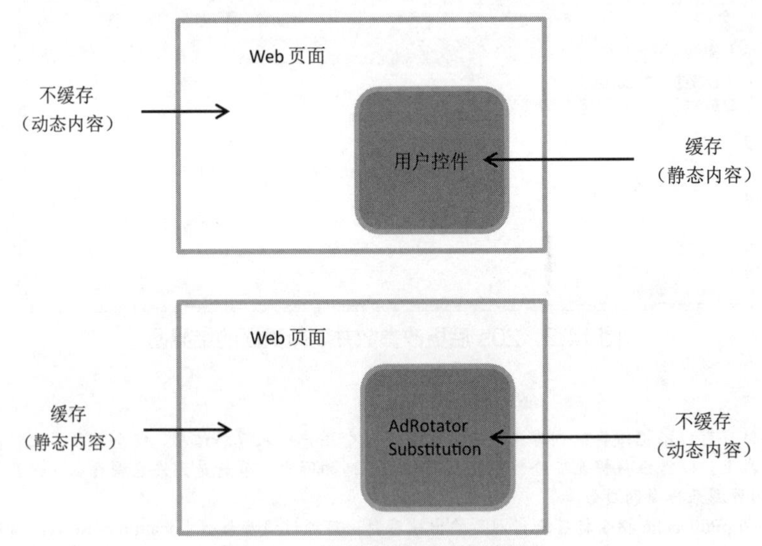

图 14.3 控件缓存和缓存后替换

14.3.2 三种不同方式设置用户控件缓存

① 通过 @OutputCache 指令以声明方式为用户控件设置缓存功能，用户控件缓存与页面输出缓存的 @OutputCache 指令设置方法基本相同，都在文件顶部设置 @OutputCache 指

令，不同点包括如下两方面：

● 用户控件缓存的 @OutputCache 指令设置在用户控件文件中，而页面输出缓存的 @OutputCache 指令设置在普通 ASP.NET 页面中。

● 用户控件缓存的 @OutputCache 指令只能设置 Duration、Shared、SqlDependency、VaryByControl、VaryByCustom 和 VaryByParam 等 6 个属性。而在页面输出缓存的 @OutputCache 指令字符串中设置的属性多达 10 个。

用户控件中的 @OutputCache 指令源代码如下：

```
<%@ OutputCache Duration="60" VaryByParam="none" VaryByControl="ControlID" %>
```

以上代码为用户控件中的服务器控件设置缓存，其中缓存时间为 60s，ControlID 是服务器控件 ID 属性值。

注意：

如果 ASP.NET 页面和包含的用户控件同时设置了 OutputCache 缓存，应注意以下 3 点：

ASP.NET 允许在页面和页面的用户控件中同时使用 @OutputCache 指令设置缓存，并且允许设置不同的缓存过期时间值。

如果页面输出缓存过期时间长于用户控件输出缓存过期时间，则页面的输出缓存持续时间优先。例如，页面输出缓存设置为 100s，而用户控件的输出缓存设置为 50s，则包含用户控件在内的整个页面将在输出缓存中存储 100s，而与用户控件的输出缓存过期时间无关。

如果页面输出缓存过期时间比用户控件的输出缓存过期时间短，则即使已为某个请求重新生成该页面的其余部分，也将一直缓存用户控件直到其过期时间到期为止。例如，页面输出缓存设置为 50s，而用户控件输出缓存设置为 100s，则页面其余部分每到期两次，用户控件才到期一次。

② 使用 PartialCachingAttribute 类可以在用户控件（.ascx 文件）中设置有关控件缓存的配置内容。PartialCachingAttribute 类包含 6 个常用属性和 4 种类构造函数，其中 6 个常用属性是 Duration、Shared、SqlDependency、VaryByControl、VaryByCustom 和 VaryByParam，与 @OutputCache 指令设置的 6 个属性完全相同，只是使用的方式不同，此处将不再对 6 个属性进行介绍。下面重点介绍 PartialCachingAttribute 类中的构造函数。PartialCachingAttribute 类的 4 种构造函数及其说明如表 14.2 所示。

表 14.2　PartialCachingAttribute 类的构造函数及说明

构造函数	说明
PartialCachingAttribute (Int32)	使用分配给要缓存的用户控件的指定持续时间初始化 PartialCaching-Attribute 类的新实例
PartialCachingAttribute (Int32, String, String, String)	初始化 PartialCachingAttribute 类的新实例，指定缓存持续时间、所有 GET 和 POST 值、控件名和用于改变缓存的自定义输出缓存要求
PartialCachingAttribute (Int32, String, String, String, Boolean)	初始化 PartialCachingAttribute 类的新实例，指定缓存持续时间、所有 GET 和 POST 值、控件名、用于改变缓存的自定义输出缓存要求以及用户控件输出是否可在多页间共享
PartialCachingAttribute (Int32, String, String, String, String, Boolean)	初始化 PartialCachingAttribute 类的新实例，指定缓存持续时间、所有 GET 和 POST 值、控件名、用于改变缓存的自定义输出缓存要求、数据库依赖项以及用户控件输出是否可在多页间共享

③ 通过 ControlCachePolicy 类实现页面缓存，ControlCachePolicy 是 .NET Framework 中的类，主要用于提供对用户控件的输出缓存设置的编程访问。ControlCachePolicy 类包含 6 个属性，分别是 Cached、Dependency、Duration、SupportsCaching、VaryByControl 和 VaryByParams，

如表 14.3 所示。

表 14.3 ControlCachePolicy 类的 6 个属性及说明

属性	说明
Cached	用于获取或设置一个布尔值，该值指示是否为用户控件启用片段缓存
Dependency	获取或设置与缓存的用户控件输出关联的 CacheDependency 类的实例
Duration	获取或设置缓存的项将在输出缓存中保留的时间
SupportsCaching	获取一个值，该值指示用户控件是否支持缓存
VaryByControl	获取或设置用来改变缓存输出的控件标识符列表
VaryByParams	获取或设置用来改变缓存输出的 GET 或 POST 参数名称列表

14.3.3 通过三种方式实现用户控件缓存功能

无论是通过 @OutputCache 标签指令、PartialCachingAttribute 类还是 ControlCachePolicy 类，最终实现的目的都是相同的，只是根据需求的不同而选择不同的实现方式。在大中型项目中，一个页面上可能会有很多内容信息，从而使这个页面逻辑变得更加复杂，正因如此，页面的每一个区域所设置的缓存配置也会有所不同，这时就要选择一种合适的实现方式去满足页面缓存需求。

[实例 14.2]　（源码位置：资源包 \Code\14\02）

实现三种不同方式的设置用户控件缓存

本实例通过在 ASP.NET 页面中引入三个用户控件，分别实现三种设置缓存的方式，为了区分三个用户控件的实现效果，实例中将以不同背景颜色来区分。程序实现步骤如下：

① 新建一个网站并创建 Default.aspx 页面，然后在 Default.aspx 页面上添加一个 Label 控件用于显示当前系统时间，同时放置三个用户控件的 div 标签并横排显示，代码如下：

```
<div>
    <div>ASP.NET 页面（aspx 页面）</div>
    <div><asp:Label ID="Label1" runat="server" Text=""></asp:Label></div>
    <div style="width:1350px;margin-top:100px;">
        <div style="width:400px;height:300px;margin-left:50px;float:left;">
        </div>
        <div style="width:400px;height:300px;margin-left:50px;float:left;">
        </div>
        <div id="loadControlCachePolicy" runat="server"
        style="width:400px;height:300px;margin-left:50px;float:left;"></div>
    </div>
</div>
```

上面的代码中定义了三个宽度为 400 像素的空 div 标签，并为最后一个 div 标签设定了 ID 属性以及设置为服务器标签，用于通过 ControlCachePolicy 动态加载用户控件，接下来实现在后台代码中绑定当前系统时间的功能，代码如下：

```
protected void Page_Load(object sender, EventArgs e)
{
    this.Label1.Text = "当前系统时间：" + DateTime.Now.ToString();
}
```

② 创建名称为 UC_OutputCache、UC_PartialCachingAttribute 和 UC_ControlCachePolicy 的三个用户控件，分别表示通过 @OutputCache 指令、PartialCachingAttribute 类以及 ControlCachePolicy 类实现设置用户控件缓存。

③ 实现通过 @OutputCache 指令设置用户控件缓存功能，打开 UC_OutputCache.ascx 文件并添加 1 个 Label 控件用于显示当前系统时间，然后设置背景颜色为红色，并通过文字描述来标记第一种实现方式 (@OutputCache 标签指令)，页面源代码如下：

```
<%@ OutputCache Duration="60" VaryByParam="none"%>
<div style="width:380px;height:180px;background-color:#ba0d0d;color:white;
        font-size:14px;font-weight:600;padding:120px 10px 0 10px">
     <div>* 用户控件页面（UC_OutputCache.ascx）</div>
     <div>* 通过 OutputCache 指令实现设置缓存 </div>
     <div>*<asp:Label ID="Label1" runat="server" Text=""></asp:Label></div>
</div>
```

在后台代码中为 Label 标签绑定当前系统时间，代码如下：

```
protected void Page_Load(object sender, EventArgs e)
{
      this.Label1.Text = " 当前系统时间：" + DateTime.Now.ToString();
}
```

④ 实现使用 PartialCachingAttribute 类设置用户控件缓存。打开 UC_PartialCachingAttribute 文件并添加 1 个 Label 控件，用于显示当前系统时间，其源代码与 UC_OutputCache.ascx 中相同，只是更改了文字描述以及背景色属性。为了使用 PartialCachingAttribute 类设置用户控件（UC_PartialCachingAttribute.ascx 文件）的缓存有效期时间为 60s，必须在用户控件类声明前设置“[PartialCaching(60)]”。代码如下：

```
[PartialCaching(60)]// 设置用户控件的缓存时间为 60 秒
public partial class UC_PartialCachingAttribute : System.Web.UI.UserControl
{
     protected void Page_Load(object sender, EventArgs e)
{
          this.Label1.Text = " 用户控件中的系统时间：" + DateTime.Now.ToString();
}
}
```

说明：

以上代码设置了缓存有效时间为 60s，这与在 UC_OutputCache.ascx 文件顶部设置 @OutputCache 指令的 Duration 属性值为 60 是完全一致的。

⑤ 实现如何在运行时动态加载用户控件、如何以编程方式设置用户控件缓存过期时间为 20s 以及如何使用绝对过期策略。首先打开 UC_ControlCachePolicy 文件并在该用户控件中添加 1 个 Label 控件，用于显示当前系统时间，其源代码与 UC_OutputCache.ascx 中相同，只是更改了文字描述以及背景色属性。在用户控件的后台代码上使用 PartialCachingAttribute 类设置用户控件的默认缓存有效期时间为 100s，代码如下：

```
[PartialCaching(100)]
public partial class UC_ControlCachePolicy : System.Web.UI.UserControl
{
     protected void Page_Load(object sender, EventArgs e)
{
          this.Label1.Text = " 用户控件中的系统时间：" + DateTime.Now.ToString();
}
}
```

注意：

使用 PartialCachingAttribute 类设置用户控件缓存过期时间，以实现使用 PartialCachingAttribute 类对用户控件类的包装，否则，在 ASP.NET 页中调用 CachePolicy 属性获取的 ControlCatchPolicy 实例是无效的。

⑥ 在 Default.aspx 页面的 Page_Init 事件下动态加载用户控件，并使用 SetSlidingExpiration 和 SetExpires 方法更改用户控件的缓存过期时间为 60s。Page_Init 事件的代码如下：

```
01  protected void Page_Init(object sender, EventArgs e)
02   {
03          //动态加载用户控件，并返回 PartialCachingControl 的实例对象
04          PartialCachingControl ucc =
05          LoadControl("UC_ControlCachePolicy.ascx") as PartialCachingControl;
06          //如果用户控件的缓存时间大于 60 秒，那么重新设置缓存时间为 60 秒
07          if (ucc.CachePolicy.Duration > TimeSpan.FromSeconds(60))
08          {
09              //设置用户控件过期时间
10              ucc.CachePolicy.SetExpires(DateTime.Now.Add(TimeSpan.FromSeconds(60)));
11              //设置缓存绝对过期
12              ucc.CachePolicy.SetSlidingExpiration(false);
13          }
14          //将用户控件添加到 ID 为 loadControlCachePolicy 的 div 中
15          this.loadControlCachePolicy.Controls.Add(ucc);
16  }
```

⑦ 在上面代码的第 15 行中已经对 Default.aspx 页面预留的 div 标签动态引入了用户控件 UC_ControlCachePolicy.ascx，最后在 Default.aspx 页面源中预留的两个 div 内引用 UC_OutputCache.ascx 和 UC_PartialCachingAttribute.ascx 用户控件。

说明：

① 使用 TemplateControl.LoadControl 方法动态加载 WebUserControl.ascx 文件。由于用户控件 WebUserControl.ascx 已经为 PartialCachingAttribute 类包装。因此，LoadControl 方法的返回对象不是空引用，而是 PartialCachingControl 实例。

② 使用 PartialCachingControl 实例对象的 CachePolicy 属性获取 ControlCachePolicy 实例对象。该对象主要用于进行用户控件输出缓存的设置，首先使用 SetExpires 方法和参数为 false 的 SetSlidingExpiration 方法，设置用户控件输出缓存有效期为 60s，然后设置缓存为绝对过期策略。

③ 利用 Controls 类的 Add 方法将设置好的用户控件添加到页面控件层次结构中。

执行程序，在页面第一次被访问时，ASP.NET 页面与三个用户控件的时间是相同的，如图 14.4 所示。当在 60s 内执行刷新网页时，ASP.NET 页面的时间发生了改变，但用户控件中的时间并没有发生任何变化，如图 14.5 所示。最后在 60s 之后再次执行刷新页面，这时 ASP.NET 页面和用户控件中的时间值都发生了改变，如图 14.6 所示。

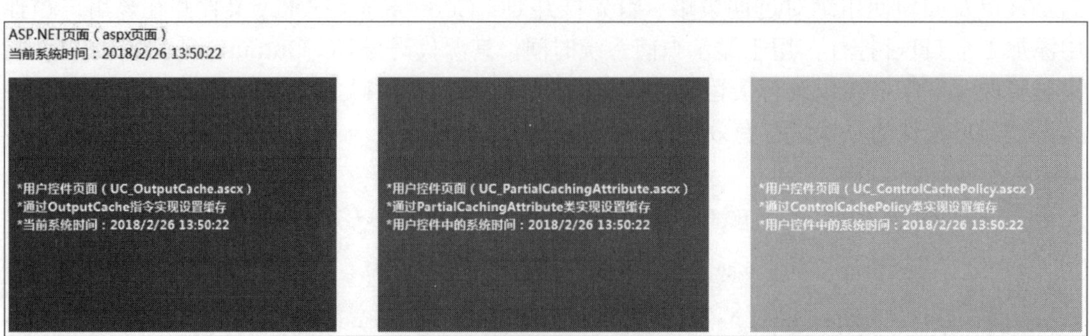

图 14.4　页面首次执行的效果

图 14.5　60s 内刷新页面的效果

图 14.6　60s 后刷新页面的效果

14.4　页面数据缓存

页面数据缓存是对一些数据进行缓存，它是通过指定要缓存的数据、过期时间、过期依赖文件以及过期时的回调通知来构建的一个缓存机制。

14.4.1　页面数据缓存概述

页面数据缓存即应用程序数据缓存，它提供了一种编程方式，可通过键 / 值将任意数据存储在内存中。使用应用程序数据缓存与使用应用程序状态类似，但是与应用程序状态不同的是，应用程序数据缓存中的数据是容易丢失的，即数据并不是在整个应用程序生命周期中都存储在内存中。应用程序数据缓存的优点是由 ASP.NET 管理缓存，它会在项过期、无效或内存不足时移除缓存中的项，还可以配置应用程序缓存，以便在移除项时通知应用程序。

ASP.NET 中提供了类似于 Session 的缓存机制，即页面数据缓存。利用数据缓存，可以在内存中存储各种与应用程序相关的对象。对于各个应用程序来说，数据缓存只是在应用程序内共享，并不能在应用程序间进行共享。Cache 类用于实现 Web 应用程序的缓存，在 Cache 中存储数据的最简单方法如下：

```
Cache["Key"] = Value;
```

从缓存中取数据时，需要先判断一下缓存中是否有内容，方法如下：

```
string Value=(string)Cache["key"];
if (Value!=null)
{
    //do something
}
```

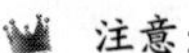注意：

从 Cache 类中得到的对象是一个 object 类型的对象，因此，在通常情况下，需要进行强制类型转换。

14.4.2 Cache 类的 Add 和 Insert 方法

Cache 类有两个很重要的方法，即 Add 和 Insert 方法，其语法格式如下：

```
public object Add(string key, object value, CacheDependency dependencies,
DateTime absoluteExpiration, TimeSpan slidingExpiration,
CacheItemPriority priority, CacheItemRemovedCallback onRemoveCallback);
```

参数说明如下。

- key：引用该项的缓存键。
- value：要添加到缓存的项。
- dependencies：该项的文件依赖项或缓存键依赖项，当任何依赖项更改时，该对象即无效，并从缓存中移除。如果没有依赖项，则此参数可以设为 null。
- absoluteExpiration：过期的绝对时间。
- slidingExpiration：最后一次访问所添加对象时与该对象过期时之间的时间间隔。
- priority：缓存的优先级，由 CacheItemPriority 枚举表示。缓存的优先级共有 6 种，从大到小依次是 NotRemoveable、High、AboveNormal、Normal、BelowNormal 和 Low。
- onRemoveCallback：在从缓存中移除对象时所调用的委托（如果没有，可以为 null）。当从缓存中删除应用程序的对象时，它将会被调用。

Insert 方法声明与 Add 方法类似，但 Insert 方法为可重载方法，其结构如表 14.4 所示。

表 14.4 Insert 方法的重载方法列表

重载方法	说明
Cache.Insert (String, Object)	向 Cache 对象中插入项，该项带有一个缓存键引用其位置，并使用 CacheItemPriority 枚举提供的默认值
Cache.Insert (String, Object, CacheDependency)	向 Cache 对象中插入具有文件依赖项或键依赖项的对象
Cache.Insert (String, Object, CacheDependency, DateTime, TimeSpan)	向 Cache 对象中插入具有依赖项和过期策略的对象
Cache.Insert (String, Object, CacheDependency, DateTime, TimeSpan, CacheItemPriority, CacheItemRemovedCallback)	向 Cache 对象中插入对象，后者具有依赖项、过期和优先级策略以及一个委托（可用于在从 Cache 对象移除插入项时通知应用程序）

在 Insert 方法中，CacheDependency 是指依赖关系，DateTime 是有效时间，TimeSpan 是创建对象的时间间隔。

注意：

Cache 对象的 Add 方法和 Insert 方法看上去实现的效果是相同的，但实际在使用上两者是有区别的，如果缓存中已经包含了指定缓存项 (key)，那么使用 Insert 方法将会更新现有项，使用 Add 方法将会导致调用失败。

14.4.3 实现页面数据缓存功能

页面数据缓存是必不可少的一个功能，在访问量较大的系统中通过缓存来做项目优化是很常见的一种办法，当然使用它也是要非常谨慎的，如果没有配置好缓存的过期时间或无限制地使用缓存，将会给服务器带来很大的资源消耗。使用 Cache 对象实现缓存效果很容易，但真正做到合理使用它，则必须通过一些具体的实践操作。

[实例 14.3]（源码位置：资源包 \Code\14\03）

使用 Cache 类实现缓存 DataTable 中的数据

本实例主要实现将学生列表数据插入到缓存中（设置有效期为 2min），并实现每隔 2min 更新一次数据列表信息。

程序的实现步骤如下：

① 新建一个网站并创建 Default.aspx 页面，然后向 Default.aspx 页面中添加一个 GridView 控件，用于加载并显示数据，通过对应学生表的字段信息绑定 GridView 列。

② 实现从数据库中读取数据并返回 DataTable 数据的功能代码。打开 Default.aspx.cs 文件，然后在页面类下面定义 GetSqlData 方法，代码如下：

```
public DataTable GetSqlData()
 {
        // 实例化 SqlConnection 对象
        using (SqlConnection sqlCon = new SqlConnection())
        {
            // 设置连接数据库的字符串
            sqlCon.ConnectionString =
            "server=127.0.0.1;uid=sa;pwd=123456;database=School";
            string SqlStr = "select * from Student";        // 定义 SQL 语句
            sqlCon.Open();                                  // 打开数据库连接
            // 实例化 SqlDataAdapter 对象
            SqlDataAdapter da = new SqlDataAdapter(SqlStr, sqlCon);
            DataSet ds = new DataSet();                     // 实例化数据集 DataSet 对象
            da.Fill(ds);                                    // 将数据填充到 DataSet 对象
            GridView1.DataSource = ds;                      // 绑定 DataList 控件
            GridView1.DataBind();                           // 执行绑定
            da.Dispose();                                   // 释放资源
            return ds.Tables[0];                            // 返回 DataTable 对象
        }
 }
```

③ 实现将 DataTable 中的数据插入到缓存中，这里需要做个判断，当读取缓存数据时，应先判断缓存项是否存在，如果不存在则读取数据库查询数据并插入到缓存中，如果存在则直接获取缓存数据并返回数据，代码如下：

```
public DataTable GetCacheData()
{
        if (Cache["StudentInfo"] != null)           // 判断缓存中是否有 StudentInfo 项数据
{
DataTable dt = (DataTable)Cache["StudentInfo"];     // 读取缓存数据并赋值
          return dt;                                // 返回数据
}
        else
{
DataTable dt = GetSqlData();                        // 从数据库中读取数据
// 将数据添加到缓存中
          Cache.Add("StudentInfo", dt, null, DateTime.Now.AddMinutes(2),
```

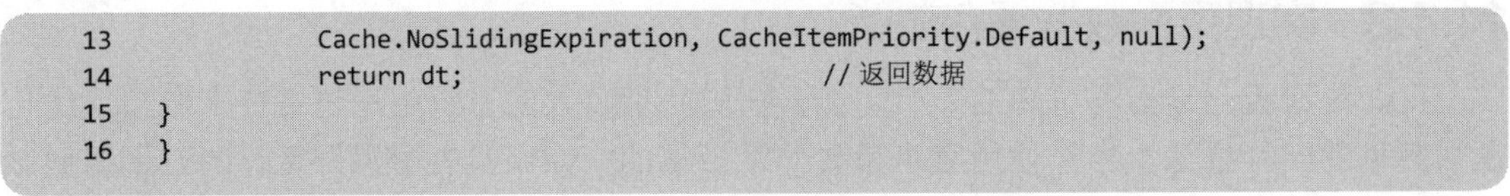

```
            Cache.NoSlidingExpiration, CacheItemPriority.Default, null);
            return dt;                              // 返回数据
    }
}
```

注意：

使用 Cache.NoSlidingExpiration 枚举，需要引用 using System.Web.Caching 命名空间。

④ 在页面 Page_Load 方法中绑定 GridView 控件，代码如下：

```
protected void Page_Load(object sender, EventArgs e)
{
        if (!IsPostBack)
{
DataTable dt = GetCacheData();                   // 读取缓存中的数据
            this.GridView1.DataSource = dt;  // 绑定数据
            this.GridView1.DataBind();       // 执行绑定
}
}
```

执行程序，运行结果如图 14.7 所示，然后在 2min 以内向数据库表中插入一条新的数据，如图 14.8 所示，接着再次刷新网页，数据不会发生任何变化，程序执行 2min 后再次尝试刷新，此时最新的数据就会加载到表格中了，如图 14.9 所示。

http://localho...3/Default.aspx

localhost:50713/Default.aspx

最常访问　常用网址　移动设备上的书签

ID	姓名	性别	年龄	班级
1	张三	男	24	二年九班
2	李四一	男	22	一年七班
4	小明明	女	25	二年九班
5	小蕾	女	23	二年五班
7	小五	男	25	三年六班
8	小方	男	24	二年二班
11	小六0	男	22	一年一班0
12	小六1	男	22	一年一班1
16	学生1	女	24	三年五班
17	学生2	男	23	二年五班
18	学生3	女	25	三年六班
19	学生4	女	23	一年七班
20	学生5	女	22	三年六班

图 14.7　页面首次加载

19	学生4	女	23	一年七班
20	学生5	女	22	三年六班
NULL	学生6	男	25	三年二班
NULL	NULL	NULL	NULL	NULL

图 14.8　向表中添加一条数据

ID	姓名	性别	年龄	班级
1	张三	男	24	二年九班
2	李四一	男	22	一年七班
4	小明明	女	25	二年九班
5	小蕾	女	23	二年五班
7	小五	男	25	三年六班
8	小方	男	24	二年二班
11	小六0	男	22	一年一班0
12	小六1	男	22	一年一班1
16	学生1	女	24	三年五班
17	学生2	男	23	二年五班
18	学生3	女	25	三年六班
19	学生4	女	23	一年七班
20	学生5	女	22	三年六班
42	学生6	男	25	三年二班

图 14.9　2min 后再次刷新页面

本章知识思维导图

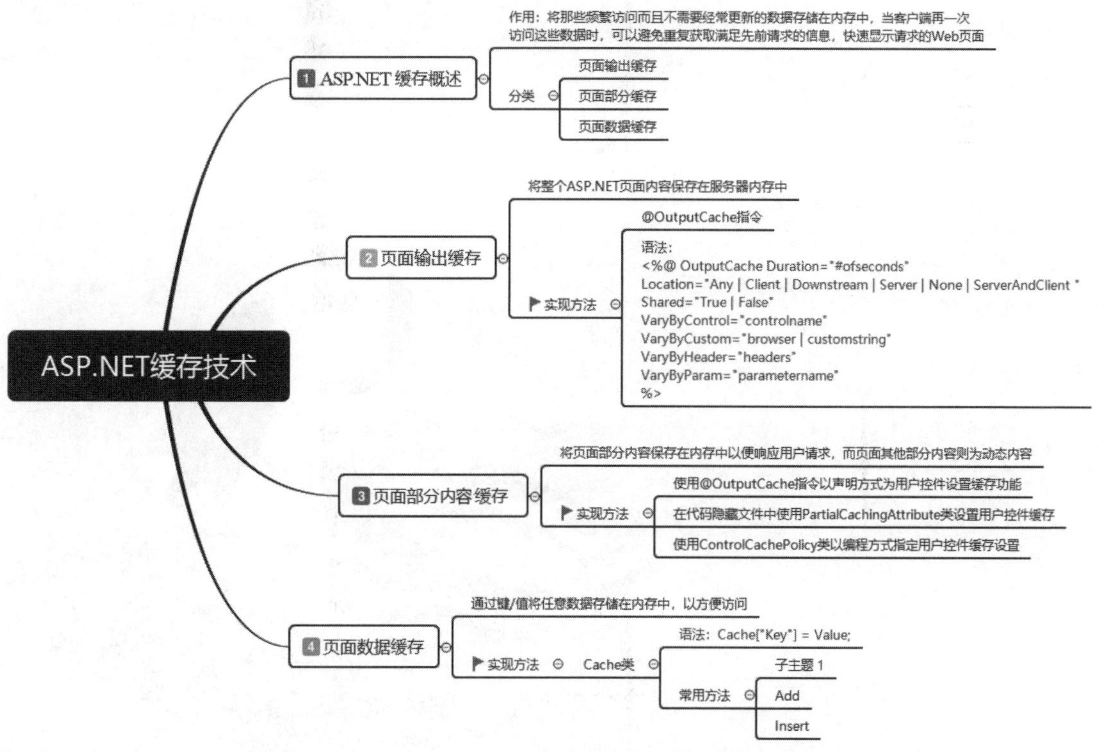

第 15 章 ASP.NET Ajax 技术

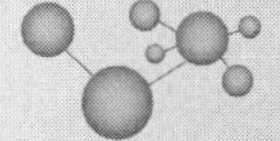

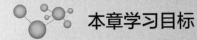

本章学习目标

- 了解 ASP.NET Ajax 技术。
- 掌握 ASP.NET Ajax 技术的使用方法。
- 掌握如何使用 Ajax 技术进行局部更新。

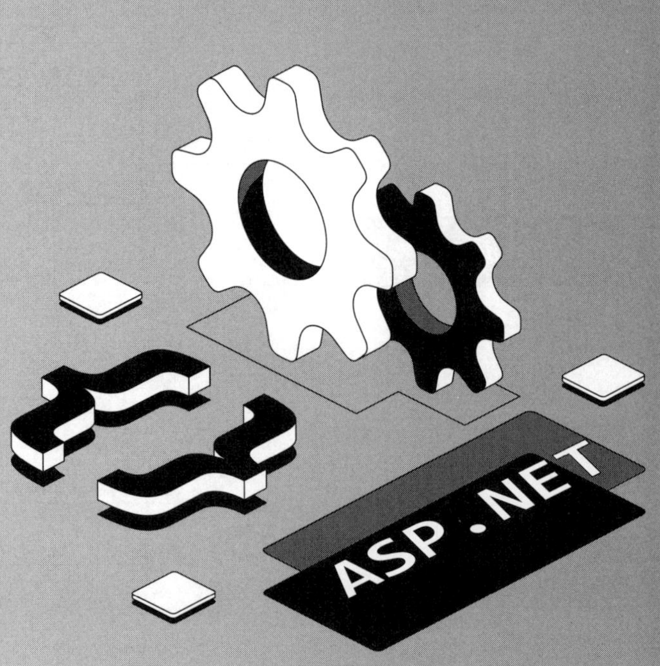

15.1 ASP.NET Ajax 简介

微软在 ASP.NET 框架基础上创建了 ASP.NET Ajax 技术，能够实现 Ajax 功能。ASP.NET Ajax 技术被整合在 ASP.NET 2.0 及以上版本中，是 ASP.NET 的一种扩展技术。

15.1.1 ASP.NET Ajax 概述

Ajax 是 Asynchronous JavaScript and XML（异步 JavaScript 和 XML 技术）的缩写，它不是一种编程语言，它是由 JavaScript 脚本语言、CSS 样式表、XMLHttpRequest 数据交换对象和 DOM 文档对象（或 XMLDOM 文档对象）等多种技术组成的。

使用 ASP.NET Ajax 具有以下几个优点：

- 可实现 Web 页面的局部刷新。
- 异步处理。Web 页面对服务器端的请求将使用异步处理，也就是说，服务器端的处理不会打断用户的操作，从而加快了响应能力，给予用户更好的用户体验。
- 提供跨浏览器的兼容性支持。
- 大量内建的客户端控件，更方便实现 JavaScript 功能和特效。

15.1.2 Ajax 请求与传统 Web 应用请求比较

在传统 Web 应用中，客户端与服务器端的交互是由用户触发一个 HTTP 请求开始，服务器对请求进行数据处理，最后响应客户端，而每次响应所返回的数据都是一个完整的 HTML 页面，哪怕是一次简单的数据处理所产生的请求，而在此期间整个页面都处于空闲等待中，用户所看到的页面会是一张大白纸，这一部分原因也是来源于每次请求所返回的整个 HTML 页。如果用户带宽比较小则整个等待过程会更加缓慢，如图 15.1 所示。

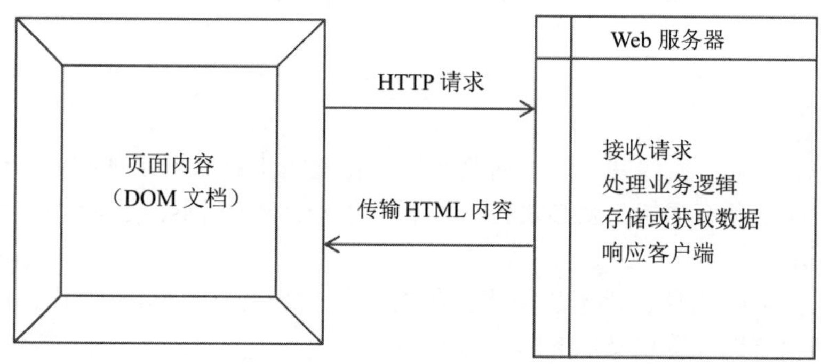

图 15.1　Web 应用的传统模型

在 Ajax 技术下，则避免了传统 Web 应用中的一些弊端。Ajax 所请求的通常为基于 XML 的 Web Service 接口或一些其他服务接口，例如 ASP.NET 中的一般处理程序 (.ashx)，所以它的每次请求仅向服务器发送和取回有必要的数据，这大大减少了多余的数据传输，所以页面上的交互效果会更加友好。

在 Ajax 应用中，页面中用户的操作将通过 Ajax 引擎与服务器端进行通信，然后将返回结果提交给客户端页面的 Ajax 引擎，再由 Ajax 引擎来决定将这些数据插入到页面的指定位置。Web 应用的 Ajax 模型如图 15.2 所示。

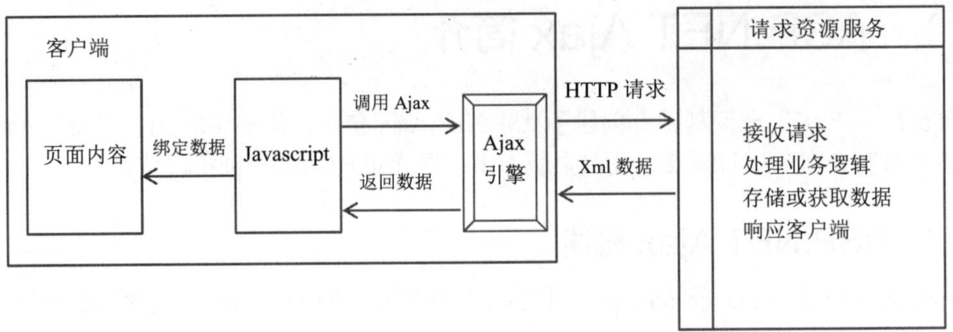

图 15.2 Web 应用的 Ajax 模型

从图 15.2 中可以看出，在用户与服务器之间加了一个中间层 (Ajax 引擎)，使用户操作与服务器响应异步化，请求过程也就变成了对 Ajax 引擎的一次 JavaScript 调用。而整个过程可以通过 JavaScript 绑定实现在不刷新整个页面的情况下，对部分数据进行更新，给用户带来更好的体验。

15.1.3 ASP.NET Ajax 的使用方法

在 ASP.NET 中已经对 Ajax 进行了封装，它被定义成了各个 ASP.NET 控件，这也方便了开发人员去定义它。在 Visual Studio 开发环境的工具箱中可以找到“AJAX 扩展”项，该项下定义了可以实现 Ajax 技术的各种控件，如图 15.3 所示。

图 15.3 ASP.NET Ajax 控件

图 15.3 所示的各控件都为 ASP.NET 服务器控件，所以它们都应该定义在 form 标签下，标签格式如下：

```
<form id="form1" runat="server">
    <div>
        <asp:ScriptManager ID="ScriptManager1" runat="server"></asp:ScriptManager>
        <asp:UpdatePanel ID="UpdatePanel1" runat="server"></asp:UpdatePanel>
        ………
    </div>
</form>
```

ASP.NET Ajax 中的控件并不多，而这些控件在使用上是有一定规则的，例如，要想实现 ASP.NET Ajax 的所有功能，就必须在页面中包含一个 SrciptManager 控件。下面介绍这些控件的使用方法。

- SrciptManager 控件，用于生成相关的客户端代理脚本（JavaScript），以便能够支持访问 Web 服务，它的标签定义如下：

```
<asp:ScriptManager ID="ScriptManager1" runat="server"></asp:ScriptManager>
```

- UpdatePanel 控件，用于局部更新网页上内容，所以网页上需要局部更新的内容区域必须放在 UpdatePanel 控件内。UpdatePanel 控件的定义主要为更新区域和更新方式，标签定义如下：

```
<asp:UpdatePanel ID="UpdatePanel1" runat="server">
    <ContentTemplate></ContentTemplate>
    <Triggers></Triggers>
</asp:UpdatePanel>
```

其中，ContentTemplate 和 Triggers 为 UpdatePanel 控件的子元素。

● SrciptManagerProxy 控件，功能与 SrciptManager 控件相同，只是用于在母版页和内容页同时需要 Ajax 局部更新时来区分使用的，因为在一个 aspx 页面中只能拥有一个 SrciptManager 控件，所以在必要时应该在内容页中使用 SrciptManagerProxy 控件，而在母版页中使用 SrciptManager 控件。标签定义如下：

```
<asp:ScriptManagerProxy ID="ScriptManagerProxy1" runat="server"></asp:ScriptManagerProxy>
```

● Timer 控件，从控件名称可以看出 Timer 控件是一个跟时间有关的控件，它的功能是在指定的时间间隔内实现刷新功能，标签定义如下：

```
<asp:Timer ID="Timer1" runat="server" Interval="1000"></asp:Timer>
```

属性 Interval 是 Timer 控件的关键，表示时间间隔，以毫秒为单位。

● UpdateProgress 控件，用于在执行页面异步更新时，显示执行状态信息，该信息可以是文本，也可以是图片。这样，可以实现在更新数据时，显示一个进度条效果，让用户体验会更加友好。标签格式定义如下：

```
<asp:UpdateProgress ID="UpdateProgress1" runat="server"></asp:UpdateProgress>
```

15.2 ASP. NET Ajax 的应用

ASP. NET Ajax 的应用场景有很多，例如用户的登录或注册，页面表单数据的验证等业务需求，都是可以使用 ASP. NET Ajax 来完成的，因为它能够带来更好的用户体验。

15.2.1 简单的 ASP.NET Ajax 更新操作

使用 ASP.NET Ajax 更新网页上的数据时，需要在 UpdatePanel 标签内定义要更新的内容，而在实现更新前，要确定哪些数据应该被放置在 UpdatePanel 控件标签中。

（源码位置：资源包 \Code\15\01）

通过 UpdatePanel 实现局部更新效果

本实例将实现一个新闻页面，页面上包含 2 个主要部分，一个是推荐新闻列表，另一个则是实时新闻列表，在实时新闻列表标题处包含一个“更换”按钮，用来实现无刷新页面更新实时新闻列表，具体实现步骤如下：

① 新建一个网站并创建一个 Default.aspx 页面，在页面源中定义页面布局标签以及 CSS 样式代码，由于布局标签和 CSS 样式代码较多，所以下面只列出布局标签的关键部分，其他代码可在光盘资源文件中找到，局部更新标签定义如下：

```
<div class="realtimenews">
    <asp:ScriptManager ID="ScriptManager1" runat="server"></asp:ScriptManager>
    <asp:UpdatePanel ID="UpdatePanel1" runat="server">
        <ContentTemplate>
            <section><a> 实时新闻 </a>
            <asp:LinkButton ID="LinkButton1" runat="server"
             OnClick="LinkButton1_Click">☷ 更换 </asp:LinkButton></section>
```

第3篇 页面交互篇

```
                <div class="realtimenews-content" runat="server" id="realtimenewscontent">
                    <div><a>Google: 手机停用两个月后将自动删除数据备份 </a></div>
                    <div><a> 未来无人驾驶舰艇配备人工智能 </a></div>
                    <div><a> 西部数据 12TB 机械硬盘 </a></div>
                    <div><a> 英特尔 :2025 年 VR 市场预期超 530 亿美元 </a></div>
                    <div><a> 芯片皮下植入真的有必要吗 ?</a></div>
                </div>
            </ContentTemplate>
        </asp:UpdatePanel>
    </div>
```

说明：

ScriptManager 控件必须放置在 UpdatePanel 控件的前面才能实现 Ajax 请求，否则页面将会报错。

② 添加 LinkButton 控件的单击处理方法，在方法内部随机生成 5 条新闻标题的字符串，然后将字符串赋值给 div 标签，代码如下：

```
protected void LinkButton1_Click(object sender, EventArgs e)
{
          StringBuilder newslist = new StringBuilder();// 定义可变字符串容器
          Random rd = new Random();                     // 定义生成随机数对象
          for (int i = 0; i < 5; i++)                   // 固定生成 5 条新闻
{
// 向字符串容器追加一条新闻标题
newslist.Append("<div><a> 实时新闻 : 新闻标题 " + rd.Next(1000) + "</a></div>");
}
// 复制 div 内的标签内容
          this.realtimenewscontent.InnerHtml = newslist.ToString();
}
```

执行程序，页面加载完成后默认已经列出了一些新闻标题，如图 15.4 所示。当单击实时新闻右侧的“更换”按钮时，下面的新闻列表内容就会进行更新，如图 15.5 所示。

图 15.4 默认新闻列表

技巧：

在传统 Web HTTP 请求中，服务器端发生错误时，页面上总会做一些相应的处理办法，例如提示用户错误原因或者将页面跳转到错误页。那么在使用 ASP.NET Ajax 时也同样支持异常页面跳转机制，通过配置 ScriptManager 控件的 AllowCustomErrorsRedirect 属性可以指定发生异常时是否沿用 Web.config 中 customErrors 的设定，并且还可以通过 AsyncPostBackErrorMessage 属性显示错误消息。

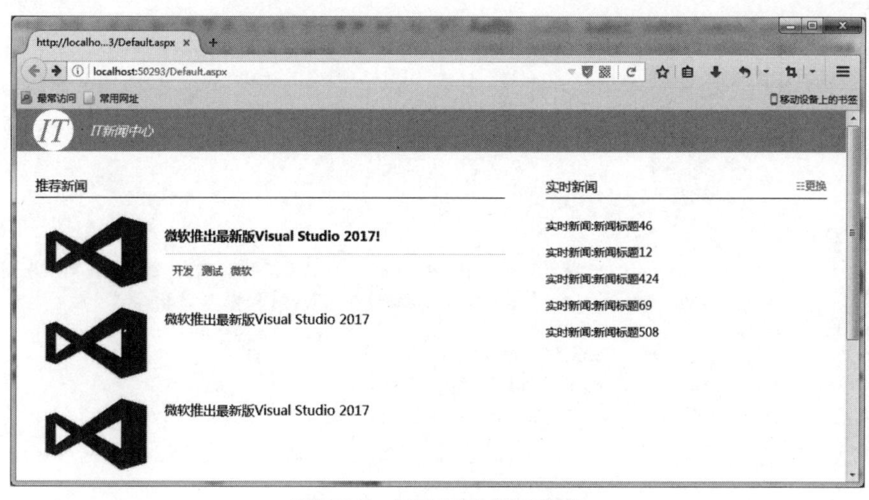

图 15.5　刷新后的新闻列表

15.2.2　自动更新页面局部信息

一些特定普通类型的网页上需要定期自动执行一次数据更新来替代手动操作更新，这就需要一个计时器来完成，对于网页应用程序要实现这个功能是需要 JavaScript 才能够完成的。而在 ASP.NET Ajax 中提供的 Timer 控件就封装了定时访问的功能，通过它就可以实现自动更新。

[实例 15.2]　（源码位置：资源包 \Code\15\02）

通过 Timer 和 UpdatePanel 控件实现 NBA 比赛的文字直播

文字直播是为一些想观看视频直播而条件不足的球迷所设定的比赛直播方式，例如在长途车上为了能够了解比赛的实时赛况但又限于流量和网速等问题，就出现了文字直播的方式。无论是拥有无线上网卡的笔记本电脑或者手机等终端设备都可以通过访问文字直播满足用户需求，本实例将通过预先定义好的直播数据来模拟文字直播效果，具体实现步骤如下：

① 新建一个网站并创建一个 Default.aspx 页面，在页面中将使用 div 标签来布局直播窗口页面，进行直播窗口的布局。页面中除了要实时更新的数据信息外，还包含一个控制复选框，用于启用或停止自动更新。页面中要更新的布局标签如下：

```
<div class="livecontent">
     <div class="livecontenttitle"><span> 球队 </span><span> 时间 </span>
      <span> 解说 </span><span> 比分 </span></div>
     <asp:ScriptManager ID="ScriptManager1" runat="server"></asp:ScriptManager>
     <asp:UpdatePanel ID="UpdatePanel1" runat="server">
       <ContentTemplate>
           <div class="livecontentbody" id="livecontentbody" runat="server"></div>
           <asp:Timer ID="Timer1" runat="server"
            Interval="10000" OnTick="Timer1_Tick"></asp:Timer>
       </ContentTemplate>
     </asp:UpdatePanel>
</div>
```

② 为了模拟直播员录入的比赛信息，在实例中将通过程序填充一些比赛数据，并且需要定义数据容器来承载这些数据，代码如下：

```
public static StringBuilder str = new StringBuilder();// 比赛内容数据绑定容器
public static List<string[]> result = new List<string[]>();// 直播员输入的比赛数据容器
public static int Index = -1;// 比赛内容数据索引
protected void Page_Load(object sender, EventArgs e)
{
     if (!IsPostBack)
{
// 首次加载时填充数据容器
          result.Add(new string[] { "cl", "11:48", " 特里斯坦 汤普森 两分球进 ", "0-0" });
          result.Add(new string[] { "ov", "00:00", " 第一节结束 ", "30-30" });
// 页面加载时，设置友好的提示信息
          this.livecontentbody.InnerHtml =
"<div class=\"start\"> 各位观众大家好，比赛已经正式开始 !</div>";
}
}
```

注意：

由于篇幅的限制，所以代码中只给出了开始数据和结束数据，实际数据总数为 20 条。

③ 实现启用或暂停复选框功能，代码如下：

```
protected void CheckBox1_CheckedChanged(object sender, EventArgs e)
{
     this.Timer1.Enabled = ((CheckBox)sender).Checked;// 用于启用或暂停比赛直播
}
```

④ 定义 Timer 定时器的定时触发方法的功能，该处理方法将每隔 10s 进行一次调用，然后在方法中随机生成 1 ～ 3 条数据并填充到容器，最后绑定到页面上，代码如下：

```
protected void Timer1_Tick(object sender, EventArgs e)
{
     Random ran = new Random();                    // 创建随机类
     int r = ran.Next(1, 4);                       // 生成 1-3 随机数
// 根据生成的随机数进行循环，并判断总的数据量没有超出循环范围
     for (int i = 0; i < r && Index < 20; i++)
{
Index++;                                           // 从 0 开始
          string[] arr = result[Index];            // 获取指定索引的数据
// 向绑定容器中第 0 个位置插入比赛信息，此方式确保最新的数据永远排在最上面
str.Insert(0, "<div class=\"livecontentbodylist\">" +
"<span><img src=\"images/" + arr[0] + ".png\"/></span>" +
"<span>" + arr[1] + "</span>" +
"<span>" + arr[2] + "</span>" +
"<span>" + arr[3] + "</span>" +
"</div>");
}
     this.livecontentbody.InnerHtml = str.ToString();// 绑定到页面 div 容器中
     if (Index > 19)                                        // 判断索引值是否超出数据总数
{
          this.Timer1.Enabled = false;                      // 如果超出则本节结束，停止更新
}
}
```

执行程序，页面加载时将提示友好信息，如图 15.6 所示，比赛开始后效果如图 15.7 所示，最后第一节比赛结束后效果如图 15.8 所示。

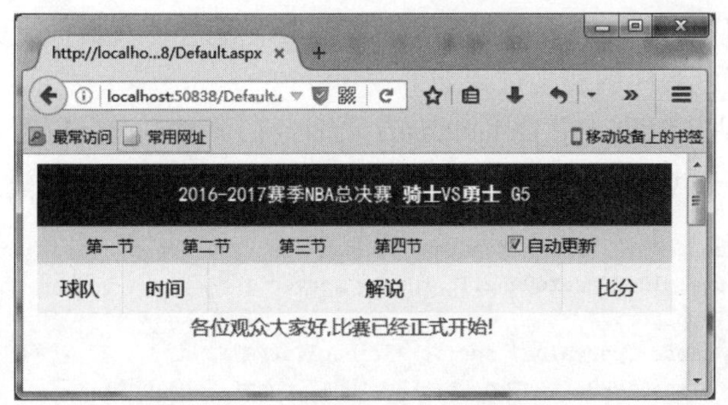

图 15.6　直播前显示友好提示信息

图 15.7　直播时的赛况信息

图 15.8　结束时停止更新

技巧:

在一个更新操作正在执行时，用户再次发起了其他更新则第一个更新将会被中断。这个过程很容易发生在当执行一个很耗时的更新时，用户在 Ajax 进行回发过程中单击了页面的其他按钮。实际上 ASP.NET Ajax 不允许并发更新，因为它需要确保其他信息（如视图状态、会话 Cookie 等）保持一致，所以当一个新的异步回发被启动后，前一个异步回发就被取消了。解决此问题的办法有很多种，其中最为常用的就是使用 JavaScript 脚本在第一个回发执行后，禁用其他带有 Ajax 回发的控件。

15.2.3　更加友好的 ASP.NET Ajax 交互

Ajax 技术的关键之处在于能够实现更友好的页面交互，用户体验也更趋向于客户端操作，这在 ASP.NET Ajax 中同样丰富了用户的体验效果。本节我们将学习使用 ASP.NET Ajax 中的 UpdateProgress 控件实现在 Ajax 提交请求前的提示信息功能，UpdateProgress 控件支持以文本或图片的形式来显示等待提示信息。

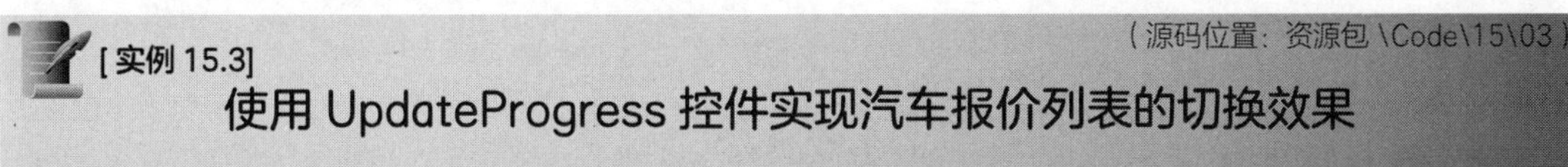

（源码位置：资源包 \Code\15\03）
[实例 15.3]
使用 UpdateProgress 控件实现汽车报价列表的切换效果

本实例将实现汽车报价查询列表，通过 ASP.NET Ajax 实现价格区间的切换，每次单击

按钮时，在后台使用 Thread.Sleep 方法将程序暂停 2s，这样，在页面上就可以看到加载数据时的友好提示效果了，程序的实现过程如下。

① 新建一个网站并创建一个 Default.aspx 页面，在页面中进行数据列表的布局，然后定义用于显示提示信息的 UpdateProgress 控件，主要布局代码如下：

```
<asp:ScriptManager ID="ScriptManager1" runat="server"></asp:ScriptManager>
<asp:UpdatePanel ID="UpdatePanel1" runat="server">
    <ContentTemplate>
        <div class="carvalue" onclick="clearlist()">
             <asp:LinkButton id="LinkButton1" runat="server"
              OnClick="LinkButton1_Click">8 万以内 </asp:LinkButton>
             <asp:LinkButton id="LinkButton2" runat="server"
              OnClick="LinkButton2_Click">8-12 万 </asp:LinkButton>
             <asp:LinkButton id="LinkButton3" runat="server"
              OnClick="LinkButton3_Click">12-18 万 </asp:LinkButton>
             <asp:LinkButton id="LinkButton4" runat="server"
              OnClick="LinkButton4_Click">18-25 万 </asp:LinkButton>
             <asp:LinkButton id="LinkButton5" runat="server"
              OnClick="LinkButton5_Click">24-45 万 </asp:LinkButton>
             <asp:LinkButton id="LinkButton6" runat="server"
              OnClick="LinkButton6_Click">45 万以上 </asp:LinkButton>
        </div>
        <div class="cartitle"><span> 品牌 </span><span> 车系 </span><span> 车型 </span>
        <span> 经销商报价 </span><span> 指导价 </span><span> 经销商 </span></div>
        <div class="carlist" id="carlist" runat="server"></div>
    </ContentTemplate>
</asp:UpdatePanel>
<asp:UpdateProgress ID="UpdateProgress1" runat="server" AssociatedUpdatePanelID="UpdatePanel1" DisplayAfter="0">
    <ProgressTemplate>
       <div class="carvaluemsg"> 正在加载汽车报价，请稍后 ...</div>
    </ProgressTemplate>
</asp:UpdateProgress>
```

② 在单击价格区间按钮时，在后台实现读取并绑定数据的功能，那么实例中将以 txt 文件的方式存储报价信息。代码中还会对各按钮的颜色进行重置以及更改当前单击的按钮颜色，代码如下：

```
protected void LinkButton1_Click(object sender, EventArgs e)
{
Thread.Sleep(2000);                       // 暂停程序执行，间隔为 2 秒
ChangeColor(sender);                      // 更改各按钮颜色
    IList<string[]> CarInfo = ReadTxt("8"); // 读取 8 万元的汽车列表
Bind(CarInfo);                            // 绑定数据
}
```

改变颜色的方法 ChangeColor 的定义如下：

```
public void ChangeColor(object sender)
 {
     // 重置各按钮颜色
     LinkButton1.Style["background-color"] = "#f7d9af";
     LinkButton2.Style["background-color"] = "#f7d9af";
     LinkButton3.Style["background-color"] = "#f7d9af";
     LinkButton4.Style["background-color"] = "#f7d9af";
```

```
        LinkButton5.Style["background-color"] = "#f7d9af";
        LinkButton6.Style["background-color"] = "#f7d9af";
        // 更改当前按钮颜色
        ((LinkButton)sender).Style["background-color"] = "white";
    }
```

读取文件数据的 ReadTxt 方法可在光盘资源文件中找到。绑定列表数据的方法 Bind 的定义如下:

```
public void Bind(IList<string[]> CarInfo)
 {
     StringBuilder str = new StringBuilder();      // 定义可变字符串对象
     str.Append("<ul>");                           // 追加 ul 开始标记
     foreach (string[] rows in CarInfo)
     {
          str.Append("<li>");                      // 追加 li 开始标记
          foreach (string column in rows)          // 遍历每一列数据
          {
              str.Append("<a>" + column + "</a>"); // 追加 a 标签
          }
          str.Append("</li>");                     // 追加 li 结束标记
     }
     str.Append("</ul>");                          // 追加 ul 结束标记
     this.carlist.InnerHtml = str.ToString();      // 向 div 标签绑定列表数据
 }
```

③ 在页面加载方法中读取默认数据，代码如下:

```
protected void Page_Load(object sender, EventArgs e)
 {
     if (!IsPostBack)
     {
          ChangeColor(LinkButton1);
          IList<string[]> CarInfo = ReadTxt("8");
         Bind(CarInfo);
     }
 }
```

执行程序，当每次切换价格列表时，都会显示友好的提示信息，如图 15.9 所示。2s 后列表将呈现在页面上，如图 15.10 所示。

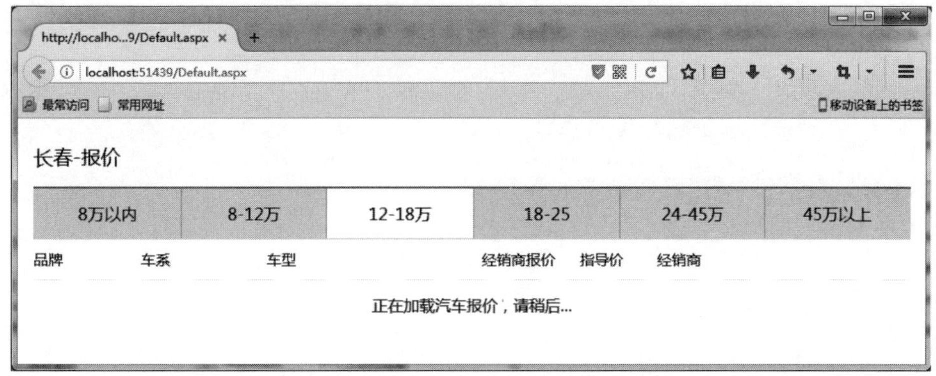

图 15.9　切换前显示的友好提示信息

图 15.10　切换后显示的数据列表

本章知识思维导图

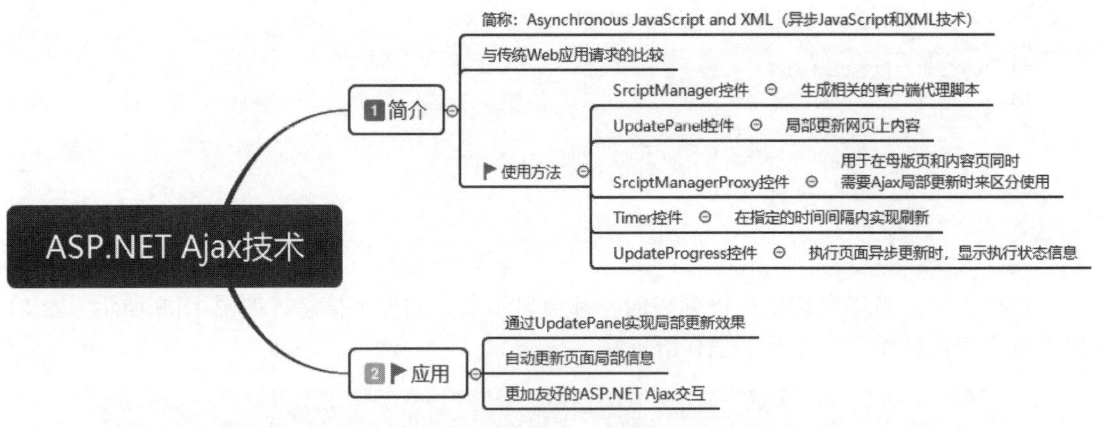

第 16 章

WebService 服务

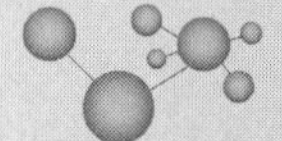

本章学习目标

- 了解 WebService。
- 熟悉 WebService 的基本组成。
- 掌握如何创建并使用 WebService 服务。
- 掌握在局域网内发布和调用 WebService 服务。

16.1 WebService 概述

WebService 即 Web 服务。所谓服务就是系统提供一组接口，并通过该接口使用系统提供的功能。与在 Windows 系统中应用程序通过 API 接口函数使用系统提供的服务一样，在 Web 站点之间，如果想要使用其他站点的资源，就需要其他站点提供服务，这个服务就是 Web 服务。Web 服务就像是一个资源共享站，Web 站点可以在一个多个 Web 服务间的通信或多个资源共享站上获取信息来实现系统功能。

Web 服务是建立可互操作（多个 Web 服务间的通信）的分布式应用程序的新平台，它是一套标准，定义了应用程序如何在 Web 上实现互操作。在这个新的平台上，开发人员可以使用任何语言，还可以在任何操作系统平台上进行编程，只要保证遵循 Web 服务标准，就能够对服务进行查询和访问。Web 服务的服务器端和客户端都要支持行业标准协议 HTTP、SOAP 和 XML。

Web 服务中表示数据和交换数据的基本格式是可扩展标记语言（XML）。Web 服务以 XML 作为基本的数据通信方式，来消除使用不同组件模型、操作系统和编程语言的系统之间存在的差异。开发人员可以同使用组件创建分布式应用程序一样，使用方法创建不同来源的 Web 服务所组合在一起的应用程序。

Web 服务在涉及操作系统、对象模型和编程语言的选择时不能有任何倾向性。并且要使 Web 服务像其他基于 Web 的技术一样被广泛采用，还必须满足以下特性：

- 服务器端和客户端的系统都是松耦合的。也就是说，Web 服务与服务器端和客户端所使用的操作系统、编程语言都无关。
- Web 服务的服务器端和客户端应用程序具有连接到 Internet 的能力。
- 用于进行通信的数据格式必须是开放式标准，而不是封闭通信方式。在采用自我描述的文本消息时，Web 服务及其客户端无须知道每个基础系统的构成即可共享消息，这使得不同的系统之间能够进行通信。Web 服务使用 XML 实现此功能。

16.2 Web 服务的创建

在 ASP.NET 中创建一个 Web 服务与创建一个网页相似，但是 Web 服务没有用户界面，也没有可视化组件，并且 Web 服务仅包含方法。Web 服务可以在一个扩展名为 .asmx 的文件中编写代码，也可以放在代码隐藏文件中。

注意：

在 Visual Studio 中，.asmx 文件的隐藏文件创建在 App_Code 目录下。

16.2.1 了解 Web 服务文件

在 Web 服务文件中包括一个 WebService 指令，该指令在所有 Web 服务中都是必需的，其指令代码如下：

```
<%@ WebService Language="C#"
CodeBehind="~/App_Code/Service.cs" Class="Service" %>
```

● Language 属性：指定在 WebService 中使用的语言。可以是 .NET 支持的任何语言，包括 C#、Visual Basic 和 JavaScript。该属性是可选的，如果没有设置该属性，编译器将根据类文件使用的扩展名推导出所使用的语言。

● Class 属性：指定实现 WebService 的类名，该类在更改后第一次访问 WebService 时被自动编译。该值可以是任何有效的类名。该属性指定的类可以存储在单独的代码隐藏文件中，也可以存储在与 WebService 指令相同的文件中。该属性是 WebService 必需的。

● CodeBehind 属性：指定 WebService 类的源文件的名称。

● Debug 属性：指示是否使用调试方式编译 WebService。如果启用调试方式编译 WebService，Debug 属性则为 true；否则为 false。默认为 false。在 Visual Studio 中，Debug 属性是由 Web.config 文件中的一个输入值决定的，所以开发 WebService 时，该属性会被忽略。

16.2.2 Web 服务的基本特性标记

在代码隐藏文件中包含一个类，它是根据 Web 服务的文件名命名的，这个类有两个特性标记，即 WebService 和 WebServiceBinding。在该类中还有一个名为 HelloWorld 的模板方法，它将返回一个字符串。这个方法使用 WebMethod 特性修饰，该特性表示将该方法公开为 WebService 的一部分。

（1）WebService 特性

对于将要发布和执行的 Web 服务来说，WebService 特性是可选的。可以使用 WebService 特性为 Web 服务指定不受公共语言运行库标识符规则限制的名称。

Web 服务在发布之前，应该更改其默认的 XML 命名空间。每个 XML WebService 都需要唯一的 XML 命名空间来标识它，以便客户端应用程序能够将它与网络上的其他服务区分开来。http://tempuri.org/ 可用于正在开发中的 Web 服务，已发布的 Web 服务应该使用更具永久性的命名空间。例如，可以将公司的 Internet 域名作为 XML 命名空间的一部分。虽然很多 Web 服务的 XML 命名空间与 URL 很相似，但是，它们无须指向 Web 上的某一实际资源（Web 服务的 XML 命名空间是 URI）。

说明：
对于使用 ASP.NET 创建的 Web 服务，可以使用 Namespace 属性更改默认的 XML 命名空间。

例如，将 WebService 特性的 XML 命名空间设置为 http://www.microsoft.com，代码如下：

```
[WebService(Namespace = "http://www.microsoft.com")]
```

（2）WebServiceBinding 特性

按 Web 服务描述语言（WSDL）的定义，绑定类似于一个接口，原因是它定义一组具体的操作。每个 WebService 方法都是特定绑定中的一项操作。WebService 方法是 WebService 默认绑定的成员，或者是在应用于实现 WebService 类的 WebServiceBinding 特性中指定的绑定成员。Web 服务可以通过将多个 WebServiceBinding 特性应用于 WebService 来实现多个绑定。

注意：
在解决方案中添加 Web 引用后，将自动生成 .wsdl 文件。

第3篇 页面交互篇

（3）WebMethod 特性

WebService 类包含一个或多个可在 Web 服务中公开的公共方法，这些 WebService 方法以 WebMethod 特性开头。Web 服务中的某个方法添加 WebMethod 特性后，就可以从远程 Web 客户端调用该方法。

WebMethod 特性包括一些属性，这些属性用于设置特定 Web 方法的行为。语法如下：

```
[WebMethod(PropertyName=value)]
```

WebMethod 特性提供以下属性：

● BufferResponse 属性。

BufferResponse 属性启用对 WebService 方法响应的缓冲。当设置为 true 时，ASP.NET 在将响应从服务器向客户端发送之前，对整个响应进行缓冲。当设置为 false 时，ASP.NET 以 16KB 的块区缓冲响应。默认值为 true。

● CacheDuration 属性。

CacheDuration 属性启用对 WebService 方法结果的缓存。ASP.NET 将缓存每个唯一参数集的结果。该属性的值指定 ASP.NET 应该对结果进行多少秒的缓存处理。值为 0，则禁用对结果进行缓存。默认值为 0。

● Description 属性。

Description 属性指定 WebService 方法的说明字符串。当在浏览器上测试 Web 服务时，该说明将显示在 Web 服务帮助页上。默认值为空字符串。

● EnableSession 属性。

EnableSession 属性设置为 true，则启用 WebService 方法的会话状态。一旦启用，WebService 就可以从 HttpContext.Current.Session 中直接访问会话状态集合，如果它是从 WebService 基类继承的，则可以使用 WebService.Session 属性来访问会话状态集合。默认值为 false，表示不启用会话状态。

● MessageName 属性。

Web 服务中禁止使用方法重载。但是，可以通过使用 MessageName 属性消除由多个相同名称的方法造成的无法识别问题。

MessageName 属性使 Web 服务能够唯一确定使用别名的重载方法。默认值是方法名称。当指定 MessageName 时，结果 SOAP 消息将返回该名称，而不是实际的方法名称。

16.2.3 创建 Web 服务

创建 Web 服务同创建 Web 页面一样，需要在网站项目中进行创建，在创建完成之后项目中会生成一个 WebService1.asmx 类型的文件，同样，该文件包含了一个 WebService1.asmx.cs 文件。下面会通过一个具体实例介绍创建 Web 服务的步骤。

（源码位置：资源包\Code\16\01）

IP 地址查询 Web 服务

本实例将实现 IP 地址查询接口服务，根据用户传入的 IP 地址返回 IP 所在的省、市、地区。实例中将会用到 IP 地址库用于查询信息，由于数据较多，所以读者可在光盘资源文件中直接附加数据库文件，这里将不再介绍导入数据的过程。

程序实现步骤如下：

① 打开 Visual Studio 开发环境，然后依次单击文件→新建→项目菜单项，在弹出的新建项目对话框中选择“ASP.NET Web 应用程序”选项，然后更改项目名称和项目路径，如图 16.1 所示。

图 16.1　新建 ASP.NET Web 应用程序

② 单击“确定”按钮，将弹出选择项目类型对话框，在该对话框中可选择 Web Forms 或 MVC 等项目类型，这里选择“Empty”空项目类型，然后单击“确定”按钮，如图 16.2 所示。

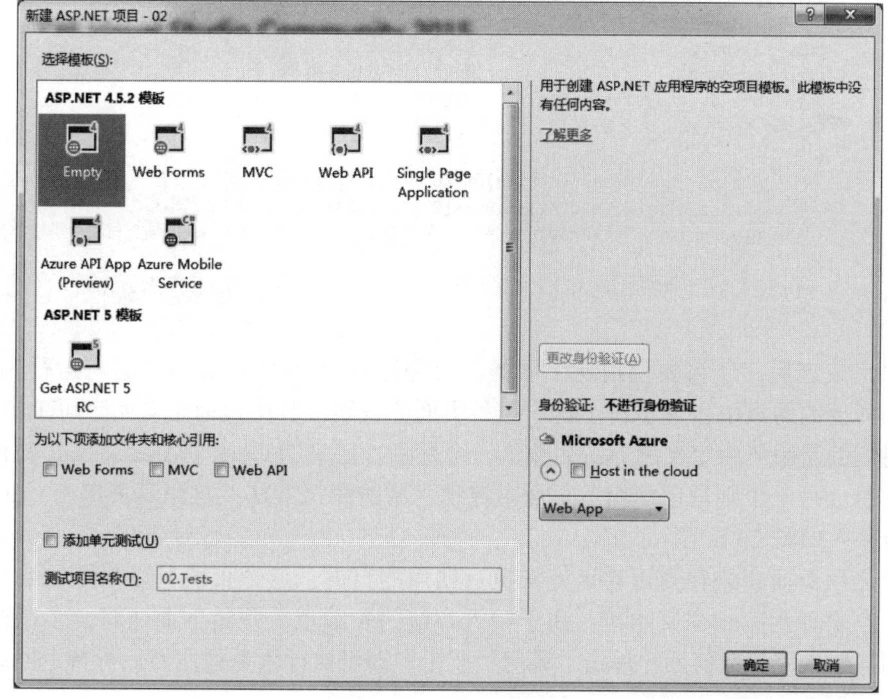

图 16.2　创建空项目

③ IP 地址查询功能的条件属于 IP 地址段范围查找，所以在进行筛选时，通常要将 IP 地址转换成 int 类型，这样做是方便于数据的范围筛选，所以接下来定义 IP 地址的数据类型转换方法，代码如下：

```
private long IPToNumber(string ip)// 定义 IP 转 int 方法，参数 ip 为用户要查询的 ip 地址
{
     try
{
          char[] separator = new char[] { '.' };// 定义 char 类型的分割数组
          string[] items = ip.Split(separator); // 将 ip 字符串以 "." 进行分割并返回数组
// 将 ip 地址的每一段拆分成二进制形式，然后再将二进制转换成无符号的 32 位整数
          return long.Parse(items[0]) << 24 | long.Parse(items[1]) << 16
          | long.Parse(items[2]) << 8 | long.Parse(items[3]);
}
     catch
{
          return 0;// 如果发生异常则返回 0
}
}
```

④ 定义获取 IP 地址的公共方法，该方法将带有一个字符串类型的参数，参数表示用户要查询地区的 IP 地址，代码如下：

```
[WebMethod(Description = "IP 地址归属地查询 ")]
public string GetIPToArea (string ip)
 {
     long IP = IPToNumber(ip);// 传入 string 类型的 ip 地址，返回 long 类型的 ip 地址
     // 创建数据库连接对象
     SqlConnection conn =
     new SqlConnection("Server=127.0.0.1;Database=School;Uid=sa;Pwd=123456");
     conn.Open();                  // 打开数据库
     DataSet ds = new DataSet(); // 定义 DataSet
     // 创建数据适配器
     SqlDataAdapter sda =
     new SqlDataAdapter("select * from IpAddress where IP1<=" + IP + " and IP2>=" + IP, conn);
     sda.Fill(ds);                 // 填充 DataSet
     conn.Dispose();               // 释放数据库使用资源
     DataTable dt = ds.Tables[0];// 返回查询的数据表
     if (dt.Rows.Count > 0)       // 如果数据总数大于 0
     {
          string Province = (string)dt.Rows[0]["Province"];// 获取省
          string City = (string)dt.Rows[0]["City"];         // 获取市
          return ip + ","+Province + "," + City;         // 将 ip 地址与省和市拼接然后返回
     }
     return " 未找到 IP 地址所对应的地区信息 ";                  // 返回无数据信息
 }
```

代码完成之后，还需要调用这个服务，首先运行 Web 服务页面，这与运行 Web 页面相同，在弹出的网页中包含了对于这个服务页面的说明，其中页面上有两个可单击的链接，该链接对应的是服务中定义的方法名称，一个是刚才定义的 GetIPToArea 方法，并且带有方法描述信息，另一个则是创建服务页面时自动生成的测试方法，这里直接单击 GetIPToArea 方法的链接，如图 16.3 所示。

单击之后页面会跳转到可对该方法执行调用的页面，这个页面可以很方便地测试创建的服务。在页面上有一个文本框，用于输入方法的参数值，并且下面还有一个“调用”按钮，当用户输入完参数值后，单击“调用”按钮，即可执行服务程序然后等待返回结果，如图 16.4 所示。

图 16.3　Web 服务帮助页面

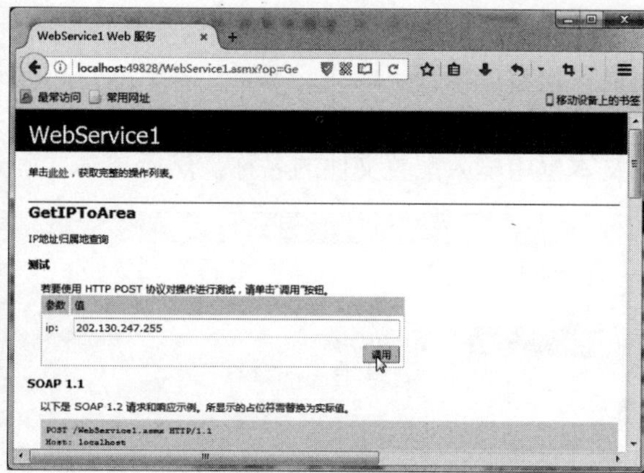

图 16.4　Web 服务调用页面

最后调用结果将会在弹出的新窗口来显示，如图 16.5 所示。

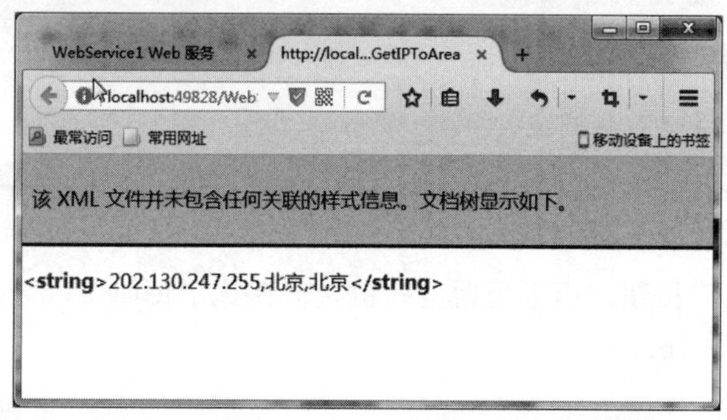

图 16.5　GetIPToArea 方法返回的结果页面

从上面的测试结果可以看出，Web 服务方法的返回结果是使用 XML 进行编码的。

说明：

在定义 WebService 中的方法时，其返回值可以是任意数据类型或无返回值，而默认情况下数据都是以 XML 格式返回的，所以无论是一个简单的整型值还是自定义的实体类，都会被转换为 XML 格式返回。如果需要返回其他数据格式，例如 JSON 格式，那么可以通过 Response.Write 方法输出，这样就取代了返回值方法，而在响应输出之前可以通过设置 Response.ContentType="text/json" 的方式明确指定输出格式。

16.3　Web 服务的使用

WebService 作为网络上的一种服务接口，其最终是要发布到服务器上进行使用，在发布后可以通过指定的服务地址来调用 WebService。WebService 本身也可以是调用者的角色，在程序中它可以调用其他 WebService 来获取结果。下面是讲解 WebService 的一些基本应用。

16.3.1　调用 Web 服务

创建完 Web 服务，通常是需要给调用者使用的，调用者可以是本地站点、局域网下其他站点或者网络上的其他调用者，而在这之前则需要发布 Web 服务程序，这样，配置好的 Web 服务才能够被正常使用。

发布 WebService 的方式与发布网站程序相同，下面介绍发布 WebService 的具体步骤。

① 首先在 Visual Studio 的解决方案资源管理器窗口中的“项目名称”节点上单击鼠标右键，在右键菜单中选择“发布”菜单项，将会弹出“发布 Web”界面，如图 16.6 所示。

② 在发布 Web 界面中单击“自定义”按钮将会弹出“新建自定义配置文件”对话框，在文本框中输入配置文件的名称，然后单击“确定”按钮，如图 16.7 所示。

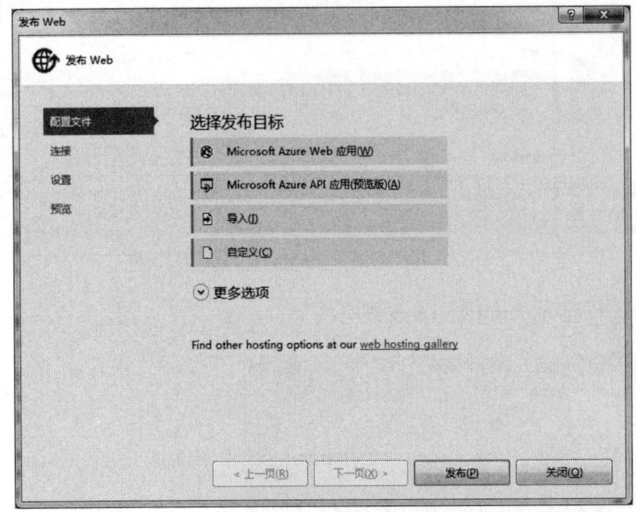

图 16.6　发布 Web

图 16.7　输入配置文件名称

③ 单击“下一页”按钮，用于配置发布链接，在这个页面可以选择发布方式为远程发布或发布到本地，如图 16.8 所示。

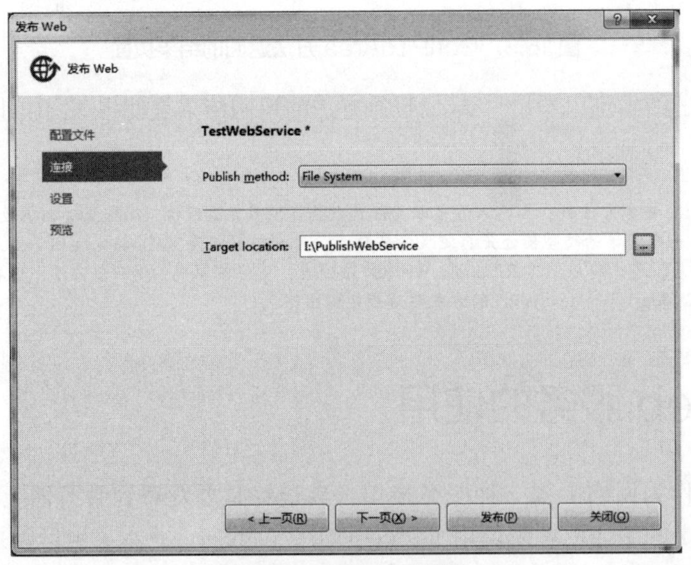

图 16.8　配置发布链接

④ 这里选择“File System”，即：文件系统方式，然后单击“…”按钮选择发布文件夹，接着再次单击“下一页”按钮，页面将会跳转到“设置”一栏，如图 16.9 所示。

⑤ 在该页面中可以配置以 Release 或 Debug 方式进行发布，正式发布会选择 Release 方式。在“File Publish Options”下有三个选项，用于在发布时操作，这里默认不勾选任何项。

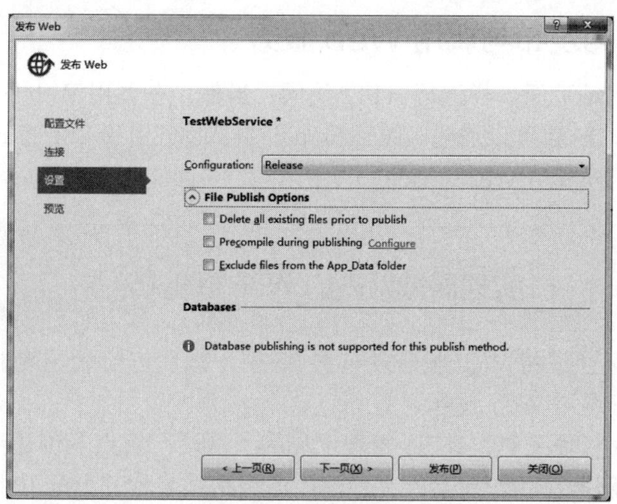

图 16.9 发布设置

⑥ 设置完发布选项后单击“下一页”按钮将会跳转到预览页面，该页面只是预览名称以及发布的目录信息等，所以这里直接单击“发布”按钮来完成发布，如图 16.10 所示。

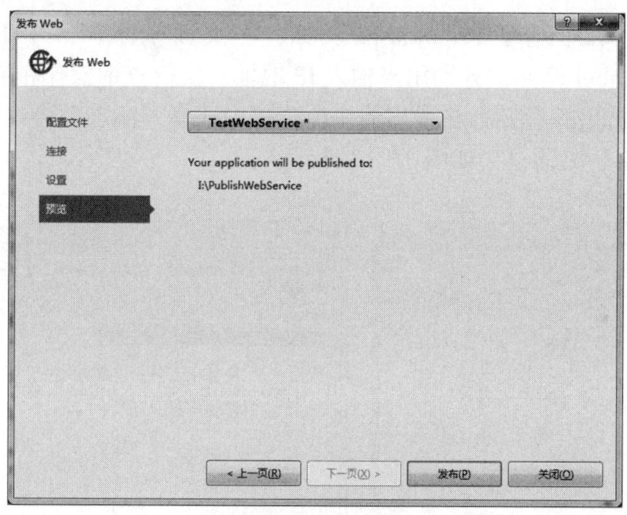

图 16.10 预览发布

发布过程中，Visual Studio 会弹出输出窗口，显示正在发布的状态，最后通过“成功”或“失败”消息可确定是否发布成功，如果发布失败，可根据错误消息进行修改，发布过程如图 16.11 所示。

```
输出
显示输出来源(S): 生成
1>------ 已启动生成: 项目: 01, 配置: Release Any CPU ------
1>  01 -> I:\ASP.NET\源码\code\SL\12\01\01\bin\01.dll
2>------ 发布已启动: 项目: 01, 配置: Release Any CPU ------
2>正在连接到 I:\PublishWebService...
2>已使用 I:\ASP.NET\源码\code\SL\12\01\01\Web.Release.config 将 Web.config 转换为 obj\Release\TransformWebConfig\transformed\Web.config。
2>正在将所有文件都复制到以下临时位置以进行打包/发布:
2>obj\Release\Package\PackageTmp。
2>正在发布文件夹 /...
2>正在发布文件夹 bin...
2>正在发布文件夹 bin/roslyn...
2>正在发布文件夹 scripts...
2>Web 应用已成功发布 file:///I:/PublishWebService
2>
========== 生成: 成功 1 个，失败 0 个，最新 0 个，跳过 0 个 ==========
========== 发布: 成功 1 个，失败 0 个，跳过 0 个 ==========
```

图 16.11 发布状态

16.3.2 局域网内发布与调用 Web 服务

Web 服务可同网站页面一样进行 HTTP 访问，当然，在调用 Web 服务时也有多种方式。在开发 ASP.NET 网站时就可以通过 Visual Studio 中“服务引用”的方式进行调用，然后就可以像调用本地类一样调用 WebService。

[实例 16.2]
（源码位置：资源包 \Code\16\02）
实现局域网内的 Web 服务访问

在本地环境下可通过将 Web 服务发布到 IIS 中，然后进行调用者的访问。本实例将实现如何在本地环境下调用 Web 服务。

① 首先打开 IIS 管理工具，在 IIS 管理工具的“网站”节点下创建一个网站，目录指定已经编写好的 Web 服务应用程序文件夹，然后命名网站名称并分配 IP 地址和端口号。这个过程同创建网站站点相同，最后单击“确定”按钮完成创建，如图 16.12 所示。

图 16.12 中创建的 Web 服务站点指定目录为实例 16.1 中创建的 Web 服务引用程序，接下来再创建一个网站程序用于调用 Web 服务，该过程主要演示如何添加“服务引用”的操作。

② 新建一个网站并创建 Default.aspx 页面，在页面中添加一个 TextBox 控件、一个 Button 控件和两个 Label 控件，分别用来输入 IP 地址、执行查询操作和显示结果信息。

③ 在项目上单击鼠标右键，在弹出的快捷菜单中选择“添加”→“服务引用”菜单项，弹出“添加服务引用”对话框，如图 16.13 所示。

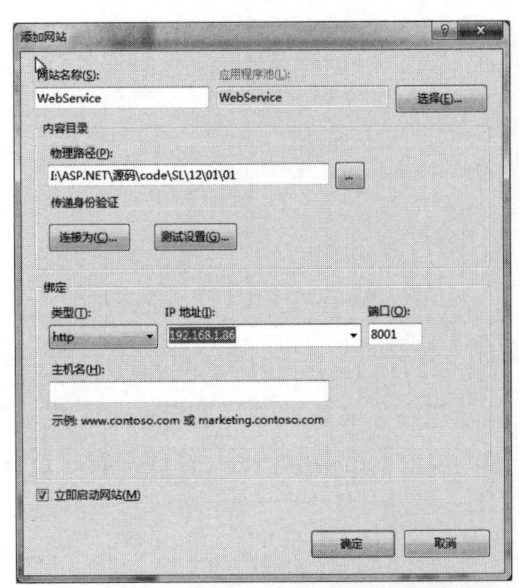

图 16.12 发布 Web 服务到 IIS

图 16.13 “添加服务引用”对话框

④ 引用添加完成之后，将在“解决方案资源管理器”中添加一个名为 App_WebReferences 的目录，在该目录中将显示命名空间为 ServiceReference1 的服务，如图 16.14 所示。

⑤ 在 Default.aspx 页的“查询 IP 地址”按钮的 Click 事件中，通过调用服务对象的 GetIPToArea 方法查询指定的 IP 地址信息，代码如下：

```
protected void Button1_Click(object sender, EventArgs e)
{       // 创建服务引用
ServiceReference1.WebService1SoapClient webService1SoapClient =
        new ServiceReference1.WebService1SoapClient();
        string Result = webService1SoapClient.GetIPToArea(this.TextBox1.Text);// 调用服务中的方法
        while (Result.IndexOf(",") > -1)    // 以逗号进行分割循环
{
Result = Result.Replace(",", "<br/>");       // 将 IP、省、市数据信息拼接到 Result 变量中
}
        this.Label1.Text = " 以下为输出 IP、省、市的结果: ";// 绑定 Label1 文本信息
        this.Label2.Text = Result;                      // 绑定 Label2 文本信息
}
```

运行 Default.aspx 页面，在文本框中输入一个有效的 IP 地址，然后单击“查询 IP 地址”按钮，页面将会输出查询到的结果信息，如图 16.15 所示。

图 16.14　添加的 ServiceReference1 服务

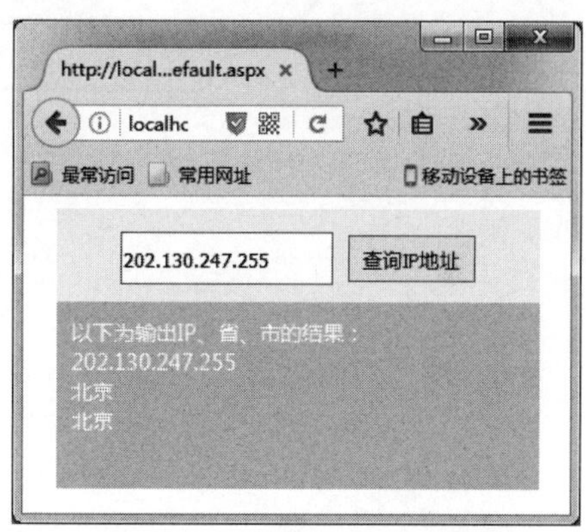

图 16.15　调用 Web 服务结果

16.3.3　如何提高 WebService 的安全性

WebService 大多数是要发布到 IIS 中访问的，就像一个普通 Web 页面一样，任何客户端都可以匿名调用它，这就造成了存在恶意访问的可能性。然而 WebService 应用程序就是服务于调用者的，所以不能直接地限制调用者的访问，而是在验证用户访问这一环节来实现。

对于限制访问也是有很多种办法实现的，在 IIS 中就可以通过设置“身份认证”的方式来控制访问权限，因此在访问时需要提供一个用户名和密码才可以，但此方式在移植和部署时要麻烦些。除了上述方法，还可以通过代码逻辑验证方法来实现，简单的实现方式就是通过定义方法参数，然后调用者在访问时传入这个参数值，该值可以作为验证的值在服务器端验证。稍复杂安全一点可以通过密钥对字符串进行加密后传给服务器端，服务器端再通过对应的加解密算法校验用户的身份。

本章知识思维导图

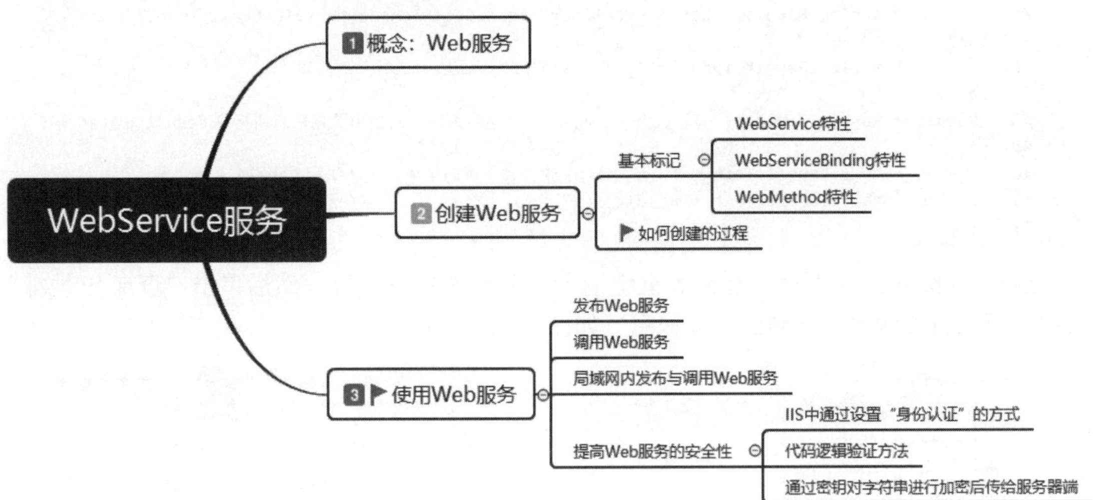
WebService服务
1 概念：Web服务
2 创建Web服务
基本标记
WebService特性
WebServiceBinding特性
WebMethod特性
如何创建的过程
3 使用Web服务
发布Web服务
调用Web服务
局域网内发布与调用Web服务
提高Web服务的安全性
IIS中通过设置“身份认证”的方式
代码逻辑验证方法
通过密钥对字符串进行加密后传给服务器端

第 17 章

ASP.NET MVC 编程

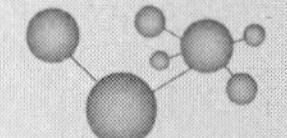

本章学习目标

- 熟悉 MVC 模式的理论基础。
- 掌握创建一个 ASP.NET MVC 项目的完整过程。
- 熟悉 Razor 视图引擎的使用。
- 能够进行简单的 ASP.NET MVC 项目开发。

17.1 MVC 概述

ASP.NET MVC 同 ASP.NET WebForms 一样也是基于 ASP.NET 框架的。ASP.NET MVC 框架是一套成熟的、高度可测试的表现层框架，它被定义在 System.Web.MVC 命名空间中。ASP.NET 并没有取代 WebForms，所以开发一套 Web 应用程序时，在决定使用 MVC 框架或 WebForms 前，需要权衡每种模式的优势。

17.1.1 MVC 简介

MVC 是一种软件架构模式，模式分为 3 个部分：模型（Model）、视图（View）和控制器（Controller），MVC 模式最早是由 Trygve Reenskaug 在 1974 年提出的，其特点是松耦合度、关注点分离、易扩展和维护，使前端开发人员和后端开发人员充分分离，不会相互影响工作内容与工作进度。而 ASP.NET MVC 是 Microsoft 在 2007 年开始设计并于 2009 年 3 月发布的 Web 开发框架，从 1.0 版开始到现在的 5.0 版本，经历了 5 个主要版本的改进与优化。ASP.NET MVC 采用了两种内置视图引擎，分别为 ASPX 和 Razor，也可以使用其他第三方或自定义视图引擎，通过强类型的数据交互使开发变得更加清晰高效，强大的路由功能配置友好的 URL 重写。ASP.NET MVC 是开源的，通过 Nuget（包管理工具）可以下载到很多开源的插件类库。

17.1.2 MVC 中的模型、视图和控制器

模型、视图和控制器是 MVC 框架的三个核心组件，其三者关系如图 17.1 所示。

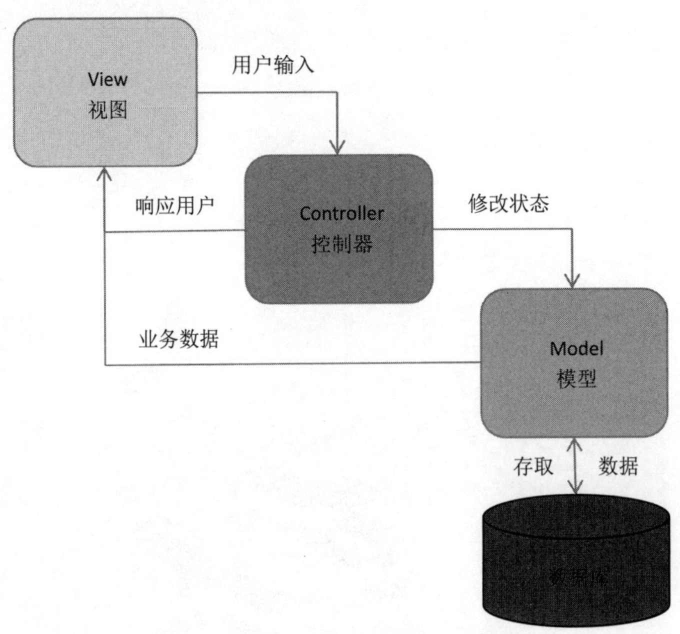

图 17.1　模型、视图和控制器三者的关系

- 模型（Model）。模型对象是实现应用程序数据域逻辑的部件。通常，模型对象会检索模型状态并执行储存或读取数据。例如，将 Product 对象模型的信息更改后提交到数据库对应的 Product 表中进行更新。

● 视图（View）。视图是显示用户界面 (UI) 的部件。在常规情况下，视图上的内容是由模型中的数据创建的。例如，对于 Product 对象模型可以将其绑定到视图上。除了展示数据外，还可以实现对数据的编辑操作。

● 控制器（Controller）。控制器是处理用户交互、使用模型并最终选择要呈现给用户的视图等流程控制部件。控制器接收用户的请求，然后处理用户要查询的信息，最后控制器将一个视图交还给用户。

17.1.3 什么是 Routing

在 ASP.NET WebForms 中，一次 URL 请求对应着一个 ASPX 页面，一个 ASPX 页面又必须是一个物理文件。而在 ASP.NET MVC 中，一个 URL 请求是由控制中的 Action 方法来处理的。这是由于使用了 URLRouting（路由机制）来正确定位到 Controller（控制器）和 Action（方法）中的，Routing 的主要作用就是解析 URL 和生成 URL。

在创建 ASP.NET MVC 项目时，默认会在 App_Start 文件夹下的 RouteConfig.cs 文件中创建基本的路由规则配置方法，该方法会在 ASP.NET 全局应用程序类中被调用，代码如下：

```
public static void RegisterRoutes(RouteCollection routes)
{
    routes.IgnoreRoute("{resource}.axd/{*pathInfo}");// 忽略指定的 Url 路由
    routes.MapRoute(
        name: "Default",                               // 路由名称
        url: "{controller}/{action}/{id}",             // 路由配置规则
        // 路由配置规则的默认值
        defaults: new { controller = "Home", action = "Index", id = UrlParameter.Optional }
    );
}
```

上面这段默认的路由配置规则匹配了以下任意一条 URL 请求：

http://localhost

http://localhost/Home/Index

http://localhost/Index/Home

http://localhost/Home/Index/3

http://localhost/Home/Index/red

URLRouting 的执行流程如图 17.2 所示。

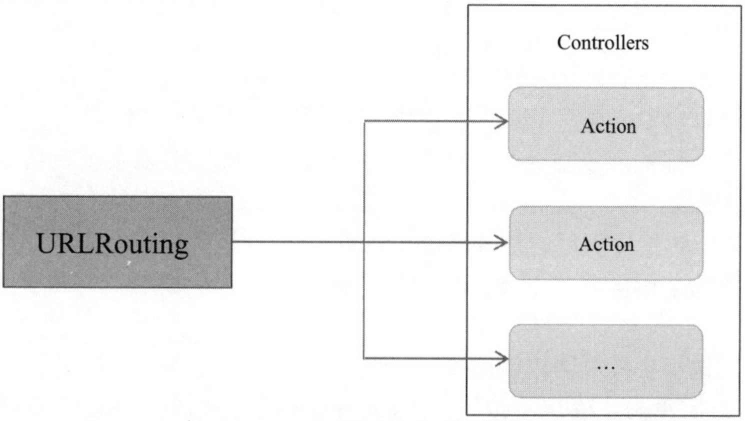

图 17.2　URLRouting 流程图

17.1.4 MVC 的请求过程

当在浏览器中输入一个有效的请求地址或者通过网页上的某个按钮请求一个地址时，ASP.NET MVC 通过配置的路由信息找到最符合请求的地址，如果路由找到了合适的请求，访问先到达控制器和 Action 方法，控制器接收用户请求传递过来的数据（包括 URL 参数、POST 参数、Cookie 等）并做出相应的判断处理。如果本次是一次合法的请求并需要加载持久化数据，那么通过 Model 实体模型构造相应的数据。在响应用户阶段可返回以下几种数据格式。

- 返回默认 View（视图），即与 Action 方法名相同。
- 返回指定的 View（视图），但 Action 必须属于该控制器下。
- 重定向到其他的 View（视图）。

例如，当一个用户在浏览器中输入并请求了“http://localhost/Home/Index”地址，程序会先执行路由匹配，然后转到 Home 控制器再进入 Index 方法中，下面是 Home 控制的代码片段。

```
public class HomeController : Controller     //Home 控制器类，继承自 Controller
{
    public ActionResult Index()              //Index 方法（Action）
    {
        return View();                       // 默认返回 Home 下面的 Index 视图
    }
}
```

17.2 创建 ASP.NET MVC

一个 ASP.NET MVC 网站项目同样需要在 Visual Studio 中来完成。在开发过程中，它与传统的 WebForms 是完全不同的，包括项目结构、文件类型等，这一点需要从 WebForms 的开发思维中转变过来。

17.2.1 创建 ASP.NET MVC 网站项目

创建 ASP.NET MVC 网站项目与之前的创建 WebForms 网站稍有不同。详细的创建步骤如下。

① 先打开 Visual Studio，然后在主菜单上依次选择“新建→项目”菜单项，在弹出的对话框中进行如下选择：

- 选择左侧的“已安装”栏目，再选择 Visual C# 项。
- 在右侧菜单栏中选择“ASP.NET Web 应用程序”。
- 在对话框底部输入项目名称，此时“解决方案名称”会随着项目名称一起改变，当然，也可以单独更改。
- 在“位置”栏选择项目的存放路径，如图 17.3 所示。

以上过程完成之后再单击下面的“确定”按钮，页面会跳转到“选择 ASP.NET 项目”的对话框中。

② 在弹出的选择模板对话框中选择“MVC”，如图 17.4 所示。

③ 确认无误后单击“确定”按钮，Visual Studio 便开始创建 MVC 项目资源。图 17.5 是 Visual Studio 默认创建的 ASP.NET MVC 项目文件结构。

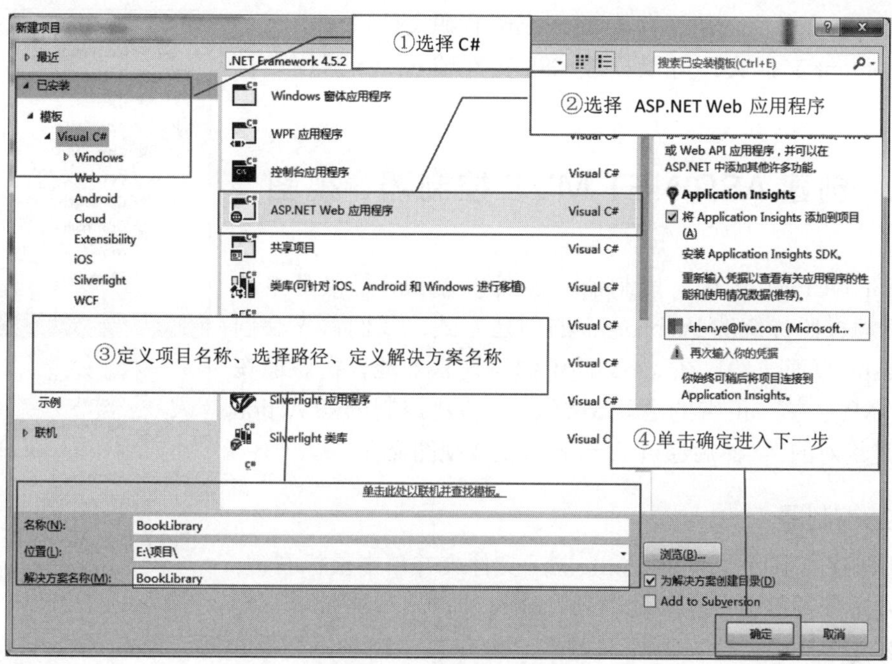

图 17.3 命名并创建项目

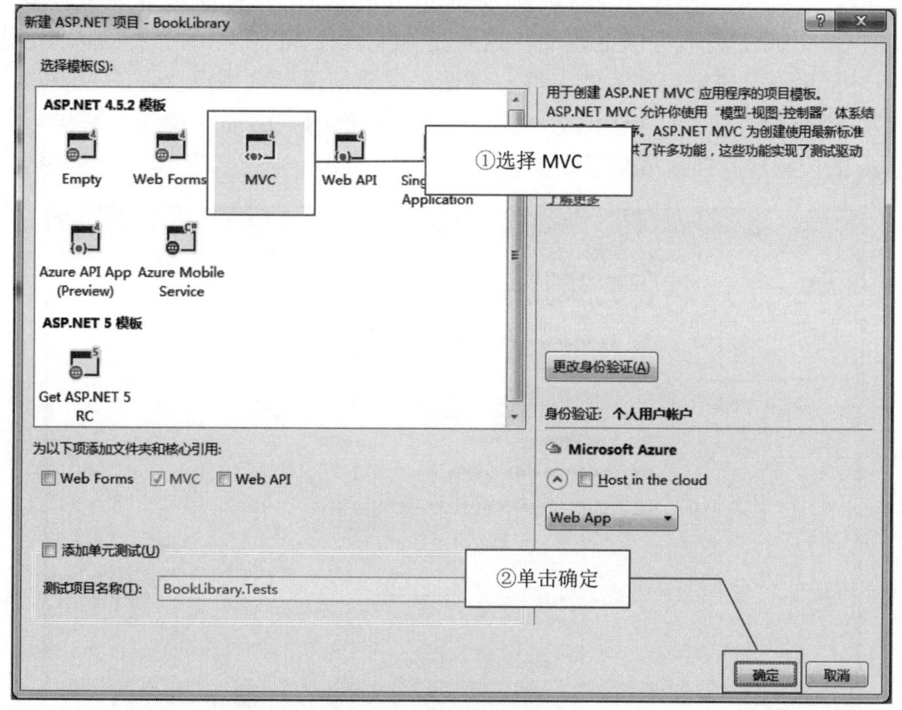

图 17.4 选择“MVC”

在图 17.5 中，有以下几个以后会经常操作或用到的文件目录，这些目录都分别存放着不同类型的文件：

- Controllers 文件夹：用于存放控制器类。
- Views 文件夹：用于存放视图文件。
- Models 文件夹：用于存放数据模型类。

- Scripts 文件夹：用于存放 JavaScript 代码文件。
- Content 文件夹：可以存放 CSS 文件或 Image 图片素材文件等。

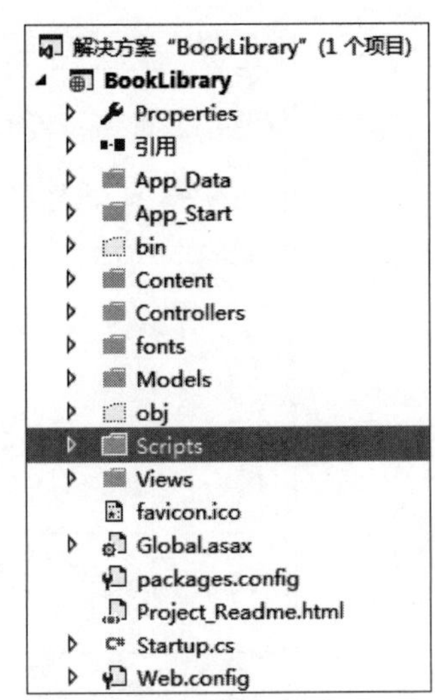

图 17.5　ASP.NET MVC 项目目录结构

17.2.2　创建 ASP.NET MVC 控制器、视图、Action

在 ASP.NET MVC 中，控制器、视图和 Action 是最基本的组成单元。按照传统的 WebForms 的创建方式，我们首先会创建一个 .aspx 页面，然后在 .cs 文件中编写请求处理代码。但在 ASP.NET MVC 中，正常的逻辑最好是先创建控制器和 Action（注：不是绝对的），然后通过 Action 去生成视图文件。

（1）添加控制器

在新创建的项目中选中 Controllers 文件夹并单击鼠标右键，然后依次选择"添加→控制器"项，将会弹出"添加基架"对话框，该对话框中，首先选择左侧的"已安装→控制器"菜单项，然后选择 MVC5 控制器，接着单击底部的"添加"按钮，如图 17.6 所示，将会弹出"添加控制器"对话框，如图 17.7 所示，该对话框中的名字默认为 DefaultController，光标默认选中了 Default 部分，说明后面的 Controller 是不可以更改的，这就是 ASP.NET MVC 中的"约定大于配置"。这里可以将 Default 改为任意自定义的名称。例如，需要创建一个用户管理的控制器，那么就可以命名为"UserManage"，如图 17.8 所示。单击底部的"添加"按钮，这样一个名称为 UserManage 的控制器就创建成功了。

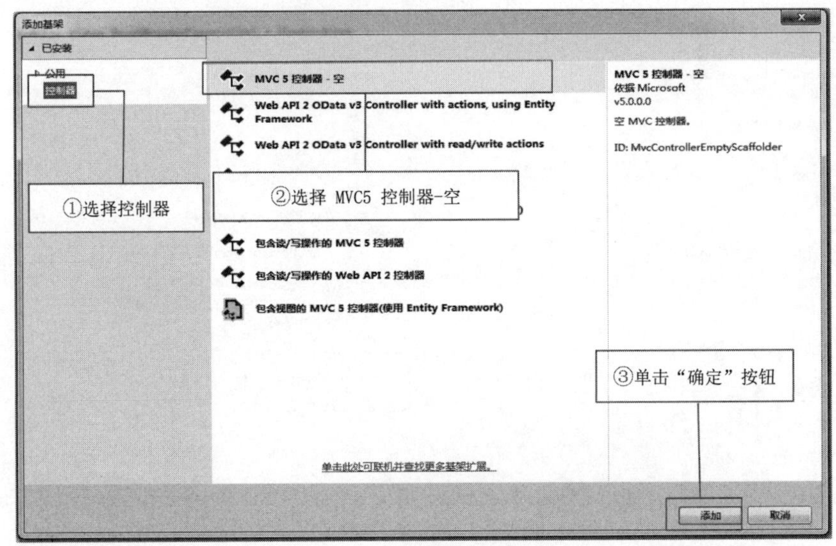

图 17.6　"添加基架"对话框

图 17.7　创建控制器

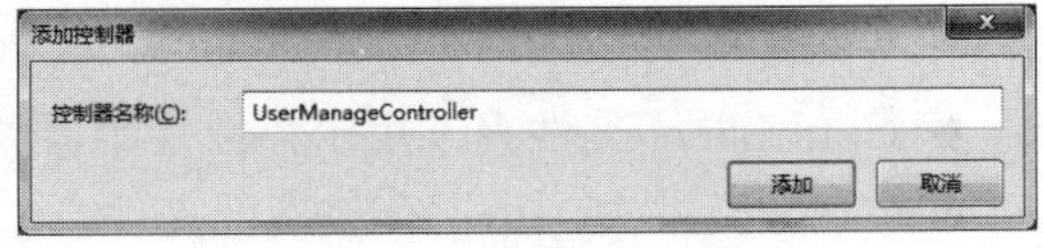

图 17.8　创建控制器

控制器创建完成后默认会创建一个 Index 的 Action，代码如下：

```
public class UserManageController: Controller // 自定义控制器类，继承自 Controller 类
{
    // GET: UserManage
    public ActionResult Index()                 // 默认的 Action 方法
    {
        return View();                          // 返回默认与 Action 方法名相同的 Index 视图
    }
}
```

定义在 Controller 中的 Action 方法默认返回的是一个 ActionResult 对象，ActionResult 对象对 Action 执行结果进行了封装，用于最终对请求进行响应。ASP.NET MVC 提供了一系列的 ActionResult 实现类来实现多种不同的响应结果。

下面是几个常用的 ActionResult 返回方法以及它们的功能作用：

- View 方法：返回 ActionResult 视图结果并将视图呈现给用户。参数可以返回 model 对象。
- RedirectToAction 方法：返回 RedirectToRouteResult 重定向动作结果。同类型的还有 Redirect 方法返回的 RedirectResult 结果。
- PartialView 方法：返回 PartialViewResult 分部视图结果。视图文件应定义在 View/Shared 目录下。
- Content 方法：返回 ContentResult 类型的用户定义的文本内容。此类型多用于 Ajax 请求需要返回的文本内容。
- Json 方法：返回序列化 JsonResult 类型的 JSON 格式数据。同样，此方法多用于 Ajax 请求。需要注意的是，如果 Action 是 Get 请求，则 JSON 方法的参数中必须传入 JsonRequestBehavior.AllowGet，否则会因为暴露敏感信息而报出异常错误。

（2）添加 MVC 视图

在创建视图文件前需要创建一个与控制器名称相同的视图文件目录，这也是一项约定。例如前面创建的“UserManage”控制器就可以创建一个与之对应的“UserManage”视图文件夹，然后在该文件夹下可以创建多个视图文件。

按照约定在项目的“解决方案资源管理器”中找到 Views 文件夹，然后在该文件夹下创建“UserManage”视图文件夹。接着创建视图文件，在 UserManage 文件夹上单击鼠标右键，依次选择“添加→视图”项，将会弹出“添加视图”对话框。如图 17.9 所示，在对话框的“视图名称”一栏中输入视图名称 UserIndex，模板为 Empty（不具有模型），并勾选“使用布局页”复选框。

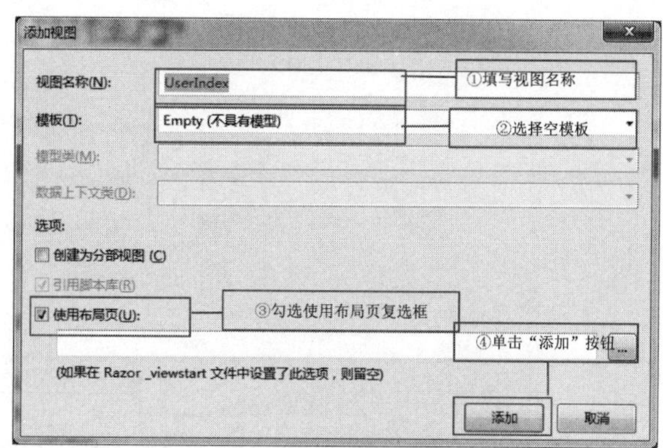

图 17.9 “添加视图”对话框

打开 UserIndex.cshtml 视图文件可以看到如下代码：

```
@{
    ViewBag.Title = "UserIndex";
}
<h2>UserIndex</h2>
```

(3) 添加 MVC 的处理方法

即使添加了控制器和视图，而没有处理方法也是无法进行访问的，所以，接下来需要在 UserManage 控制器下新建一个 Action 处理方法，用于处理并响应用户请求的视图。打开 Controllers 文件夹下的 UserManageController.cs 文件，新建一个 Action 方法，名称为 UserIndex（与视图名相同），返回值类型为 ActionResult，该方法中返回 View() 方法，即表示返回了与 Action 方法名相同的 UserIndex 视图，这样刚刚新建立的视图 UserIndex 就可以被 UserManage 控制器中的 UserIndex 方法返回。UserIndex 处理代码如下：

```
public ActionResult UserIndex()// 与视图名称相同的 Action 方法名称
{
     ViewBag.Message = " 用户首页 ";// 动态类型变量
     return View();// 默认返回 UserIndex 视图
}
```

17.2.3 创建 Models 层

Models，即模型，装载着一些数据实体，而实体类往往就与数据库表有着直接的关系。Entity Framework（以下简写为 EF）Microsoft 官方发布的 ORM 框架，它是基于 ADO.NET 的。通过 EF 可以很方便地将表映射到实体对象或将实体对象转换为数据表。但 EF 跟 MVC 没有直接关系，其他模式下也可以使用。

EF 支持三种开发模式，分别为 Database First、Model First 和 Code First。三种模式的开发体验各不相同，也各有优缺点。站在开发者角度来讲没有哪种模式最好，只是根据实际情况选择更合适的开发模式。下面将使用 EF6 框架，采用 Database First 方式映射数据模型。

① 首先，选中“Models”文件夹，单击右键，依次选择“添加”→“新建”菜单项，弹出“添加新项”对话框，然后在该对话框的左侧“已安装”下选择“Visual C#”项，在右侧列表中找到“ADO.NET 实体数据模型”并选中，在底部填写名称，可以与数据库名相同，如图 17.10 所示，最后单击“添加”按钮。

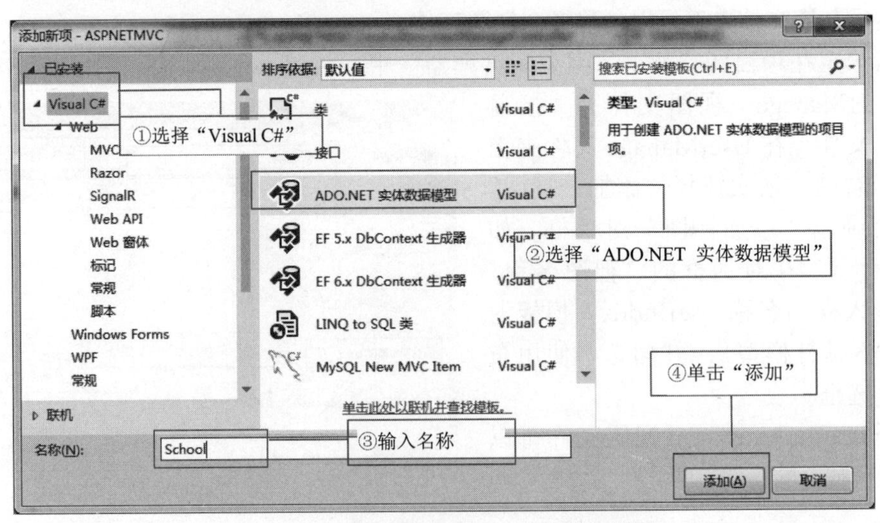

图 17.10 选择 ADO.NET 实体数据模型

② 弹出“实体数据模型向导”对话框，在该对话框中选择“来自数据库的 EF 设计器”，如图 17.11 所示。

③ 单击“下一步”按钮，在弹出的窗口中单击“新建连接”按钮，弹出“连接属性”对话框。该对话框的设置过程在前面章节中已经学习过了，所以，这里将不再进行设置。

④ 配置完数据库连接后，选中“是，在连接字符串中包括敏感数据”单选按钮，如图 17.12 所示。

图 17.11　选择“来自数据库的 EF 设计器”

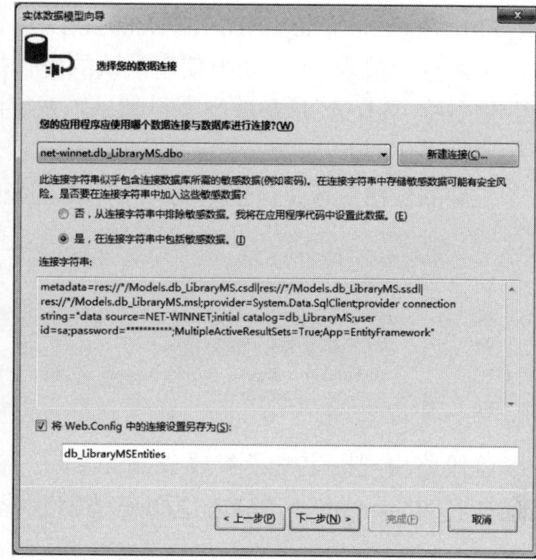

图 17.12　选中“是，在连接字符串中包括敏感数据”单选按钮

⑤ 单击“下一步”按钮，跳转到“选择您的数据库对象和设置”窗口，这里只选择“表”即可，下面三个复选框中只勾选“在模型中包括外键列”，单击“完成”按钮，如图 17.13 所示。

生成完成后，编辑器自动打开模型图页面以展示关联性，这里直接关闭即可。打开“解决方案资源管理器”中的 Models 文件夹，发现里面多了一个“School.edmx”文件，这就是模型实体和数据库上下文类，如图 17.14 所示为整个架构情况。

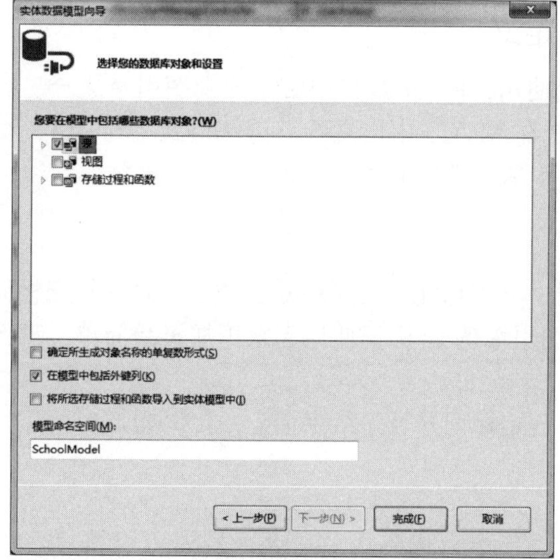

图 17.13　选择要映射的内容（此处选择“表”）

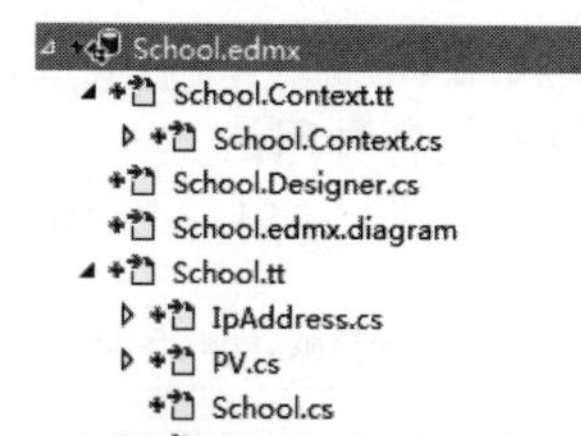

图 17.14　EF 生成的实体架构

17.2.4 创建自定义 MVC 路由配置规则

在实际开发中，默认的路由规则可能无法满足项目需求，在这种情况下，就需要开发者来创建自定义的路由规则。

假设有这样一个 URL 请求，用户想要查询某一天的数据报表：

http://localhost/ReportForms/Data/2021-9-1

上面这个请求 Url，如果使用默认的配置规则，理论上是可以支持的，但是实际上无论从参数名称（id）还是参数类型上都是不友好的匹配方式。从长远考虑可能会导致功能上的瓶颈。

正确的做法应该是自己定义一个路由匹配规则，如下面的定义：

```
routes.MapRoute(
     name: "ReportForms",                           // 路由名称
     url: "{controller}/{action}/{SearchDate}",     // 路由配置规则
     // 路由配置规则的默认值
     defaults: new { controller = "ReportForms", action = "Data" }
);
```

这段路由规则定义了参数 SearchDate。在后台控制器的 Action 方法参数中同样也需要定义同名的 SearchDate 参数。Action 方法代码如下：

```
public ActionResult Data(DateTime SearchDate)      // 定义 Data 方法并接收 SearchDate 参数
{
     ViewBag.dt = SearchDate;                      // 定义动态变量
     return View();                                // 返回视图
}
```

添加到路由表中的路由顺序非常重要。上面自定义的路由应当放在默认路由的上面，这是因为默认的路由规则也能够匹配上述请求的 URL 路径，但默认的路由中定义的参数为 id。所以，当路由映射到 ReportForms 控制器中的 Data 动作时并没有传入 SearchDate 参数，这也就导致了程序会抛出 SearchDate 参数为 null 的异常错误。

17.2.5 Razor 视图引擎的语法定义

ASP.NET MVC 有多种视图引擎可以使用，Razor 是其中常用的视图引擎之一。它的视图文件的后缀名为 .cshtml 文件。Razor 是在 MVC3 中出现的，语法格式上与 ASPX 页面的语法是有区别的，下面就介绍 Razor 视图引擎中常用的语法标记和一些帮助类。

（1）@ 符号标记代码块

@ 符号是 Razor 视图引擎的语法标记，它的功能和 ASPX 页面中的 <%%> 标记相同，都是用于调用 C# 指令的。不过，Razor 视图引擎的 @ 标记使用起来更加灵活简单，下面将说明 @ 符号的各种用法。

单行代码：使用一个“@”符号作为开始标记并且无结束标记，代码如下：

```
<span>@DateTime.Now</span>
```

多行代码：多行代码使用“@{code...}”标记代码块，在大括号内可以编写 C# 代码，并且可以随时切换 C# 代码与输出 HTML 标记，代码如下：

```
@{
for (int i = 0; i < 10; i++) {
<span>@i</span>
}
}
```

输出纯文本：如果在代码块中直接输出纯文本则使用“@: 内容 ...”，这样就可以在不使用 HTML 标签的情况下直接输出文本，代码如下：

```
@{
for (int i = 0; i < 10; i++) {
@: 内容 @i
}
}
```

输出多行纯文本：如果要输出多行纯文本则使用“<text>”标签，这样就可以更方便地输出多行纯文本，代码如下：

```
@{
if (IsLogin){
<text>
您好: @ViewBag.Name<br />
今天是: @DateTime.Now.ToString("yyyy-MM-dd")<br />
</text>
}
}
```

输出连续文本：如果需要在一行文本内容中间输出变量值则使用“@()”标记，这样就可以避免出现文本空格的现象，代码如下：

```
@{
for (int i = 0; i < 10; i++){
<span> 内容 @(i)</span>
}
}
```

（2）HTML 帮助器

在设计 cshtml 页面时我们会用到各种 HTML 标签，这些标签通常都是手动构建，例如 <a href="">link</a>，但在 Razor 视图引擎中使用 HtmlHelper 类可以更加方便快速地实现这些标签的定义。所以，在 MVC 中表单和链接推荐使用 HTML 帮助器来实现，其他标签可根据需求选择实现方式。

以下列举几个简单常用的 HtmlHelper 类扩展方法：

Raw 方法：返回非 HTML 编码的标记，调用方式如下：

```
@Html.Raw("<font color='red'> 颜色 </font>")
```

调用前页面将显示“<font color=" red "> 颜色 </font >”。

调用后页面将显示颜色为红色的“颜色”二字。

Encode 方法：编码字符串，以防止跨站脚本攻击，调用方式如下：

```
@Html.Encode("<script type=\"text/javascript\"></script>")
```

返回编码结果为 <script type="text/javascript"></script>

ActionLink 方法：生成一个链接到控制器行为的 a 标签，调用方式如下：

```
@Html.ActionLink("关于", "About", "Home")
```

页面生成的 a 标签格式为 <a href="/Home/About"> 关于 </a>

BeginForm 方法：生成 form 表单，调用方式如下：

```
@using(@Html.BeginForm("Save", "User", FormMethod.Post))
{
@Html.TextBox()
…
}
```

在 HtmlHelper 类中还有很多实用的方法，例如表单控件等。读者可在开发项目时通过实践操作去学习和掌握 HtmlHelper 类的每个方法。

（3）_ViewStart 文件和布局页面

在通过 Visual Studio 创建的 MVC 项目中，默认包含了一个 _Layout.cshtml 文件，位置在 Views → Shared 文件夹下，它是用来布局其他页面视图的公共内容部分，类似于前面学到的母版页一样。在 _Layout 布局代码中包含标准的 HTML 标签定义。同样，使用了布局页的视图页面无需再次定义 HTML、HEAD、BODY 等标签。

如果在每一个视图页面中都要引用一次布局页，就会增加很多重复性的工作，这时便需要一个可以统一引用布局页的机制。在 Views 文件夹中包含了一个 _ViewStart.cshtml 文件。_ViewStart.cshtml 文件的作用是将 Views 文件夹下的所有视图文件都以 _ViewStart.cshtml 内引用的布局文件为布局页面，默认情况下，在 _ViewStart.cshtml 内通过 "Layout = "~/Views/Shared/_Layout.cshtml""; 引用了默认的 _Layout.cshtml 布局文件。_Layout.cshtml 布局文件可以自定义创建。

除了在 Views 目录下定义全局的 _ViewStart.cshtml 文件外，在 Views 目录下与控制器同名的各子文件夹内也可以定义 _ViewStart.cshtml 文件。这样，在视图文件的存放目录结构上，越是接近于页面视图文件的 _ViewStart 越是被优先调用。

（4）Model 对象

每个视图都有自己的 Model 属性，它是用于存放控制器传递过来的 Model 实例对象的，这就实现了强类型。强类型的好处之一是类型安全，如果在绑定视图页面数据时，写错了 Model 对象的某个成员名，编译器会报错；另一个好处是 Visual Studio 中的代码智能提示功能。它的调用方式如下：

```
@model MySite.Models.Product
```

这句代码是指在视图中引入了控制器方法传递过来的实例对象，通过在视图页面中使用 Model 即可访问 MySite.Models.Product 中的成员。例如，下面的代码就是向页面中输出 ID 内容数据。

```
<span>@Model.ID</span>
```

但这里应当注意的是在引用时，model 中的 m 是小写字母，在页面中使用时，Model 中的 M 是大写的。

17.3 ASP.NET MVC 的实现

目前 ASP.NET MVC 正在逐渐成为主流的网站开发框架。更多的新型网站也大多采用这种开发模式。随着 Visual Studio 和 .Net Framework 的不断更新，ASP.NET MVC 框架也会得到持续的改进与壮大。

17.3.1 实现一个简单 ASP.NET MVC 网页

使用 ASP.NET MVC 实现一个简单网页是非常容易的，因为通过 Visual Studio 创建的 ASP.NET MVC 项目默认已经为我们搭建好了所有开发环境，并且在项目中也包含了一些示例代码和一些基础功能。基于这些强大的开发条件便可轻松上手 ASP.NET MVC 项目。

[实例 17.1]　（源码位置：资源包 \Code\17\01）

在默认项目上添加新闻栏目并实现新闻页面

本实例将在 Visual Studio 自动创建的示例项目上进行扩展开发，所以，需要在页面导航上添加一个“新闻”导航链接，然后再实现新闻的页面内容。具体开发步骤如下：

① 首先，创建一个 ASP.NET MVC 项目，然后在解决方案资源管理器中依次展开“Views → Shared”文件夹并双击打开里面的 _Layout.cshtml 文件。接着，找到定义页面导航部分的布局代码，然后在定义“主页”链接的后面添加一个“新闻”的链接，代码如下：

```
<ul class="nav navbar-nav">
     <li>@Html.ActionLink(" 主页 ", "Index", "Home")</li>
     <li>@Html.ActionLink(" 新闻 ", "Index", "News")</li>
     <li>@Html.ActionLink(" 关于 ", "About", "Home")</li>
     <li>@Html.ActionLink(" 联系方式 ", "Contact", "Home")</li>
</ul>
```

② 在项目的 Controllers 文件夹内创建一个 News 控制器，然后在 News 控制器的 Index 方法上单击鼠标右键，选择“添加视图”，在弹出的对话框中直接单击“添加”按钮，这时，Views 文件夹内就会自动创建一个与控制器同名的文件夹，同时创建了一个与 Action 方法同名的视图文件。

③ 回到 News 控制器的 Index 方法中，在这个方法中使用 for 循环向 IList 中随机添加一些新闻标题，然后在返回的视图方法中将 IList 对象传入进去，代码如下：

```
public ActionResult Index()
{
     IList<string> NewsTitleList = new List<string>();// 实例化 List 对象
     int count = new Random().Next(3, 5);             // 随机 3 次或者 4 次循环次数值
     for (int i = 0; i < count; i++)                  // 循环随机次数
{
// 每次添加 5 条新闻标题
NewsTitleList.Add(" 谷歌 : 手机停用两个月后将自动删除数据备份 ");
NewsTitleList.Add(" 未来无人驾驶舰艇配备人工智能 ");
NewsTitleList.Add(" 西部数据 12TB 机械硬盘 ");
NewsTitleList.Add(" 英特尔 :2025 年 VR 市场预期超 530 亿美元 ");
NewsTitleList.Add(" 芯片皮下植入真的有必要吗 ?");
}
     return View(NewsTitleList);                    // 返回视图并传入要返回的模型（List 实例）
}
```

④ 设计 Index.cshtml 视图页面，在页面中通过 @model 指定对象模型类型，以便引用返回的对象实体，然后通过 @{} 语句块实现 forearch 遍历。代码如下：

```
@* 引用实例对象 *@
@model IList<string>
@{
    ViewBag.Title = " 新闻 ";                        // 定义新闻标题
}
<ul>
@{
    int i = 0;                                      // 定义循环的索引值
    foreach (string s in Model)                     //Model 为 IList 实例对象
    {
        if (i == 0)
        {
            <li><h3><a href="#">@s</a></h3></li>@*i 等于 0 表示第一个标题字号要大一些 *@
        }
        else
        {
            @* 第二个标题开始字号要小一些，s 为遍历的标题值 *@
            <li><h4><a href="#">@s</a></h4></li>
        }
        i++;
    }
}
</ul>
```

这样，一个简单的 ASP.NET MVC 交互页面就完成了。接着，找到 Views 文件夹下 Home 内的 Index.cshtml 页面，右键单击“在浏览器中查看”。页面加载出来后就是创建项目时自带的首页页面，单击导航栏中的“新闻”按钮，页面将会跳转到如图 17.15 所示的新闻列表页面。

图 17.15　新闻列表页面

17.3.2　在 ASP.NET MVC 中实现查询 SQLServer 数据

前面学到的 EF 框架是专门用于操作数据库的 ORM 工具，同样是由 Microsoft 官方提供。

因其具有多种可选的开发模式，所以使用它配合 ASP.NET MVC 来开发网站项目是一种很值得选择的解决方案。

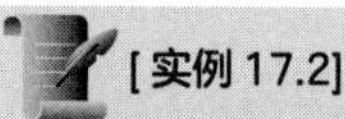

[实例 17.2]　（源码位置：资源包 \Code\17\02）

实现加载学生信息列表

本实例将以School为数据库，通过EF框架映射实体对象。在 Visusl Studio 默认创建的项目上添加新的控制器和视图，实现加载学生信息列表，具体实现过程如下：

① 首先，创建一个 ASP.NET MVC 项目，然后在项目的 Models 文件夹内通过“ADO.NET 实体数据模型”创建 School 实体对象，具体创建过程前面已经讲过，所以，这里将不再讲述，图 17.16 是创建后的实体对象。

```
School.edmx
  School.Context.tt
    School.Context.cs
  School.Designer.cs
  School.edmx.diagram
  School.tt
    IpAddress.cs
    PV.cs
    School.cs
    Student.cs
```

图 17.16　实体对象

② 在 Controllers 文件夹下建立一个 Student 控制器，然后将默认的 Index 方法修改为 StudentList，接着在方法内实现一个简单的读取 Student 表的功能，代码如下：

```
public ActionResult StudentList()
 {
     IList<Student> Students = null;// 定义 Student 数据集合变量
     using (SchoolEntities db = new SchoolEntities())// 实例化数据库上下文类，用于操作数据库
     {
          Students = db.Student.Select(S => S).ToList();// 查询所有数据
     }
     return View(Students);// 返回视图并传入对象模型
 }
```

③ 创建 StudentList 视图文件，然后通过 table 表格定义数据列表，代码如下：

```
@* 引用 Student 实体对象 *@
@model IList<ASPNETMvc.Models.Student>
@{
     ViewBag.Title = " 学生列表 ";// 定义网页标题
}
<table width="580" align="center">
     <tr><th height="40">ID</th><th> 姓名 </th><th> 性别 </th><th> 年龄 </th><th> 班级 </th></tr>
     @{
          @* 遍历数据集合 *@
          foreach (ASPNETMvc.Models.Student Student in Model) {
          @* 绑定行数据 *@
               <tr>
                    <td height="30">@Student.ID</td>
                    <td>@Student.Name</td>
                    <td>@Student.Age</td>
                    <td>@Student.Sex</td>
                    <td>@Student.Class</td>
               </tr>
          }
     }
</table>
```

运行程序，调用 Student 控制器下的 StudentList 动作，页面效果如图 17.17 所示。

ID	姓名	性别	年龄	班级
1	张三	24	男	二年九班
2	李四一	22	男	一年七班
4	小明明	25	女	二年九班
5	小蕾	23	女	二年五班
7	小五	25	男	三年六班
8	小方	24	男	二年二班
11	小六0	22	男	一年一班
12	小六1	22	男	一年一班
16	学生1	24	女	三年五班
17	学生2	23	男	二年五班
18	学生3	25	女	三年六班
19	学生4	23	女	一年七班
20	学生5	22	女	三年六班
42	学生6	25	男	三年二班

© 2017 - 我的 ASP.NET 应用程序

图 17.17　学生列表信息

17.3.3　通过绑定对象模型向 SQL Server 数据库添加数据

在 ASP.NET MVC 创建一个视图文件时，除了可以创建空视图文件外，还可以创建“Create”类型的模板视图文件，通过将 Model 模型以 Html 帮助器的绑定方式生成页面控件。这样，在页面向后台传递表单数据时会始终以强类型对象模型的方式传递数据。

[实例 17.3]　（源码位置：资源包 \Code\17\03）

实现添加学生信息到数据库表中

本实例将实现两个页面，分别为学生信息列表和添加学生信息页面。学生信息列表页面实现方式与实例 17.1 相同，只是在列表中添加一个“添加学生信息”的链接用于跳转到添加数据页面，这里将不再进行讲解。“添加学生信息”的实现步骤如下：

① 首先，创建一个 ASP.NET MVC 项目。接着添加 School 实体对象模型，实现学生信息列表页面。

② 在 Student 控制器中添加一个 Add 方法，该方法内部只是返回该视图文件。接着，创建与该方法同名的视图文件，该视图的创建过程与之前创建时的过程稍有不同，如图 17.18 所示。

因为是添加数据类型的视图页面，所以，模板处应当选择“Create”，模型类为“Student”，数据库上下文类选择“SchoolEntities”。注意括号内为命名空间“ASP.NETMVC.Models”。

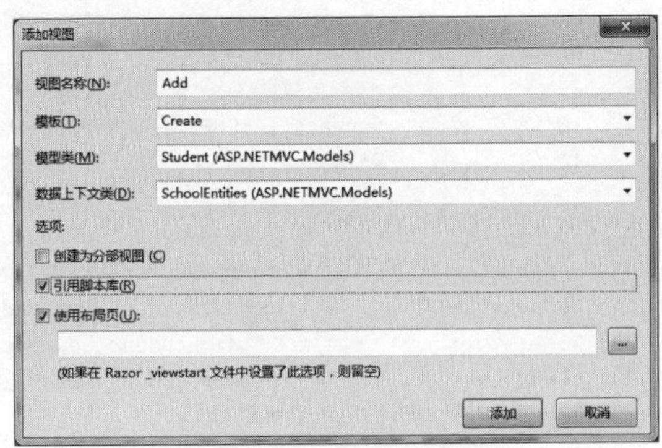

图 17.18　创建视图文件

注意：

如果在单击“添加”按钮后报出添加错误等信息，请尝试重新生成解决方案后再次添加。

③ 打开 Add 视图文件，可以看到视图代码中已经自动地为我们绑定好了与实体对象相关联的页面信息。首先，将页面上的每个提示标题修改成正确的提示信息，再将性别的文本输入框修改为下拉选择框，修改方式是将 Html.EditorFor 方法改为 Html.DropDownListFor 方法。由于篇幅的限制这里只给出部分绑定方式的源代码：

```
<div class="form-group">
@Html.LabelFor(model => model.Name," 姓名 ",
      htmlAttributes: new { @class = "control-label col-md-2" })
    <div class="col-md-10">
@Html.EditorFor(model => model.Name,
          new { htmlAttributes = new { @class = "form-control" } })
@Html.ValidationMessageFor(model => model.Name, "",
          new { @class = "text-danger" })
    </div>
</div>
```

④ 当单击“创建”提交按钮后，网页上的数据应提交到控制器的动作中进行处理保存，但这里应当注意的是视图所对应的 Add 方法是 HttpGet 访问方式，而在提交数据时访问是以 HttpPost 方式进行的。所以，在提交时必须提交到另一个 Action 方法中，代码如下：

```
[HttpPost]                                  //HttpGet 表示该动作只能以 POST 方式访问
public ActionResult Add(Student Stu)
{
     using (SchoolEntities db = new SchoolEntities())// 实例化数据库上下文类，用于操作数据库
{
db.Student.Add(Stu);                        // 将数据实体添加到集合中，但不会执行插入数据库操作
db.SaveChanges();                            // 保存数据
}
     return RedirectToAction("StudentList"); // 重定向到指定的动作
}
```

上面代码中使用了 HttpPost 特性限制了方法的访问性，此方法是 Add 方法的一个重载方法。在 ASP.NET MVC 中绑定了实体模型的视图在提交数据时会自动找到同类型参数列表的 Action 方法。

执行程序，运行 StudentList.cshtml 页面，浏览器将会显示学生列表页面，然后单击“添加学生信息”链接，接着，在添加数据页面填写各项数据，最后单击“创建”按钮，如图 17.19 所示。

图 17.19　添加学生信息页面

17.3.4 更新 SQL Server 表数据

ASP.NET MVC 提供了用于更新数据的视图模板，该模板与创建数据模板大致相同，但在更新数据前，需要先加载数据到对象模型中，在页面中通过 Html 帮助器将要更新的数据绑定在页面中。在实现绑定数据到提交数据到后台进行更新的整个过程都是强类型对象模型操作。

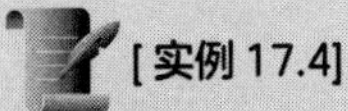

[实例 17.4]（源码位置：资源包 \Code\17\04）

实现修改学生信息数据

本实例实现过程与添加数据基本相同，不同的是学生列表页跳转时需要为每一条学生信息添加一个“修改”按钮，然后在绑定页面数据时需要在视图的 Action 方法中返回实体数据，最后是更新数据而不是插入数据，具体实现步骤如下：

① 首先，创建一个 ASP.NET MVC 项目。接着添加 School 实体对象模型，再实现学生信息列表页面，最后在列表的每一行的最后一列添加一个“修改”链接，并绑定 Action 和要传入的参数。

② 在 Student 控制器中添加一个 Update 方法，该方法包含一个 int 类型的 id 参数，用于获取要修改的单条数据。随后生成一个 Update 视图文件，在生成选项里除了模板项为“Edit”外，其他项都与添加“Create”视图相同。

③ 回到 Student 控制器中，在 Update 方法内定义进行数据查询并返回实体数据的代码，代码如下：

```
[HttpGet]                                                //HttpGet 表示该动作只能以 GET 方式访问
public ActionResult Update(int id)
{
     Student Stu = null;                                 // 定义接收查询后的实体数据变量
     using (SchoolEntities db = new SchoolEntities()) // 实例化数据库上下文类，用于操作数据库
{
Stu = db.Student.Where(W => W.ID == id).FirstOrDefault();// 查询指定 id 的学生数据
}
     return View(Stu);                                   // 返回视图并传入实体数据
}
```

④ 定义 Update 的重载方法，用于执行数据的更新，代码如下：

```
[HttpPost]//HttpGet 表示该动作只能以 POST 方式访问
public ActionResult Update(Student Stu)
{
     using (SchoolEntities db = new SchoolEntities())// 实例化数据库上下文类，用于操作数据库
{
// 将数据实体附加到集合中，表示将要更新该实体数据
          var EditStu = db.Student.Attach(Stu);
EditStu.Name = Stu.Name;   // 赋值姓名属性
EditStu.Sex = Stu.Sex;     // 赋值性别属性
EditStu.Age = Stu.Age;     // 赋值年龄属性
EditStu.Class = Stu.Class;   // 赋值班级属性
          db.Entry(EditStu).Property(P => P.Name).IsModified = true;  // 表示要更新姓名字段
          db.Entry(EditStu).Property(P => P.Sex).IsModified = true;   // 表示要更新性别字段
          db.Entry(EditStu).Property(P => P.Age).IsModified = true;   // 表示要更新年龄字段
          db.Entry(EditStu).Property(P => P.Class).IsModified = true; // 表示要更新班级字段
          db.Configuration.ValidateOnSaveEnabled = false;    // 执行保存前关闭自动验证实体
          bool isSuc = db.SaveChanges() > 0;                 // 执行保存
          db.Configuration.ValidateOnSaveEnabled = true;     // 执行保存后开启自动验证实体
```

```
}
    return RedirectToAction("StudentList", "Student");          // 重定向到学生列表页
}
```

执行程序，运行 StudentList.cshtml 页面，浏览器将会显示学生列表页面，然后单击某一学生的“修改”链接，页面会跳转到编辑页面。在页面上进行编辑后单击“保存”按钮，如图 17.20 所示。

图 17.20　修改学生信息页面

本章知识思维导图

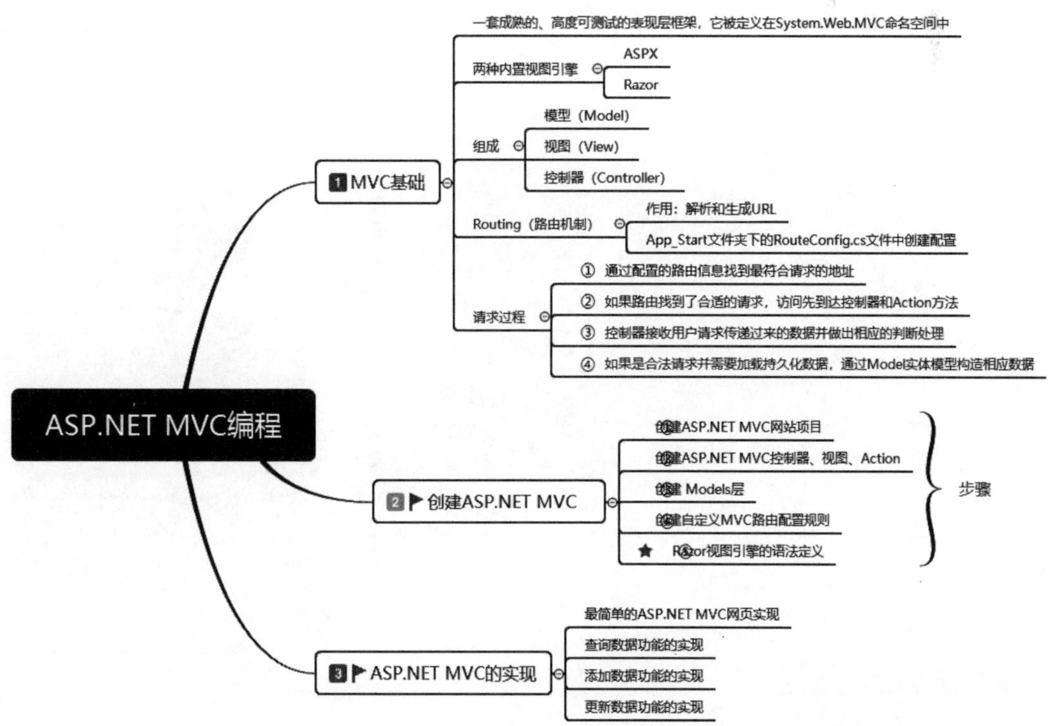

第 18 章

ASP.NET 网站发布

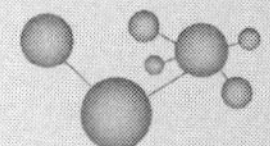

本章学习目标

- 掌握如何使用 IIS 浏览 ASP.NET 网站。
- 掌握如何使用“发布 Web 应用”发布 ASP.NET 网站。
- 熟悉使用“复制网站”发布 ASP.NET 网站。

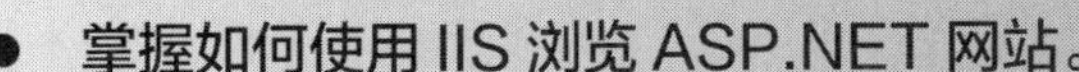

18.1 使用 IIS 浏览 ASP.NET 网站

使用 IIS 浏览 ASP.NET 网站的步骤如下：

① 依次选择“控制面板”/“系统和安全”/“管理工具”/“Internet 信息服务（IIS）管理器”选项，弹出“Internet Information Services（IIS）管理器”窗口，如图 18.1 所示。

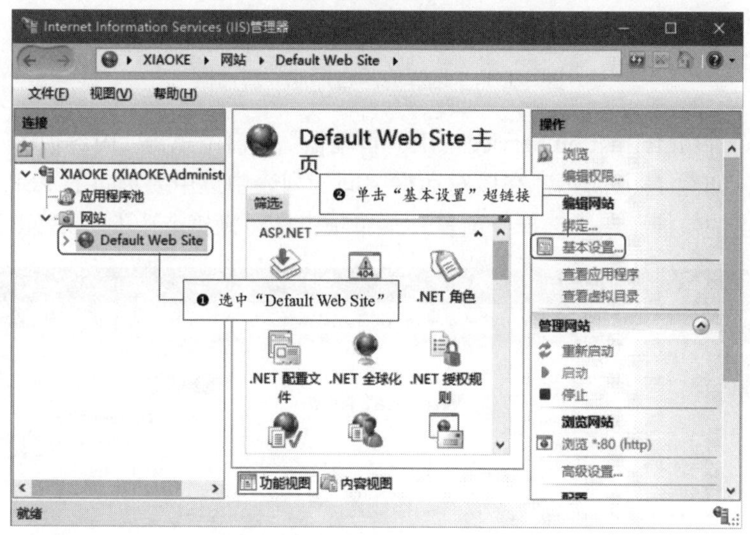

图 18.1 “Internet Information Services（IIS）管理器”窗口

② 展开网站节点，选中“Default Web Site”节点，在右侧“属性”列表中单击“基本设置”超链接，弹出“编辑网站”对话框，如图 18.2 所示。

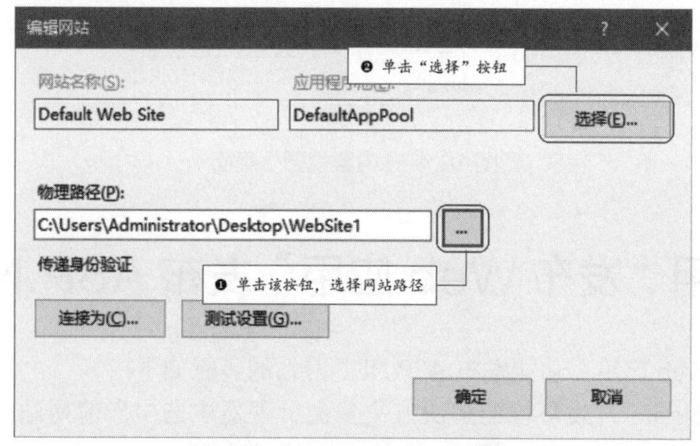

图 18.2 “编辑网站”对话框

③ 单击“…”按钮，选择网站文件夹所在路径；单击“选择”按钮，弹出“选择应用程序池”对话框，如图 18.3 所示，该对话框中选择 DefaultAppPool，单击“确定”按钮，返回“编辑网站”对话框，单击“确定”按钮，即可完成网站路径的选择。

注意：

使用 IIS 浏览 ASP.NET 网站时，首先需要保证 .NET Framework 框架已经安装并配置到 IIS 上，如果没有安装，则需要在开始菜单中打开“VS 开发人员命令提示”工具，然后在其中执行系统目录中的“Windows\Microsoft.NET\Framework\v4.0.30319”文件夹下的 aspnet_regiis.exe 文件。

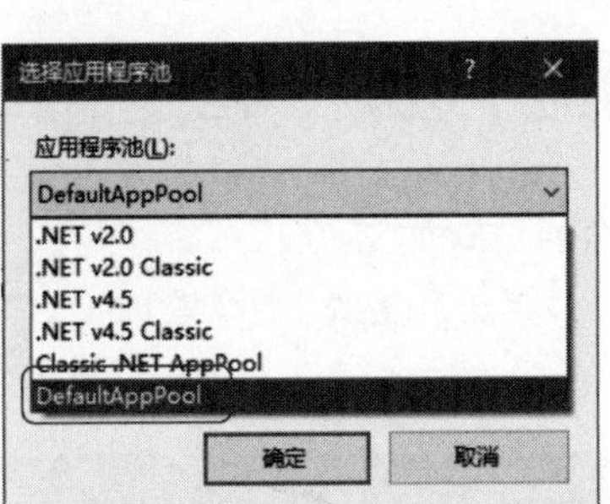

图 18.3 “选择应用程序池”对话框

④ 在“Internet Information Services (IIS) 管理器”窗口中单击“内容视图”，切换到“内容视图”页面，如图 18.4 所示，在该对话框中间的列表中选中要浏览的 ASP.NET 网页，单击右键，在弹出的快捷菜单中选择“浏览”菜单项，即可浏览选中的 ASP.NET 网页。

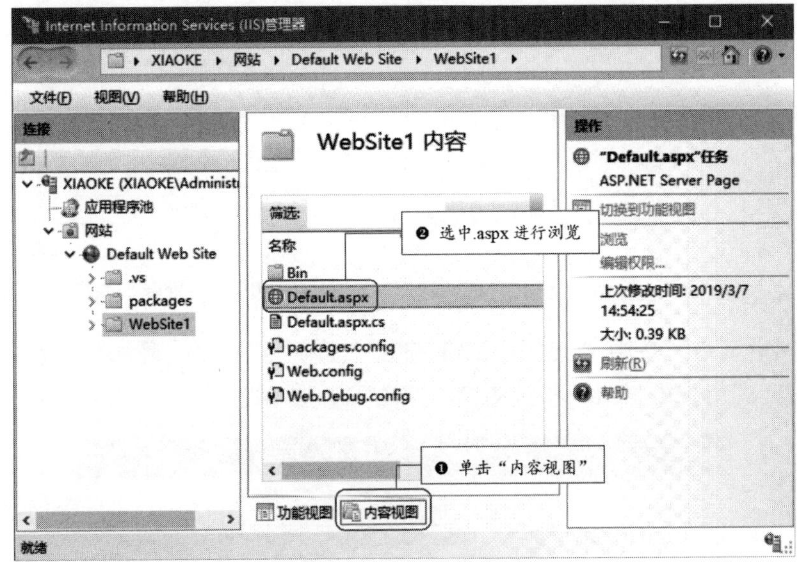

图 18.4 “内容视图”页面

18.2 使用“发布 Web 应用”发布 ASP.NET 网站

使用“发布 Web 应用”功能发布 ASP.NET 网站的步骤如下：

① 在 Visual Studio 开发环境的解决方案资源管理器中选中当前网站，单击右键，在弹出的快捷菜单中选择“发布 Web 应用”选项，如图 18.5 所示。

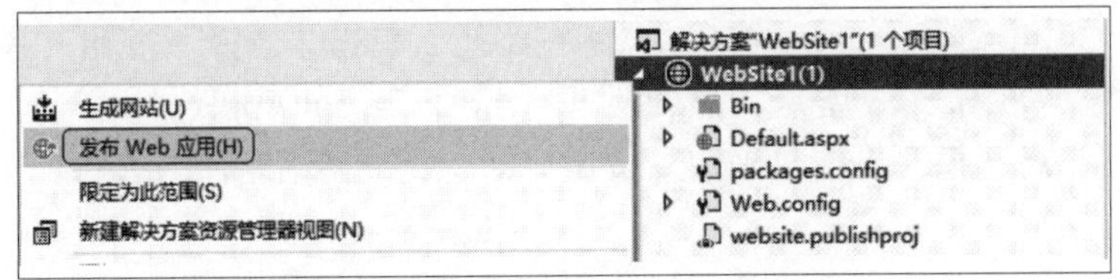

图 18.5 选择“发布 Web 应用”选项

② 弹出“发布”对话框，该对话框中单击“自定义”按钮，弹出“新建自定义配置文件”

对话框，输入配置文件名称，单击“确定”按钮，如图 18.6 所示。

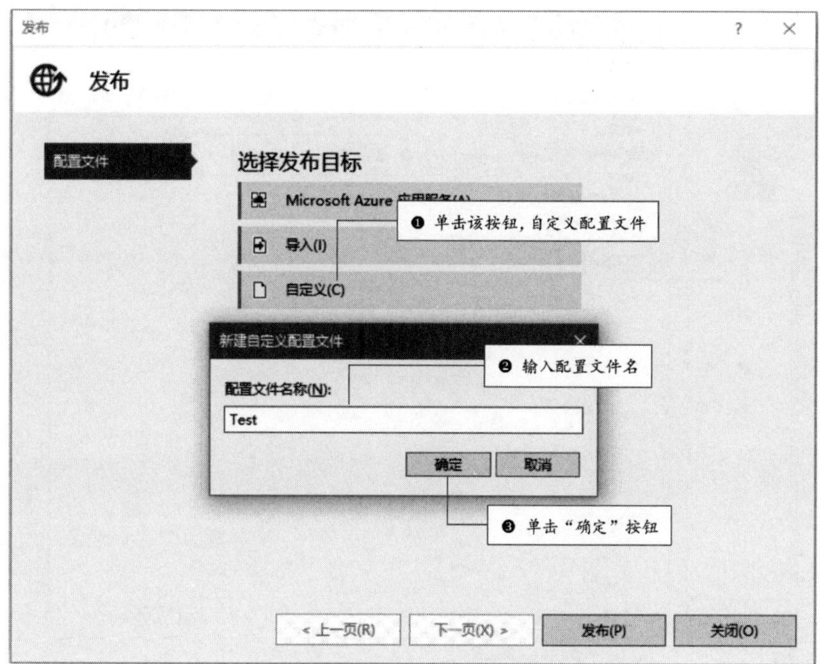

图 18.6　自定义配置文件

③ 进入“发布—连接”对话框，该对话框中，在“发布方法”下拉列表中选择“文件系统”，单击“目标位置”文本框后面的选择按钮，如图 18.7 所示。

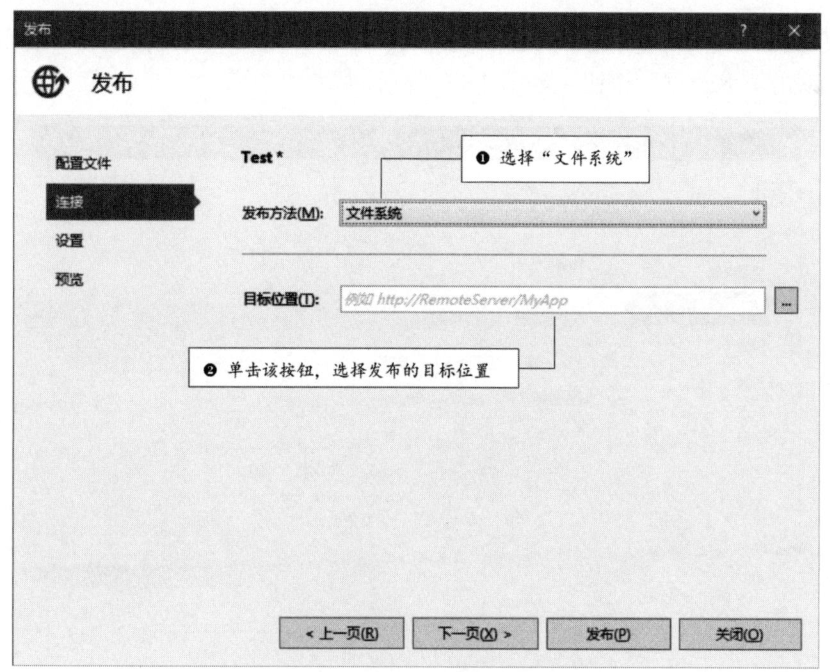

图 18.7　“发布—连接”对话框

④ 弹出“目标位置”对话框，该对话框中提供了 2 个网站发布的目标位置，分别是“文件系统”“本地 IIS”，默认为文件系统，单击“本地 IIS”按钮，切换到“本地 Internet

Information Server”，该对话框中可以选择要发布到的本地 IIS 站点，如图 18.8 所示。

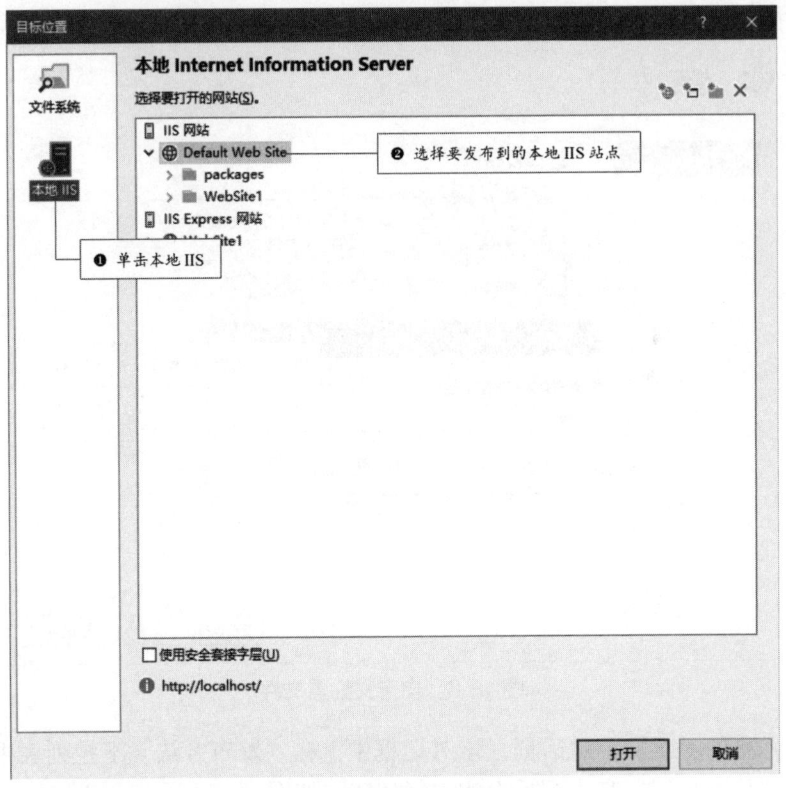

图 18.8　选择发布的目标位置

⑤ 在图 18.8 中选择完要发布的目标位置后，单击“打开”按钮，返回“发布”对话框，该对话框中单击“下一页”按钮，如图 18.9 所示。

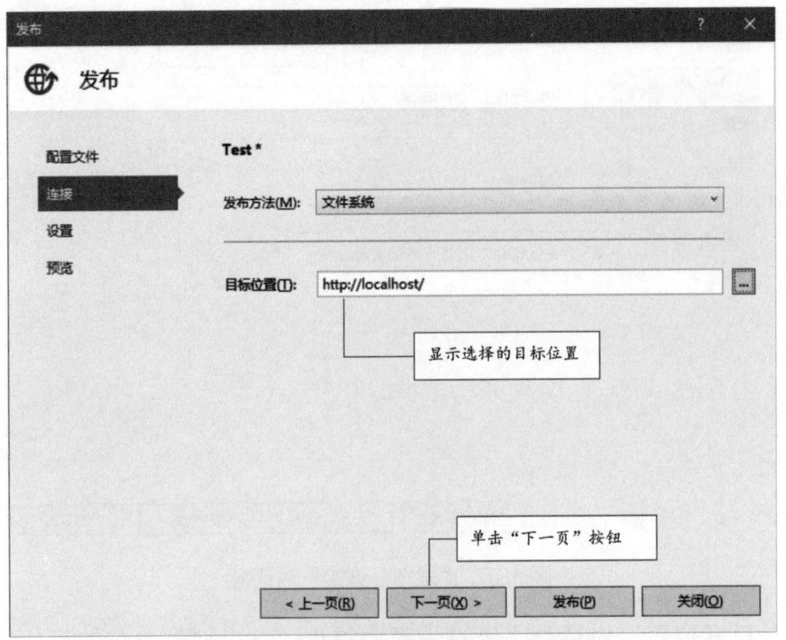

图 18.9　显示选择的发布目标位置

⑥ 进入“发布—设置”对话框，该对话框中首先将“配置”设置为 Debug，然后选中“在发布期间预编译”复选框，单击“发布”按钮即可，如图 18.10 所示。

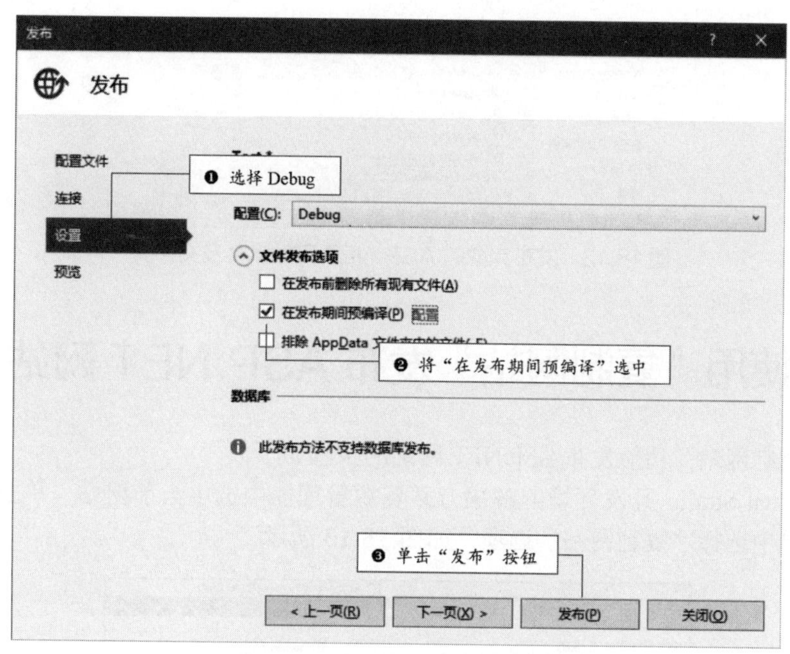

图 18.10 “发布—设置”对话框

⑦ 发布成功后，在“输出”窗口中显示发布成功的相关信息，如图 18.11 所示。

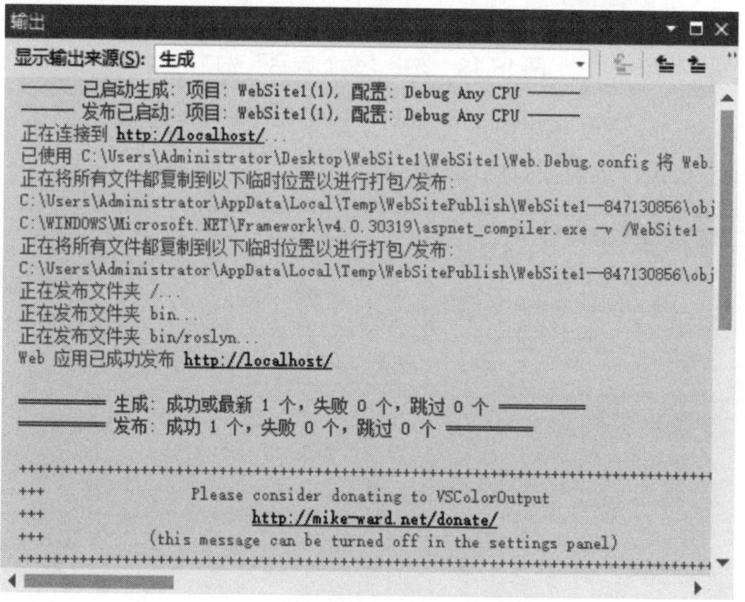

图 18.11 显示发布成功相关信息

发布成功后，打开选择的目标位置，即可看到发布完的 ASP.NET 网站文件及文件夹，如图 18.12 所示。

图 18.12　发布完成的 ASP.NET 网站文件及文件夹

18.3　使用“复制网站”发布 ASP.NET 网站

使用“复制网站”功能发布 ASP.NET 网站的步骤如下：

① 在 Visual Studio 开发环境的解决方案资源管理器中选中当前网站，单击右键，在弹出的快捷菜单中选择“复制网站”选项，如图 18.13 所示。

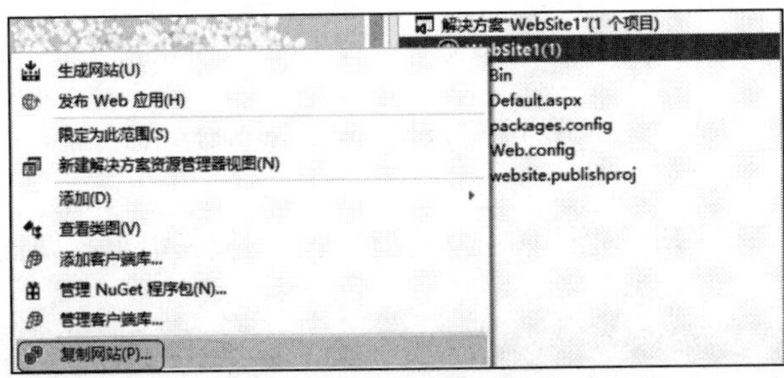

图 18.13　选择“复制网站”选项

② 在 Visual Studio 开发环境中出现如图 18.14 所示的“复制网站”选项卡，在该选项卡中单击“连接”按钮，选择要将网站复制到的位置。

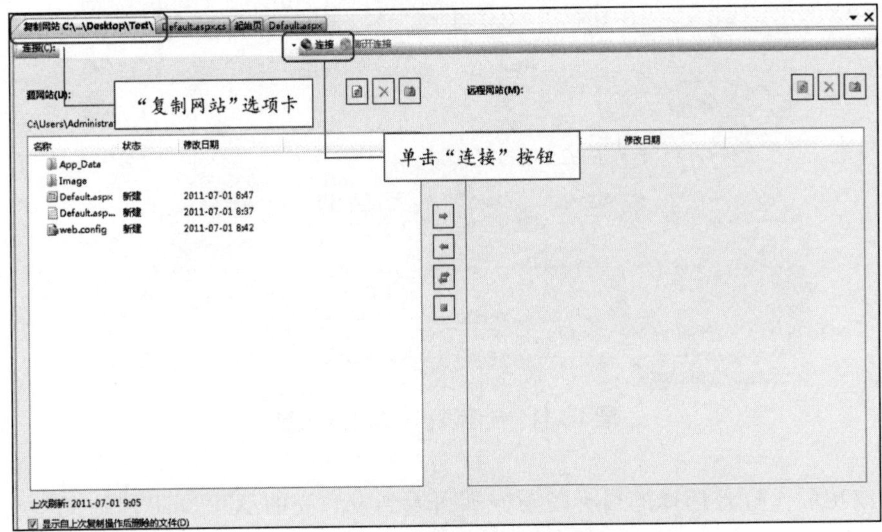

图 18.14　“复制网站”选项卡

说明：
单击“连接”按钮后，会出现与图 18.7 类似的对话框，读者可以根据自己实际情况设置要将网站复制到的位置。

③ 选择完要将网站复制到的位置后，选中要复制的网站文件或者文件夹，单击➡按钮，将选中的网站文件或者文件夹复制到指定的位置，如图 18.15 所示。

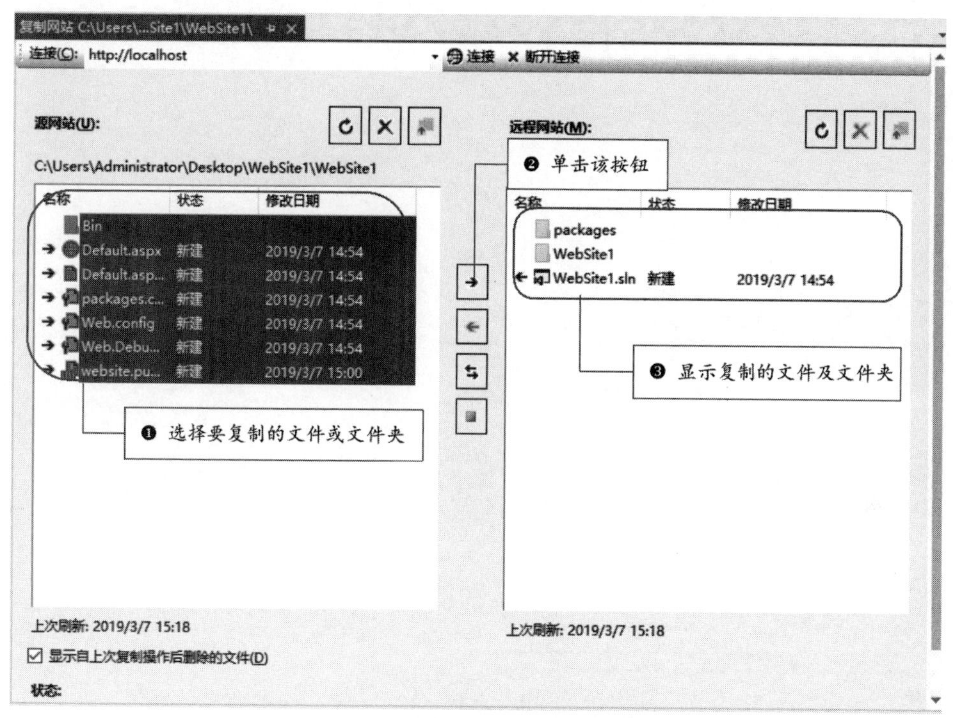

图 18.15　复制网站文件或者文件夹

说明：
使用“发布 Web 应用”功能发布 ASP.NET 网站时，代码文件都被编译成了 dll 文件，保证了网站的安全性；而使用“复制网站”功能发布 ASP.NET 网站时，只是把网站文件简单复制到了指定的站点。因此，在实际发布网站时，推荐使用“发布 Web 应用”功能发布 ASP.NET 网站。

本章知识思维导图

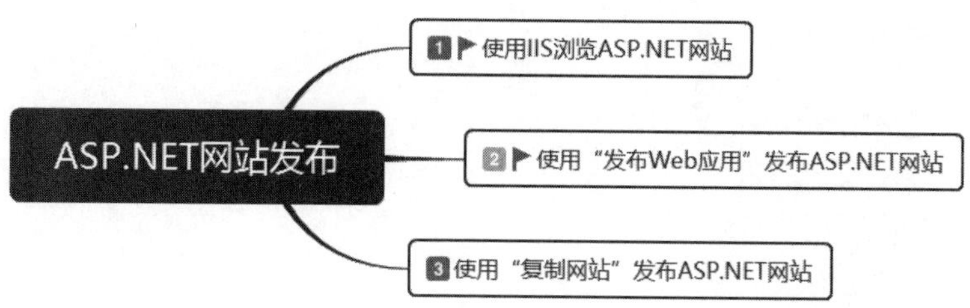

第3篇 页面交互篇

ASP.NET

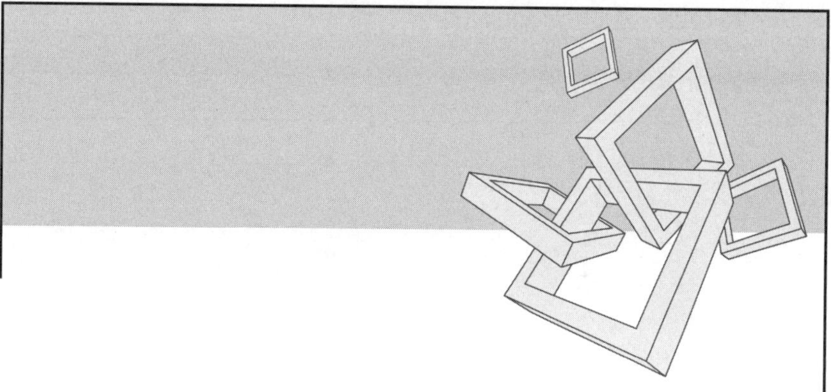

第4篇

项目开发篇

第 19 章

恶搞图片生成器

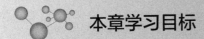

本章学习目标

- 掌握恶搞图片生成器的开发过程。
- 熟悉 ASP.NET 开发项目的基本流程。
- 熟悉 HTML5 响应式设计在网页中的应用。
- 了解 GDI+ 绘图技术的应用。

19.1 功能描述

随着“微信朋友圈”的日益火爆，朋友圈晒图已成为越来越多的人放松娱乐的休闲方式。本实例将要开发一个“恶搞图片生成器”，生成一张有意思的图片，发布到“朋友圈”，让你成为“霸屏小达人”。

本实例使用 HTML5 响应式设计（兼容手机），利用 ASP.NET 强大的图形图像处理技术——GDI+ 对象，开发一个“恶搞图片生成器”。首页运行效果如图 19.1 所示。

图 19.1　恶搞图片生成器效果图

19.2 设计思路

通过对运行效果图的分析，不难发现，我们主要应用 GDI+ 对象在图片上添加文字的功能。首先，准备一张缺少关键字的图片。然后，设置一个表单，添加表单内容（即图片中缺失的关键字）。最后，提交表单，将关键字写在图片的对应位置上。实现流程如图 19.2 所示。

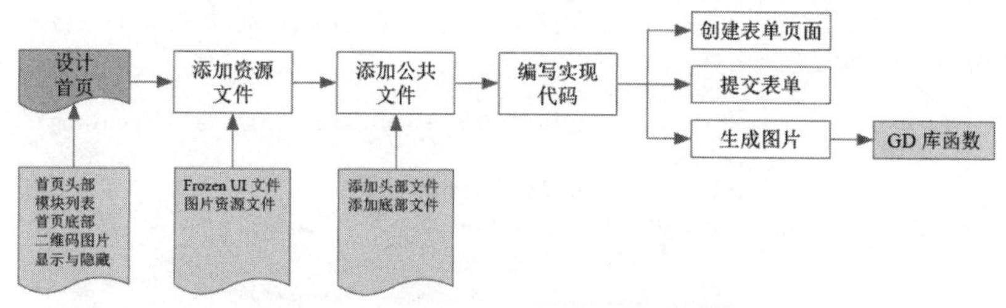

图 19.2　恶搞图片生成器实现流程图

19.3 开发过程

19.3.1 首页设计

首先创建一个项目，命名为“FunPic”。接下来，开始创建首页 Index.aspx 文件。为实现响应式效果，需要使用 Frozen UI (https://frozenui.github.io) 框架设计首页样式。其具体目录结构如图 19.3 所示。

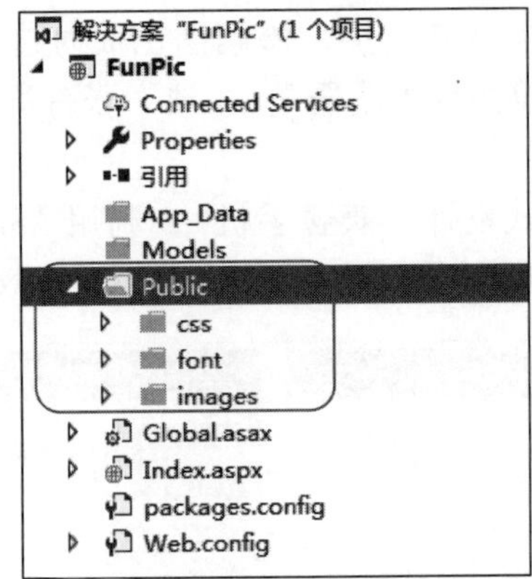

图 19.3　新增 Public 文件后的目录结构

编写 Index.aspx 文件，具体代码如下：

```
<%@ Page Language="C#" AutoEventWireup="true" CodeBehind="Index.aspx.cs" Inherits="FunPic.Index" %>
<!DOCTYPE html>
<html xmlns="http://www.w3.org/1999/xhtml">
<head runat="server">
    <meta http-equiv="Content-Type" content="text/html; charset=utf-8"/>
    <meta name="viewport" content="width=device-width, initial-scale=1.0, minimum-scale=1.0, maximum-scale=1.0, user-scalable=no"/>
    <title>恶搞图片生成器</title>
    <link type="text/css" rel="stylesheet" href="Public/css/frozen.css" />
    <link type="text/css" rel="stylesheet" href="Public/css/style.css" />
</head>
<body>
    <header class="ui-header ui-header-positive ui-border-b">
        <h1>恶搞图片生成器</h1>
    </header>
    <form id="form1" runat="server">
        <div class="container" style="padding: 60px 0;">
            <ul class="ui-list ui-list-link ui-border-tb">
                <li class="ui-border-t" onClick="javascript:window.location.href='train/Index.aspx'">
                    <div class="ui-list-img">
                        <span style="background-image:url(train/icon.jpg)"></span>
                    </div>
                    <div class="ui-list-info">
                        <h4 class="ui-nowrap">火车票生成器(自定义所有信息)</h4>
                        <p class="ui-nowrap">踏上火车奔向远方</p>
                    </div>
                </li>
            </ul>
        </div>
    </form>
</body>
</html>
```

上述代码中，首先在 <head> 标签内引入 frozen.css 文件，然后使用 <ul> 标签下的 <li> 标签分别包含每一个模块，最后使用 JavaScript 实现二维码图片的关注与隐藏。

单击鼠标右键 Index.aspx 页面，选择“在浏览器中查看”，首页运行效果如图 19.4 所示。

19.3.2 创建母版页

由于每个模块的 <head> 标签和 <footer> 标签内容相同，为减少代码量，可以将公共部分通过母版页来进行布局。然后，在每个模块中分别引用这个母版页即可。首先在项目上创建一个“Master”文件夹，然后在该文件夹下创建一个“Main.Master”母版页文件，此时目录结构如图 19.5 所示。

图 19.4　首页运行效果

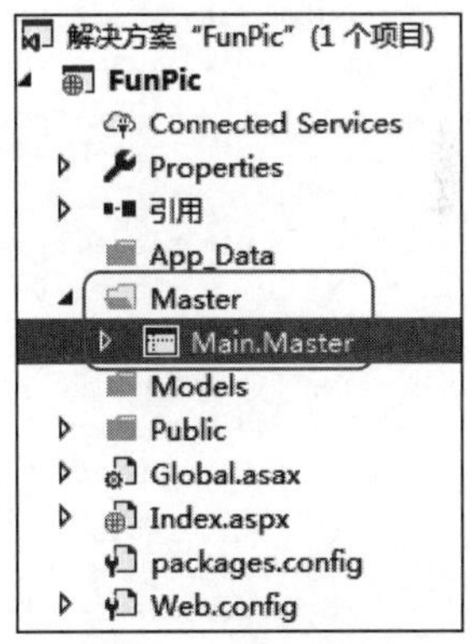

图 19.5　Master 的目录结构

母版页中的具体代码如下：

```
<%@ Master Language="C#" AutoEventWireup="true" CodeBehind="Main.master.cs" Inherits=
"FunPic.Master.Main" %>
<!DOCTYPE html>
<html>
<head runat="server">
    <meta http-equiv="Content-Type" content="text/html; charset=utf-8"/>
    <meta name="viewport" content="width=device-width, initial-scale=1.0, minimum-
scale=1.0, maximum-scale=1.0, user-scalable=no"/>
    <title> 恶搞图片生成器 </title>
    <link type="text/css" rel="stylesheet" href="../Public/css/frozen.css" />
    <link type="text/css" rel="stylesheet" href="../Public/css/style.css" />
    <asp:ContentPlaceHolder ID="head" runat="server">
    </asp:ContentPlaceHolder>
</head>
<body>
    <form id="form1" runat="server">
        <div>
            <asp:ContentPlaceHolder ID="ContentPlaceHolder1" runat="server">
            </asp:ContentPlaceHolder>
        </div>
    </form>
</body>
</html>
```

19.3.3 创建表单页面

下面开始编写“火车票生成器”的表单页面。具体步骤如下：

① 在根目录下创建 Train 文件夹，作为“火车票生成器”模块。然后，将“Src”资源目录下的图片资源“icon.png”和“old_picture.jpg”拷贝到 Train 目录下。

② 在 Train 目录下创建 Index.aspx 内容页面并引用“Main.Master”母版页，表单内容包括“起点站”“终点站”“车次”“价格”“姓名”和“身份证号”。具体代码如下：

```
<%@ Page Title="" Language="C#" MasterPageFile="~/Master/Main.Master" AutoEventWireup="true" CodeBehind="Index.aspx.cs" Inherits="FunPic.Train.Index" %>
<asp:Content ID="Content1" ContentPlaceHolderID="head" runat="server">
</asp:Content>
<asp:Content ID="Content2" ContentPlaceHolderID="ContentPlaceHolder1" runat="server">
    <header class="ui-header ui-header-positive ui-border-b">
        <h1>火车票生成器（自定义所有信息）</h1>
    </header>
    <div class="wrapper">
        <img src="icon.jpg" width="50%" style="margin:80px 25% 80px 25%;"/>
        <div class="ui-form">
            <div class="ui-form-item ui-border-b">
                <label>起点站</label>
                <asp:TextBox runat="server" placeholder="如广州" ID="start"></asp:TextBox>
            </div>
            <div class="ui-form-item ui-border-b">
                <label>终点站</label>
                <asp:TextBox runat="server" placeholder="如北京 上海 杭州" ID="end"></asp:TextBox>
            </div>
            <div class="ui-form-item ui-border-b">
                <label>车次</label>
                <asp:TextBox runat="server" placeholder="如1314" ID="num"></asp:TextBox>
            </div>
            <div class="ui-form-item ui-border-b">
                <label>价格</label>
                <asp:TextBox runat="server" placeholder="如500" ID="price"></asp:TextBox>
            </div>
            <div class="ui-form-item ui-border-b">
                <label>姓名</label>
                <asp:TextBox runat="server" placeholder="如某某某" ID="name"></asp:TextBox>
            </div>
            <div class="ui-form-item ui-border-b">
                <label>身份证号</label>
                <asp:TextBox runat="server" placeholder="如44092319****303011" ID="idnum"></asp:TextBox>
            </div>
            <div class="ui-btn-wrap">
                <asp:Button runat="server" text="确定" class="ui-btn-lg ui-btn-primary" ID="Button1" OnClick="Button1_Click"/>
            </div>
        </div>
    </div>
</asp:Content>
```

③ 点击“确定”按钮后，需要在后台代码中使用 GDI+ 对象绘制图片文字，具体代码如下：

```
protected void Button1_Click(object sender, EventArgs e)
{
    string start = this.start.Text;  //获取起点站
    string end = this.end.Text;  //获取终点站
    string num = this.num.Text;  //获取车次
```

```
        string price = this.price.Text;          // 获取价格
        string name = this.name.Text;            // 获取姓名
        string idnum = this.idnum.Text;          // 获取身份证号
        // 实例化 GenerateImage 类
        GenerateImage generateImage = new GenerateImage("/Train/old_picture.jpg", "/public/font/fh.ttf");
        // 连续绘制起点站、终点站、车次、价格、姓名、身份证号以及乘车日期
        generateImage.DrawString(start, 55, 33).DrawString(end, 268, 33).DrawString(num, 166, 33
            .DrawString(price, 44, 90).DrawString(name, 200, 140).DrawString(idnum, 19, 140)
            .DrawString(DateTime.Now.Year.ToString(),15,70).DrawString(DateTime.Now.Month.ToString(),72,70)
            .DrawString(DateTime.Now.Day.ToString(), 109, 70).DrawString(DateTime.Now.Hour.ToString() + ":" + DateTime.Now.Minute.ToString(),138,70);
        // 保存文件并返回文件名
        string filename = generateImage.Save();
        // 跳转到预览页面并传入文件的名称
        Response.Redirect("/Common/create_picture.aspx?filename=" + filename);
    }
```

④ 上述代码中对于 GDI+ 的使用，主要是在 GenerateImage 类中实现的，因为其他模块也会用到 GDI+ 来实现绘图，所以，需要在 Public 文件夹下创建 GenerateImage.cs 文件。GenerateImage.cs 文件的具体代码如下：

```
namespace FunPic.Public
{
    // 定义用于绘制图片文字的抽象类
    public abstract class DrawImage
    {
        public abstract DrawImage DrawString(string txtName, int X, int Y);
        public abstract DrawImage DrawString(string txtName, int X, int Y, int angle);
        public abstract DrawImage DrawString(string txtName, int X, int Y, int angle, int FontSize);
    }
    // 定义生成图片类，继承 DrawImage 抽象类
    public class GenerateImage : DrawImage
    {
        private System.Drawing.Image img = null;  // 定义 Image 类型变量
        private Graphics graphics = null;         // 定义 Graphics( 绘图 ) 变量
        private SolidBrush blackbrush = null;     // 定义 SolidBrush( 画笔 ) 变量
        private Font font = null;                 // 定义文本字体样式类
        private FontFamily fontFamily = null;
        // 定义构造方法，传入背景图片虚拟路径以及字体文件的虚拟路径
        public GenerateImage(string oldImage, string fonturl, int FontSize = 14)
        {
            // 通过指定的图片路径创建 Image 对象
            img = System.Drawing.Image.FromFile(HttpContext.Current.Server.MapPath(oldImage));
            // 通过指定的 Image 创建 Graphics 对象
            graphics = Graphics.FromImage(img);
            // 设置 Graphics 为抗锯齿呈现
            graphics.SmoothingMode = System.Drawing.Drawing2D.SmoothingMode.AntiAlias;
            // 通过指定的位置、大小绘制 Image
            graphics.DrawImage(img, 0, 0, img.Width, img.Height);
            // 创建 SolidBrush( 画笔 ) 对象，画笔颜色为黑色
            blackbrush = new SolidBrush(Color.Black);
            // 创建字体系列集合
            System.Drawing.Text.PrivateFontCollection privateFontCollection = new System.
    Drawing.Text.PrivateFontCollection();
            // 向字体系列集合中添加一个指定的字体文件
            privateFontCollection.AddFontFile(HttpContext.Current.Server.MapPath(fonturl));
```

```
            // 获取集合中第一个字体样式
            fontFamily = privateFontCollection.Families[0];
            // 创建字体样式
            font = new Font(fontFamily, FontSize, FontStyle.Regular, GraphicsUnit.Point);
        }
        // 更改画笔颜色
        public void ChangeTextColor(Color color)
        {
            blackbrush.Color = color;
        }
        // 重写同于绘制文字的方法，用于可连续绘制文字，参数为绘制文字、X 坐标值、Y 坐标值
        public override DrawImage DrawString(string txtName, int X, int Y)
        {
            // 通过设定的字体、画笔、坐标值绘制文字
            graphics.DrawString(txtName, font, blackbrush, new PointF(X, Y));
            // 返回当前实例
            return this;
        }
        // 重写同于绘制文字的方法，用于可连续绘制文字
        public override DrawImage DrawString(string txtName, int X, int Y, int angle)
        {
            graphics.RotateTransform(angle);     // 设置字体倾斜角度
            // 通过设定的字体、画笔、坐标值绘制文字
            graphics.DrawString(txtName, font, blackbrush, new PointF(X, Y));
            graphics.ResetTransform();           // 将 Graphics 恢复到正常角度
            return this;                         // 返回当前实例
        }
        // 重写同于绘制文字的方法，用于可连续绘制文字
        public override DrawImage DrawString(string txtName, int X, int Y, int angle, int FontSize)
        {
            Font font = new Font(fontFamily, FontSize, FontStyle.Regular, GraphicsUnit.Point);
            graphics.RotateTransform(angle);     // 设置字体倾斜角度
            // 通过设定的字体、画笔、坐标值绘制文字
            graphics.DrawString(txtName, font, blackbrush, new PointF(X, Y));
            graphics.ResetTransform();           // 将 Graphics 恢复到正常角度
            font.Dispose();                      // 释放 Font 对象
            return this;                         // 返回当前实例
        }
        // 保存已绘制的图片到网站目录中
        public string Save()
        {
            // 通过当前系统时间生成文件名称
            string filename = DateTime.Now.ToString("yyyyMMddHHmmSS") + ".jpg";
            // 保存文件到指定的目录
            img.Save(HttpContext.Current.Server.MapPath("/Images/") + filename, ImageFormat.Jpeg);
            graphics.Dispose();                  // 释放 Graphics 对象
            blackbrush.Dispose();                // 释放 SolidBrush 对象
            img.Dispose();                       // 释放 Image 对象
            font.Dispose();                      // 释放 Font 对象
            return filename;                     // 返回文件名称
        }
    }
}
```

⑤ 绘制完成后，图片文件会被存放到 Images 文件夹内，所以在网站的根目录下需要创建该文件夹，运行 Train/Index.aspx 页面，结果如图 19.6 所示。

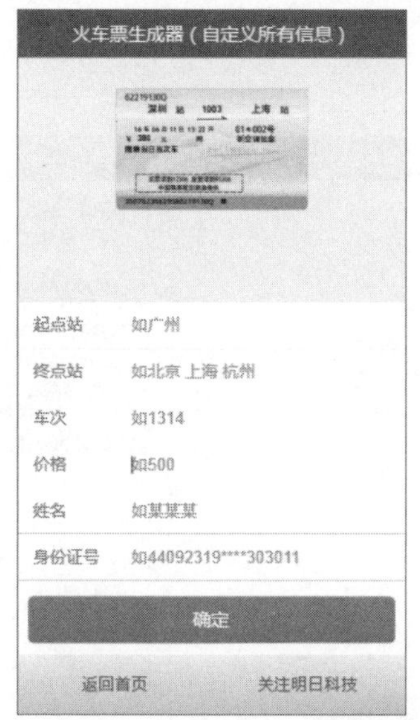

图 19.6　火车票生成器表单页面

19.3.4　生成图片

当单击“确定”按钮时，即可触发后台 Button1_Click 方法执行绘图，图片绘制完成后页面将会跳转到图片预览界面，所以我们需要创建一个“Common”文件夹，然后在该文件夹下创建一个 create_picture.aspx 页面，页面代码如下：

```
<%@ Page Title="" Language="C#" MasterPageFile="~/Master/Main.Master" 
AutoEventWireup="true" CodeBehind="create_picture.aspx.cs" Inherits="FunPic.Balidao.create_
picture" %>
<asp:Content ID="Content1" ContentPlaceHolderID="head" runat="server">
</asp:Content>
<asp:Content ID="Content2" ContentPlaceHolderID="ContentPlaceHolder1" runat="server">
     <header class="ui-header ui-header-positive ui-border-b">
         <i class="ui-icon-return" onclick="history.back()"></i>
         <h1> 长按下方图片点选保存图片 </h1>
     </header>
     <div class="wrapper">
         <img src="/Images/<%=this.ImageUrl %>" width="100%"/>
     </div>
</asp:Content>
```

上述代码中，使用 img 标签进行显示已绘制的图片，它的 src 属性绑定了一个后台全局变量，所以，在后台代码中需要接收传递过来的图片文件名称，具体代码如下：

```
public partial class create_picture : System.Web.UI.Page
{
     public string ImageUrl;
     protected void Page_Load(object sender, EventArgs e)
     {
          string filename = Request.QueryString["filename"];
          if (filename != "")
          {
               ImageUrl = filename;
          }
     }
}
```

运行 Train/Index.aspx 页面，填写相应信息后，如图 19.7 所示。单击“确定”按钮，运行结果如图 19.8 所示。

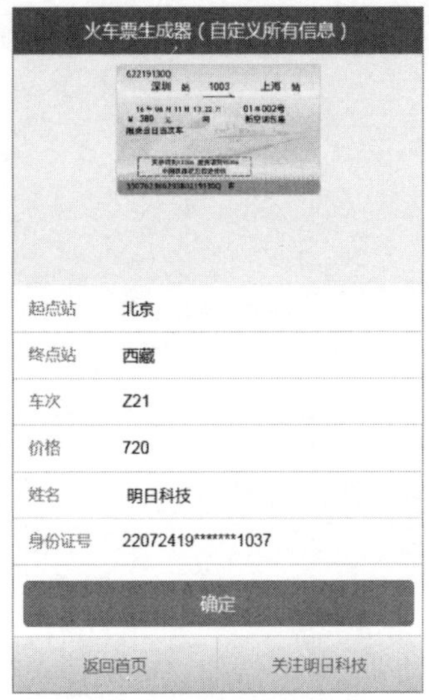

图 19.7 填写表单内容

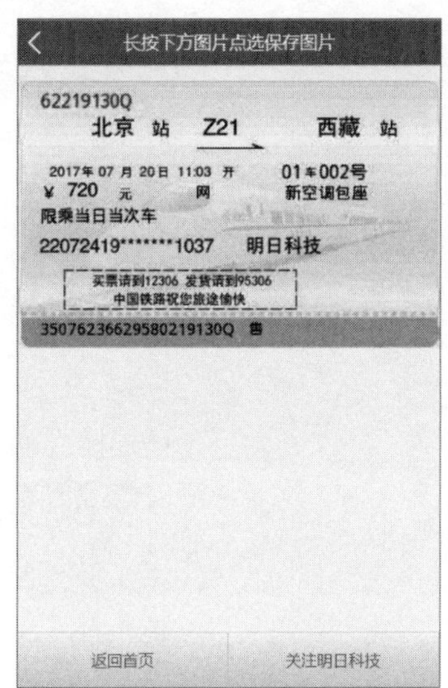

图 19.8 生成图片效果

本章知识思维导图

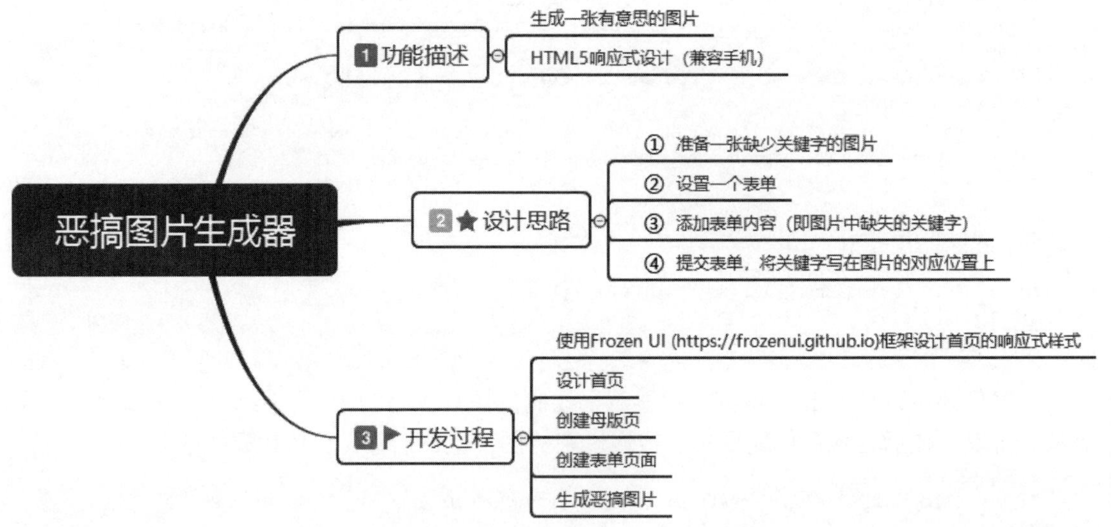

第 20 章

公众号 /APP 后台接口通用管理平台

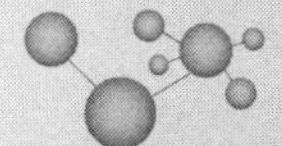

本章学习目标

- 掌握如何以层的方式弹出窗口。
- 掌握自定义组件的应用。
- 熟悉响应式布局的应用。
- 掌握如何动态添加和删除标签。
- 熟悉模块式页面架构。
- 熟悉 jQuery 技术在网站开发中的应用。
- 掌握如何管理与显示 JSON 数据。

20.1 需求分析

随着移动互联网的普及，APP 也越来越流行，在开发 APP 时，会用到很多服务器端接口，如果接口很多，开发者在使用时，将会非常麻烦，为了解决这一问题，我们可以通过一个网站来管理这些接口，通过该网站，开发者可以很方便地查询、管理 API 接口，从而极大地提高自己的工作效率。本章开发的公众号 /APP 后台接口通用管理平台可以有效地管理 API 接口，其开发细节如图 20.1 所示。

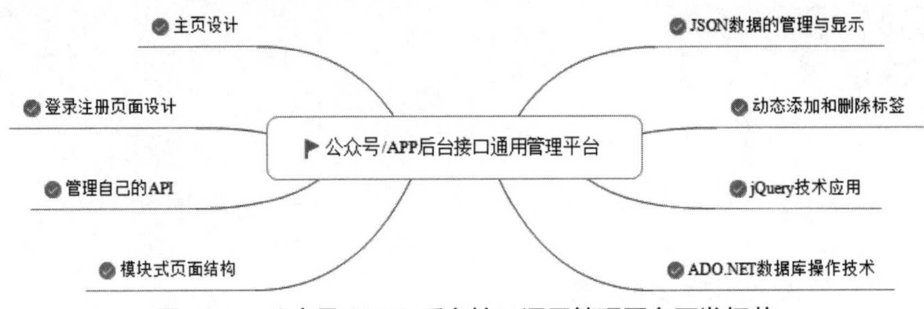

图 20.1 公众号 /APP 后台接口通用管理平台开发细节

20.2 系统设计

20.2.1 系统目标

本系统属于通用的公众号 /APP 后台接口通用管理平台，该平台主要实现以下目标。

- 系统采用人机交互的方式，界面美观友好，信息查询灵活、方便，数据存储安全可靠。
- 分类管理 API 接口。
- 方便地对 API 接口进行增、删、改、查操作。
- 通用的用户注册登录功能。
- 使用代码标记 API 接口中的返回字符串。
- 平台最大限度地实现了易维护性和易操作性。

20.2.2 系统功能结构

公众号 /APP 后台接口通用管理平台的系统功能结构如图 20.2 所示。

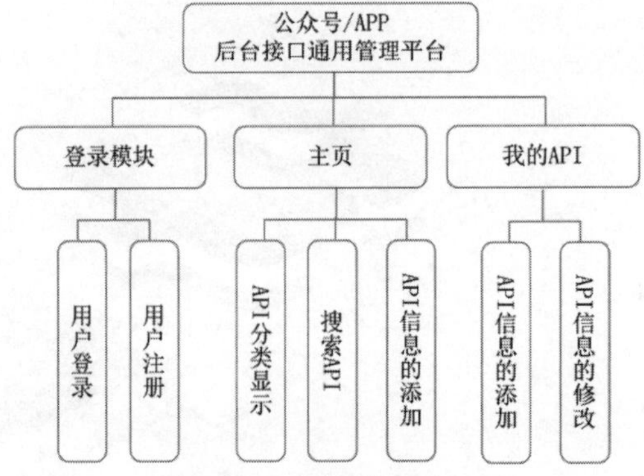

图 20.2 系统功能结构图

20.2.3 业务流程图

公众号 /APP 后台接口通用管理平台的系统业务流程如图 20.3 所示。

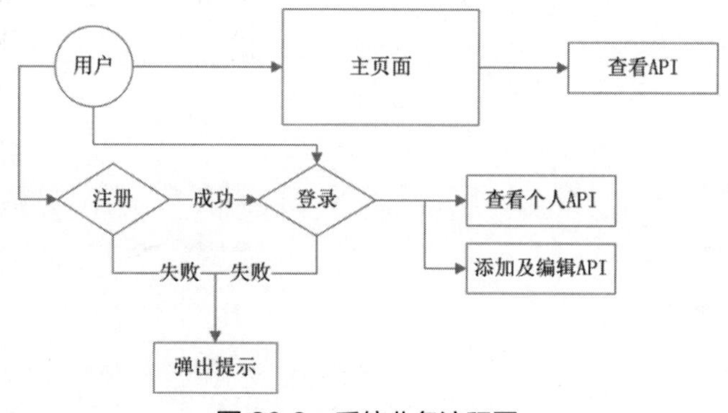

图 20.3 系统业务流程图

20.2.4 构建开发环境

(1) 网站开发环境

- 网站开发环境：Microsoft Visual Studio 2019。
- 网站开发语言：ASP.NET+C#。
- 网站后台数据库：SQL Server 数据库。
- 开发环境运行平台：Windows 7（SP1）/Windows 8/Windows 10。

(2) 服务器端

- 操作系统：Windows 7。
- Web 服务器：IIS 7.0 以上版本。
- 数据库服务器：SQL Server 数据库。
- 网站服务器运行环境：Microsoft.NET Framework SDK v4.7。

(3) 客户端

浏览器：Chrome 浏览器、Firefox 浏览器等。

注意：
SP（Service Pack）为 Windows 操作系统补丁。

20.2.5 系统预览

公众号 /APP 后台接口通用管理平台由多个页面组成，下面仅列出几个典型页面，其他页面可参见资源包中的源程序。

主页面如图 20.4 所示，主要显示所有的 API 列表，并提供分类导航。

API 接口详细信息页面如图 20.5 所示，主要显示指定 API 接口的名称、访问地址、参数、返回值等详细信息。

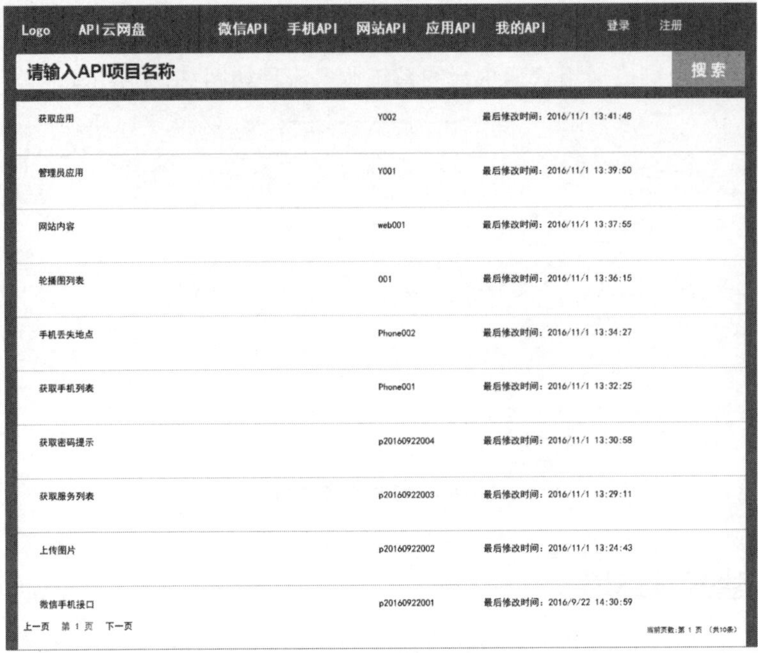

图 20.4 主页面

图 20.5 API 接口详细信息页面

设置 API 通用信息页面如图 20.6 所示。

图 20.6 设置 API 通用信息页面

添加 API 信息页面如图 20.7 所示，该页面中可以设置要添加的 API 的编号、名称、请求地址、参数、返回值等信息。

图 20.7　添加 API 信息页面

20.2.6　文件夹组织结构

每个网站都会有相应的文件夹组织结构，如果网站中网页数量很多，可以将所有的网页及资源放在不同的文件夹中。如果网站中网页不是很多，可以将图片、公共类或者程序资源文件放在相应的文件夹中，而网页可以直接放在网站根目录下。公众号 /APP 后台接口通用管理平台即是按照前者的文件夹组织结构排列的，如图 20.8 所示。

图 20.8　项目目录结构

20.3　数据库设计

公众号 /APP 后台接口通用管理平台使用 SQL Server 数据库，数据库名称为 CodeAPI，其中包括 4 张数据表，分别用来存储不同的信息。CodeAPI 数据库结构如图 20.9 所示。

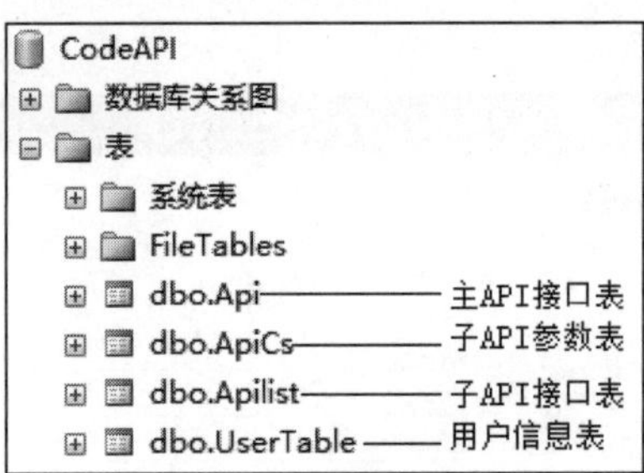

图 20.9 数据库结构

CodeAPI 数据库中各表的结构如下。

（1）Api（主 API 接口表）

Api 表用于保存主 API 接口信息，该表的结构如表 20.1 所示。

表 20.1 主 API 接口表

字段名	数据类型	长度	主键	描述
APIID	nvarchar	500	否	编号
Engnames	nvarchar	500	否	接口名称
addtime	datetime		否	添加时间
Chnnames	nvarchar	500	否	接口类别名称
Num	nvarchar	500	否	接口编号
UserName	nvarchar	500	否	所属用户
Types	int		否	API类型

（2）ApiCs（子 API 参数表）

ApiCs 表用于保存子 API 的参数信息，该表的结构如表 20.2 所示。

表 20.2 子 API 参数表

字段名	数据类型	长度	主键	描述
ApilistId	nvarchar	500	否	编号
ApiName	nvarchar	500	否	参数名称
Apitype	nvarchar	500	否	参数类型
Apibc	nvarchar	500	否	必填项
Apiqs	nvarchar	500	否	默认值
ApiDes	nvarchar	500	否	参数描述
id	nvarchar	500	否	所属API

（3）Apilist（子 API 接口表）

Apilist 表用于保存子 API 接口信息，该表结构如表 20.3 所示。

表 20.3　子 API 接口表

字段名	数据类型	长度	主键	描述
ApiCode	nvarchar	500	否	编号
ApiName	nvarchar	500	否	API 名称
ApiUrl	nvarchar	500	否	API 地址
ApiType	nvarchar	500	否	网络类型
id	nvarchar	500	否	所属主 API
ApiRes	text		否	内容
Res	nvarchar	500	否	描述
ApiNum	nvarchar	500	否	API 编号
ApiMs	nvarchar	500	否	作用
time	datetime		否	添加时间

（4）UserTable（用户信息表）

UserTable 表用于保存所有用户的信息，该表结构如表 20.4 所示。

表 20.4　用户信息表

字段名	数据类型	长度	主键	描述
UserName	nvarchar	50	否	用户名
pwd	nvarchar	50	否	密码

20.4　公共类设计

在开发项目中以类的形式来组织、封装一些常用的方法和事件，不仅可以提高代码的重用率，也大大方便了代码的管理。本系统中创建了一个公共类文件 SQLHelper.cs，其中封装了操作数据库的公共方法。在 SQLHelper 类中，首先创建数据库连接对象和命令执行对象，并且定义数据库连接字符串，代码如下：

```
public SqlCommand cmd = null;                    // 声明 SqlCommand 对象
public SqlConnection conn = null;                // 声明 SqlConnection 对象
// 定义数据库连接字符串
public string connstr = ConfigurationManager.ConnectionStrings["connstr"].
ConnectionString;
```

（1）init() 方法

定义一个 init() 方法，该方法主要用来创建 SqlConnection 数据库连接对象，并打开数据库连接，其返回值为 SqlConnection 对象，代码如下：

```
#region 建立数据库连接对象
///<summary>
/// 建立数据库连接
///</summary>
///<returns> 返回一个数据库的连接 SqlConnection 对象 </returns>
```

```
public SqlConnection init()
{
    try
    {
        conn = new SqlConnection(connstr);        // 设置数据库连接
        // 判断数据库连接状态
        if (conn.State != ConnectionState.Open)
        {
            conn.Open();                          // 打开数据库连接
        }
    }
    catch (Exception e)
    {
        throw e;                                  // 向客户端传递错误信息
    }
    return conn;                                  // 返回打开的数据库连接对象
}
#endregion
```

（2）SetCommand() 方法

定义一个 SetCommand() 方法，无返回值类型，用来设置 SqlCommand 命令执行对象，该方法中有 4 个参数，分别用来表示 SqlCommand 对象、要执行的命令文本、要执行的命令类型和参数集合，代码如下：

```
#region 设置 SqlCommand 对象
///<summary>
/// 设置 SqlCommand 对象
///</summary>
///<param name="cmd">SqlCommand 对象 </param>
///<param name="cmdText"> 命令文本 </param>
///<param name="cmdType"> 命令类型 </param>
///<param name="cmdParms"> 参数集合 </param>
private void SetCommand(SqlCommand cmd, string cmdText, CommandType cmdType,
SqlParameter[] cmdParms)
{
    cmd.Connection = conn;                        // 设置数据库连接
    cmd.CommandText = cmdText;                    // 设置 SQL 语句
    cmd.CommandType = cmdType;                    // 设置数据库访问类型
    if (cmdParms != null)
    {
        cmd.Parameters.AddRange(cmdParms);        // 设置数据库 SQL 语句参数
    }
}
#endregion
```

（3）GetDataSet() 方法

定义一个 GetDataSet() 方法，该方法有两种重载形式，主要用来返回 DataSet 数据集对象。其中，第一种重载形式执行 SQL 语句，并将查询结果填充到了 DataSet 中，进行返回；第二种重载形式执行 SQL 语句，并将查询结果填充到了 DataSet 的临时数据表中，进行返回。代码如下：

```
#region 执行相应的 SQL 语句，返回相应的 DataSet 对象
///<summary>
```

```
/// 执行相应的 SQL 语句，返回相应的 DataSet 对象
///</summary>
///<param name="sqlstr">SQL 语句 </param>
///<returns> 返回相应的 DataSet 对象 </returns>
public DataSet GetDataSet(string sqlstr)
{
    DataSet set = new DataSet();            // 创建数据集对象
    try
    {
        init();                             // 初始化数据库信息
        // 执行 SQL 语句
        SqlDataAdapter adp = new SqlDataAdapter(sqlstr, conn);
        adp.Fill(set);                      // 把查询到的数据填充到 DataSet 中
        conn.Close();                       // 关闭数据库连接
    }
    catch (Exception e)
    {
        throw e;                            // 向客户端传递错误信息
    }
    return set;                             // 把查询到的数据传递到客户端
}
#endregion
#region 执行相应的 SQL 语句，返回相应的 DataSet 对象
///<summary>
/// 执行相应的 SQL 语句，返回相应的 DataSet 对象
///</summary>
///<param name="sqlstr">SQL 语句 </param>
///<param name="tableName"> 表名 </param>
///<returns> 返回相应的 DataSet 对象 </returns>
public DataSet GetDataSet(string sqlstr, string tableName)
{
    DataSet set = new DataSet();            // 创建数据集对象
    try
    {
        init();                             // 初始化数据库信息
        // 执行 SQL 语句
        SqlDataAdapter adp = new SqlDataAdapter(sqlstr, conn);
        adp.Fill(set, tableName);           // 把查询到的数据填充到 DataSet 中的临时表中
        conn.Close();                       // 关闭数据库连接
    }
    catch (Exception e)
    {
        throw e;                            // 向客户端传递错误信息
    }
    return set;                             // 把查询到的数据传递到客户端
}
#endregion
```

（4）ExecuteNonQuery() 方法

定义一个 ExecuteNonQuery() 方法，该方法有两种重载形式，主要用来执行 SQL 语句，并返回受影响的行数。其中，第一种重载形式执行不带参数的 SQL 语句；第二种重载形式执行带参数的 SQL 语句或者存储过程。代码如下：

```
#region 执行不带参数 SQL 语句，返回所影响的行数
///<summary>
/// 执行不带参数 SQL 语句，返回所影响的行数
///</summary>
```

```
///<param name="cmdstr">增，删，改 SQL 语句 </param>
///<returns>返回所影响的行数 </returns>
public int ExecuteNonQuery(string cmdText)
{
    int count;                                          //定义变量，用来记录受影响的行数
    try
    {
        init();                                         //初始化数据库信息
        cmd = new SqlCommand(cmdText, conn);            //执行 SQL 语句
        count = cmd.ExecuteNonQuery();                  //获取执行 SQL 语句受影响的行数
        conn.Close();                                   //关闭数据库连接
    }
    catch (Exception ex)
    {
       throw ex;
    }
    return count;
}
#endregion
#region 执行带参数 SQL 语句或存储过程，返回所影响的行数
///<summary>
///执行带参数 SQL 语句或存储过程，返回所影响的行数
///</summary>
///<param name="cmdText">带参数的 SQL 语句和存储过程名 </param>
///<param name="cmdType">命令类型 </param>
///<param name="cmdParms">参数集合 </param>
///<returns>返回所影响的行数 </returns>
public int ExecuteNonQuery(string cmdText, CommandType cmdType, SqlParameter[] cmdParms)
{
    int count;                                                   //定义变量，用来记录受影响的行数
    try
    {
        init();                                                  //初始化数据库信息
        cmd = new SqlCommand();                                  //实例化执行命令对象
        SetCommand(cmd, cmdText, cmdType, cmdParms);             //执行 SQL 语句
        count = cmd.ExecuteNonQuery();                           //获取执行 SQL 语句受影响的行数
        cmd.Parameters.Clear();                                  //清除参数
        conn.Close();                                            //关闭数据库连接
    }
    catch (Exception ex)
    {
        throw ex;
    }
    return count;
}
#endregion
```

（5）ExecuteReader() 方法

定义一个 ExecuteReader() 方法，该方法有两种重载形式，主要用来执行 SQL 语句，并返回一个 SqlDataReader 对象。其中，第一种重载形式执行不带参数的 SQL 语句；第二种重载形式执行带参数的 SQL 语句或者存储过程。代码如下：

```
#region 执行不带参数 SQL 语句，返回一个从数据源读取数据的 SqlDataReader 对象
///<summary>
///执行不带参数 SQL 语句，返回一个从数据源读取数据的 SqlDataReader 对象
///</summary>
///<param name="cmdstr">相应的 SQL 语句 </param>
///<returns>返回一个从数据源读取数据的 SqlDataReader 对象 </returns>
```

```
public SqlDataReader ExecuteReader(string cmdText)
{
    SqlDataReader reader;                                          // 创建数据集对象
    try
    {
        init();                                                    // 初始化数据库连接
        cmd = new SqlCommand(cmdText, conn);                       // 执行 SQL 语句
        // 返回查询结果
        reader = cmd.ExecuteReader(CommandBehavior.CloseConnection);
    }
    catch (Exception ex)
    {
         throw ex;
    }
    return reader;
}
#endregion
#region 执行带参数的 SQL 语句或存储过程，返回一个从数据源读取数据的 SqlDataReader 对象
///<summary>
/// 执行带参数的 SQL 语句或存储过程，返回一个从数据源读取数据的 SqlDataReader 对象
///</summary>
///<param name="cmdText">SQL 语句或存储过程名 </param>
///<param name="cmdType"> 命令类型 </param>
///<param name="cmdParms"> 参数集合 </param>
///<returns> 返回一个从数据源读取数据的 SqlDataReader 对象 </returns>
public SqlDataReader ExecuteReader(string cmdText, CommandType cmdType, SqlParameter[] cmdParms)
{
    SqlDataReader reader;                                          // 创建数据集对象
    try
    {
        init();                                                    // 初始化数据库连接
        cmd = new SqlCommand();                                    // 创建 SqlCommand 对象
        SetCommand(cmd, cmdText, cmdType, cmdParms);               // 设置要执行的 SQL 语句
        reader = cmd.ExecuteReader(CommandBehavior.CloseConnection);    // 执行 SQL 语句
        cmd.Parameters.Clear();                                    // 清除参数
    }
    catch (Exception ex)
    {
         throw ex;
    }
    return reader;
}
#endregion
```

（6）GetDataTable() 方法

定义一个 GetDataTable() 方法，该方法有两种重载形式，主要用来执行 SQL 语句，并返回一个 DataTable 对象。其中，第一种重载形式执行不带参数的 SQL 语句；第二种重载形式执行带参数的 SQL 语句或者存储过程。代码如下：

```
#region 执行不带参数 SQL 语句，返回一个 DataTable 对象
///<summary>
/// 执行不带参数 SQL 语句，返回一个 DataTable 对象
///</summary>
///<param name="cmdText"> 相应的 SQL 语句 </param>
///<returns> 返回一个 DataTable 对象 </returns>
public DataTable GetDataTable(string cmdText)
{
    SqlDataReader reader;                     // 创建数据集对象
```

```
        DataTable dt = new DataTable();                          // 创建数据表对象
        try
        {
            init();                                              // 初始化数据库连接
            cmd = new SqlCommand(cmdText, conn);                 // 设置要执行的 SQL 语句
            // 执行 SQL 语句
            reader = cmd.ExecuteReader(CommandBehavior.CloseConnection);
            dt.Load(reader);                                     // 读取查询的信息到内存表中
            reader.Close();                                      // 关闭数据库
        }
        catch (Exception ex)
        {
            throw ex;
        }
        return dt;
    }
    #endregion
    #region 执行带参数的 SQL 语句或存储过程，返回一个 DataTable 对象
    ///<summary>
    /// 执行带参数的 SQL 语句或存储过程，返回一个 DataTable 对象
    ///</summary>
    ///<param name="cmdText">SQL 语句或存储过程名 </param>
    ///<param name="cmdType"> 命令类型 </param>
    ///<param name="cmdParms"> 参数集合 </param>
    ///<returns> 返回一个 DataTable 对象 </returns>
    public DataTable GetDataTable(string cmdText, CommandType cmdType, SqlParameter[] cmdParms)
    {
        SqlDataReader reader;                                    // 创建数据集对象
        DataTable dt = new DataTable();                          // 创建数据表对象
        try
        {
            init();                                              // 初始化数据库连接
            cmd = new SqlCommand();                              // 创建 SqlCommand 对象
            SetCommand(cmd, cmdText, cmdType, cmdParms);         // 设置要执行的带参数的 SQL 语句
            // 执行 sql 语句
            reader = cmd.ExecuteReader(CommandBehavior.CloseConnection);
            dt.Load(reader);                                     // 读取查询的信息到内存表中
            reader.Close();                                      // 关闭数据库
        }
        catch (Exception ex)
        {
            throw ex;
        }
        return dt;
    }
    #endregion
```

（7）ExecuteScalar() 方法

定义一个 ExecuteScalar() 方法，该方法有两种重载形式，主要用来执行 SQL 语句，并返回结果中首行首列的值。其中，第一种重载形式执行不带参数的 SQL 语句；第二种重载形式执行带参数的 SQL 语句或者存储过程。代码如下：

```
    #region 执行不带参数 SQL 语句，返回结果集首行首列的值 object
    ///<summary>
    /// 执行不带参数 SQL 语句，返回结果集首行首列的值 object
    ///</summary>
```

```
///<param name="cmdstr">相应的 SQL 语句 </param>
///<returns>返回结果集首行首列的值 object</returns>
public object ExecuteScalar(string cmdText)
{
    object obj;                                     //定义变量，用来记录结果集中首行首列的值
    try
    {
        init();                                     //初始化数据库连接
        cmd = new SqlCommand(cmdText, conn);        //设置要执行的 SQL 语句
        obj = cmd.ExecuteScalar();
        conn.Close();                               //关闭数据库
    }
    catch (Exception ex)
    {
        throw ex;
    }
    return obj;
}
#endregion
#region 执行带参数 SQL 语句或存储过程，返回结果集首行首列的值 object
///<summary>
///执行带参数 SQL 语句或存储过程，返回结果集首行首列的值 object
///</summary>
///<param name="cmdText">SQL 语句或存储过程名 </param>
///<param name="cmdType">命令类型 </param>
///<param name="cmdParms">返回结果集首行首列的值 object</param>
///<returns></returns>
public object ExecuteScalar(string cmdText, CommandType cmdType, SqlParameter[] cmdParms)
{
    object obj;                                     //定义变量，用来记录结果集中首行首列的值
    try
    {
        init();                                             //初始化数据库连接
        cmd = new SqlCommand();                             //创建 SqlCommand 对象
        SetCommand(cmd, cmdText, cmdType, cmdParms);        //设置要执行的带参数的 SQL 语句
        obj = cmd.ExecuteScalar();                          //执行 SQL 语句
        cmd.Parameters.Clear();                             //清除参数
        conn.Close();                                       //关闭数据库
    }
    catch (Exception ex)
    {
        throw ex;
    }
    return obj;
}
#endregion
```

20.5 主页面模块设计

20.5.1 主页面模块概述

公众号 /APP 后台接口通用管理平台的主页用于显示用户的登录、注册、分类 API 等导航，并且可以在搜索文本框中搜索网站中的所有 API，同时在下方显示。当用户单击各种分类时，可以按照分类显示 API 列表。另外，单击 API 列表，可以显示 API 详细信息。主页运行效果如图 20.10 所示。

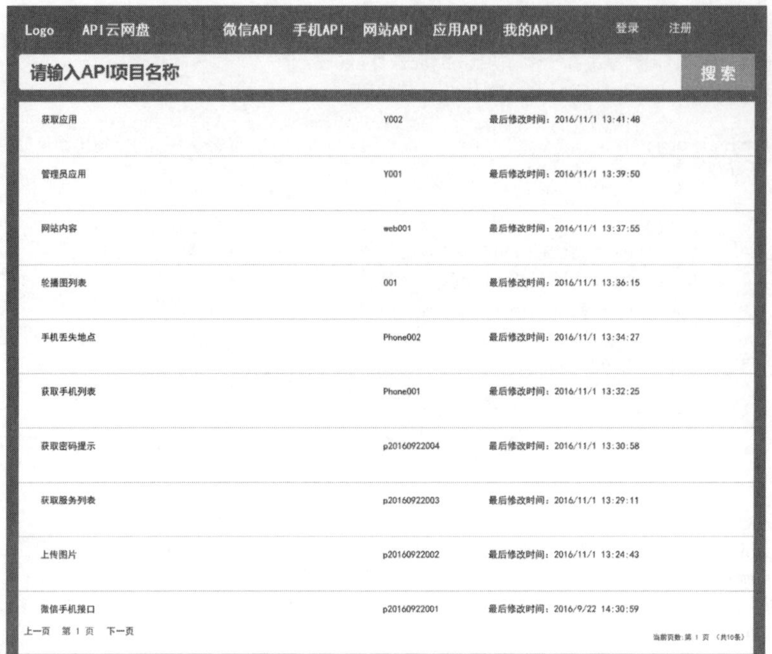

图 20.10 主页运行效果

20.5.2 主页面模块实现过程

本模块使用的数据表：Api。

（1）主页面布局

主页使用 DIV+CSS 进行布局，主要通过 div 标签显示主页导航和 API 列表，通过 CSS 控制页面样式。主页布局代码如下：

```
<body style="background-color:#3d9aff;min-width:1300px;">
    <div>
        <div style="height:80px;">
            <div style="height:55px;padding-top:25px; border-right:2px solid #1e8aff;width:340px;float:left;">
                <div style="float:left;margin-left:30px;font-weight:600;color:#fff;font-size:25px;">Logo</div>
<!-- 显示 Logo-->
                <div style="float:left;margin-left:50px;font-weight:600;color:#fff;font-size:25px;">API 云网盘 </div>
            </div>
<!-- 显示分类列表 -->
            <div style="height:55px;padding-top:25px;float:left;border-right:2px solid #1e8aff;">
                <div class="menu" onclick="SetType(0)"> 微信 API</div>
                <div class="menu" onclick="SetType(1)"> 手机 API</div>
                <div class="menu" onclick="SetType(2)"> 网站 API</div>
                <div class="menu" onclick="SetType(3)"> 应用 API</div>
                <div class="menu" style="margin-right:50px;" onclick="MyApi()"> 我的 API</div>
            </div>
            <div style="height:55px;padding-top:25px;float:left;">
<!-- 显示登录功能 -->
<div id="login" class="user" onclick="Login()"> 登录 </div>
<!-- 显示注册功能 -->
                <div id="reg" class="user" onclick="reg()"> 注册 </div>
```

```
<!-- 显示登录之后的用户名 -->
                    <div id="userName" class="user" style="display:none;cursor:auto;"> 用户名 </div>
<!-- 添加接口功能 -->
                    <div id="addApi" class="user" style="display:none;font-size:17px;background-color:#ff5b5b; width:60px;text-align:center;" onclick="addApi()">+ 接口 </div>
                </div>
            </div>
<!-- 查询文本框 -->
            <div id="select" style="margin:auto;background-color:#fff;border-radius:5px;height:60px;">
                <input id="StrSerach" type="text" style="height:58px;border-radius:5px 0px 0px 5px;font-size:30px; color:#7a7a7a;font-weight:700;float:left;border:none;padding-left:20px;" placeholder=" 请输入 API 项目名称 " />
<!-- 搜索按钮 -->
                <input id="SerachBtn" type="button" style="height:60px;width:10%;float:left;color:#fff;font-weight: 800;font-size:25px;border:none;background-color:#92d3ff" value=" 搜 索 " onclick="chaApi()" />
            </div>
            <div id="list" style="height:870px;background-color:#fff;margin:auto;margin-top:20px;">
            </div>
            <!-- 分页列表 -->
            <div id="pageList" style="clear:both;margin-left:auto;margin-right:auto;background-color:#fff;height: 60px;margin-top:-20px;">
                <font id="pageUp" class="fenye" onclick="SetPageDounOrUp(true)"> 上一页 </font>
                <font id="orderPageUp" style="margin:10px; float:left;" onclick="OrderPage(true)">.......</font>
                <p id="CenterPage"></p>
                <font id="orderPageDown" style="margin:10px; float:left;" onclick="OrderPage(false)">.......</font>
                <font id="pageDown" class="fenye" onclick="SetPageDounOrUp(false)"> 下一页 </font>
                <font id="PageText" style="margin:10px;float:right;cursor:pointer;font-size:10px;line-height:40px;"> 当前页数 : 第 1 页 (共 180 条) </font>
            </div>
        </div>
</body>
```

(2) 显示 API 列表

在本系统的主页加载时，以列表形式显示所有的 API 接口及其编号、时间等信息，其效果如图 20.11 所示。

获取手机号码	10001	最后修改时间：2017/2/22 10:08:54
获取应用	Y002	最后修改时间：2016/11/1 13:41:48
管理员应用	Y001	最后修改时间：2016/11/1 13:39:50
网站内容	web001	最后修改时间：2016/11/1 13:37:55

图 20.11　显示 API 列表

显示 API 列表功能的实现需要前台与后台相结合。首先定义前台 JavaScript 方法，名称为 selectAPI，该方法中，首先设置需要传递到后台的 JSON 参数，设置完成后将这些 JSON 参数传递到后台 tools 文件夹中的 Handler.ashx 处理文件中，进行处理和验证；然后将处理的数据传递到前台，前台将处理后的数据进行解析，并显示到前台。代码如下：

```
//查询 API
var Types = "";                                                    //类型
var names = "";                                                    //查询信息
var un = "";                                                       //是否是我的接口
function selectAPI() {
    //需要传递到后台的参数
    var pd = {"t": "SelectApi", "names": names, "Types": Types, "UserName": un, "PageInt": pageNum, "CountRow": RowCount};
     $.ajax({
          type: "post",
          url: "Tools/Handler.ashx",
          data: pd,
          dataType: "json",
          success: function (data) {
               if (data.status == "0") {                           //如果后台的方法执行成功了
                    Login();                         //如果单击的是我的 API 那么就需要进行登录
               }
               if (data.status != "-1") {
                    $('#pageList').show();                         //如果查询成功了就显示列表
                    $('#list').empty();                            //清空列表
                    var dataobj = eval("(" + data.status + ")");
                    $.each(dataobj.root, function (i, item) {
                    //向列表中添加值，如果是我的 API 就有删除权限
                   var sc = '<font style="color:red;margin-left:50px;" onclick="deleteApi(\'' + item.APIID + '\')">删除</font>';
                   var html = '<div class="list" onclick="ClickList(\'' + item.APIID + '\')">'+ '<div class="listItem">' + ' ' + item.Chnnames +  ' ' + '</div>' + '<div class="listItem2">'+ ' ' + item.Num + '' +'</div>' +' <div class="listItem3">' + '最后修改时间：' + item.addtime + ' ' + (ismy ? sc : "") + '</div>' +  ' </div>';
                     //把 HTML 代码插入到列表中
                     $('#list').append(html);
                     var pdpage = {"t": "SelectApiCount", "names": names, "Types": Types, "UserName": un};
                   GetPage(pdpage, "Tools/Handler.ashx"); //设置分页
               });
          }
          else {
               $('#list').empty();                                 //清空列表
               //如果没有查询到值就显示相应的提示
               $('#list').append("<div style='text-align:center;padding-top:40px;'>查询内容为空！<div>");
                  $('#pageList').hide();                           //隐藏分页列表
              }
         },
         error: function (XMLHttpRequest, textStatus, errorThrown) {
         }
    });
}
```

后台处理数据的方法命名为 SelectApi。在该方法中，首先获取前台传递的参数，然后根据这些参数从数据库中查询 API 信息，并将查询到的信息格式化为 JSON 格式的字符串，传递回前台。SelectApi() 方法的代码如下：

```
///<summary>
///查询 API
```

```
///</summary>
///<param name="context"></param>
public void SelectApi(HttpContext context)
{
     string names = HttpContext.Current.Request.Form["names"];      //中文名称或者英文名称
     string Types = HttpContext.Current.Request.Form["Types"];      //类型
     string UserName = HttpContext.Current.Request.Form["UserName"];//获取用户名
     //第几页
     int PageInt = Convert.ToInt32(HttpContext.Current.Request.Form["PageInt"]);
     //一页多少行
     int CountRow = Convert.ToInt32(HttpContext.Current.Request.Form["CountRow"]);
     int start = PageInt * CountRow - (CountRow - 1);                  //开始行数
     int end = PageInt * CountRow;                                     //结束行数
     //SQL语句查询API
     string sql = "select APIID,Engnames,addtime,Chnnames,Num,UserName,Types from Api
where (Engnames like '%" + names + "%' or Chnnames like '%" + names + "%') ";
     if (Types != "")
     {
          sql += " and Types='" + Types + "'";                         //添加查询类型
     }
     if (UserName != "")
     {
          if (HttpContext.Current.Session["userName"] == null)      //用户是否登录
          {
               context.Response.Write("{\"status\":\"0\"}");        //向客户端显示没有登录
               return;
          }
          //根据用户名查询API
          sql += " and UserName='" + HttpContext.Current.Session["userName"].ToString() +
"'";
            }
            //设置分页
            sql = "select * from (select ROW_NUMBER()OVER( order by addtime desc) AS
RowNum,* from (" + sql + ") as a) as b where RowNum>=" + start + " AND RowNum<=" + end + "";
     DataTable dt = sqlH.GetDataTable(sql);// 执行SQL语句，把查询出来的内容设置到内存中
     if (dt.Rows.Count == 0)
     {
         context.Response.Write("{\"status\":\"-1\"}");              //没有查询到内容
         return;
     }
     string json = f.ToJson(dt);                                       //格式化查询到的内容
     json = json.Replace("\"", "\\\"");                                //替换不能显示的文本
     context.Response.Write("{\"status\":\"" + json + "\"}");  //把查询到的内容传递到前台
}
```

（3）鼠标经过显示行阴影

鼠标没有经过 API 列表时，显示正常的白色和正常的文字颜色，如图 20.12 所示。

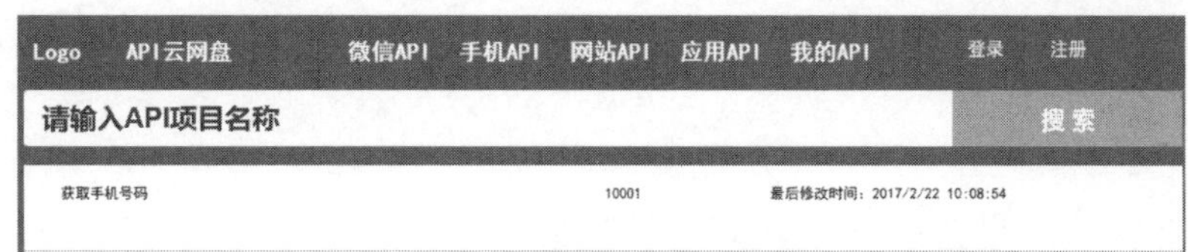

图 20.12　API 列表的正常显示状态

当鼠标经过 API 列表时，会显示成有阴影的效果，如图 20.13 所示。

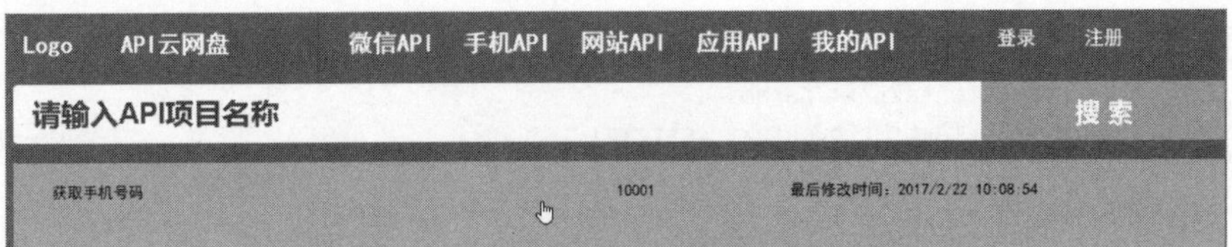

图 20.13　鼠标经过 API 列表时的显示效果

以上功能的实现主要是通过 CSS 进行控制，其中 height 表示高度，line-height 表示行高，border-bottom 表示底部边框，padding-top 表示顶部距离，cursor 表示鼠标经过时的形状，background-color 表示背景颜色（颜色值使用十六进制），":hover" 表示鼠标经过的样式。具体代码如下：

```
.list {
height:70px;line-height:70px;border-bottom:1px solid #cecece;padding-top:20px;cursor:pointer;
}
.list:hover {
        background-color:#cecece;
}
```

（4）API 分类显示

在本系统的首页导航栏中，用户单击 API 的各个分类，可以分类显示 API 列表，下面介绍该功能的实现过程。

导航栏中的 API 分类布局代码如下：

```
<div style="height:55px;padding-top:25px;float:left;border-right:2px solid #1e8aff;">
    <div class="menu" onclick="SetType(0)">微信 API</div>          <!-- 显示微信 API-->
    <div class="menu" onclick="SetType(1)">手机 API</div>          <!-- 显示手机 API-->
    <div class="menu" onclick="SetType(2)">网站 API</div>          <!-- 显示网站 API-->
    <div class="menu" onclick="SetType(3)">应用 API</div>          <!-- 显示应用 API-->
    <!-- 显示我的 API-->
    <div class="menu" style="margin-right:50px;" onclick="MyApi()">我的 API</div>
</div>
```

上面代码中用到了 menu 样式和 SetType() 方法，下面分别进行介绍。

menu 样式用来控制导航菜单的样式，其中，float 指定 div 按照从左向右的方式进行排列，margin-left 表示左边距，font-weight 表示字体的粗细，color 表示字体的颜色，font-size 表示字体的大小，cursor 表示鼠标经过时的显示形状。menu 样式代码如下：

```
.menu {
    float: left;                                    /* 位置 */
    margin-left: 100px;                             /* 距离左边的距离 */
    font-weight: 600;                               /* 字体粗细 */
    color: #fff;                                    /* 文字颜色 */
    font-size: 25px;                                /* 文字大小 */
    cursor: pointer;                                /* 鼠标经过显示小手 */
}
```

SetType() 方法用来设置单击的是哪种类型的 API，并且对 API 列表显示时需要的一些参数进行初始化。SetType() 方法代码如下：

```
// 单击类型
function SetType(a) {
```

```
    $('#list').empty();
    Types = "";
    names = "";
    un = "";
    PageInt = 1;
    Types = a;
    pageNum = 1;
    ismy = false;
    selectAPI();
}
```

(5) 弹出登录窗口

单击导航栏中的“登录”按钮，以层的方式弹出登录窗口，这里弹出的窗口是以半透明的背景遮照显示，在遮照之上显示弹出的窗口，窗口的动画效果是从上到下坠落的方式，如图 20.14 所示。

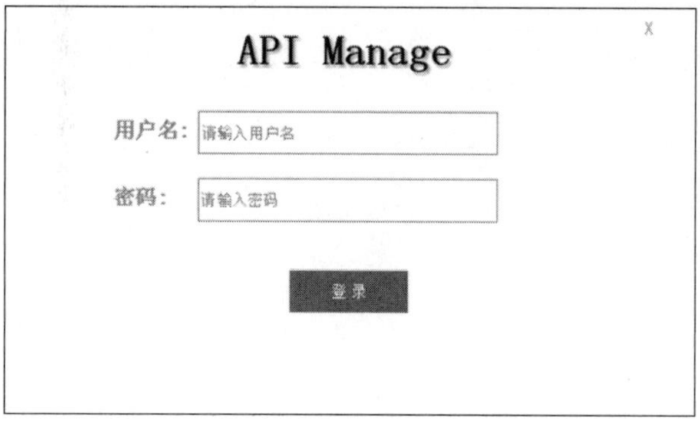

图 20.14　弹出登录窗口

实现弹出登录窗口功能时，主要调用 EjectIdent() 方法实现，该方法有 4 个参数，分别表示网页名称、标题、宽度和高度。弹出登录窗口的实现代码如下：

```
function Login() {
    EjectIdent("login.html", "", 600, 350);             // 弹出页面
}
```

上面代码中用到了 EjectIdent() 方法，该方法是在 Exect.js 文件中定义的，主要用来在自身页面中显示弹出层。EjectIdent() 方法的代码如下：

```
// 弹出页面方法集合，其中 htmlSrc 为 HTML 页面路径
function EjectIdent(htmlSrc, title, width, height) {
    var winHeight = $(window).height();                              // 获取浏览器高度
    var winWidth = $(window).width();                                // 获取浏览器宽度
    var top = ((winHeight - height) / 2) + $(document).scrollTop();// 计算上部分高度
    var left = (winWidth - width) / 2;                               // 计算左部分宽度
    var CoverHtml = '<div id="coverDiv" style="background-color:rgba(0,0,0,.9); width:' + (window.document. body.scrollWidth + 10) + 'px; height:' + (window.document.body.scrollHeight + 10) + 'px; position:absolute; top:0px; left:0px; z-index:200;"></div>';// 添加遮盖层
    // 添加内容
    var ContentHtml = '<div id="tdiv" class="tdiv" style="position:absolute; top:-' + (height + top) + 'px; left:' + left + 'px; background-color:white; border:solid 1PX #C4C4C4; box-shadow:1px 1px 10px; border-radius:10px; onverflow:hidden; text-overflow:clip; overflow:hidden; width:' + width + 'px; height:' + height + 'px; z-index:200;">';
    ContentHtml += '<div style="width:100%; height:0px; border-radius:2PX 2PX 0PX 0PX; position:relative; ">';
```

```
        ContentHtml += '<div id="CloseCover" style=" cursor:pointer; position:absolute; width:30px; height:0px; text-align:center; line-height:30px; top:5px; right:30px; border-radius:5px 5px 0px 0px; color:rgb(200,200,200);" onclick="Cover(this)" title="点击我就关闭了!">X</div>';
        ContentHtml += '</div>';
        ContentHtml += '<iframe scrolling="no" src="' + htmlSrc + '"  width="' + width + '" height="' + height + '" style="border:none;"></iframe>';
        ContentHtml += '</div>';
    }
```

另外，在弹出登录窗口时，有一个从上到下坠落的动画效果，该动画效果是使用 animIdent() 方法实现的。在该方法中，首先设置动画显示的初始值，计算动画的位置是否超出了或者到达了动画需要显示的位置，如果没有到达，则以每毫秒 50 像素的距离向指定位置移动，如果已经到达，则正常显示弹出窗口。animIdent() 方法的代码如下：

```
//窗体动画
function animIdent(id, height, top) {
    var defaulttop = -height;                                  //动画初始值
    var aniva = window.setInterval(function () {
        if (defaulttop >= top) {                               //动画是否超出边界
            $(id).css('top', top);                             //设置动画的位置
            window.clearInterval(aniva);                       //清除动画
        }
        $(id).css('top', defaulttop);                          //设置动画位置
        defaulttop = defaulttop + 50;                          //动画位置加50
    }, 1);
}
```

(6) 搜索 API

在系统的主页导航栏中有一个搜索文本框，在该文本框中输入 API 项目的名称后，单击“搜索”按钮，即可查询与输入相匹配的 API，并显示在下方的列表中。搜索 API 的效果如图 20.15 所示。

请输入API项目名称 | 搜 索

图 20.15　搜索 API

对导航栏中的搜索 API 进行布局，该布局主要使用 DIV+CSS，其中包括一个搜索文本框和一个搜索按钮。代码如下：

```
<div id="select" style="margin:auto;background-color:#fff;border-radius:5px;height:60px;">
    <!-- 搜索文本框 -->
    <input id="StrSerach" type="text" style="height:58px;border-radius:5px 0px 0px 5px;font-size:30px;color: #7a7a7a;font-weight:700;float:left;border:none;padding-left:20px;" placeholder="请输入 API 项目名称" />
    <!-- 搜索按钮 -->
    <input id="SerachBtn" type="button" style="height:60px;width:10%;float:left;color:#fff;font-weight:800;font- size:25px;border:none;background-color:#92d3ff" value="搜 索" onclick="chaApi()" />
</div>
```

单击“搜索”按钮时，调用 chaApi() 方法实现 API 的搜索功能。在该方法中，首先清空 API 列表，然后设置查询参数，最后调用 selectAPI() 方法实现 API 的搜索。chaApi() 方法代码如下：

```
//单击查询
function chaApi() {
```

```
        $('#list').empty();                          // 清空 API 列表
        var str = $('#StrSerach').val();             // 获取查询内容
        Types = "";                                  // 清空查询类型
        names = str;                                 // 设置查询内容
        un = "";                                     //API 数量为空
        PageInt = 1;                                 // 设置当前页数
        selectAPI();                                 // 查询 API
    }
```

(7) 列表分页功能

在主页中显示 API 列表时，需要以分页的形式进行显示，其效果如图 20.16 所示。

上一页　第 1 页　第 2 页　下一页　　当前页数:第 1 页 （共11条）

图 20.16　API 列表分页显示

分页功能是前台和后台配合实现的。前台主要管理页面的当前页数和每页多少条数据，其主要实现代码如下：

```
    // 设置分页
    function SetPage() {
        $('#pageList').show();                                    // 显示分页信息
        $('#pageUp').show();                                      // 显示上一页
        $('#orderPageUp').show();                                 // 显示向上打开更多的页数
        $('#CenterPage').show();                                  // 显示中间页
        $('#orderPageDown').show();                               // 显示其他页面
        $('#pageDown').show();                                    // 显示下一页
        // 显示提示信息
        $('#PageText').html(' 当前页数：第 ' + pageNum + ' 页（共 ' + pageCount + ' 条）');
        if (minPage > 1) {
            $('#orderPageUp').show();                             // 显示向上其他页面
        }
        if (minPage == 1) {
            $('#orderPageUp').hide();                             // 隐藏向上其他页面
        }
        if (maxPage < pageTopNum) {
            $('#orderPageDown').show();                           // 显示向下其他页面
        }
        if (maxPage == pageTopNum) {
            $('#orderPageDown').hide();                           // 隐藏向下其他页面
        }
        // 显示分页
        $('#CenterPage').empty();
        for (var i = minPage; i <= maxPage; i++) {
            if (i == pageNum) {
                $('#CenterPage').append('<font class="fenye" style="color:red;"
onclick="SetPageNum(' + i + ')">第 ' + i + ' 页</font>');      // 显示提示信息
            }
            else {
                $('#CenterPage').append('<font class="fenye" onclick="SetPageNum(' + i +
')">第 ' + i + ' 页</font>');                                   // 显示当前页数
            }
        }
    }
```

后台代码主要根据前台传递的值，配置 SQL 查询语句，并在数据库中查询数据。

单击“上一页”或“下一页”时，首先判断传递的标识是上一页还是下一页，如果是上一页，继续判断是否为第 1 页，如果是，则不做操作，如果不是，则将页数加 1；同理，如果是下一页，则判断是否为最后一页，如果不是，则页数减 1。代码如下：

```
//上一页，下一页
function SetPageDounOrUp(a) {
    //a==true 下一页 a==false 上一页
    if (a) {
        if (pageNum == 1) {                         //单击"下一页"
            return;
        }
        if (pageNum > 1) {                          //当前页面减1
            pageNum--;
        }
    }
    if (!a) {
        if (pageNum == pageTopNum) {                //单击"上一页"
            return;
        }
        if (pageNum < pageTopNum) {                 //当前页面加1
            pageNum++;
        }
    }
    selectAPI();                                    //查询API
    SetPage();                                      //设置页数
}
```

如果单击的是扩展页面（即图 20.16 中的“第 1 页”“第 2 页”），就要执行扩展页面的 JavaScript 方法，方法名为 OrderPage，在该方法中，首先判断是向小扩展还是向大扩展，然后改变当前的页面显示区域，如果超出了区域，则按照正常的显示区域进行显示。OrderPage() 方法代码如下：

```
//单击扩展页数
function OrderPage(a) {
    //a==true 向小扩展 false 向大扩展
    if (a) {
        //向小扩展
        if (minPage == 1) {
            return;
        }
        else {
            maxPage = minPage - 1;                  //设置最大分页
            minPage = minPage - ShowPageCount;      //设置最小分页
            if (maxPage > pageTopNum) {
                maxPage = pageTopNum;               //如果超出就等于当前页
            }
        }
    }
    if (!a) {
        //向大扩展
        if (maxPage == pageTopNum) {
            return;                                 //如果超出就等于当前页
        }
        else {
            if (maxPage + ShowPageCount < pageTopNum) {
                minPage = maxPage + 1;              //改变当前最小区域的最小值
                maxPage = maxPage + ShowPageCount;  //改变当前最小区域的最大值
            }
            else {
                minPage = maxPage + 1;              //最小页数加1
                maxPage = pageTopNum;               //最大页数等于最大页数
```

```
                }
            }
        }
        SetPage();                                          //设置页数
    }
```

20.6 显示 API 接口详细信息模块设计

20.6.1 显示 API 接口详细信息模块概述

当用户在首页中单击某 API 名称时，可以打开显示 API 接口详细信息的页面，该页面中显示了 API 的名称、访问地址、参数、返回值等信息，其效果如图 20.17 所示。

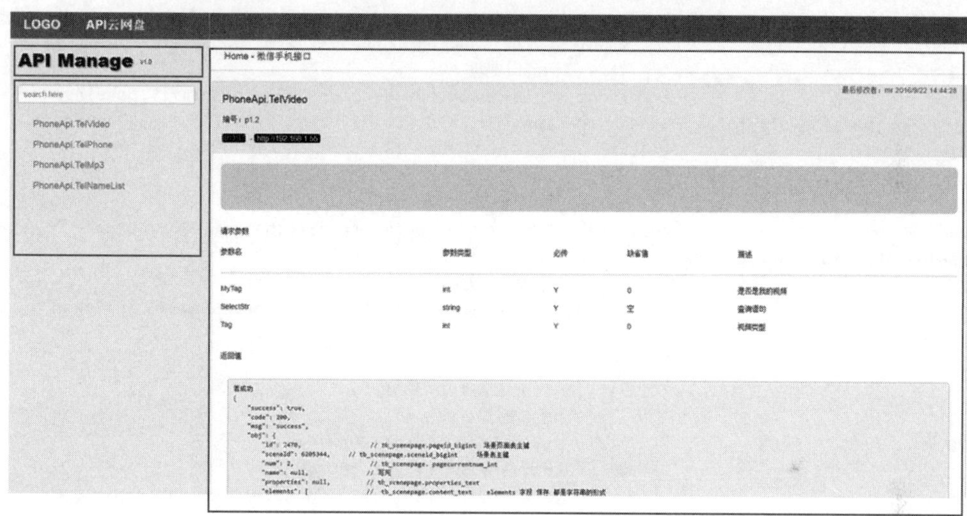

图 20.17　显示 API 接口的详细信息

20.6.2 显示 API 接口详细信息模块实现过程

本模块使用的数据表：Apilist、Api。

（1）API 详细信息布局

显示 API 接口的详细信息页面主要由 3 部分组成，其中，第一区域显示网站的 LOGO，第二区域显示子 API 列表，第三区域显示 API 的详细信息。该页面中最主要的布局是第三区域，这里使用 DIV+CSS 进行布局，用到的主要标签是 font 标签，表示文字标签，一般显示文字和给文字添加样式时会用到该标签；另外，该段代码中有一段注释的代码，表示添加参数的模板。代码如下：

```
<div id="right" style="float:left;overflow:auto;">
        <div style="height:60px;border-bottom:1px solid #e2e2e2;padding-top:20px;padding-left:30px;font-size: 18px; ">
            <font style="color:#4173c2">Home</font>
            <font style="font-weight:100;"> - <font id="progectName">项目名称</font></font><!-- 显示项目名称 -->
```

```
        </div>
        <div style="padding-bottom:40px;">
            <div style="border:1px solid #e2e2e2;margin-left:5px;margin-top:20px;padding-bottom:40px;">
                <div style="background-color:#f3f3f3;">
                    <!-- 显示修改者 -->
                    <div style="text-align:right;padding-right:20px;color:#767676">最后修改者: <font id= "userName">xxx</font> <font id="Addtime"></font></div>
                    <!-- 显示接口名称 -->
                    <div style="font-size:20px;padding-left:20px;" id="apiTitle">无任何接口</div>
                    <!-- 显示接口编号 -->
                    <div style="font-size:15px;padding-left:20px;margin-top:15px;">编号: <font id="bh" style= "color:red;">001</font></div>
                    <div style="font-size:15px;padding-left:20px;margin-top:15px;padding-bottom:20px;">
                        <!-- 显示传递类型 -->
                        <font style="background-color:#000;color:#379c3c;padding-left:5px;border-radius:4px;" id="gp"> GET </font>
                        <font style="padding-left:5px;">-</font>
                        <!-- 显示接口地址 -->
                        <font style="background-color:#000;color:#fff;padding-left:5px;padding-right:5px; border- radius:4px;" id="url"> http://192.168.1.3323 </font>
                    </div>
                </div>
                <div id="sm" style="margin:auto;">
                    <div style="background-color:#cfe8ff;height:90px;border-radius:10px;margin-top:20px;line-height:90px;">
                        <!-- 显示接口说明 -->
                        <font style="margin-left:40px;color:#56b436" id="jksm">接口说明</font>
                    </div>
                    <div style="margin-top:30px;">
                        <div>请求参数</div>
                        <div style="margin-top:20px;">
                            <div style="height:30px;">
                            <div style="width:30%;float:left;height:30px;">参数名</div><!-- 显示参数名 -->
                                <div style="width:15%;float:left;height:30px;">参数类型</div><!-- 显示参数类型 -->
                                <div style="width:10%;float:left;height:30px;">必传</div><!-- 显示必传 -->
                                <div style="width:15%;float:left;height:30px;">缺省值</div><!-- 显示缺省值 -->
                                <div style="width:30%;float:left;height:30px;">描述</div><!-- 显示描述 -->
                            </div>
                            <div><hr style="border-bottom:1px solid #e6e6e6;" /></div>
                            <div id="cs">
                                <!--<div style="height:30px;margin-top:5px;">
                                    <div style="width:30%;float:left;height:30px;">a1</div>
                                    <div style="width:15%;float:left;height:30px;">string</div>
                                    <div style="width:10%;float:left;height:30px;">Y</div>
                                    <div style="width:15%;float:left;height:30px;"></div>
                                    <div style="width:30%;float:left;height:30px;">没有描述</div>
                                </div>-->
                            </div>
                        </div>
                    </div>
```

```
                        <div style="margin-top:30px;">返回值</div>
                        <div style="margin-top:20px;padding:15px 15px;">
                            <pre id="dm">
                                代码
                            </pre>
                        </div>
                    </div>
                </div>
            </div>
        </div>
```

(2)实时搜索功能

在子 API 列表中，如果添加 API 的数量过多，那么很难找到需要的 API，因此需要进行搜索。另外由于搜索操作有时会非常频繁，所以这里提供了实时搜索功能，效果如图 20.18 所示。

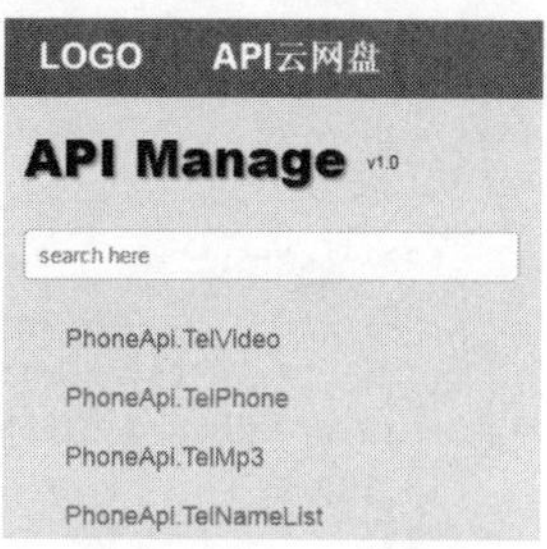

图 20.18　实时搜索

在 search here 文本框中输入相应的内容，会在下方实时显示搜索内容，该功能是通过 JavaScript 实现的。具体方法是在 input 标签中为 onkeyup 事件指定要调用的 JavaScript 方法，这里要调用的方法为 GetApi()。代码如下：

```
<input type="text" id="serachinput" onkeyup="GetApi()" placeholder="search here"
style="border-radius:5px; width:350px;height:35px;border:1px solid #cccccc;font-
size:15px;color:#aaaaaa;padding-left:10px;" />
```

定义一个名称为 GetApi 的 JavaScript 方法，在该方法中，首先获取查询内容，并传递到后台进行分析和查询，然后将后台传递过来的内容进行格式化，并通过前台显示。代码如下：

```
//获取 API 列表
function GetApi() {
    var str = $('#serachinput').val();                          //获取查询内容
    var id = getQueryString('id');                              //获取 url 中的 ID 值
    var pd = { "t": "GetApiList", "ApiCode": id, "str": str };
    $.ajax({
        type: "post",
        url: "Tools/Handler.ashx",
        data: pd,
        dataType: "json",
        success: function (data) {
            if (data.status != "-1") {
                $('#leftContext').empty();                      //清空列表
                var dataobj = eval("(" + data.status + ")");    //格式化内容
                //显示搜索列表的 HTML
                $.each(dataobj.root, function (i, item) {
                    var html = '<div class="leftContext"><font id="id' + item.
id + '" onclick="GetApiDes(\'' + item.id + '\',this,' + i + ')" style="overflow:hidden;white-
space:nowrap;text-overflow:ellipsis;width:250px;display: block;float:left;">' + item.Engnames +
"." + item.ApiName + '</font></div>';
                    $('#progectName').html(item.Chnnames);      //添加项目名称
                    $('#leftContext').append(html);             //向 div 中添加列表
                    if (i == 0) {
                        $('#id' + item.id).click();             //模拟单击其中的一个 API
                    }
                });
            }
        },
        error: function (XMLHttpRequest, textStatus, errorThrown) {
```

```
            }
        });
}
```

后台进行分析和查询的操作是在一个名称为 GetApiList() 的方法中实现的。在该方法中，首先获取传递的参数，并根据这些参数组合成 SQL 查询语句，然后从数据库中获取子 API 列表，并将查询结果返回给前台。GetApiList() 方法代码如下：

```
/// <summary>
/// 查询 API 列表
/// </summary>
/// <param name="context"></param>
public void GetApiList(HttpContext context)
{
     string ApiCode = HttpContext.Current.Request.Form["ApiCode"];  // 获取 API 编号
string str = HttpContext.Current.Request.Form["str"];               // 获取查询内容
// 查询 API 列表的 SQL 语句
     string sql = "select Apilist.ApiName,Apilist.id,Api.Engnames,Api.Chnnames,Apilist.ApiCode from Apilist,Api where ApiCode='" + ApiCode + "' and Api.APIID=Apilist.ApiCode and ApiName like '%" + str + "%'";
     DataTable dt = sqlH.GetDataTable(sql);                         // 获取查询出来的 API 列表
     if (dt.Rows.Count == 0)
     {
          context.Response.Write("{\"status\":\"-1\"}");
          return;
     }
     string json = f.ToJson(dt);                                    // 格式化成字符串
     json = json.Replace("\"", "\\\"");                             // 转换字符串
     context.Response.Write("{\"status\":\"" + json + "\"}");       // 向前台传递 API 列表
}
```

（3）自动识别浏览器高度和宽度

在显示 API 接口信息时，系统会自动识别浏览器的宽度和高度，以便以最佳比例进行显示。自动识别浏览器宽度和高度的功能是通过 JavaScript 实现的，具体实现方法是：首先获取浏览器的高度和宽度，并减去其他标签所占据的位置的高度，然后设置到自动调整高度和宽度的标签中。关键代码如下：

```
function winChange() {
     var winWidth = $(window.parent).width();                      // 获取浏览器宽度
     var winHeight = $(window.parent).height();                    // 获取浏览器高度
     $('#left').height(winHeight - 60);                            // 高度减去 60
     $('#right').height(winHeight - 60);                           // 高度减去 60
     if (parseInt(winWidth) > 1200) {
          $('#left').show();                                       // 显示 div
          $('#left').css("width", "400px")                         // 设置宽度
          $('#right').css("width", winWidth - 402 + "px")          // 设置宽度
          $('#sm').css('width', winWidth - 462 + 'px');            // 设置宽度
     }
     else {
          $('#left').hide();                                       // 隐藏 div
          $('#right').css("width", winWidth + "px");               // 设置自定义宽度
          $('#sm').css("width", winWidth - 60 + "px");             // 设置自定义宽度
     }
     $('#leftContext').css("height", (winHeight - 213) + "px");    // 设置自定义高度
}
```

（4）显示 API 详细信息

API 信息主要包括名称、访问地址、参数、返回值等，其显示效果如图 20.19 所示。

图 20.19　显示 API 详细信息

定义一个 GetApiDes() 方法，用来获取 API 的详细信息。在该方法中，首先将子 API 的主键传递到后台，经过后台处理和分析，把分析的结果返回到前台，前台再格式化数据，并将格式化的数据按照内容显示到相应的标签中。GetApiDes() 方法的代码如下：

```
//单击获取 API 信息
function GetApiDes(a, b, c) {
     //向后台传递的参数
     var pd = { "t": "LookApiDetile", "id": a };
     $.ajax({
          type: "post",
          url: "Tools/Handler.ashx",
          data: pd,
          dataType: "json",
          success: function (data) {
               if (data.status != "-1") {
                    //格式化返回结果
                    var dataobj = eval("(" + data.status + ")");
                    $.each(dataobj.root, function (i, item) {
                         $('#userName').html(item.UserName);        //设置最后修改者
                         $('#Addtime').html(item.time);             //设置添加时间
                         $('#apiTitle').html($(b).html());          //设置标题
                         $('#bh').html(item.ApiNum);                //设置编号
                         $('#gp').html(item.ApiType);               //设置接口类型
                         $('#url').html(item.ApiUrl);               //设置接口 url
                         $('#jksm').html(item.Res);                 //设置接口说明
                         GetApiCode(item.id);                       //获取代码
                         GetAPIDes(item.id);                        //获取详细内容
                    });
               }
          },
          error: function (XMLHttpRequest, textStatus, errorThrown) {
          }
     });
}
```

在后台定义一个 LookApiDetile() 方法，该方法用来根据前台传递的参数，获取指定 API 的详细信息，并将获取到的结果存储到一个 DataTable 中，然后将该 DataTable 中的数据格式化成一个字符串，并返回给前台。LookApiDetile() 方法代码如下：

```
///<summary>
/// 查看接口详细信息
///</summary>
public void LookApiDetile(HttpContext context)
{
    string id = HttpContext.Current.Request.Form["id"];          // 传递过来的接口 id
    string sql = "select ApiCode,ApiName,ApiUrl,ApiType,id,Res,ApiNum,ApiMs,Api.
UserName,time from Apilist,Api where Api.APIID=Apilist.ApiCode and Apilist.id='" + id + "'";
// 查询 API 内容
    DataTable dt = sqlH.GetDataTable(sql);                        // 获取查询到的内容
    if (dt.Rows.Count == 0)
    {
        context.Response.Write("{\"status\":\"-1\"}");
        return;
    }
    string json = f.ToJson(dt);                                   // 格式化成 JSON 数据
    json = json.Replace("\"", "\\\"");                            // 把不能识别的内容去掉
    context.Response.Write("{\"status\":\"" + json + "\"}");      // 返回到前台
}
```

(5) 使用代码标记

代码标记主要用来存放和显示 API 的代码，如果没有该标记，代码就不会按照设置的格式进行显示，或者有些内容显示不出来。代码标记的代码如下：

```
<pre id="dm">
    代码
</pre>
```

20.7 添加 API 模块设计

20.7.1 添加 API 模块概述

本系统中的 API 是需要用户手动添加。在添加 API 时，需要动态地添加参数和 API 其他信息，如访问方法、访问地址、返回值等。添加 API 页面的效果如图 20.20 所示。

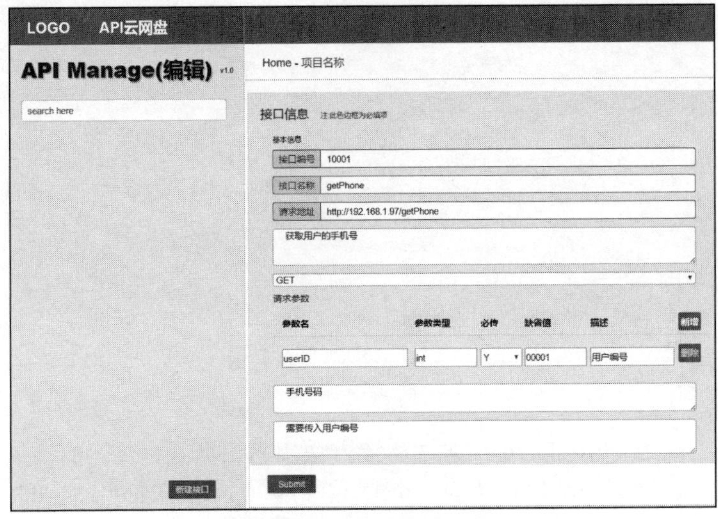

图 20.20 添加 API 信息

20.7.2 添加 API 模块实现过程

本模块使用的数据表：ApiCs、Apilist、Api。

(1) 设置前期命名

单击首页导航栏右上角的“+ 接口”按钮，会弹出一个添加 API 的前期窗口，该窗口中定义了一个接口的公共内容，如图 20.21 所示。

图 20.21 API 前期接口公共定义

在 API 前期接口公共定义窗口中，一共有 4 个参数，分别是接口类型、命名空间、中文名称和接口编号，输入完这 4 个参数后，单击“添加 / 编辑”按钮，即可添加 API 接口的公共定义。代码如下：

```
function addApi() {
    var Engnames = $('#Engnames').val();
    var Chnnames = $('#Chnnames').val();
    var Num = $('#Num').val();
    if (Engnames == '' || Chnnames == '' || Num == '')
    {
        Toast(' 以上文本框都不能为空 ');
        return;
    }
    var types = $(document.getElementsByName('types')[0]).val();
    var pd = { "t": "AddApi", "Engnames": Engnames, "Chnnames": Chnnames, "Num": Num, 
"types": types };
    $.ajax({
        type: "post",
        url: "Tools/Handler.ashx",
        data: pd,
        dataType: "json",
        success: function (data) {
            if (data.status != "-1") {
                // 跳转到 API 添加页
                window.parent.window.location.href = "DApi.html?id=" + data.status;
            }
            else {
                // 跳转到登录页面
                window.parent.EjectIdent('login.html', '', 500, 500);
            }
            var close = $('#CloseCover', parent.document);
            $('#coverDiv', parent.document).remove();
            $(close).parent().parent().remove();
        },
        error: function (XMLHttpRequest, textStatus, errorThrown) {
        }
    });
}
$(function () {
    $('#types').selectlist({
        zIndex: 1,
        width: 200,
        height: 30
    });
});
```

（2）自定义文本框组件

在添加 API 页面中会看到如图 20.22 所示的 3 个红色的文本框。这 3 个文本框是自定义的文本框，分别用来输入接口编号、接口名称和请求地址。

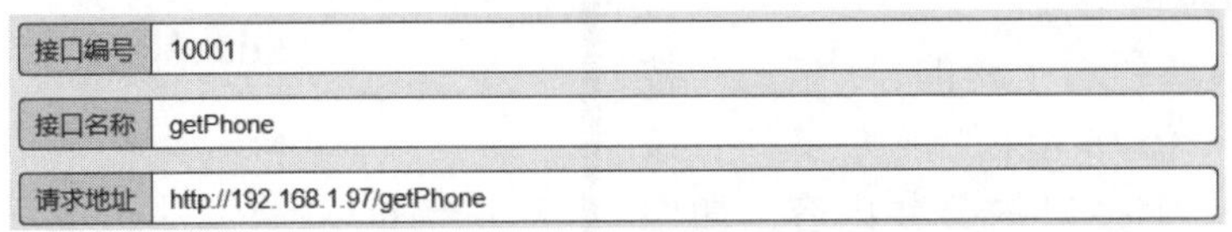

图 20.22　自定义文本框

自定义的文本框使用一个 div 包裹住，其中所有的样式都是使用 CSS 进行控制，这里有两个重要的 CSS 样式，一个是 inputleftitle，用来控制提示文字的显示；另一个是 inputText，用来控制输入框的显示。例如，自定义“接口编号”文本框的实现代码如下：

```
<div style="height:30px;">
    <div class="inputleftitle">接口编号</div>
    <div style="float:left;"><input id="jkbh" type="text" class="inputText" placeholder="接口编号（自己定义的编号，可以任意）" /></div>
</div>
```

inputleftitle 样式代码如下：

```
.inputleftitle {
     border: 1px solid #bf0e0e;                /* 边框样式 */
     height: 30px;                             /* 高度 */
     width: 80px;                              /* 宽度 */
     color: #bf0e0e;                           /* 字体颜色 */
     text-align: center;                       /* 文字居中 */
     line-height: 30px;                        /* 行高 */
     border-radius: 4px 0px 0px 4px;           /* 边框圆角设置 */
     background-color: #F2DFDF;                /* 背景颜色 */
     float: left;                              /* 位置 */
}
```

inputText 样式代码如下：

```
.inputText {
     border: 1px solid #bf0e0e;                /* 边框样式 */
     border-left: none;                        /* 左边框不显示 */
     height: 30px;                             /* 高度 */
     border-radius: 0px 4px 4px 0px;           /* 边框圆角设置 */
     padding-left: 10px;                       /* 距左边框的距离 */
}
```

（3）利用 JavaScript 动态添加标签

单击请求参数右侧的“新增”按钮，系统会自动在下方增加四个文本框标签、一个下拉选择标签和一个“删除”按钮，效果如图 20.23 所示。

参数名	参数类型	必传	缺省值	描述	新增
userID	int	Y	00001	用户编号	删除
		Y			删除
		Y			删除

图 20.23　动态添加标签

动态添加标签功能是通过 JavaScript 方法实现的，这个功能实现的方法很简单，只需要把模板建立好，然后按照模板把标签添加到相应的位置即可。动态添加标签的模板代码如下：

```
<!--<div class="para">
        <div style="width:2%;float:left;height:30px;">  </div>
        <div style="width:30%;float:left;height:30px;">
            填写参数名的文本框
            <input type="text" style="height:30px;width:95%" />
        </div>
        <div style="width:15%;float:left;height:30px;">
            填写参数类型的文本框
            <input type="text" style="height:30px;width:95%" />
        </div>
        <div style="width:10%;float:left;height:30px;">
            选择是否必传
            <select style="width:95%;height:30px;">
                <option value="0">GET</option>
                <option value="1">POST</option>
            </select>
        </div>
        <div style="width:15%;float:left;height:30px;">
            填写默认值的文本框
            <input type="text" style="height:30px;width:95%" />
        </div>
        <div style="width:20%;float:left;height:30px;">
            填写描述的文本框
            <input type="text" style="height:30px;width:95%" />
        </div>
        <div style="width:5%;float:left;height:30px;margin-top:-5px;background-color:#D75553;" class="btnGreen" onclick="DelPara(this)">删除</div>
       <div style="width:3%;float:left;height:30px;">  </div>
  </div>-->
```

接下来按照上面的模板，使用 JavaScript 方法动态添加标签，具体实现时，首先使用一个参数来设置模板，然后使用 jQuery 语句将模板代码添加到相应的 div 中即可。实现添加动态标签的代码如下：

```
//添加参数
function AddPara() {
    var html = '<div class="para"><div style="width:2%;float:left;height:30px;">  </div>' +
        '                <div style="width:30%;float:left;height:30px;">' +
        '                    <input type="text" style="height:30px;width:95%" />' +
        '                </div>' +
        '                <div style="width:15%;float:left;height:30px;">' +
        '                    <input type="text" style="height:30px;width:95%" />' +
        '                </div>' +
        '                <div style="width:10%;float:left;height:30px;">' +
        '                    <select style="width:95%;height:30px;">' +
        '                        <option value="Y">Y</option>' +
        '                        <option value="N">N</option>' +
        '                    </select>' +
        '                </div>' +
        '                <div style="width:15%;float:left;height:30px;">' +
        '                    <input type="text" style="height:30px;width:95%" />' +
        '                </div>' +
```

```
'                    <div style="width:20%;float:left;height:30px;">' +
'                        <input type="text" style="height:30px;width:95%" />' +
'                    </div>' +
'                    <div style="width:5%;float:left;height:30px;margin-top:-5px;background-color:#D75553;" class="btnGreen" onclick="DelPara(this)"> 删除 </div>' +
'                    <div style="width:3%;float:left;height:30px;">  </div></div>';
    $('#para').append(html);
}
```

（4）利用 JavaScript 删除标签

在添加完的参数行最右侧有一个“删除”按钮，用户可以根据需要来选择删除已经添加的参数（即动态添加的标签）。该功能的实现非常简单，只需要获取当前控件的父控件，然后将其移除即可。代码如下：

```
// 删除标签
function DelPara(a) {
    $(a).parent().remove();
}
```

（5）添加 API 详细信息

当用户设置完 API 的详细信息后，单击 Submit 按钮，会将用户设置的 API 及其详细信息添加到数据库中。具体实现时，首先对用户输入的信息进行验证，如果全部验证通过，则保存 API 信息。实现添加 API 详细信息的关键代码如下：

```
// 提交接口
function submit() {
    if ($('#hidApiId').val() != '') {
        UpdateApi();
        return;
    }
    var id = getQueryString('id');
    var jkbh = $('#jkbh').val();                                  // 接口编号
    var jkmc = $('#jkmc').val();                                  // 接口名称
    var qqdz = $('#qqdz').val();                                  // 请求地址
    if (jkbh == "") {
         Toast(" 接口编号不能为空 ");
         return;
    }
    if (jkmc == "") {
         Toast(" 接口名称不能为空 ");
         return;
    }
    if (qqdz == "") {
         Toast(" 请求地址不能为空 ");
         return;
    }
    var ms = $('#ms').val();                                      // 描述
    var types = $('#types').val();                                // 提交方式
    var fhjg = $('#fhjg').val();                                  // 返回结果
    var bz = $('#bz').val();                                      // 备注
    // 添加接口
    var newid = "";
```

```
        var pd = { "t": "SaveApi", "id": id, "jkbh": jkbh, "jkmc": jkmc, "qqdz": qqdz, "ms": ms, "types": types, "fhjg": fhjg, "bz": bz };
        $.ajax({
            type: "post",
            url: "Tools/Handler.ashx",
            data: pd,
            dataType: "json",
            success: function (data) {
                if (data.status != "-1") {
                    newid = data.status;
                    // 添加接口参数
                    $('.para').each(function () {
                        var csm = $($($(this).children('div').get(1)).children('input').get(0)).val(); // 参数名
                        var cslx = $($($(this).children('div').get(2)).children('input').get(0)).val(); // 参数类型
                        var bc = $($($(this).children('div').get(3)).children('select').get(0)).val(); // 必传
                        var qsz = $($($(this).children('div').get(4)).children('input').get(0)).val(); // 默认值
                        var ms = $($($(this).children('div').get(5)).children('input').get(0)).val(); // 描述
                        var pd = { "t": "SaveCs", "csm": csm, "newid": newid, "cslx": cslx, "bc": bc, "qsz": qsz, "ms": ms };
                        $.ajax({
                            type: "post",
                            url: "Tools/Handler.ashx",
                            data: pd,
                            dataType: "json",
                            success: function (data) {
                            },
                            error: function (XMLHttpRequest, textStatus, errorThrown) {
                            }
                        });
                    });
                    emptyApi();
                    GetApi();
                    Toast(" 接口添加成功 ");
                }
            },
            error: function (XMLHttpRequest, textStatus, errorThrown) {
            }
        });
    }
```

20.8 我的 API 管理模块设计

20.8.1 我的 API 管理模块概述

用户登录公众号 /APP 后台接口通用管理平台后，单击导航栏中的“我的 API”，可以以列表形式显示自己所添加的所有 API。其效果如图 20.24 所示。

下面主要对如何删除和编辑自己的 API 进行详细讲解。

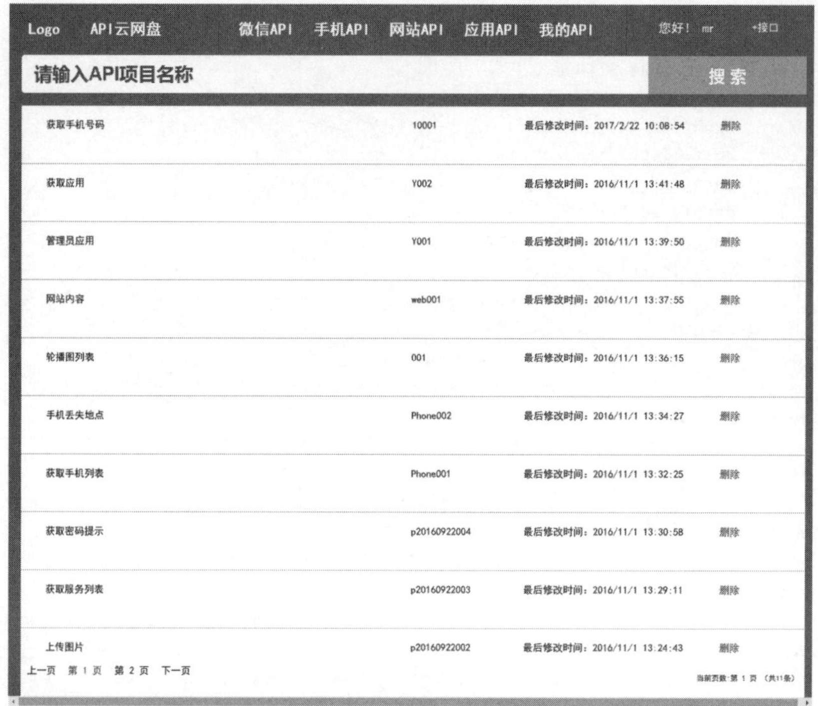

图 20.24　我的 API 页面

20.8.2　我的 API 管理模块实现过程

本模块使用的数据表：ApiCs、Apilist、Api。

（1）删除我的 API

在我的 API 页面中，每行 API 的右侧都显示一个“删除”按钮。单击该按钮，即可删除指定的 API，如图 20.25 所示。

图 20.25　删除 API

删除 API 主要是获取要删除的 API 编号，然后在相应的数据表中执行 SQL 删除语句即可，这里主要对 3 个数据表进行操作，分别是 ApiCs（子 API 参数表）、Apilist（子 API 接口表）和 Api（主 API 接口表）。其实现的关键代码如下：

```
///<summary>
/// 删除 API 所有内容
///</summary>
///<param name="context"></param>
public void DeleteApiAll(HttpContext context)
{
        string id = HttpContext.Current.Request.Form["id"];
        string sql = "delete ApiCs where ApilistId=(select top 1 id from Apilist where ApiCode='" + id + "')";
        string sql1 = "delete Apilist where ApiCode='" + id + "'";
        string sql2 = "delete Api where APIID='" + id + "'";
        sqlH.ExecuteNonQuery(sql);
```

```
        sqlH.ExecuteNonQuery(sql1);
        sqlH.ExecuteNonQuery(sql2);
        context.Response.Write("{\"status\":\"0\"}");
}
```

（2）修改 API 信息

在用户的 API 列表中单击某条 API，程序将根据 ID 获取 API 的详细信息，并显示在 API 详细信息页面的相应标签中，在查询 API 详细信息时，需要在 Apilist 和 Api 数据表中进行联合查询。其关键的查询 SQL 语句如下：

```
string sql = "select ApiCode,ApiName,ApiUrl,ApiType,id,Res,ApiNum,ApiMs,Api.UserName,time from Apilist,Api where Api.APIID=Apilist.ApiCode and Apilist.id='" + id + "'";
```

在显示 API 详细信息的页面中，对已有 API 信息（包括编号、名称、参数、返回值、请求地址等）编辑后，单击 Submit 按钮，调用 UpdateApi() 方法实现修改 API 的功能。UpdateApi() 方法是一个 JavaScript 方法，该方法的实现原理是：首先删除原有的 API 信息，然后再重新向数据库中插入新编辑的 API 信息，从而达到修改 API 信息的目的。UpdateApi() 方法实现代码如下：

```
// 修改接口
function UpdateApi() {
    // 先删除，再添加，为了重用当前方法
    var id = $('#hidApiId').val();          // 获取 API 的 ID
    $('#hidApiId').val('');                 // 清空 API 的 ID
    var pd = { "t": "DeleteAPI", "id": id };
    $.ajax({
        type: "post",
        url: "Tools/Handler.ashx",
        data: pd,
        dataType: "text",
        success: function (data) {
            submit();                       // 提交 API
        },
        error: function (XMLHttpRequest, textStatus, errorThrown) {
        }
    });
}
```

本章知识思维导图

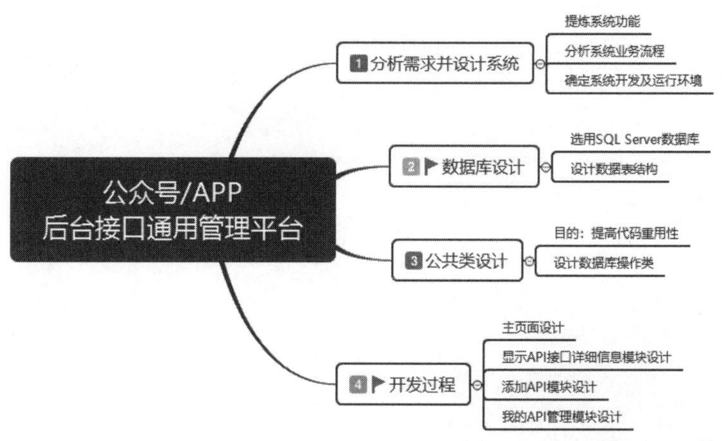